打造更高出版品质　“深度”品牌给您绝对是不一样的知识

专业级的设计人员
优秀级的效果图作品
精品畅销
效果图后期处理必备教材

深度

中文版

# Photoshop CS6 效果图后期处理完全剖析

孙启善　胡爱玉　编著

- 专：应用领域专一 重点介绍如何使用Photoshop CS6进行室内外效果图后期处理
- 精：内容精练 实例精选商业化，处理手法商业模式化，技术运用突出快速、实用
- 细：步骤详细 以手把手的方式，详尽地介绍效果图后期处理中涉及的各项技术
- 全：内容全面 效果图后期处理中用到的命令、工具以及相关的技法书中均有介绍
- 随书附赠近4GB的海量数字资源，内容包括书中所用的素材文件和效果文件，以及420多分钟的视频教学文件

北京希望电子出版社
Beijing Hope Electronic Press
www.bhp.com.cn

## 内 容 简 介

本书主要介绍运用 Photoshop CS6 进行室内外效果图后期处理的方法与技巧。

全书共 19 章。第 1 章是初识计算机建筑效果图；第 2~3 章介绍 Photoshop 相关知识，以及常用工具和命令的使用方法；第 4 章讲述如何用 Photoshop 制作纹理贴图；第 5 章介绍配景素材的使用及处理方法；第 6 章介绍如何收集自己的配景素材库；第 7 章介绍效果图色彩和光效处理；第 8 章讲解如何补救缺陷效果图；第 9~10 章介绍客厅效果图和欧式大堂效果图后期处理；第 11 章讲解制作室内彩平图的方法；第 12~15 章分别介绍单体建筑效果图后期处理、住宅小区效果图后期处理、室外夜景效果图后期处理、鸟瞰效果图后期处理；第 16 章介绍立面图效果图后期处理；第 17 章讲解平面规划图的制作与表现；第 18 章讲解效果图的特殊效果处理；第 19 章讲解效果图的打印输出。

本书采用案例教程的编写方式，兼具技术手册和应用指导的特点，技术实用，讲解清晰，既可作为室内外设计人员的参考手册，也可以供各类电脑设计培训班作为学习教材。

书中光盘内容包含部分实例的视频教学文件、素材文件、效果文件，将在北京希望电子出版社微信公众号、微博，以及北京希望电子出版社网站（www.bhp.com.cn）上提供。

**图书在版编目（CIP）数据**

中文版 Photoshop CS6 效果图后期处理完全剖析 / 孙启善，胡爱玉编著. —北京：北京希望电子出版社，2013.8

ISBN 978-7-83002-110-8

Ⅰ. ①中… Ⅱ. ①孙… ②胡… Ⅲ. ①图象处理软件 Ⅳ. ①TP391.41

中国版本图书馆 CIP 数据核字（2013）第 143819 号

出版：北京希望电子出版社
地址：北京市海淀区中关村大街 22 号
中科大厦 A 座 10 层
邮编：100190
网址：www.bhp.com.cn
电话：010-82620818（总机）转发行部
010-82626237（邮购）
传真：010-62543892
经销：各地新华书店

封面：深度文化
编辑：刘秀青
校对：李小楠
开本：787mm×1092mm 1/16
印张：23.25
字数：551 千字
印刷：北京博图彩色印刷有限公司
版次：2020 年 8 月 1 版 4 次印刷

**定价：69. 80 元**

# PREFACE 前言

计算机制作的建筑装潢效果图与传统表现手法相比，有透视关系及光影效果准确、可以随时修改、图幅可以任意缩放、文件便于输出及保存等特点。利用人与计算机的交互，室内设计、建筑设计变得更为直观、容易，所以用计算机进行图形图像设计与制作已经成为广大设计师的共识。

按照室内外建筑效果图制作的一般流程，在完成3ds Max建模、灯光、摄像机设置等一系列工作并以位图的形式输出后，还需要运用平面处理软件对其进行最后的调整，使效果图更加真实、自然，这个过程就是效果图后期处理。后期处理作为建筑效果图的最后一个环节，是非常重要的一个部分，也是提高效果图品质与档次的关键。在这一过程中，既要修复渲染过程中存在的不足，又要完善建筑的周边环境，提高艺术氛围，其重要性不言而喻。任何一位效果图从业者必须重视效果图的后期处理，因为它决定了效果图作品的优劣。

本书以室内外效果图后期处理为主线，以中文版Photoshop CS6为主要工具，详尽地介绍了处理室内外效果图的常用技术及操作技巧。另外，在组织书稿内容时，还充分考虑了初学者的学习需要，在前半部分精心安排了实用的基础内容。从第9章开始，结合商业实例讲述了室内外效果图后期处理工作中的各个方面，在实例中渗透讲解方便实用的小技巧、小方法，使读者在学习实例制作的过程中积累必备的实战经验。

本书是一本专业性很强的实例教材，与其他同类书籍相比，有如下4大特点。

- 专：指应用领域专。重点讲述如何运用Photoshop CS6进行室内外效果图的后期处理，其他Photoshop的应用领域不涉及。
- 精：指内容精。精选的商业实例，处理手法也完全采用商业工作模式，技术运用上突出快速、实用，穿插讲述效果图后期处理中遇到的各种疑难问题的解决方案。
- 细：指步骤讲解详细。以手把手的方式介绍效果图后期处理中的各项技术，操作步骤尽量详细，避免大的跳步，即使是初学者也可以按部就班地完成实例，进而提高技术水平。
- 全：指讲述内容全面。凡是效果图后期处理用到的命令、工具以及相关技法在书中都有讲述，并通过各类练习加以巩固。

为方便读者学习，本书还附赠近4GB的海量数字资源，包括书中实例的素材文件与效果文件，供读者学习使用。同时，书中的大型实例操作都制作成了视频教学文件，读者只需按照视频中的讲解进行操作，就可以创作出高品质的效果图。

本书由无限空间设计工作室策划，由孙启善、胡爱玉编写。在写作的过程中，得到了王玉梅、王梅君、王梅强、孙启彦、孙玉雪、陈俊霞、戴江宏、张传记、宋海生、孙平、张双志、任香萍、陈云龙、况军业、姜杰、杨丙政、孙贤君、管虹、孔令起、李秀华、王保财、张波、杨立颂、马俊凯、孙美娟等人的大力帮助和支持，在此表示由衷的感谢。

经过长时间的组织、策划和创作，本书终于如期面世。在编写的过程中，虽然我们始终坚持严谨、求实的作风，但由于水平有限，不足之处在所难免，敬请读者、专业人士和同行批评、指正。

编著者

PREFACE

# Contents 目 录

## 第3章 Photoshop CS6常用工具及命令的使用



## 第4章 纹理贴图的制作



## 第5章 配景素材的使用及处理

## 第6章 收集自己的配景素材库



## 第7章 效果图色彩和光效处理

## 第8章 补救缺陷效果图



## 第9章 客厅效果图后期处理



## 第10章 欧式大堂效果图后期处理



## 第11章 制作室内彩平图

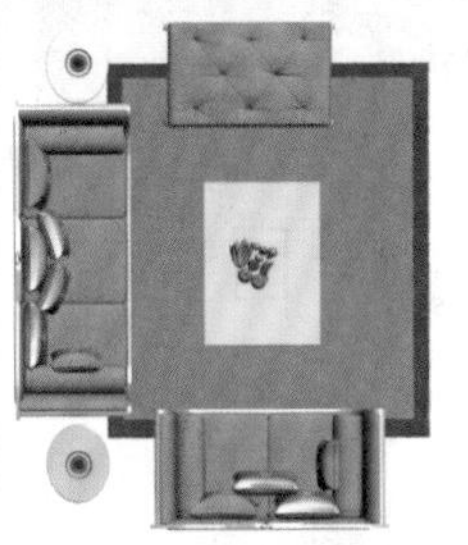

## 第12章 单体建筑效果图后期处理



## 第13章 住宅小区效果图后期处理



## 第14章 室外夜景效果图后期处理



## 第15章 鸟瞰效果图后期处理

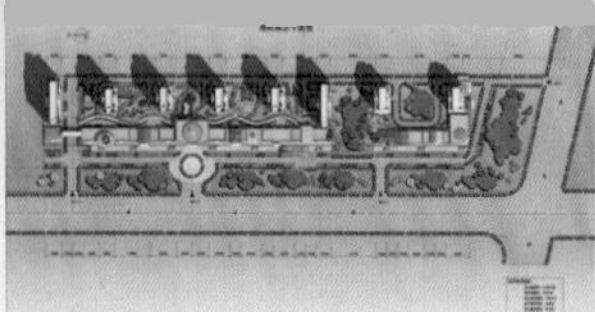

## 第16章 建筑立面图制作



## 第17章 平面规划图的制作与表现



## 第18章 效果图的特殊效果处理



## 第19章 效果图的打印输出

Chapter 01

# 第1章

# 初识计算机建筑效果图

**本章内容**

- 什么是计算机建筑效果图
- 计算机建筑效果图的制作流程
- 计算机建筑效果图的用途
- 计算机建筑效果图的特点
- 计算机建筑效果图与手绘图的区别与联系
- Photoshop后期处理的作用
- 为什么用Photoshop软件进行效果图后期处理
- 效果图后期处理的基本流程
- 如何将3ds Max效果图引入到Photoshop中
- 小结

随着计算机技术的不断发展，计算机正被广泛应用于各个领域，传统技术受到了很大的冲击，手绘室内及建筑图纸行业也不例外。计算机辅助设计已是大势所趋，计算机室内设计、建筑效果图已被人们普遍接受。在绘图效率方面，计算机设计表现速度快，是手绘所无法比拟的，而要是能在计算机设计表现中溶入艺术的成分，将会更好地表现设计师的创意。

本章主要介绍建筑效果图及效果图后期处理方面的基本知识，例如，什么是计算机建筑效果图，计算机建筑效果图的制作流程，计算机建筑效果图与手绘图的区别与联系，计算机建筑效果图的作用、特点、优势，以及用Photoshop软件进行效果图后期处理的重要性、基本流程等。

# 1.1 什么是计算机建筑效果图

效果图就是将一个还没有实现的梦想，通过笔、计算机等工具把它的体积、色彩、结构提前展示出来。随着计算机技术在建筑方面越来越广泛地运用，计算机建筑效果图也显得越来越重要。不论是工程投标，还是建筑设计师的构思表现，计算机建筑效果图都起着至关重要的作用。那么，什么是计算机建筑效果图呢？顾名思义，计算机建筑效果图就是为了表现建筑的效果而用计算机制作的图，是建筑设计的辅助工具。计算机建筑效果图又名建筑画，它是随着计算机技术的发展而出现的一种新兴的建筑画绘图方式。在各种设计方案的竞标、汇报以及房产商的广告中，都能找到计算机建筑效果图的身影。它已成为广大设计人员和建筑效果创作者展现自己作品、吸引业主、获取设计项目的重要手段。

计算机建筑效果图是设计师展示其作品的设计意图、空间环境、色彩效果与材料质感的一种重要手段。它根据设计师的构思，不仅可以利用准确的透视制图和高超的制作技巧，将设计师的设计意图转换成具有立体感的画面，而且还可以添加人、车、树、建筑配景，甚至白天和黑夜的灯光变化也能很详细地模拟出来，如图1-1所示。

分析、整理图纸

运用电脑制作出立体效果

图1-1　根据设计意图制作出的效果图

# 1.2 计算机建筑效果图的制作流程

建筑效果图制作是一门综合的艺术，它需要制作者能够灵活运用AutoCAD、3ds Max、Photoshop等软件。绘制室内外效果图大体可以分为分析图纸、创建模型、调配材质、设置灯光和摄像机、渲染输出以及后期处理等基本过程，其中前面几个阶段主要在3ds Max中完成，最后一个后期处理阶段则在Photoshop中完成。下面简单介绍各工作阶段的主要任务，以便读者快速了解计算机建筑效果图的制作流程。

## 1.2.1 分析图纸

分析图纸，就是在进行模型创建之前，设计图制作者需要先把图纸各个立面之间的关系理清。

因为后面创建模型的阶段需要直接导入AutoCAD图纸进行模型的创建，因此分析图纸对于效果图制作来说是尤为关键的一个阶段。

## 1.2.2 创建模型

所谓建模，就是指根据建筑设计师绘制的平面图和立面图，使用3ds Max等各类建模工具和方法建立出建筑物或空间的三维立体效果，它是效果图制作过程中的基础阶段。

由于建筑设计图一般使用AutoCAD绘制，该软件在二维图形的创建、修改和编辑方面较3ds Max更为简单直接。因此在3ds Max中建模时，可以选择【文件】|【导入】命令导入AutoCAD的平面图和立面图，然后再在此基础上进行编辑，从而快速、准确地创建三维模型，这是一种非常有效的工作方法。

如图1-2所示为创建的住宅楼模型。

图1-2 创建的建筑模型

## 1.2.3 调配材质

建模阶段只是创建了建筑物的形体，要表现真实感，必须赋予它适当的建筑材质。3ds Max提供了强大的材质编辑功能，任何希望获得的材质效果都可以实现。其中材质编辑器是3ds Max的材质“加工厂”，在这里可以调节材质的各项参数，并可以即时观看材质效果。

需要注意的是，材质的表现效果与灯光照明是息息相关的，光的强弱决定了材质表现的色感和质感。总之，材质的调配是一个不断尝试与修改的过程。

如图1-3所示为赋予材质后的住宅楼效果。

图1-3 指定住宅楼材质

## 1.2.4 设置灯光和摄像机

灯光与摄像机在建筑效果图的表现中起着非常重要的作用。建筑物的质感和体感通过灯光得以体现，建筑物的外形结构和层次需要通过阴影来刻画。只有为场景设置了合适的灯光，才能真实地表现建筑的结构、刻画出建筑的细节、突出场景的层次感。

在处理光线时，一定要注意阴影的方向问题。通常，在一个场景中需要设置不止一盏灯光，但一般只把一盏灯光的阴影打开，这盏灯的位置就决定了场景中建筑物的阴影方向，其他灯光影响的只是各个面的明暗，所以一定要保证阴影方向与墙面的明暗一致。

在3ds Max中制作的建筑是一个三维模型，它允许从任意不同的角度来观察当前场景，通过调整摄像机的位置和摄像头的角度，可以得到不同视角的建筑透视图，如顶视图、正视图、鸟瞰图、摄像机视图等。在一般的建筑效果图制作中，大多将摄像机设置为两点透视关系，即摄像机的摄像头和目标点处于同一高度，距地面约1.7m左右，相当于人眼的高度，这样所得到的透视图也最接近人的肉眼所观察到的效果。

如图1-4所示为添加了灯光和阴影的住宅楼效果。

图1-4 为住宅楼设置灯光和摄像机

### 1.2.5 渲染与Photoshop后期处理

渲染是3ds Max中的最后一个工作阶段，建筑主体的位置、画面的大小、天空与地面的协调等都需要在这一阶段调整完成。在3ds Max中调整好摄像机，获得一个最佳的观察角度之后，便可以将此视图渲染输出，得到一张高清晰度的建筑图像。

经3ds Max直接渲染输出的图像，往往画面单调，缺乏层次和趣味。这时就可以发挥图像处理软件Photoshop的特长，对其进行后期加工处理。在这一阶段中，调整整体构图是一个非常重要的环节。所谓构图就是将画面的各种元素进行组合，使之成为一个整体。就建筑效果图来说，要将形式各异的主体与配景统一成一个整体，首先应使主体建筑较突出、醒目，能起到统领全局的作用；其次，主体与配景之间应形成对比关系，使配景在构图、色彩等方面起到衬托作用。

如图1-5所示为后期处理完成后的住宅楼效果图。

图1-5 住宅楼后期处理效果

## 1.3 计算机建筑效果图的用途

计算机建筑效果图的用途大致可以分为两类，即为了表现真实效果的商业类效果图和为了辅助设计、体现设计构想的艺术类效果图。前一种风格的需求者大多是房产商，他们一般要求的是真实的效果、明朗的光线和热闹的商业气氛，如图1-6所示为根据房地产商的要求设计制作的住宅楼建筑效果图；后一种风格的需求者大多是设计师，因为计算机建筑效果图是一种计算机可视化技术，设计师进行设计构思的时候，常常需要借助手绘草图和模型等来表现一种概念、想法或设计，他们要求效果图可以更深层次地在图面上体现设计的风格，从而使业主看到并未建成的建筑的视觉效果。计算机建筑效果图就可以做到这点，利用计算机可制作出照片般的渲染效果，如图1-7所示。

从另一种角度讲，效果图也是绘画的一个新的分支，它与传统的纯艺术的绘画形式如油画、国画的艺术价值应该是相同的，区别只是所表现的对象和承载的媒介不同。因此，不该怀疑建筑效果图的艺术性，它是在设计师的设计上进行二度创作，只是效果图的实用性要远远高于纯绘画作品，并且所使用的手段也是基于计算机技术发展的。

图1-6 商业类计算机建筑效果图

图1-7 计算机建筑效果图的表现效果

## 1.4 计算机建筑效果图的特点

在建筑行业中，不同的设计师有不同的表达方式。各种画笔、喷笔与计算机都是一样的，它们绝对不能脱离了设计师的思想，因为它们只是一个得心应手的工具而已，只是为设计师的设计构思服务的。长期以来，画笔与喷笔加上卡尺与图板一直是建筑师们相依为命的器具，不能否认它们在建筑设计行业发展中所起到的作用。但是，这种绘图方法存在很多不足之处，因为是由设计人员手工绘制的，绘制的周期较长，还耗费了大量的人力和物力，同时还不能更改。

如今，随着计算机技术的广泛应用以及设计技术的飞速发展，借助计算机这个平台，运用各种相关专业软件制作的建筑效果图频繁出现在街头、报端，其制作的速度不但速度快、周期短，而且模拟效果也更逼真。如图1-8所示为用计算机绘制的高层建筑群夜景效果。可以这么说，计算机建筑效果图不仅是建筑师了解自己所设计建筑空间体量的一个重要依据，也是业主理解建筑师设计的一个重要途径。它是建筑效果图表现的一个重要手段，是艺术与技术的结合。

图1-8 计算机绘制的效果图

那么，计算机建筑效果图又有哪些特色呢？总结起来，计算机建筑效果图的特点可以总结为以下几点。

- 简单易用：在用计算机制作室内外效果图时，设计软件不仅为用户提供了一个立体的三维空间和准确的透视效果，而且三维空间可以由坐标系来度量。这样，一方面制作出的效果图能够很准确地再现设计者的设计意图，而且尺寸绝对与实际场景尺寸相吻合；另一方面，对制作者的作画水平要求也不是很高。但要想制作出高质量、高品质的效果图，还必须具有一定的艺术素养与审美能力。另外，其制作周期短，设计师可以根据具体情况详细制定绘制目标，使后续工作更为方便。
- 易修改，可重复使用：使用计算机来制作效果图，如果方案需要修改，制作人员无需重新制作，只要在原场景文件的基础上直接进行部分修改就可以了。对于那些调换视角和比例的问题，就更容易解决了，设计师只需将原场景中的摄像机调整到需要的视角，或按要求进行缩放操作后重新渲染输出即可。这样，就使得效果图具有了重复使用性，极大地缩短了建筑设计效果图的制作周期。

- 效果表现丰富：由于计算机设计软件提供了准确的视角、标度参照和大量的捕捉工具等，因而在制作出的建筑效果图中，物体与场景、物体与物体之间的关系都很精确、真实。另外，计算机建筑效果图还具有丰富的表现方式和表现风格，能表达出照片的真实感效果，以及真实工程效果等。
- 易存储，易传输：使用计算机制作的效果图，其场景文件和输出的效果位图均是以标准的数据文件形式存放在计算机磁盘中的，不仅能够方便地利用各种介质进行备份，而且可以利用网络进行快速异地传递，打破了地域限制。

## 1.5 计算机建筑效果图与手绘图的区别与联系

人们习惯把建筑效果图理解为由电脑建模渲染而成的建筑设计表现图。从传统意义上来讲，建筑设计的表现图是由人工绘制的，它与计算机建筑效果图的区别主要表现在绘制工具和表现风格的不同上。

### 1. 绘图工具方面的不同

在绘图工具方面，手绘建筑效果图主要用到纸、美工钢笔、针管笔、快写针笔、塑料笔、铅笔、马克笔、丁子尺、三角板、曲线板等。因钢笔容易携带、绘制方便，画的效果图笔调清劲、轮廓分明又易于保存，复制印刷均较经济方便，并且不易失真。所以，在重大的国际设计竞赛中，也常规定用钢笔绘制。钢笔徒手画和速写的能力是衡量一个建筑设计、规划设计和室内设计人员水平高低的重要标准之一，因此，钢笔画法越来越多地受到设计师的推崇，并得到了长足的发展。建筑速写对训练设计师的观察能力、审美修养、创作激情，及迅速准确地表达设计构思是十分有益的。如图1-9所示即为钢笔建筑速写效果。

图1-9　钢笔建筑速写效果

从图1-9中的两幅图可以看出，手绘建筑设计效果图的制作完全依赖于人，其要求制作人员有较高的绘画水平和敏感的尺度把握，因而受主观性的影响较大，再加上设计人员往往受自身透视感的影响，对三维空间不能完全准确地把握，很容易产生偏差、变形，严重的还会导致作图失误。

而用计算机进行建筑效果图的制作就完全不用这么多的工具了，它只需要一台性能良好的计算机再配上相应的软件就足够了。相比手绘效果图而言，它显得更方便、清洁、节省空间。

另外，在效果图场景的颜色描述方面，手绘效果图中的色彩通常是由制作人员手工调制出来的，相比起来，就较为贫乏、单调。而计算机在真彩色显示模式下，能够提供1600万种以上的颜色，远远超出人脑的想象能力。如图1-10即为手绘彩色效果图和计算机建筑效果图的色彩效果对比。

图1-10 手绘彩色效果图与计算机建筑效果图对比

由图1-10中的两幅图可以看出，计算机建筑效果图在色彩方面相对手绘效果图来说更加真实、细腻。

不过，手绘效果图也有计算机建筑效果图所不能比拟的优势，就是它能在短时间内表现出工程竣工后的整体或者局部效果，最重要的是手绘效果图是设计师灵感的火花，便于设计师及时准确地记录瞬间记忆和创作的灵感，且不受时间、地点、工具的限制，它能最快地记录和捕捉设计师的设计灵感；同时，它也是设计师与用户之间很好的沟通桥梁。另外，手绘效果图在体现设计师的设计技巧和艺术风格的同时，还有助于对设计方案进行修改、完善，弥补设计中的不足。

### 2. 表现风格方面的不同

从表现风格上来讲，计算机建筑效果图有点类似于照片，可以逼真地模拟建筑及其设计建成后的效果。而手绘效果图除了真实地表现建筑建成后的效果外，更能体现设计风格和画的艺术性，所以也称其为“建筑画”，如图1-11所示。其实在设计过程中，这二者是可以互相借鉴、互相融合的。

图1-11 手绘建筑画效果

## 1.6 Photoshop后期处理的作用

Photoshop是建筑表现中后期处理很重要的工具之一，模型是骨骼，渲染是皮肤，而后期就是服饰，一张图的好与坏和后期有着很直接的关系。

从计算机效果图的制作流程可以看出，Photoshop的后期处理在制作整个建筑效果图时起着至关重要的作用。三维软件所做的工作只不过是提供给设计师一个可供Photoshop修改的“毛坯”，只有经过Photoshop的后期处理，才能得到一个真实逼真的场景，因此它在效果图制作中占的分量是很重的。

室内效果图的后期一般是对各个物体的颜色明度进行调节，根据场景进行添加植物、人物、装饰物等，效果如图1-12所示。

处理前的效果　　处理后的效果

图1-12　卧室处理前后的效果图对比

室外效果图处理的工作量相对来说就要大一些，主要是添加各种相应的配景，比如树木、花草、车、人等，以此来丰富画面的内容，使其更加接近于现实，效果如图1-13所示。

Photoshop处理前的效果　　Photoshop处理后的效果

图1-13　室外效果图处理前后的对比效果

对于设计师来说，不仅要有高超的建模和渲染能力，最主要的还应该有过硬的后期处理能力。如果把效果图的后期处理这个环节把握好了，将会使用户的作品锦上添花，更加具有魅力和感染力。总结Photoshop在建筑效果图后期处理中的具体应用，其作用大致可以包括以下方面。

- 调整图像的色彩和色调：调整图像的色彩和色调，主要是指使用Photshop的【亮度/对比度】、【色相/饱和度】、【曲线】、【色彩平衡】等色彩调整命令对图像进行调整，以得到图像更加清晰、颜色色调更为协调的图像。
- 修改效果图的缺陷：当制作的场景过于复杂、灯光众多时，渲染得到的效果图难免会出现一些小的瑕疵或错误，如果再返回3ds Max中重新调整，既费时又费力。这时可以发挥Photoshop的特长，使用修复工具以及颜色调整命令，轻松修复模型的缺陷。
- 添加配景：添加配景就是根据场景的实际情况，添加上一些合适的树木、人物、天空等真实的素材。前面说过，3ds Max渲染输出的场景单调、生硬、缺少层次和变化，只有为其加入了合适的真实世界的配景，效果图才有了生命力和感染力。
- 制作特殊效果：比如制作光晕、阳光照射效果，绘制喷泉，将效果图处理成雨景、雪景等效果，以满足一些特殊效果图的需求。

## 1.7 为什么用Photoshop软件进行效果图后期处理

在学习本节内容之前，不妨先想一个这样的问题：什么是后期处理及后期处理又包括哪些内容？其实，想回答这个问题也不难，在日常生活中，与后期处理有关的事物比比皆是，像最常见的各大影楼里数码照片的后期处理、影视动画的后期处理、效果图后期处理等方面。本书主要讲述的就是后面的这项——效果图后期处理方面的内容知识。

其实，制作效果图时，前期的模型创建与灯光材质以及渲染是Photoshop无法完成的，这些工作需要在三维软件中完成。在建筑行业中，最常用的三维软件就是3ds Max。它是通过矢量的方法构建立体造型，最终将立体模型的二维映射以位图的形式输出，然后在Photoshop中对输出的位图进行后期处理。单纯地从建筑效果图后期处理的角度来看，三维软件所做的工作只不过是为Photoshop提供一个需要进一步修改的“草图”。为什么这样说呢？因为三维软件在处理效果图的环境氛围和制作真实的配景方面显得有些力不从心，使用Photoshop软件就可以轻松地完成此类任务。只需使用Photoshop中最基本的工具将配景素材与三维软件渲染输出的位图合成即可，例如天空、草地、树木和人物等素材都可以直接使用Photoshop进行处理。这个后加工的过程就是效果图后期处理，Photoshop就是后期处理最常用的软件之一。如图1-14所示为渲染图进行后期处理前后的对比效果。

图1-14　用Photoshop处理前后的图像对比

另外，使用Photoshop软件可以轻松地调整画面的整体色调，从而把握整体画面的协调性，使场景看起来更加真实，如图1-15所示。巧妙地应用Photoshop，还可以轻松地调整图像的色调、明暗对比度以及对造型的细部进行调整等，从而创作出令人陶醉的意境，如图1-16所示。

图1-15　调整为单一色调的建筑效果图

图1-16　轻松地创作出令人陶醉的意境

# 1.8 效果图后期处理的基本流程

后期处理阶段是指在3ds Max中完成模型及灯光的制作，渲染输出位图后，用Photoshop对渲染的位图进行构图、色彩等方面的调整，以及为场景中适当的位置添加合适的配景素材等，使之成为一幅和谐“完美的”画面。

本节将通过一幅室内效果图的后期制作过程来介绍效果图后期处理的基本流程。

首先看一下需要改进的效果图，如图1-17所示。

图1-17　场景效果

纵观图1-17，不难看出毛病有以下几点：

- 画面偏灰。
- 画面看起来不白。
- 筒灯处理简单，不符合现实物理现象。
- 画面整体关系不明朗。

画面偏灰这个可以说是很多人遇到的难题，当然这与个人操作软件也有直接关系。每个软件对渲染图中的图片过滤值要求不尽相同，这个不是要讨论的重点。灰是一种明暗关系，偏灰偏暗也就是画面的黑白灰层次关系、明暗关系没有拉开导致的。不同的色彩之间也存在着对比度，这也是色彩给人的视觉印象。所以，解决画面的灰暗问题，首先要解决的就是画面的明暗关系，明暗关系处理好了，画面的层次自然而然就清晰明了了。

下面运用Photoshop软件把这个有点问题的效果图场景进行处理。

## 动手操作——后期处理练习

Step 01 选择菜单栏中的【文件】|【打开】命令（或按Ctrl+O快捷键），打开随书配套光盘中的“调用图片\第1章\客厅.jpg”和“客厅选区.jpg”文件，如果1-18所示。

图1-18　打开的渲染图片

Step 02 按住Shift键的同时使用工具箱中的【移动工具】将【客厅选区.jpg】文件拖曳到【客厅.jpg】图片中，并将其所在图层命名为【通道】，再将【客厅选区.jpg】文件关闭。

**注 意**

在将图像调入到另一个场景中时，按住Shift键拖动，可以将调入的图像居中放置。但是前提条件是这两个图像的尺寸必须完全一致，否则调入的图像将不会与被调入图像的场景完全对齐。

Step 03 在【图层】面板中将【通道】图层隐藏，如图1-19所示。

**注 意**

应在原有毛坯图的基础上复制一个同样的图层，这样可以避免因为操作失误而无法返回最初状态的情况发生。

Step 04 在【图层】面板中将【背景】图层复制一层，得到【背景副本】图层，并使该层处于当前层，如图1-20所示。

图1-19 转换图层

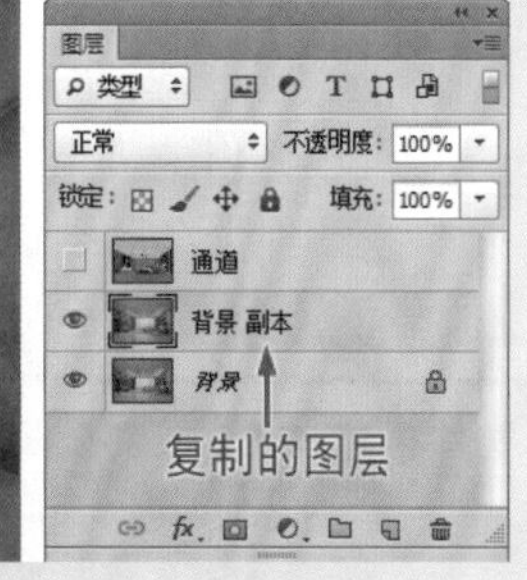


图1-20 复制图层

下面进行图像的调整，首先调整图像的亮度和对比度。

Step 05 选择菜单栏中的【图像】|【调整】|【亮度/对比度】命令，在弹出的【亮度/对比度】对话框中设置各项参数。参数设置及图像效果如图1-21所示。

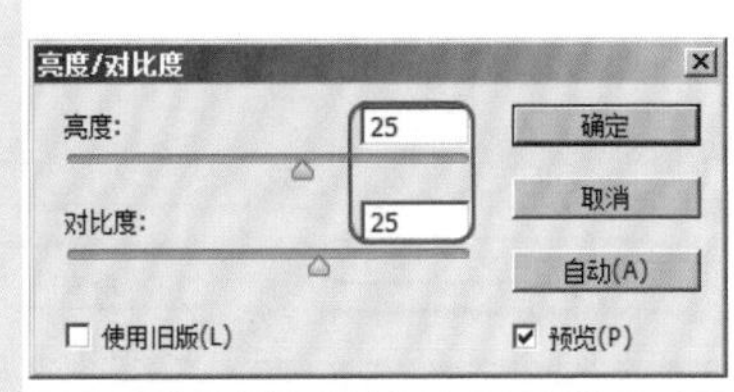

图1-21 【亮度/对比度】参数设置及图像效果

Step 06 再选择菜单栏中的【图像】|【调整】|【曲线】命令，在弹出的【曲线】对话框中设置各项参数。参数设置及图像效果如图1-22所示。

通过上面的操作发现，渲染图像整体的对比度和明暗程度都比较令人满意了，但是局部的细节地方还是没有变化，接下来再进行细部的处理。

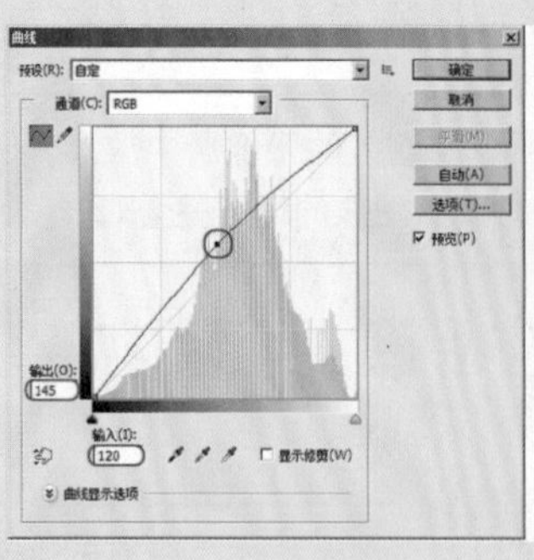

图1-22 【曲线】参数设置及图像效果

Step 07 确认【通道】图层为当前层，选择工具箱中的【魔棒工具】，在图像中点击代表地面部位的绿色区域，如图1-23所示。

Step 08 将【通道】图层隐藏，在【图层】面板中回到【背景副本】图层，按Ctrl+J快捷键，把选区从图像中复制为一个单独的图层，将复制后的图层命名为【地面】。

Step 09 确认【地面】图层为当前层，选择菜单栏中的【图像】|【调整】|【色相/饱和度】命令，在弹出的【色相/饱和度】对话框中设置各项参数，如图1-24所示。

图1-23 在通道中选择绿色区域

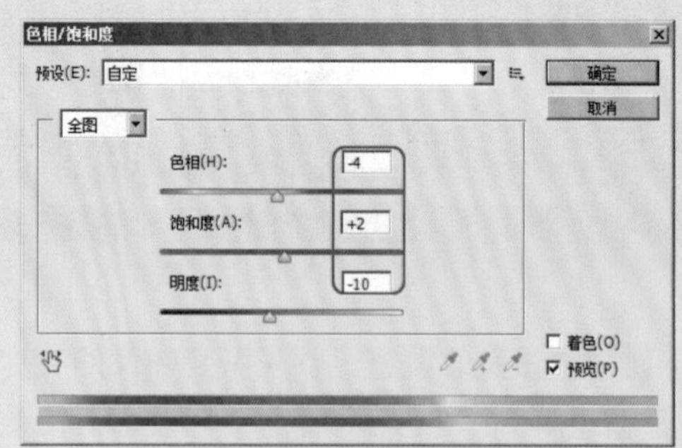

图1-24 【色相/饱和度】参数设置

执行上述操作后，图像效果如图1-25所示。

Step 10 同样将吊顶部分复制一个图层，命名为【吊顶】。

Step 11 选择菜单栏中的【图像】|【调整】|【色彩平衡】命令，在弹出的【色彩平衡】对话框中设置各项参数，如图1-26所示。

图1-25 编辑图像效果

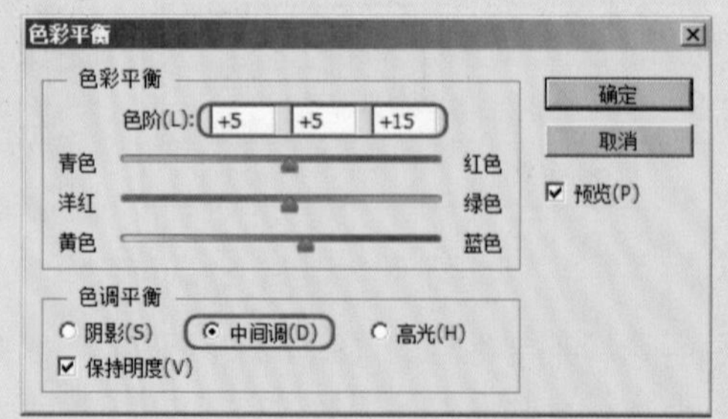

图1-26 【色彩平衡】参数设置

执行上述操作后，图像效果如图1-27所示。

Step 12 同样将窗帘单独复制为一个图层，命名为【窗帘】。

Step 13 选择菜单栏中的【图像】|【调整】|【亮度/对比度】命令，在弹出的【亮度/对比度】对话框中设置各项参数，如图1-28所示。

图1-27 编辑图像效果

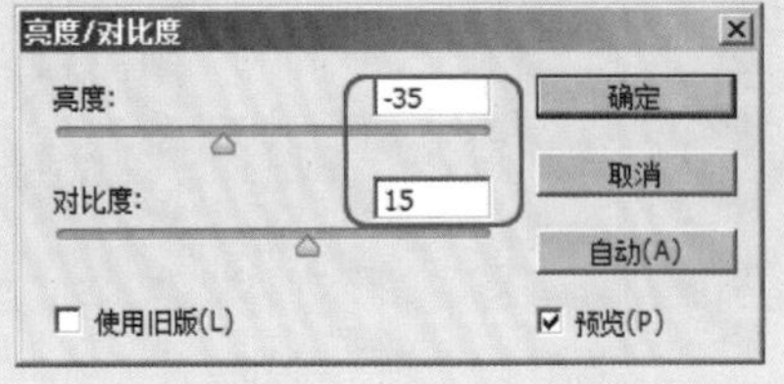


图1-28 【亮度/对比度】参数设置

执行上述操作后，图像效果如图1-29所示。

Step 14 同样将电视背景墙单独复制一个图层，命名为【背景墙】。

Step 15 选择菜单栏中的【图像】|【调整】|【色彩平衡】命令，在弹出的【色彩平衡】对话框中设置各项参数，如图1-30所示。

图1-29 编辑图像效果

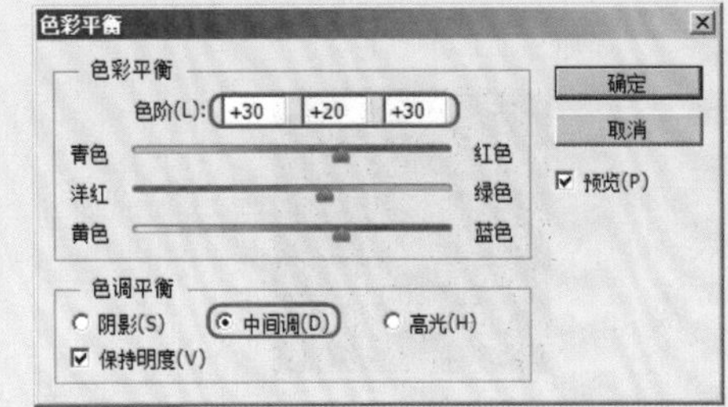


图1-30 【色彩平衡】参数设置

执行上述操作后，图像效果如图1-31所示。

Step 16 同样将沙发背景墙单独的复制一个图层，命名为【沙发背景墙】。

Step 17 选择菜单栏中的【图像】|【调整】|【亮度/对比度】命令，在弹出的【亮度/对比度】对话框中设置各项参数，如图1-32所示。

图1-31 编辑图像效果

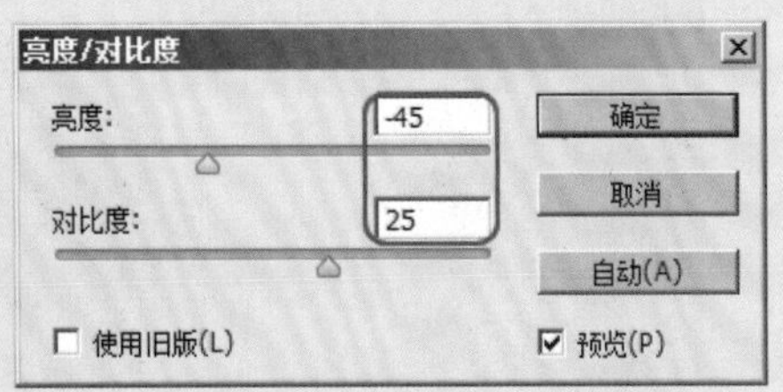


图1-32 【亮度/对比度】参数设置

执行上述操作后，图像效果如图1-33所示。

Step 18 使用同样的方法将沙发、沙发靠垫、地毯等逐一调整色调，编辑后的场景效果如图1-34所示。

图1-33 编辑图像效果

图1-34 编辑图像效果

下面再处理筒灯不真实的问题。原图中筒灯处理得过于简单，不符合现实物理现象。这时可以找一个好的筒灯贴图，然后在每一个筒灯的位置复制一个即可。

Step 19 选择菜单栏中的【文件】|【打开】命令，打开随书配套光盘中的“调用图片\第1章\筒灯光晕.psd”文件，如图1-35所示。

Step 20 使用工具箱中的【移动工具】将光晕拖入到正在处理的客厅效果图中，并更改其混合模式为【滤色】，然后调整它的大小后将其移动到如图1-36所示的位置。

图1-35 打开的筒灯光晕图像文件

图1-36 调入光晕的位置

Step 21 将光晕移动复制多个，分别放置在所有光源的位置，并根据透视关系随时调整光晕的大小。编辑后的效果如图1-37所示。

最后再整体调整客厅效果图的色调。

Step 22 选择菜单栏中的【图像】|【调整】|【照片滤镜】命令，在弹出的【照片滤镜】对话框中设置各项参数，如图1-38所示。

图1-37 编辑效果

图1-38 参数设置

执行上述操作后，得到图像的最终效果，如图1-39所示。

Step 23 选择菜单栏中的【文件】|【存储为】命令，将调整后的文件另存为【客厅后期.psd】文件。可在随书配套光盘“效果文件\第1章”文件夹下找到该文件。

图1-39　图像最终效果

## 1.9 将3ds Max效果图引入到Photoshop中

一幅完整的效果图需要由三维设计软件和平面设计软件共同来完成，但是三维软件和平面软件是不兼容的，这就需要将3ds Max效果图导入到Photoshop软件中。下面详细讲述将3ds Max制作的效果图导入到Photoshop软件中的方法。

### 动手操作——将效果图导入到Photoshop中

Step 01 确保效果图场景的一切工作在3ds Max中都已完成。激活要渲染的视图，然后单击工具栏中的按钮，弹出如图1-40所示的【渲染场景】对话框。

Step 02 在【输出大小】选项组中设置【宽度】为1500、【高度】为1125，如图1-41所示。

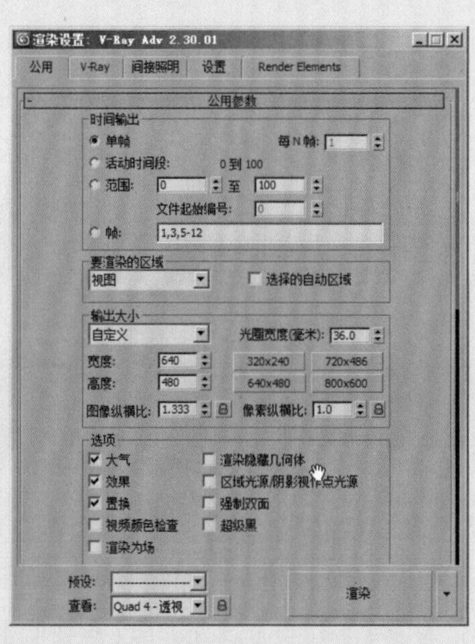

图1-40　【渲染场景】对话框

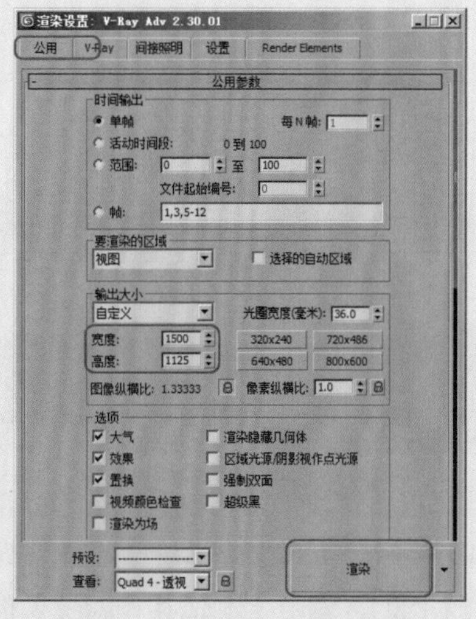

图1-41　设置图像的输出尺寸

**注 意**

设置图像输出尺寸的大小将直接影响到图像最终输出的清晰度，因此在设置图像大小时还是稍大为好，这样才能保证输出图像的清晰。

Step 03 单击【渲染输出】选项组中的 文件... 按钮，弹出如图1-42所示的【渲染输出文件】对话框，在【保存在】下拉列表中选择渲染文件所在的文件夹，在【文件名】栏中输入文件名，在【保存类型】下拉列表中为文件选择输出的文件格式，最后单击 保存(S) 按钮。

Step 04 单击 保存(S) 按钮后，会弹出【TIFF图像控制】对话框，勾选【存储Alpha通道】复选框，单击 确定 按钮，如图1-43所示。

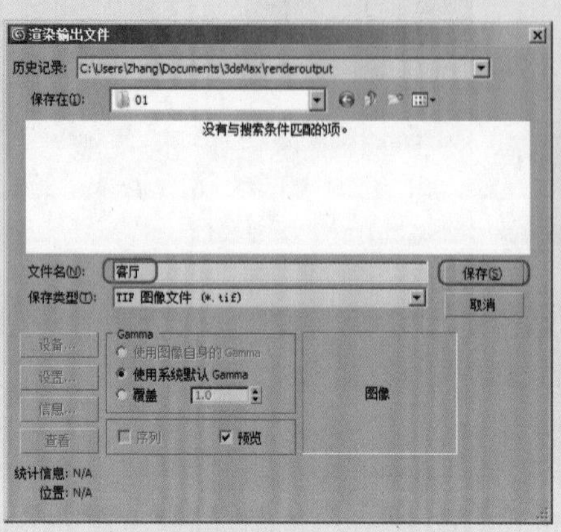

图1-42 【渲染输出文件】对话框

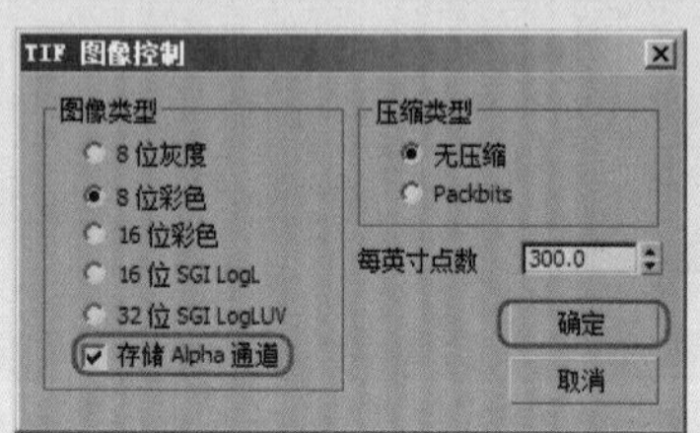

图1-43 【TIFF图像控制】对话框

**注 意**

在文件的保存类型中，最好选用TIF格式和TGA格式，因为这两种格式可以设置Alpha通道，这样在为图像做后期处理时，特别是有大背景的室外建筑效果图时，利于背景的提取，因此一般都采用这两种保存格式。

Step 05 各项参数都设置好后，单击【渲染设置】对话框中的 渲染 按钮，3ds Max系统就会将线架文件渲染成图像文件保存到指定的文件夹中。

渲染结束后，退出3ds Max程序，进入Photoshop软件应用程序，按照渲染图像时所保存的路径，打开渲染输出的图像文件，就可以用Photoshop软件进行效果图的后期处理了。

## 1.10 小结

本章对计算机建筑效果图的概念、流程、用途、特色做了大体的介绍，使读者对这方面的知识有了基本的了解，同时还列举了一些计算机建筑效果图与手绘效果图的区别和联系，了解计算机建筑效果图与手绘效果图的区别是绘制工具和表现风格的不同。其实，在真正的设计过程中，这二者是可以互相借鉴、互相融合的。最后又着重讲述了效果图后期处理的作用以及后期处理的基本流程。

希望学习完本章的内容后，能对计算机建筑效果图有一个大体的了解，为进一步的学习打下一个坚实的基础。

Chapter 02

# 第2章

# Photoshop建筑表现应用

**本章内容**

- Photoshop CS6的界面简介
- Photoshop CS6重要术语
- 与图像相关的概念
- 图层
- 色调、色相、饱和度和对比度
- Photoshop在建筑表现中的应用
- Photoshop的优化
- 小结

在开始学习建筑效果图后期处理之前，先来了解一下有关图像的专业知识。

计算机能处理的都是数字化信息，即使是图像文件，也会一视同仁地将它们看做是描述图像的数据。由于有了计算机上的图像处理系统，就可以在同一工作区内浏览任何图像，并通过一组集成工具对它们进行合成处理，创造出现实生活中无法提取到的效果。

# 2.1 Photoshop CS6的界面简介

Photoshop的图像处理功能非常强大，但它的核心技术却很简单。但是这并不意味着一夜就能成为“高手”，想熟练掌握效果图后期制作的方法，还要从基础学起。

## 2.1.1 Photoshop窗口组成模块

启动Photoshop CS6，打开图片后，用户可以看到Photoshop CS6的界面如图2-1所示。

由图2-1可以看出，Photoshop CS6的工作界面较以前的版本有了很大的变化，最大的变化就是工作界面的颜色由原先的灰色变成了黑色。这种变化对那些适应了灰色界面的用户可能会不习惯。下面先将工作界面转换成以前的样子。

图2-1 Photoshop CS6工作界面



## 动手操作——更换工作界面

Step 01 选择菜单栏中的【编辑】|【首选项】|【界面】命令，如图2-2所示。

图2-2 选择命令

Step 02 执行上述操作后，弹出【首选项】对话框，从中选择需要的颜色方案，如图图2-3所示。

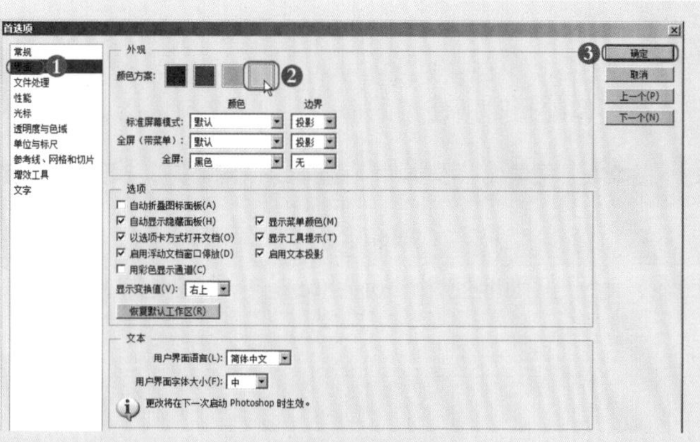

图2-3 【首选项】对话框设置

执行上述操作后，界面恢复到了以前经常使用的灰色界面，如图2-4所示。

图2-4 Photoshop CS6工作界面

**注 意**

除了通过菜单栏进行转换外，还可以直接按Shift+F1快捷键或F2键进行快速切换。

从图2-4可以看出，Photoshop CS6的工作界面由菜单栏、工具箱、工具属性栏、图像窗口、状态栏、控制面板组等几个部分组成。

- 菜单栏中包含用户进行图像编辑时所用的命令。
- 工具箱包含用于创建和编辑图像、图稿、页面元素等的工具。
- 工具属性栏显示当前所选工具的选项。
- 控制面板可以帮助用户监视和修改用户的工作。
- 状态栏用于显示当前工作文档的大小、显示比例等。
- 图像窗口显示用户正在处理的文件。可以将图像窗口设置为选项卡式窗口，并且在某些情况下可以进行分组和停放。

## 2.1.2 菜单栏

菜单栏中包含用户进行图像编辑时所使用的命令，如图2-5所示。

文件(F) 编辑(E) 图像(I) 图层(L) 文字(Y) 选择(S) 滤镜(T) 视图(V) 窗口(W) 帮助(H)

图2-5 Photoshop CS6菜单栏

了解菜单命令的状态，对于正确地使用Photoshop是非常重要的，因为状态不同，其使用方法也是不一样的。

### 1. 子菜单命令

在Photoshop中，某些命令从属于一个大的菜单项，且本身又具有多种变化或操作方法。为了使菜单组织更加有序，Photoshop采用了子菜单模式，如图2-6所示。此类菜单命令的共同点是在其右侧有一个黑色的小三角形。

### 2. 不可执行的菜单命令

许多菜单命令都有一定的运行条件，当条件缺乏时，这个命令就不能被执行，此时菜单命令以灰色显示，如图2-6所示。

### 3. 带有对话框的菜单命令

在Photoshop中，多数菜单命令被执行后都会弹出对话框，用户可以在对话框中进行参数设置，以得到需要的效果。此类菜单命令的共同点是其名称后带有省略号，如图2-6所示。

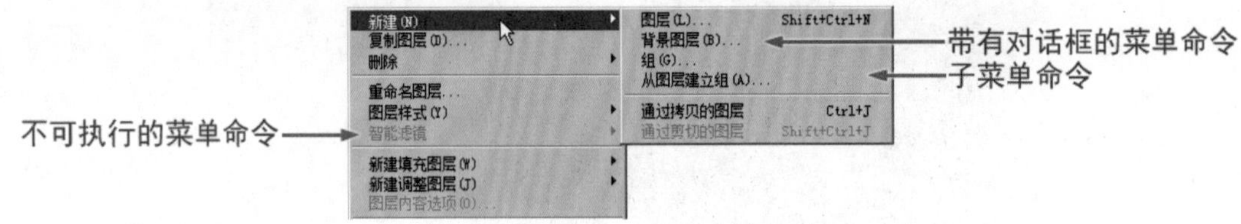


图2-6 菜单状态

## 2.1.3 工具箱与工具属性栏

工具箱位于工作界面的左侧，是Photoshop CS6工作界面重要的组成部分，包含用于创建和编辑图像、图稿、页面元素等的工具，相关工具将进行分组。每当在工具箱中选择了一个工具后，工具属性栏就会显示出当前所选工具的各种属性，以便对当前所选工具的参数进行设置。工具属性栏显示的内容随选取工具的不同而不同，如图2-7所示。

通过适当设置工具属性栏中的各选项，不仅可以有效增加工具在使用中的灵活性，而且能够提高工作效率。

图2-7 Photoshop CS6工具箱和工具属性栏

### 2.1.4 图像窗口与状态栏

图像窗口是Photoshop显示、绘制和编辑图像的主要操作区域，用于显示用户正在处理的文件。图像窗口的标题栏中，除了显示有当前图像的名称外，还显示有图像的显示比例、色彩模式等信息。可以将图像窗口设置为选项卡式窗口，并且在某些情况下可以进行分组和停放。

图像窗口下方是状态栏，用于显示当前图像的显示比例、文档大小等信息，如图2-8所示。

### 2.1.5 控制面板

控制面板是Photoshop的特色界面之一，默认位于工作界面的右侧，它们可以自由地拆分、组合和移动。用户可以利用控制面板设置工具参数、选取颜色、编辑图像和显示信息等。

面板可以监视和修改图像，可以对面板进行编组、堆叠或停放。

Photoshop CS6为用户提供了十几个控制面板，基本的控制面板如图2-9所示。

图2-8 Photoshop CS6图像窗口与状态栏

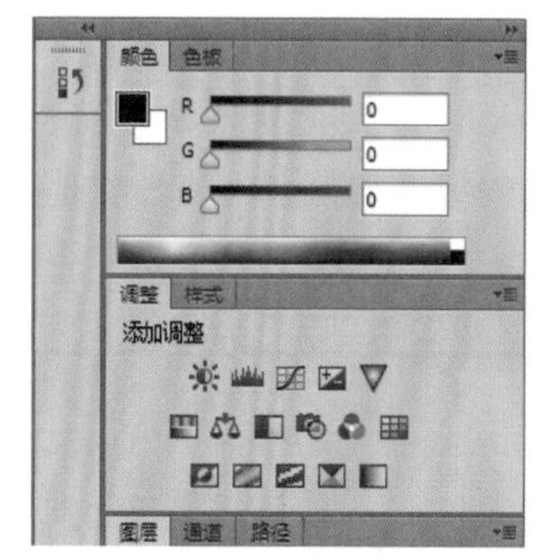


图2-9 Photoshop CS6基本控制面板

要选择某个控制面板，可单击控制面板窗口中相应的标签。例如，如果要查看图层状态，可以直接在控制面板中单击【图层】标签。

## 2.2 Photoshop CS6重要术语

图层、蒙版、通道和路径一向是学习Photoshop的重点，也是难点。如果无法透彻了解和熟练掌握这部分内容，就会给后面的学习带来困难。本节将着重介绍图层、通道、蒙版和路径的基本含义以及一些最常用的方法。

### 2.2.1 图层

图层是Photoshop软件中很重要的一部分，是学习Photoshop必须掌握的基础概念之一。图层对那些中高级的图形图像设计师来说是得心应手且功能强大的工具，但是对于初学者来说却是难以理解、难以逾越的一道壁垒。

那么究竟什么是图层呢？它又有什么意义和作用呢？

一般来说，图层就是一张透明的胶片，而每一个图层中都包含着各种各样的图像。当这些透明的胶片重叠在一起时，胶片中的图像也将会一起显示出来（也有可能被挡住），可以修改每一个图层中的图像，而不影响其他的图层，这也是它最基本的工作原理，如图2-10所示。

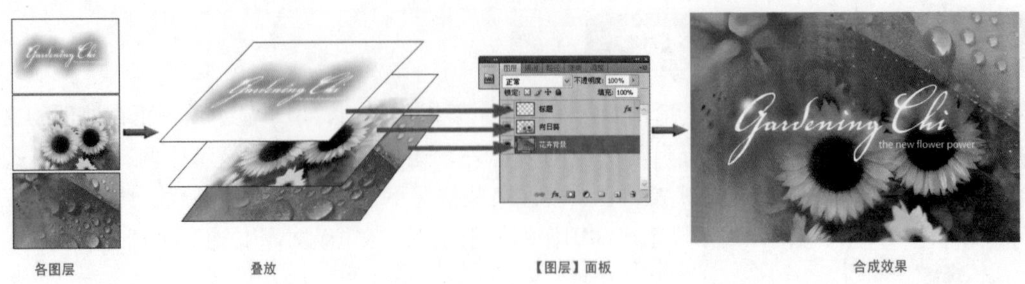


图2-10　图层概念示意图

由图2-10可以看出，最右边的图像是由3个带有不同图像的图层叠放在一起组成的效果。这样分层的视觉效果和不分层的视觉效果是一样的，但分层绘制的作品却具有很强的可修改性。如果觉得哪部分位置或者效果不是很好，可以单独移动或者重新制作图像所在的那张胶片以达到修改的效果。而其余图层上的部分图像则不会受影响，因为它们是被画在不同层的胶片上的。

毫无疑问，这种分层做图的工作方式将极大提高后期修改的便利度，也最大可能地避免了重复劳动。因此，将图像分层制作是明智的。

当然，Photoshop的图层概念不仅如此，而且还可以对图层进行不同的编辑操作，使图层之间能够得到一些不同的特殊效果。因为图层是很重要的一个知识点，所以将在后面小节中详细介绍。

## 2.2.2 通道

通道是Photoshop软件中的一个重要工具。灵活运用通道，可以制作很多特殊的艺术效果。通道是什么、通道能做什么、通道有哪些分类呢？这些正是本节要解决的问题。

### 1. 通道的概念

通道是什么？这是许多初学者都会困惑的问题。其实，Photoshop通道是独立的原色平面。除了颜色通道外，还有一个特殊的通道——Alpha通道。在进行图像编辑时，单独创建的新通道称为Alpha通道。在Alpha通道中，并不是存储图像的色彩，而是存储和修改选定的区域。使用Alpha通道，可以做出许多特殊的效果。

### 2. 通道的作用

当在Photoshop中进行某一项操作后，它都会提供某一种方式，使用户可以及时保存自己的操作结果。例如，当用户创建了一个选区之后，如果不对其进行下一步操作，那么在下一个操作过程中原来的选区会消失，但是使用【通道】面板就可以轻松地将选区信息保存起来以便日后再次调用。在通道中还记录了图像的大部分（甚至是全部）信息，这些信息从始至终与当前操作密切相关。综上所述，通道的作用可以归纳为以下几点。

- 存储图像颜色信息：例如，预览【红】通道，无论鼠标怎样移动，【信息】面板上都仅有R值，其余值都为0。
- 保存或创建复杂选区：使用通道可以建立头发丝般的精确选区。
- 表示图像明暗强度：运用【信息】面板可以体会到这一点，不同通道可以用256级灰度来表示不同亮度。在【红】通道里的一个纯红色的点，在黑色通道上显示的就是纯黑色，即亮度为0。
- 表现图像不透明度：其实这是平时最常使用的一个功能，它可以编辑图像的蒙太奇效果，而这一点与蒙版联系密切。

### 3. 通道的类型

根据作用的不同，通道可分为3种类型：用于保存色彩信息的颜色信息通道、用于保存选择区域的Alpha通道和用于存储专色信息的专色通道。本章仅详细讲述前两种类型的通道。

（1）颜色信息通道

保存色彩信息的通道称为颜色信息通道。每一幅图像都有一个或多个颜色通道，图像中默认的颜色通道取决于其颜色模式。例如，CMYK模式的图像文件至少有4个通道，分别代表青、洋红、黄及黑色信息。默认情况下，位图模式、灰度、双色调和索引颜色图像只有1个通道；RGB和Lab图像有3个通道；CMYK图像有4个通道。

每个颜色通道都存放着图像中颜色元素的信息，颜色通道叠加以获得图像像素的颜色。这里的通道与印刷中的印版相似，即单个印版对应每个颜色图层。

通道的概念比较难懂。为了便于理解，下面以RGB模式图像为例，以图示的方法简单介绍颜色通道的原理。在图2-11中，上面3层代表RGB三色通道，最下面的一层是最终的图像颜色。最下层的图像像素颜色是由RGB这3个通道和与之对应位置的颜色混合而成的。图中4处的像素颜色是由1、2、3处通道的颜色混合而成。类似于使用调色板时，几种颜色调配在一起就可以产生新的颜色。

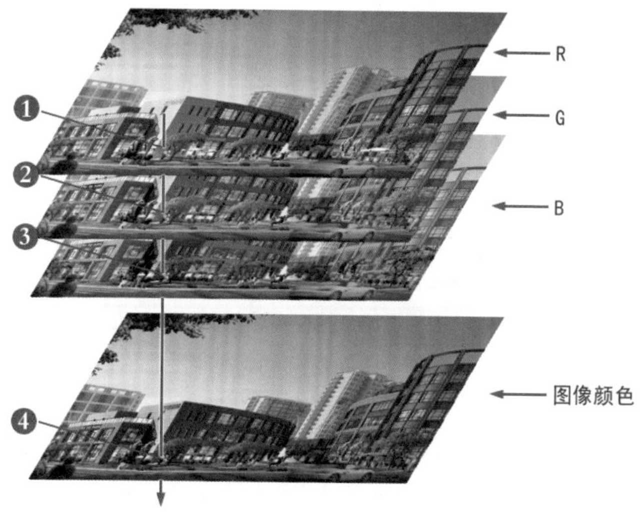

图2-11 通道图解

在【通道】面板中，通道都显示为灰色，它通过不同的灰度表示0~256级亮度的颜色。因为通道的效果较难控制，通常不用直接修改颜色通道的方法来改变图像的颜色。

除了默认的颜色通道，还可以在通道中创建专色通道，例如在图像中添加黄色、紫色等通道。在图像中添加专色通道后，必须将图像转换为多通道模式。

（2）Alpha通道

除了颜色通道外，还可以在图像中创建Alpha通道，以便保存和编辑蒙版及选择区。可以在【通道】面板中创建Alpha通道，并根据需要进行编辑，再调用选择区。也可以在图像中建立选择区后，选择菜单栏中的【选择】|【存储选区】命令，将现有的选择区保存为新的Alpha通道。

Alpha通道也使用灰度表示，其中白色部分对应完全选择的图像，黑色部分对应未选择的图像，灰色部分表示相应的过渡选择。

（3）【通道】面板

在【通道】面板中可以创建和管理通道，并监视编辑效果。【通道】面板上列出了当前图像中的所有通道，各类通道在【通道】面板中的顺序为：最上方是复合通道（在RGB、CMYK和Lab图像中，复合通道为各个颜色通道叠加的效果），然后是单个颜色通道、专色通道，最后是Alpha通道，如图2-12所示。

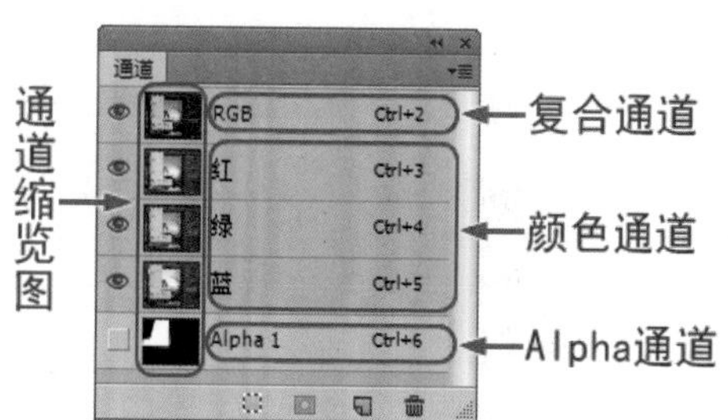

图2-12 【通道】面板

【通道】面板中有许多功能按钮和通道。

- 功能按钮的介绍如下。
  - 单击按钮，从当前通道中载入选区。
  - 在图像中建立选区，单击按钮，在【通道】面板中建立一个新的Alpha通道以保存当前选区。
  - 单击按钮，可创建一个新的Alpha通道。
  - 单击按钮，可删除当前通道。
- 显示通道的介绍如下。
  - 在【通道】面板中单击复合通道，同时选择复合通道及颜色通道，此时在图像窗口中显示图像的效果，可以对图像进行编辑。
  - 单击除复合通道外的任意通道，在图像窗口中显示相应通道的效果，此时可以对选择的通道进行编辑。
  - 按住Shift键，可以同时选择几个通道，图像窗口中显示被选择通道的叠加效果。
  - 单击通道左侧的按钮，可以隐藏其对应的通道效果，再次单击可以将通道效果显示出来。

使用通道不仅可以有效地抠取图像，还可与滤镜结合，创作出更多意想不到的特殊图像。下面通过一个小实例的制作，再次领略通道的魅力所在，同时也加深对【通道】的理解。

## 动手操作——巧用通道抠取树木素材

Step 01 选择菜单栏中的【文件】|【打开】命令，打开随书配套光盘中的“调用图片\第2章\树木.jpg”文件，如图2-13所示。

抠图方法很多种，根据不同的图片和要求采用不同的抠图方法是提高抠图效率的好方式。对于抠图，多半采用钢笔工具来画路径，但是用这种方法每抠一次都要花上好长时间；也可以使用魔棒工具抠取，但是用这种方法抠取的图片可能有锯齿现象。

而使用通道抠图，主要利用图像的色相差别或者明度差别，配合不同的方法给图像建立选区。用一句话可以概括通道在抠图时的运用精髓：通道就是选区。也就是说建立通道，就是建立选区；修改通道，就是修改选择范围。那么选区是如何形成的呢？简单说就是通道中不同的颜色形成不同的选择范围。

在抠取之前，先检查一下通道，看看到底哪个通道适合抠图。

Step 02 进入【通道】面板，发现里面一共有4个通道，分别是RGB、红、绿、蓝。除了RGB以外，每一个通道都是以灰度形态来显示，其中以蓝通道黑白渐变尤为逼真，我们就用蓝通道来进行操作，如图2-14所示。

Step 03 将蓝通道复制一个，生成【蓝 副本】通道，如图2-15所示。后面的操作将在新生成的【蓝 副本】通道内进行操作。

图2-13 打开的树木图像文件

图2-14 检查通道效果

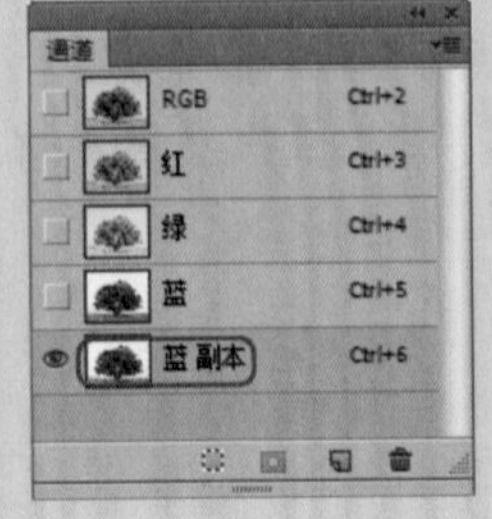

图2-15 复制蓝通道

Step 04 选择菜单栏中的【图像】|【调整】|【曲线】命令，打开【曲线】对话框，调整各项参数，如图2-16所示。

执行上述操作后，图像效果如图2-17所示。由图2-17看出，背景里原来的山和天空已经被白色取代，这样树木已经完全从背景里脱离。

Step 05 在【通道】面板中将修饰好的【蓝 副本】复制一个，生成【蓝 副本2】通道。下面将在【蓝 副本 2】通道中作最后的修饰工作，首先将图像反相。

Step 06 选择菜单栏中的【图像】|【调整】|【反相】命令，图像效果如图2-18所示。

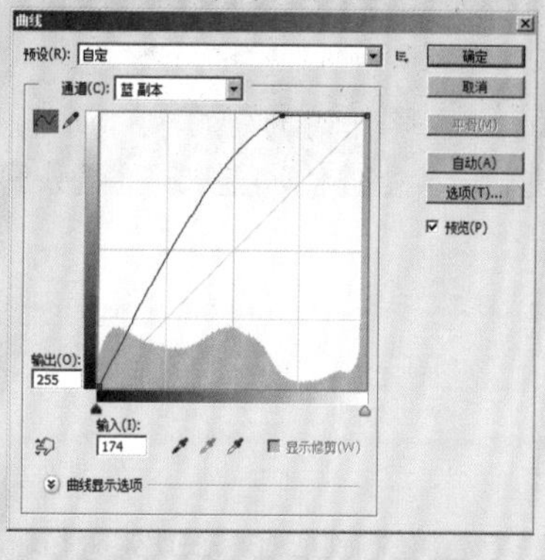

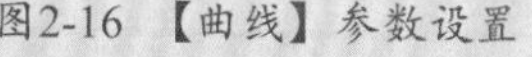

图2-16 【曲线】参数设置

图2-17 调整图像效果

图2-18 图像反相效果

Step 07 选择菜单栏中的【图像】|【调整】|【曲线】命令，打开【曲线】对话框，调整各项参数，如图2-19所示。

执行上述操作后，图像效果如图2-20所示。树木基本已经变成白色，也就是说，所要抠取的图像已经在选区内，但是草地部分和树木内部还有一些黑点是属于非选区。这时需要将前景色设定为白色，背景色为黑色，然后用橡皮擦工具将不应该有的白色和黑色区域擦去。

Step 08 在工具箱中将前景色设定为白色，背景色为黑色。

Step 09 选择工具箱中的【橡皮擦工具】，选择一个实边笔头，设置合适的笔头大小，然后在图像中轻轻涂抹，效果如图2-21所示。

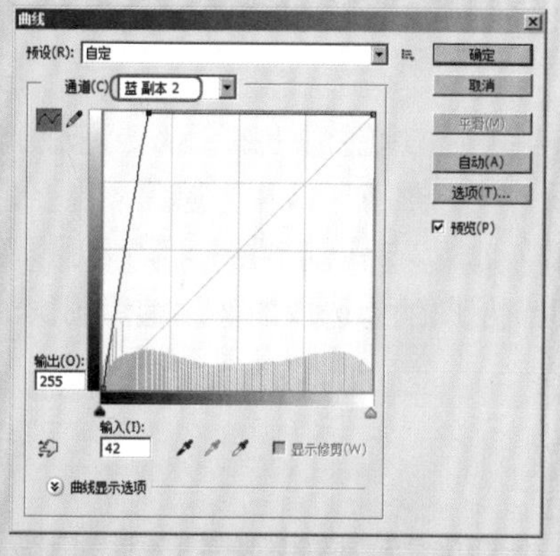


图2-19 【曲线】参数设置

图2-20 调整图像效果

图2-21 擦除效果

Step 10 回到【图层】面板，选择菜单栏中的【选择】|【载入选区】命令，在弹出的对话框中载入【蓝 副本 2】通道的选区，如图2-22所示。

执行上述操作后，图像效果如图2-23所示。

Step 11 按Ctrl+C快捷键将选择内容复制，再按Ctrl+N快捷键新建一个文档，并按Ctrl+V快捷键将复制的内容粘贴到新建文档中，最后选择一个合适的颜色填充到背景层上，最终效果如图2-24所示。

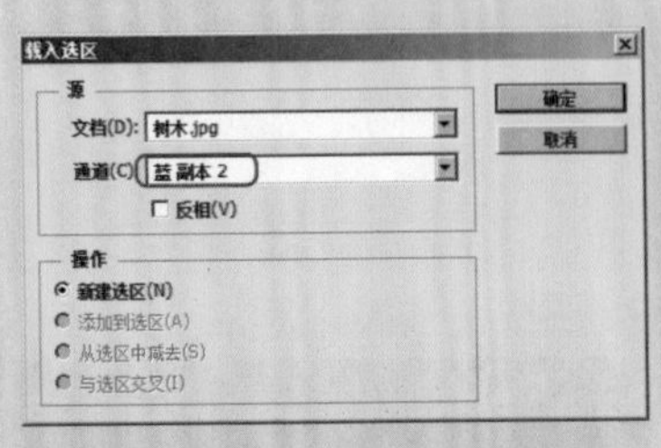


图2-22 【载入选区】对话框

图2-23 创建的选区

图2-24 抠取的树木配景素材

Step 12 选择菜单栏中的【文件】|【存储为】命令，将抠取的树木配景素材另存为【树木素材.psd】文件。可在随书配套光盘“效果文件\第2章”文件夹下找到该文件。

## 2.2.3 蒙版

蒙版是一个很好用的工具，在效果图后期处理过程中，经常用来制作渐变效果。其实，不管是何种图像创作，如果善于灵活地运用蒙版，都可以创作出体现设计师自身设计水平的实用性和艺术性作品。

### 1. 蒙版的概念

蒙版就是将图像中不需要编辑的部分蒙起来加以保护，只对未蒙住的图像部分进行编辑。

Photoshop给用户提供了一些选择工具，但它们只能选择边缘比较明显的图像，在图像编辑过程中，仅靠这些工具是满足不了需要的，为此，Photoshop软件提供了蒙版。蒙版是一种直观、艺术地建立选区的方法，如果处理得当，可以创建一些特别精确且又富有创意的艺术选区效果，是其他任何一种选择方法所无法比拟的。

### 2. 蒙版的作用

在Photoshop中，蒙版的作用就是用来遮盖图像的。这一点从蒙版的概念中也能体现出来。与Alpha通道相同的是，蒙版也使用黑、白、灰来标记。系统默认状态下，黑色区域用来遮盖图像，白色区域用来显示图像，而灰色区域则表现出图像若隐若现的效果，如图2-25所示为图层蒙版工作原理。如果将蒙版与Photoshop的图像处理联系起来，可以将蒙版的作用归纳为选取图像、编辑图像渐隐效果、与滤镜命令结合编辑特殊图像效果。

### 3. 蒙版的类型及用法

Photoshop软件中的蒙版有快速蒙版、图层蒙版和Alpha通道三种类型，最常用的是快速蒙版、图层蒙版，这里将重点介绍这两种蒙版的使用方法。

（1）快速蒙版

快速蒙版是一个临时性的蒙版，利用它可以快速准确地选择图像。当蒙版区域转换为选择区域后，蒙版会自动消失。

原图层效果

为该图层创建的蒙版

应用图层蒙版后的效果

图2-25 图层蒙版工作原理

## 动手操作——快速蒙版的使用方法

Step 01 按Ctrl+O快捷键，打开随书配套光盘中的“调用图片\第2章\室内.jpg”图像文件，如图2-26所示。

这是一个室内摄影图片，接下来运用快速蒙版把场景中的沙发抠取下来，作为家居素材。

Step 02 按D键，将工具箱中的前景色和背景色设置成系统默认的颜色。

Step 03 双击工具箱中的【以快速蒙版模式编辑】按钮，弹出【快速蒙版选项】对话框，如图2-27所示，可以在此对话框中设置快速蒙版的选项。

图2-26 打开的室内图像文件

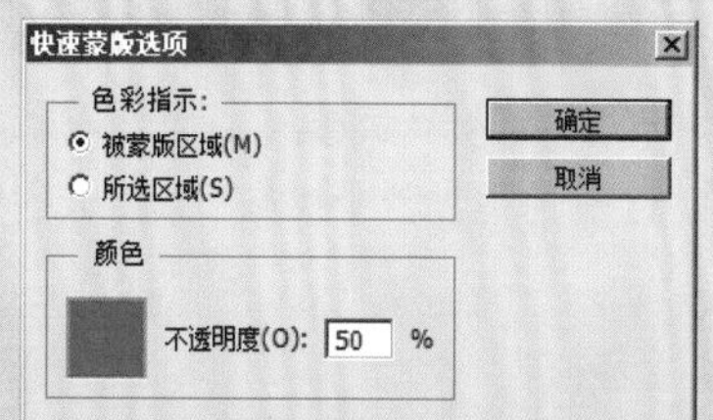

图2-27 【快速蒙版选项】对话框

- 【色彩指示】：用来指定蒙版的作用状态。如果图像中存在选区，单击【被蒙版区域】单选按钮可以使选区之外的区域被遮盖，不被编辑；如果图像中存在选区，单击【所选区域】单选按钮可以使选区内的区域遮盖，不被编辑。
- 【颜色】：用来设置蒙版的颜色。单击其下方的颜色块即可随意设置想要的蒙版颜色，默认颜色为红色。
- 【不透明度】：用来设置蒙版的透明效果，默认设置为50%。

Step 04 单击对话框中的 确定 按钮，然后利用绘图工具或填充工具编辑快速蒙版。编辑后的蒙版效果如图2-28所示（即图中沙发被红色覆盖部分）。

在选取过程中，可以会出现多选的情况，此时可以按X键，将前、背景色交换，例如使用白色就可以减少蒙版区域。

**技 巧**

在涂抹过程中，为了提高选取的准确度，可以把图像放大到一定比例，还要根据需要随时调整画笔大小。按［键可以快速缩小画笔大小，按］键可以快速增大画笔大小。要想使选取的图像边缘出现羽化效果，在绘制前可以在画笔【硬度】上设置一定的数值，如50%。另外，在Photoshop中，凡是具有绘图功能的工具都可以编辑快速蒙版的形态。

Step 05 在当前的快速蒙版状态下，【通道】面板中也会出现一个临时蒙版，如图2-29所示。

图2-28 编辑的快速蒙版效果

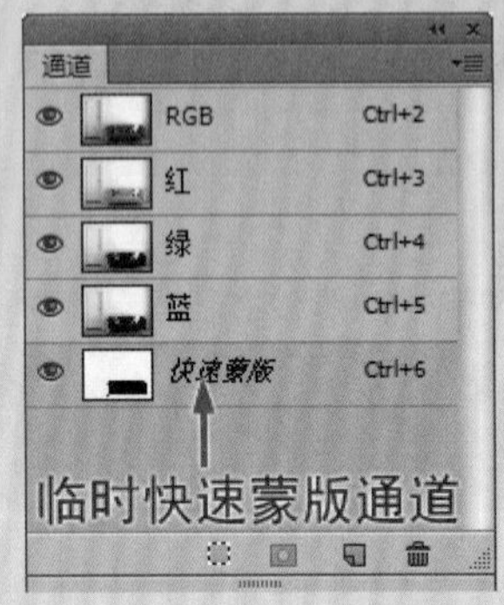


图2-29 临时蒙版状态

Step 06 选择工具箱中的【以快速蒙版模式编辑】工具（或按Q键），可以将快速蒙版转换成选择区域，效果如图2-30所示。

**注 意**

可以通过转换后的选择区域来理解【快速蒙版选项】对话框中的【被蒙版区域】和【所选区域】这两个选项的含义，其实可以将这两个选项简单地理解为选择与反选的关系。

Step 07 双击【以快速蒙版模式编辑】按钮，在弹出的【快速蒙版选项】对话框中将【色彩指示】选择为【所选区域】，确认后快速蒙版显示区域就会发生变化，如图2-31所示。

Step 08 按Q键退出快速蒙版状态，按Ctrl+Shift+I快捷键，将选区反选，选择需要的沙发部分，如图2-32所示。

图2-30 由快速蒙版转换成的选区

图2-31 蒙版显示效果

选择工具箱中的【以快速蒙版模式编辑】工具，可将蒙版中未被蒙住的部分转换为选择区域，同时【通道】面板中的【快速蒙版】通道会消失，如图2-33所示。

Step 09 按Ctrl+C快捷键将选区内容复制，再按Ctrl+N快捷键新建一个文件，将背景内容设置为透明，最后再按Ctrl+V快捷键将选区内容粘贴到新建的文件中，如图2-34所示。

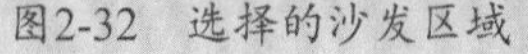

图2-32 选择的沙发区域

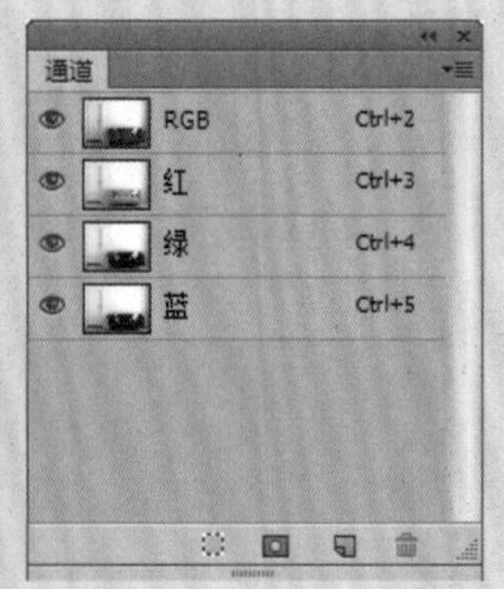


图2-33 【通道】面板

图2-34 提取的沙发素材

【快速蒙版】选择图像的过程如图2-35所示。

图2-35 【快速蒙版】选择图像过程

（2）图层蒙版

除了快速蒙版之外，Photoshop软件中还有一种图层蒙版，可以控制当前图层中的不同区域如何被隐藏或显示。通过修改图层蒙版，可以制作各种特殊效果，但实际上却并不会影响该图层上的像素。

图层蒙版只以灰度显示，其中白色部分对应的该层图像内容完全显示，黑色部分对应的该层图像内容完全隐藏，中间灰度对应的该层图像内容产生相应的透明效果。另外，对于图像的背景层是不可以加入图层蒙版的。

## 动手操作——图层蒙版的使用方法

Step 01 选择菜单栏中的【文件】|【打开】命令，打开随书配套光盘中的“调用图片\第2章\电梯间.jpg”和“人.psd”文件，如图2-36所示。

下面将人物调入到场景中。

Step 02 使用工具箱中的【移动工具】将人物拖入到【电梯间】场景中，并按Ctrl+T快捷键，弹出自由变换框，然后将拖入的图像等比例缩小并放置在如图2-37所示的位置。

图2-36 打开的图像文件

图2-37 调整后的图像效果

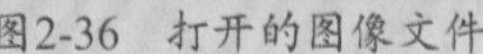

Step 03 在【图层】面板中将人物所在图层复制一层，并将复制后的图层移动到原图层的下方，如图2-38所示。

Step 04 设置所复制图层的【不透明度】为40%。选择菜单栏中的【编辑】|【变换】|【垂直翻转】命令，将复制的图像垂直翻转，放置在如图2-39所示的位置。

Step 05 单击【图层】面板底部的【添加蒙版】按钮，为复制的图层添加图层蒙版，效果如图2-40所示。

图2-38 复制的图层位置

图2-39 垂直翻转的图像

图2-40 添加的图层蒙版

图层蒙版的工作原理与Alpha通道一样，白色区域用来显示图像，黑色区域用来遮盖图像。当前的图层蒙版是白色，所以图像并没有被遮盖。此时如果为图层蒙版填充黑色至白色的渐变，图像显示效果会有什么变化呢？

Step 06 选择工具箱中的【渐变工具】，然后单击其属性栏中的按钮，弹出【渐变编辑器】对话框，选择【黑，白渐变】类型，如图2-41所示。

Step 07 【渐变工具】属性栏中的其他选项设置如图2-42所示。

Step 08 把鼠标放置在复制图像的底端，按住Shift键的同时由下至上拖曳鼠标，此时复制图像出现若隐若现的

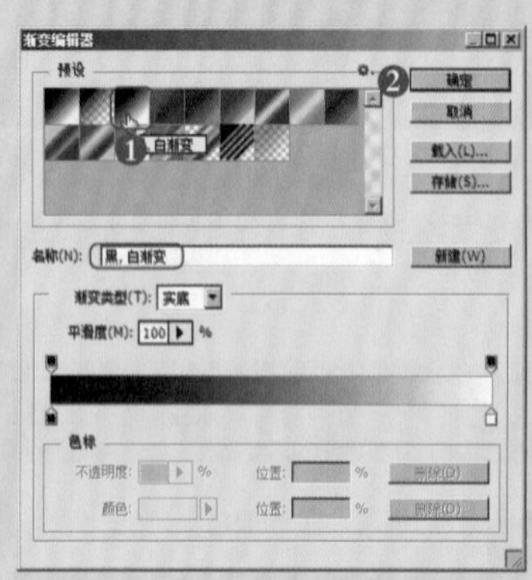


图2-41 【渐变编辑器】对话框

蒙太奇效果，其实这就是图像倒影制作的方法之一。填充【黑，白渐变】后的图像效果与图层蒙版显示如图2-43所示。

从图2-43所示的图层蒙版中可以看出，黑色区域遮盖了图像，白色区域显示图像，而灰色区域则使图像若隐若现。

Step 09 在【图层】面板中单击图层缩略图和图层蒙版的之间的符号，可以取消图像与蒙版的链接，使用工具可以移动蒙版的位置，如图2-44所示。

图2-42 【渐变工具】属性栏设置

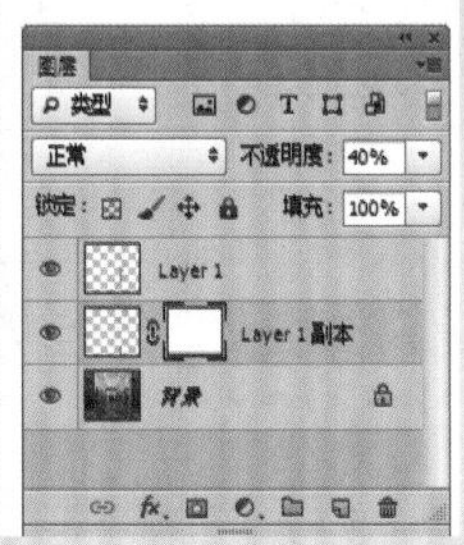


图2-43 填充渐变色后的图像及图层蒙版显示

图2-44 蒙版移动后的图像及图层显示

Step 10 按Ctrl+Z快捷键，取消蒙版的移动操作并将图像与蒙版链接。

Step 11 将鼠标放置在蒙版区域单击右键，在弹出的快捷菜单栏中可以实现蒙版的各种编辑，如图2-45所示。

- 【停用图层蒙版】：可以暂时取消图层蒙版的应用效果。蒙版编辑完毕后，如果需要将蒙版暂时关闭，可以在按住Shift键的同时单击【图层】面板中的预览图，或选择菜单栏中的【图层】|【图层蒙版】|【停用】命令，或单击鼠标右键，在弹出的快捷菜单中选择【停用图层蒙版】命令，编辑好的图层蒙版上就会出现一个红色的叉号，图层将恢复到最初的状态，如图2-46所示。图层蒙版虽然停用了，但是并没有去除。如果还希望使用蒙版，可以单击【图层】面板中的图层蒙版预览图，或选择菜单栏中的【图层】|【图层蒙版】|【启用】命令，就会恢复蒙版的使用。

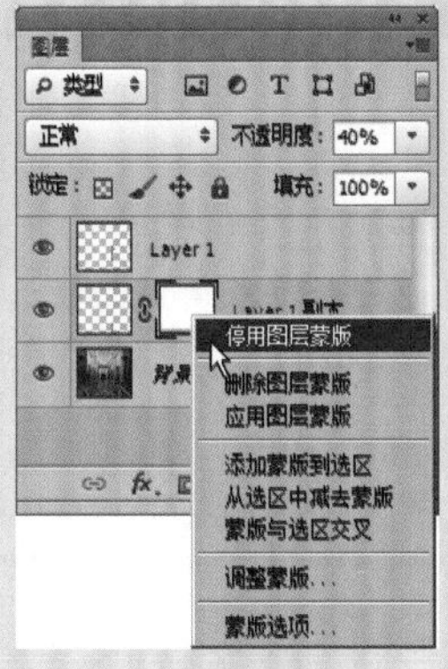


图2-45 蒙版编辑右键菜单

图2-46 停用图层蒙版

- 【删除图层蒙版】：可以将图层蒙版删除。如果想将图层中的蒙版去掉，还可以选择菜单栏中的【图层】|【图层蒙版】|【删除】命令，蒙版就会去掉，其效果也会消失。在【图层】面板中

选择蒙版后，单击【图层】面板底部的按钮，或者直接单击蒙版并拖曳至按钮上，系统会弹出一个提示对话框，如果2-47所示。单击应用按钮，蒙版效果就会直接应用到图层内。如果单击删除按钮，蒙版效果就会被删除掉，图层会恢复到最初状态。

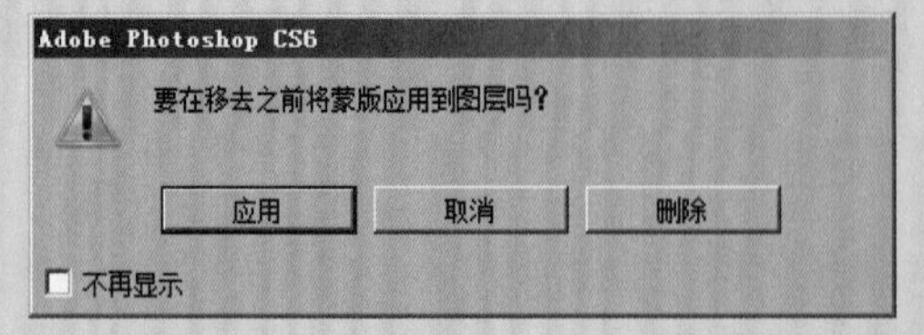


图2-47　提示框

- 【应用图层蒙版】：可以将图层蒙版应用，并且蒙版也会去掉。
- 【添加图层蒙版到选区】：如果原图像中存在选区，那么由图层蒙版转换的选区将与原选区相加。
- 【从选区中减去图层蒙版】：如果原图形中存在选区，那么由图层蒙版转换的选区将从原选区中减去。
- 【蒙版与选区交叉】：如果原图像中存在选区，那么由图层蒙版转换的选区将与原选区相交。
- 【蒙版选项】：用来设置图层蒙版的颜色和不透明度。

**注 意**

图层蒙版的编辑方法非常简单，这里不再逐一演示其操作过程，读者可以自己尝试。

Step 12 选择菜单栏中的【文件】|【存储为】命令，将调整后的文件另存为【电梯间倒影.psd】文件。可以在随书配套光盘“效果文件\第2章”文件夹下找到该文件。

## 2.2.4 路径

路径实际上是一些矢量式的线条，因此，无论图像进行缩小或放大，都不会影响它的分辨率或是平滑度。编辑好的路径还可以保存在图像中，路径的编辑方式类似于3ds Max中的二维曲线；另外路径还可以转换为选择区域，这就意味着可以选择出更为复杂的选取区域。

### 1. 路径编辑工具

要创建路径，必须使用【路径】面板和路径工具。路径工具均被收集在【钢笔工具】组与【路径选择工具】组中，如图2-48所示。

- 【钢笔工具】：用于绘制由多点连接的线段或曲线。
- 【自由钢笔工具】：自由绘制线条或曲线。
- 【添加锚点工具】：在当前路径上增加锚点，从而可对该锚点所在线段进行曲线调整。
- 【删除锚点工具】：在当前路径上删除锚点，从而将该锚点两侧的线段拉直。
- 【转换点工具】：可将曲线锚点转换为直线锚点，或相反。
- 【路径选择工具】：选定路径或调整锚点位置。
- 【直接选择工具】：可以用来移动路径中的锚点或线段，也可以调整方向线和方向点。

### 2.【路径】面板

使用【路径】面板可执行所有涉及路径的操作。例如，将当前选择区域转换为路径、将创建的路径转换为选择区域、删除路径和创建新路径等，如图2-49所示。下面具体介绍【路径】面板中的各项功能。

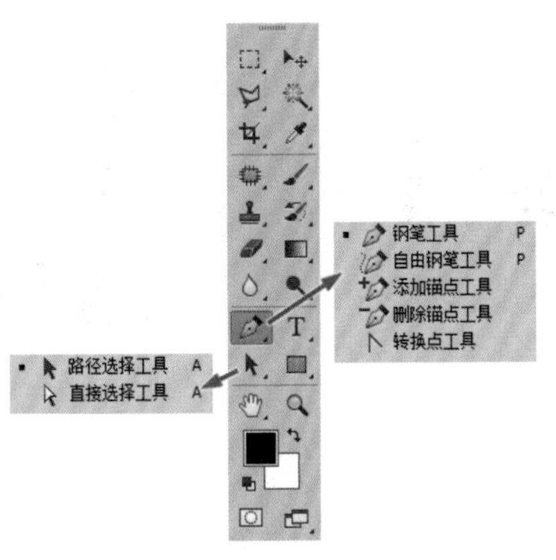

图2-48 路径工具

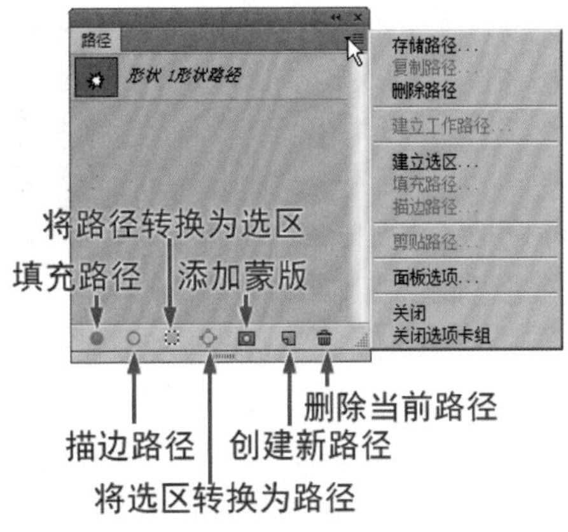


图2-49 【路径】面板

- 路径列表：路径列表中可以列出当前图像中的所有路径，且其中显示了路径缩略图和路径名称。
- 【用前景色填充路径】：单击该按钮，将以前景色填充路径所包围的区域。
- 【用画笔描边路径】：单击该按钮，将以当前的前景色设置进行描边。
- 【将路径作为选区载入】：单击该按钮，可将当前选中的路径转换为选区。
- 【从选区生成工作路径】：单击该按钮，可将当前选择区域转换为路径。
- 【添加蒙版】：新增按钮，单击该按钮，可为当前路径范围添加蒙版。
- 【创建新路径】：单击该按钮，可创建一个新的工作路径层。
- 【删除当前路径】：单击该按钮，可删除当前选中的路径。

**注 意**

关于【钢笔工具】的具体用法，将在下一章中做详细讲解。

# 2.3 与图像相关的概念

在开始学习建筑效果图之前，应了解一些有关图像方面的专业知识，这将有利于制作图像。本节将介绍一些最基本的与图像相关的概念。

## 2.3.1 图像形式

图像文件大致可以分为两大类：一类为位图图像，另一类为矢量图形。了解和掌握这两类图形的差异，对于创建、编辑和导入图片都有很大帮助。

### 1. 位图

位图也叫像素图，是由许多相等的小方块，即像素或点的网格组成。与矢量图形相比，位图的图像更容易模拟照片的真实效果。其工作方式就像是用画笔在画布上作画一样。如果将这类图形放大到一定的程度，就会发现它是由一个个小方格组成的，这些小方格被称为像素点。一个像素点是图像中最小的图像元素。一幅位图图像可以包括百万个像素，因此位图的大小和质量取决于图像中像素点的多少。通常来说，每平方英寸的面积上所含像素点越多，颜色之间的混合也越平滑，同时文件也越大。

将一幅位图图像放大显示时，其效果如图2-50所示。可以看出，将位图图像放大后，图像的边缘产生了明显的锯齿状。

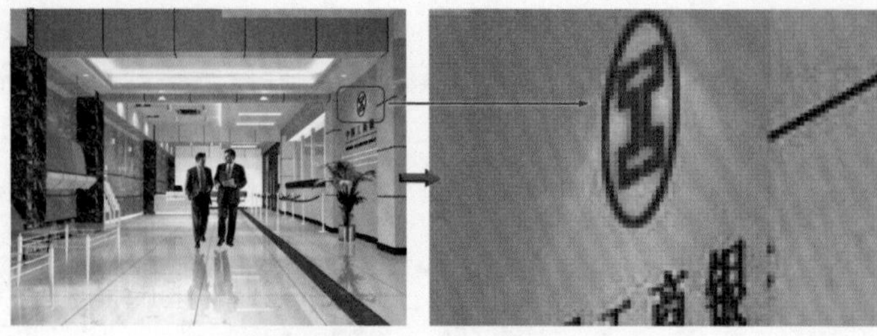

图2-50 放大显示的位图图像

### 2. 矢量图

矢量图也叫面向对象绘图，是用数学方式描述的曲线及曲线围成的色块制作的图形。它们是在计算机内部表示成一系列的数值而不是像素点，这些值决定了图形如何显示在屏幕上。用户所画的每一个图形、打印的每一个字母都是一个对象，每个对象都可以决定其外形的路径，一个对象与别的对象相互隔离，因此用户可以自由地改变对象的位置、形状、大小和颜色。同时，由于这种保存图形信息的办法与分辨率无关，因此无论放大或缩小多少，都有一样平滑的边缘，一样的视觉细节和清晰度。

矢量图形尤其适用于标志设计、图案设计、文字设计、版式设计等，它所生成的文件也比位图文件要小。基于矢量绘画的软件有CorelDRAW、Illustrator、Freehand等。

将一幅矢量图形放大1200%后，其效果如图2-51所示。

原图形　　放大1200%后的效果

图2-51 计算机绘制矢量效果图

由图2-51可以看出，在将矢量图形放大后，矢量图形的边缘并没有产生锯齿效果。

由此可以看出，位图与矢量图最大的区别在于：基于矢量图的软件原创性比较大，主要长处在于原始创作；而基于位图的处理软件，后期处理比较强，主要长处在于图片的处理。比较矢量图和位图的差别可以看到，放大的矢量图的边和原图一样是圆滑的，而放大的位图的边就带有锯齿状。

但是又不能说基于位图处理的软件只能处理位图，基于矢量图处理的软件只能处理矢量图。例如，CorelDRAW虽然是基于矢量的程序，但它不仅可以导入（或导出）矢量图形，甚至还可以利用CorelTrace将位图转换为矢量图，也可以将CorelDRAW中创建的图形转换为位图导出。

## 2.3.2 像素

像素的英文词是Pixel，它是由元素和图片两个词组成的。可以将一幅图像看成是由无数个点组成的，其中，组成图像的一个点就是一个像素，像素是构成图像的最小单位，它的形态是一个小方块。如果把位图图像放大到数倍，会发现这些连续的色调其实是由许多色彩相近的小方块所组成，而这些小方块就是构成位图图像的最小单位“像素”，如图2-52所示。

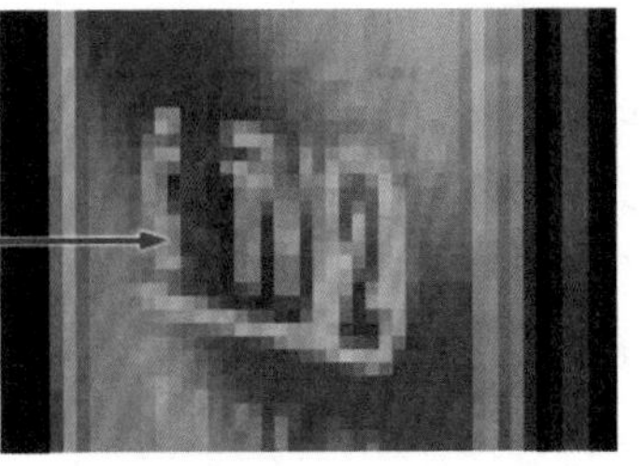

图2-52 位图图像局部放大后的显示的像素效果

## 2.3.3 分辨率

在位图图像中，图像的分辨率是指图像中单位长度上的像素数目，一般以点数值表示，例如800像素×600像素或1024像素×768像素。一般来说，分辨率是指计算机的图像对于用户是否清晰。

修改图像的分辨率可以改变图像的精细程度。相同尺寸的图像，分辨率越高，单位长度上的像素点越多，图像越清晰；反之，图像越粗糙。但有一点需要注意，对以较低分辨率扫描或创建的图像，在Photoshop软件中提高其分辨率，只能提高每单位图像中的像素数目，却不能提高图像的品质。

图像分辨率直接影响到图像的最终效果。图像在打印输出之前，都是在计算机屏幕上操作的，对于打印输出，则应根据其用途不同而有不同的设置要求。分辨率有很多种，经常接触到的分辨率概念有以下几种。

### 1. 屏幕分辨率

屏幕分辨率是指计算机屏幕上的显示精度，是由显卡和显示器共同决定的。一般以水平方向与垂直方向像素的数值来反映。例如800像素×600像素表示水平方向的像素值是800像素，而垂直方向的像素值是600像素。

### 2. 打印分辨率

打印分辨率又称打印精度，是由打印机的品质决定的。一般以打印出来的图纸上单位长度中墨点的多少来反映（以水平方向×垂直方向来表示），单位为dpi（像素/英寸）。打印分辨率越高，意味着打印的喷墨点越精细，表现在打印出的图纸上是直线更挺、斜线的锯齿也更小，色彩也更加流畅。

### 3. 图像的输出分辨率

图像的输出分辨率是与打印机分辨率、屏幕分辨率无关的另一个概念，它与一个图像自身所包含的像素的数量（图形文件的数据尺寸）以及要求输出的图幅大小有关，一般以水平方向或垂直方向上单位长度中的像素数值来反映，单位为ppi或ppc，如500ppi、75ppc等。

例如，在3ds Max中按照3400像素×2475像素渲染得到的一幅图形文件，其数据尺寸为3400像素×2475像素，如果按照A4图幅输出，其图像输出分辨率可达290像素；如果按照A2图幅输出，其图像输出分辨率则为145像素。

反之，如果要求输出分辨率达到150像素以上，图幅大小要求为A4纸时，图像文件的数据尺寸应该达到1754像素×1235像素；图幅大小要求为A2纸时，图像文件的数据尺寸应超过3526像素×2481像素以上。

计算公式为：输出分辨率×图幅大小（宽或高）=图像文件的数据尺寸（对应的宽或高）。

由此可见，随着输出分辨率的提高，图像文件的数据尺寸也会相应增大，给计算机中的运算和文件存储增加了负担。因此，应当选择合适的输出分辨率，而不是输出分辨率越高越好。

一般来说，打印精度为600像素/英寸（1英寸=2.54厘米）的喷墨打印机，图像的输出分辨率达到100像素时，人眼已无法辨别精度了。图幅过大时，由于人的观看距离的变化和人眼的视觉感受的调整，图像的输出分辨率可以相应降低。当然，对于打印精度非常高的精美印刷排版而言，一般都要求图像的输出分辨率超过300像素。

## 2.3.4 常用图像色彩模式

图像色彩模式是Photoshop软件提供的用于描述颜色的标准形式。

在数字化的图像中，图像的颜色可由各种不同的基色合成，这就构成了颜色的多种合成方式，即色彩模式。每张图片都具有各自的色彩模式，以满足不同的设计需要。要在Photoshop软件中较好地处理一幅图像，对色彩知识与色彩模式的掌握是很有必要的。

创建色彩模式是将一种色彩转换成数字数据，从而使色彩在图像处理软件与印刷设备中的描述相同。不同的色彩模式描述色彩的方式是不一样的，适合范围也有所不同，不同模式之间可以互相转换，但有些转换是不可逆的，所以在转换之前应该考虑好或留有备份。

要查看修改图片的色彩模式，可以打开菜单栏中的【图像】|【模式】子菜单，选中的命令即为当前图像的色彩模式，如图2-53所示。

### 1. 位图模式

图中只有黑白两色。有一点需要注意的是，当把一幅彩色图像转换成黑白模式图像时，必须先把它转换成灰度模式图像，然后才可以把它转换成黑白位图。图2-54显示的图像为转换后的位图模式效果。

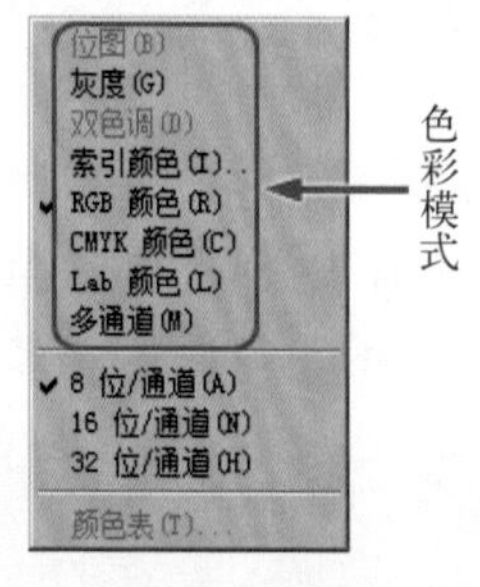


图2-53 【色彩模式】菜单

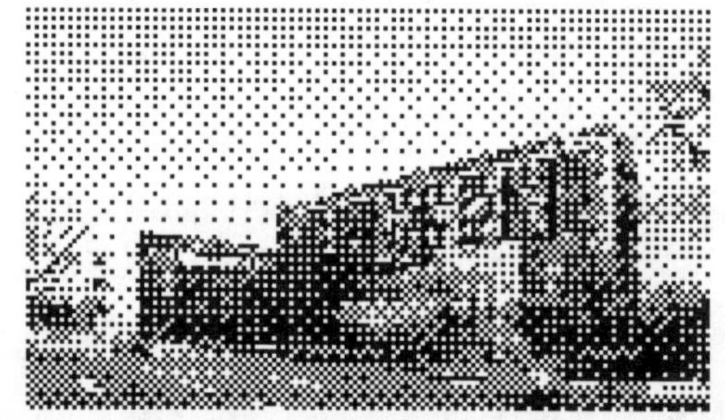

图2-54 位图模式示例

### 2. 灰度模式

灰度模式的图中只有黑、白、灰调，图像只有灰度信息而没有彩色信息，如图2-55所示。在Photoshop中，灰度模式的像素取值范围为0~255。0表示灰度最弱的颜色，即黑色；255表示灰度最强的颜色，即白色；其他的值是指黑色渐变至白色的中间过渡的灰色。

彩色图像可选择【图像】|【模式】|【灰度】命令，将图像转化成此模式。该模式可以使图像的过渡更平滑、细腻，也是一种能让彩色模式转换为位图和双色调图的过渡模式。值得注意的是，彩色模式转换为灰度模式后，颜色将丢失，且不可恢复。

### 3. 双色调模式

双色调模式与灰度模式相似，是由灰度模式发展而来的。如果要将其他模式的图像转换成双色调模式，应首先将其转换为灰度模式，然后再转换为双色调模式。转换时，可以选择单色调、双色调、三色调和四色调，并选择各个色板的颜色。但要注意的是，在双色调模式中，颜色只是用来表示“色调”而已，因此在这种模式下，彩色油墨只是用来创建灰度级的，不是创建色彩的。当油墨颜色不同时，其创建的灰度级也是不同的。通常选择颜色时，都会保留原有的灰色部分作为主色，其他加入的颜色为副色，这样才能表现较丰富的层次感和质感。图2-56显示的就是一幅双色调模式图像。

图2-55　灰度模式示例

图2-56　双色调模式示例

### 4. 索引颜色模式

此模式由256色图像压缩，文件较小，由RGB、灰度、双色模式转换而成。

### 5. RGB颜色模式

RGB颜色模式是最普遍的图像模式之一，由红、绿、蓝三原色混合而成。它们在图像中通过进行不同程度的叠加，从而产生丰富多彩的颜色。RGB图像模式也是应用最广泛的颜色模式，所有的电影、电视、显示器等视频设备都依赖于这种模式。

Photoshop将RGB图像分成3个颜色通道，分别是红色通道、绿色通道和蓝色通道。图2-57显示的是Photoshop的【通道】面板以及一幅RGB模式的图像，这里的RGB复合通道用于显示原图像。要查看图像某个颜色成分的通道，通过在【通道】面板上的相应标题栏（红、绿、蓝）上单击将其选中即可。

图2-57　RGB图像的颜色通道

### 6. CMYK色彩模式

这是彩色印刷最普遍的图像模式，其图像文件由青色、洋红、黄、黑4种色彩叠合而成，以满足印刷连续色调的图像。在CMYK模式下，图像的处理速度较慢。因此，在通常情况下先将图像在RGB模式下处理完成，然后再转换成CMYK模式打印输出。

### 7. Lab色彩模式

这是Photoshop一种内部转换的色彩模式。当一种色彩模式不能直接向另一种色彩模式转换时，可以选择菜单栏中的【图像】|【模式】|【LAB颜色】命令，先转化成Lab色彩模式进行。

### 8. 多通道模式

多通道模式是利用色相、色浓度以及亮度3分量来表示颜色的。其中色相代表不同波长的光谱值；色浓度代表颜色的深浅；亮度代表颜色的明暗程度。随着这3个分量的不同取值，就可以组合成不同的颜色。

## 2.3.5 常用图像文件格式

用Photoshop做好图像后，需要选择一种文件格式进行存储。Photoshop支持几十种文件格式，因此能很好地支持多种应用程序。在这些文件格式中，包含有Photoshop的专用格式和用于应用程序交换的文件格式，还有一些比较特殊的格式。其最常见的格式是PSD、PDD、BMP、PDF、JPEG、GIF、EPS、TGA、PNG、TIFF，等等。

### 1. PSD格式和PDD格式

PSD格式和PDD格式是Photoshop软件自身的专用文件格式，但通用性不强。它们具有比其他格式更快速地打开和保存图像，能很好地保存图层、通道、路径、蒙版以及压缩方案，不会导致数据丢失以及便于修改等优点。但所存储的图像文件特别大，占用磁盘空间较多。 支持这种格式的应用程序也较少。

### 2. BMP格式

BMP是Windows Bitmap的缩写，这种格式被大多数软件所支持。此格式一般在多媒体演示、视频输出等情况下使用。它的图像文件在存储时采用了一种叫RLE的无损压缩方式，对图像质量不会产生什么影响，还能节省磁盘空间。

### 3. PDF格式

PDF（Portable Document Format）是由Adobe Systems创建的一种文件格式，允许在屏幕上查看电子文档。用PDF制作的电子书具有纸版书的质感和阅读效果，可以“逼真”地展现原书的原貌，而显示大小可任意调节，给读者提供了个性化的阅读方式。PDF文件还可以被嵌入到Web的HTML文档中。

### 4. JPEG格式

JPEG（Joint Photographic Experts Group缩写，意为联合图形专家组）是平时最常用的图像格式。它是一个最有效、最基本的有损压缩格式（有损失压缩会丢失部分数据），被绝大多数的图形处理软件所支持。JPEG格式的图像还被广泛用于网页的制作。如果对图像质量要求不高，但又要求存储大量图片，使用JPEG无疑是一个好办法。但是，对于图像输出打印最好不使用JPEG格式，因为它是以损坏图像质量来提高压缩质量的。

### 5. GIF格式

GIF是Graphics Interchange Format的首字母缩写词，是输出图像到网页最常采用的格式，因为GIF格式的图像文件要比其他格式的图像文件快得多，网络中传送图像文件一般用这种格式的文件来缩短图形的加载时间。GIF采用LZW压缩，限定在256色以内的色彩。GIF文件比较小，它形成一种压缩的8位图像文件。如果要使用GIF格式，就必须转换成索引色模式（Indexed Color），使色彩数目转为256或更少。

### 6. EPS格式

EPS是Encapsulated Post Script的首字母缩写词。EPS格式是Illustrator和Photoshop之间可交换的文件格式。Illustrator软件制作出来的流动曲线、简单图形和专业图像一般都存储为EPS文件格式，它们可以被Photoshop获取。在Photoshop中也可以把其他图形文件存储为EPS格式，供如排版类的InDesign和绘图类的Illustrator等其他软件使用。

### 7. TIFF格式

TIFF（Tag Image File Format，意为有标签的图像文件格式）可以制作质量非常高的图像。它是跨越Mac与PC平台最广泛的图像打印格式，常用于出版印刷，是一种灵活的位图图像格式，几乎受所有的绘画、图像编辑应用程序的支持。而且，TIFF使用LZW无损压缩方式，大大减小了图像尺寸。另外，TIFF格式最令人激动的功能是可以保存通道，这对于处理图像是非常有好处的。

### 8. TGA格式

TGA（Targa）格式是计算机上应用最广泛的图像文件格式之一，与TIF格式相同，都可以用来处理高质量的色彩通道图像。它支持32位图像，吸收了广播电视标准的优点。

### 9. PNG格式

PNG格式结合了GIF和JPEG的优点，采用无损压缩方式存储。

# 2.4 图层

前面提到过，Photoshop软件的图层就如同堆叠在一起的透明纸，可以透过图层的透明区域看到下面的图层，可以通过移动图层来定位各图层上的内容，就像在堆栈器中滑动透明纸一样；也可以更改图层的不透明度以使内容部分透明。通过这些设置，就可以做出千变万化的图层效果。

## 2.4.1 图层概述

同一个文件内所有的图层的像素和色彩数目是相同的，用户可以单独对不同的图层执行新建、复制、删除和合并等操作，并且这些操作都不会影响到其他的图层。

### 1. 新建图层

新建图层的方法很多，最常用的有两种：第一种为单击【图层】面板右侧的按钮，在弹出的下拉菜单中选择【新建图层】命令；第二种为单击【图层】面板底部的按钮，此时在【图层】面板中就会出现一个名称为【图层1】的新图层，如图2-58所示。

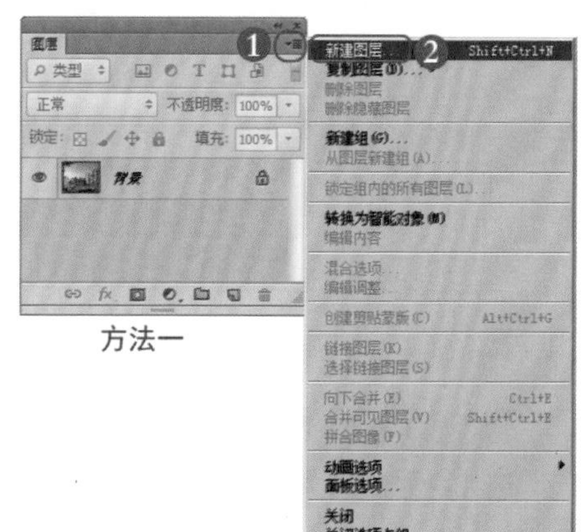


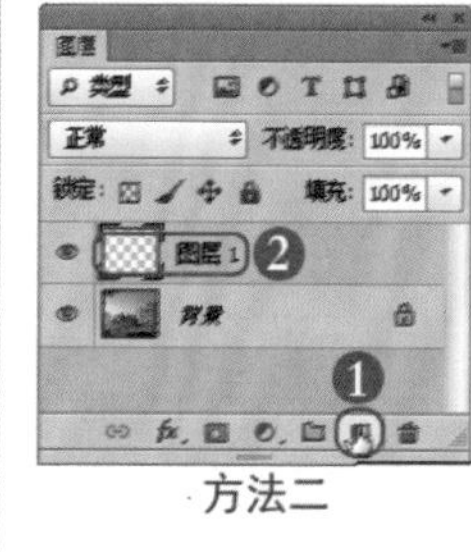


图2-58 创建新图层

### 2. 复制图层

在【图层】面板中，选择需要复制的图层，直接拖曳到【图层】面板底部的按钮上，或单击【图层】面板右上角的按钮，在弹出的下拉菜单中选择【复制图层】命令，或选择菜单栏中的【图层】|【复制图层】命令，如图2-59所示，均可在【图层】面板上增加一个和选中的图层完全相同的重叠图层，但是图层的名称会加上【副本】字样。另外，还可以通过选择或移动等操作来改变新复制图层的方向位置。

### 3. 删除图层

选择需要删除的图层，直接拖曳到【图层】面板底部的按钮上，或选择菜单栏中的【图层】|【删除】|【图层】命令，或单击【图层】面板右侧的按钮，从下拉菜单中选择【删除图层】命令，在弹出的询问是否删除图层提示框中，单击 是(Y) 按钮，都可以实现对图层的删除操作，如图2-60所示。

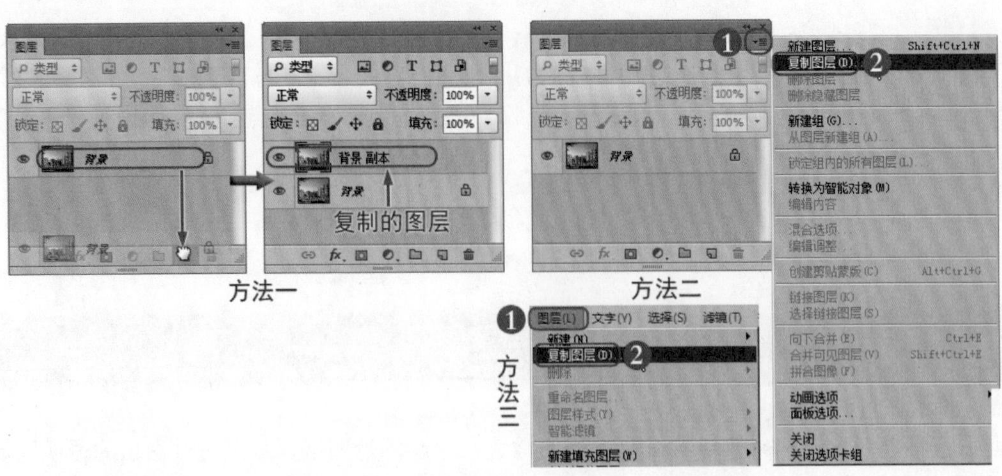


图2-59　复制图层

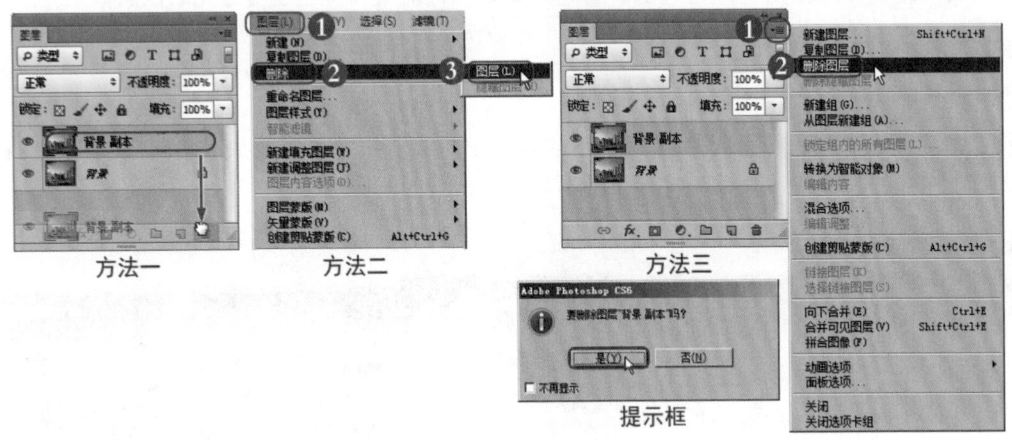


图2-60　删除图层

## 2.4.2 图层模式

当两个图层重叠时，通常默认状态为【正常】。同时Photoshop也提供了多种不同的色彩混合模式，适当地更改混合模式会使图像得到意想不到的效果。

混合模式得到的结果与图层的明暗色彩有直接的关系，因此进行混合模式的选择时，必须根据图层的自身特点灵活运用。在【图层】面板左上侧，单击横条右侧向下的箭头，在弹出的下拉菜单中可以选择各种图层混合模式，如图2-61所示。

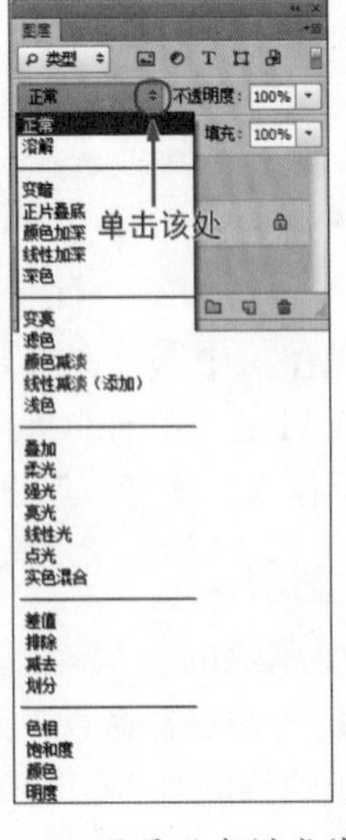


图2-61　图层混合模式菜单

## 2.4.3 图层属性

选择菜单栏中的【图层】|【重命名图层】命令，或者在需要更改图层的名称上快速双击鼠标左键，可以更改图层的名称。在图层上单击鼠标右键，在弹出的下拉菜单中选择合适的颜色，可以更改图层的显示颜色。如图2-62所示。

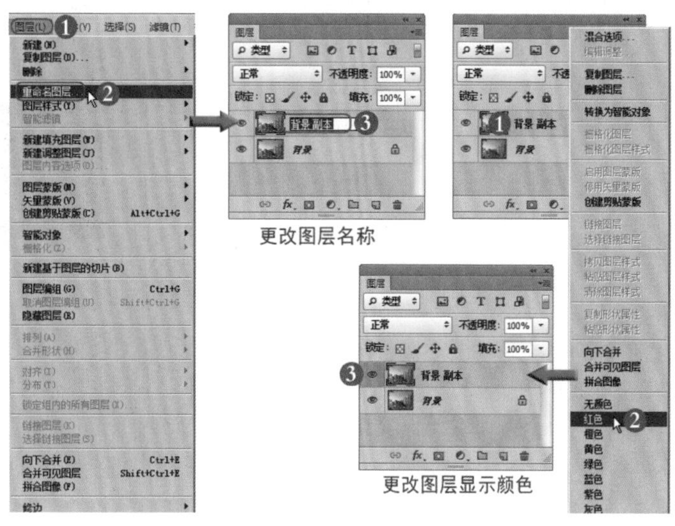


图2-62 设置图层属性

## 2.4.4 图层操作

对于一个分层的图像，可以通过设置图层的相关选项来更改图层的操作。

### 1. 锁定图层

当设置好图层后，为了防止图层遭到破坏，可以将图层的某些功能锁定。

- 锁定透明像素：在【图层】面板上选取图层，激活【锁定透明像素】按钮，则图层上原本透明的部分将被锁住，不允许编辑。
- 锁定图像像素：选取图层，激活【锁定图像像素】按钮，则图层的图像编辑被锁住，不管是透明区域或是图像区域都不允许填色或者是进行色彩编辑，这个功能对背景层是无效的，如图2-63所示。
- 锁定位置：选取图层，激活【锁定位置】按钮，则图层的位置编辑将被锁住，图层上的图形将不允许进行移动编辑。如果使用移动工具，将会弹出警告对话框，提示该命令不可用，如图2-64所示。

图2-63 锁定图像像素

图2-64 锁定位置

- 锁定全部：选取图层，激活【锁定全部】按钮，则图层的所有编辑将被锁定，图层上的图像将不允许进行任何操作，如图2-65所示。

图2-65 锁定全部

## 2. 链接图层

打开一张分层的图像文件，在【图层】面板上选中某层作为当前层，按住Ctrl键的同时单击所要链接的图层，当图层变为蓝色反白显示时，则表示链接图层与当前图层链接在一起了，如图2-66所示。这时可以对它们进行整体移动、缩放和旋转等操作。不需要链接时，只需要按住Ctrl键在要解除链接的图层上单击鼠标左键即可。

## 3. 图层排列顺序

打开一张分层的图像，在【图层】面板上选中某一层，可以更改该图层的排列顺序。选择菜单栏中的【图层】|【排列】命令，在弹出的子菜单中，可以选择相应的命令来改变图层的位置。另外，还可以在【图层】面板中直接拖曳来调整图层至相应的位置，如图2-67所示。

## 4. 将背景层转换为普通图层

有时候对背景图层执行编辑时（例如调整其不透明度或是移动、旋转等），需要将背景层转换为普通图层。选择菜单栏中的【图层】|【新建】|【背景图层】命令，或是在【图层】面板中双击背景图层，可以调出【新建图层】对话框，在该对话框中设定图层的名称、图层显示颜色、混合模式、不透明度等，最后单击 确定 按钮，即可将背景图层转换为普通图层，如图2-68所示。

图2-66 链接图层

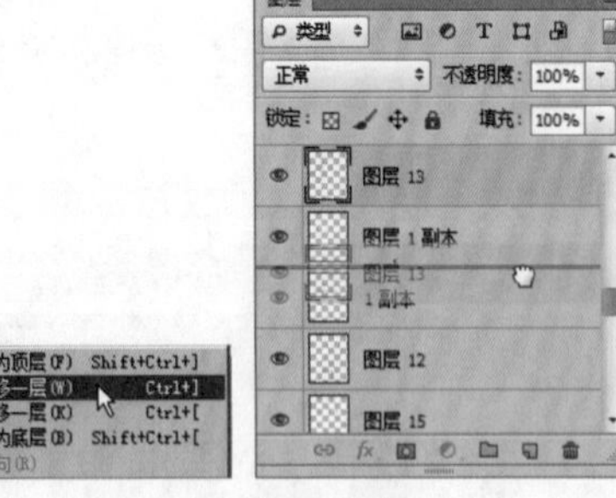

图2-67 排列顺序命令

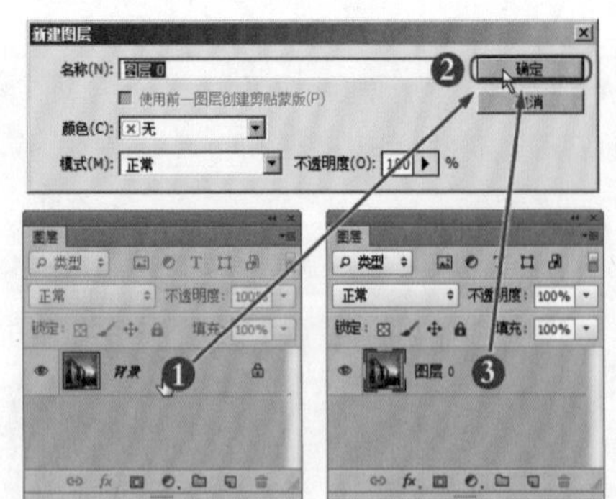

图2-68 将背景层转换为普通图层

## 5. 图层的合并

在实际工作中，有时一张效果图会由上百个图层组成，这时合理地管理图层就非常重要了。将一些同类的图层或是一些影响不大的图层合并在一起，可以减少磁盘的使用空间。单击【图层】面板右上角的按钮，在弹出的下拉菜单中有3种合并图层的方式，如图2-69所示。

- 向下合并：选择【向下合并】命令后，所选择的图层就会与其下面的图层进行合并，而不会影响其他图层，如图2-70所示。

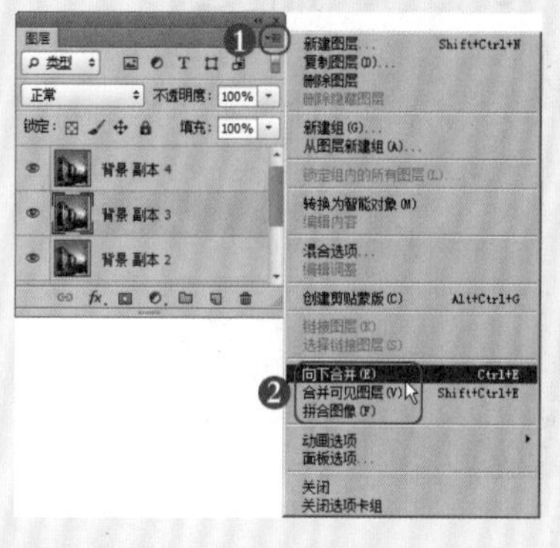

图2-69 3种合并图层的方式

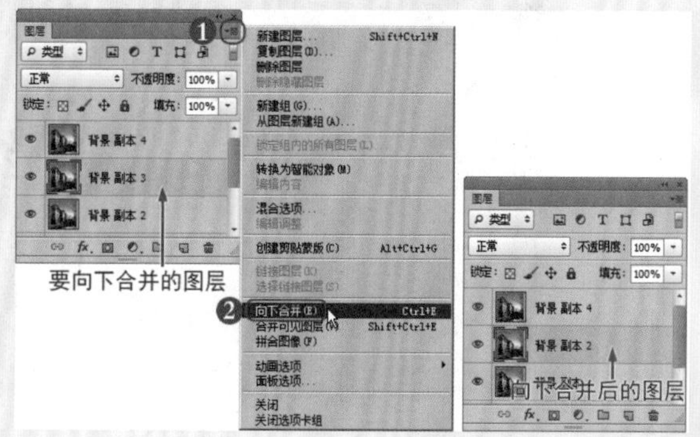


图2-70 向下合并图层

**注 意**

如果图层间有链接关系时，则该命令会变为【合并链接图层】；如果图层间有群组关系时，则该命令将会变为【合并剪贴组】。

- 合并可见图层：选择【合并可见图层】命令后，在图像上能够看到的图层就会被合并，也就是所有有眼睛图标的图层会被合并为一个图层。如果某一图层不希望合并，可以将其前面的眼睛图标关闭，这时该图层将不受【合并可见图层】命令的影响，如图2-71所示。
- 拼合图像：选择【拼合图像】命令后，如果有没有显示出来的图层，系统就会弹出询问对话框，询问是否要扔掉隐藏的图层。如果隐藏的图层确实不需要，单击 确定 按钮。如果所有图层均为显示状态时，选择该命令将合并所有图层，如果2-72所示。

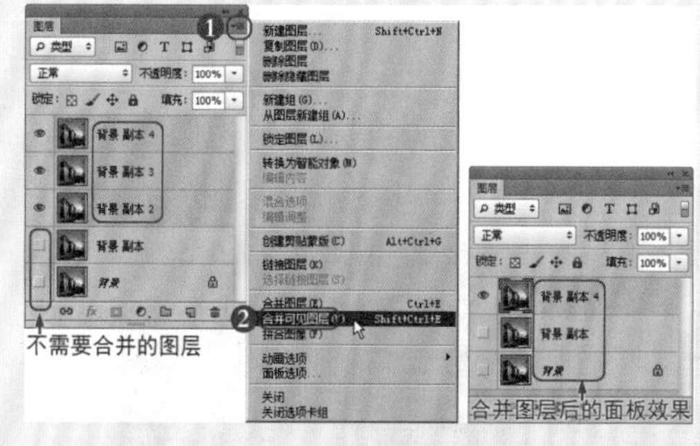


图2-71 合并可见图层

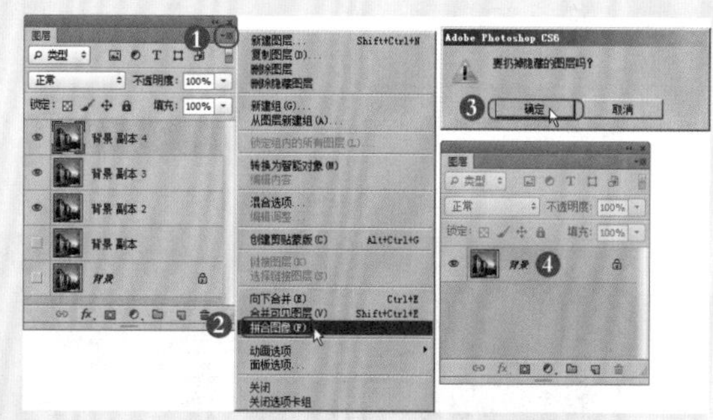

图2-72 拼合图像

其实，关于图层操作方面的知识还很多，由于篇幅所限，本章就不做过多介绍了，在后面的操作中遇到时再具体讲解。

## 2.5 色调、色相、饱和度和对比度

色调是指对象或画面色彩的总倾向，它是由于对象在共同的光源和环境下，色彩相互对比、相互影响而形成的，是色彩对比变化而又和谐统一的结果，也是画面或对象全部色彩的一种整体关

系。图2-73显示的图像是同一幅图像在3种色调下的不同效果。

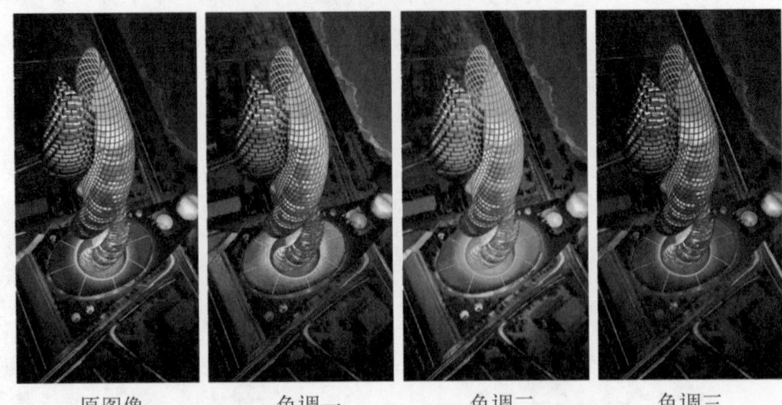

原图像　色调一　色调二　色调三

图2-73　不同色调下所显示的图像文件

色相是指色彩所表现的相貌，即不同色彩的面目，对色相的调整也就是在各种颜色之间进行变换。

饱和度是指图像颜色的色彩度，调整饱和度也就是调整图像的色彩度。当图像的饱和度降低为0时，图像的颜色就会变成灰色；而增加其饱和度，就会增加图像色彩的纯度。以一幅效果图为例，分别将其饱和度调整为-90与+90后的图像与原图的对比效果，如图2-74所示。

饱和度为－90

原图像

饱和度为＋90

图2-74　调整饱和度后不同的图像效果

对比度是指不同颜色之间的差异。对比度越大，颜色之间就相差越大，反之颜色之间相差越小。如图2-75所示为分别将效果图的【对比度】调整为-50和+50后与原图像的效果对比。

对比度为－50

原图像

对比度为＋50

图2-75　调整对比度后不同的图像效果

## 2.6 Photoshop在建筑表现中的应用

自从电脑辅助设计工具在建筑设计领域中被普遍应用后，Photoshop就一直倍受设计师的青睐。今天，Photoshop已经成为创作建筑效果图的有力工具。用计算机绘制的建筑效果图越来越多地出现在各种设计方案的竞标、汇报以及房产商的广告中，成为设计师展现自己作品、吸引业主和获取设计项目的重要手段。

今天Photoshop在建筑表现中的应用，大致可以分为4个方面：室内彩色平面图、彩色总平面图、建筑立面图和建筑效果图制作。

## 2.6.1 室内彩色平面图

随着经济的飞速发展，房地产业火爆异常。新楼盘开发、新的居住方式与新的户型层出不穷，这一切都需要通过户型图来向人们展示。如图2-76所示为AutoCAD绘制的户型图，它表现出了整套户型的结构，还标示了各房间家具的摆放位置，缺点是过于抽象，不够直观。

图2-77是使用Phtoshop软件在图2-76的基础上进行加工处理的结果，不同功能的房间采用不同的图案进行填充，并添加了许多带有三维效果的家具模块，如床、沙发、椅子、桌子等，由于它是形象、生动的彩色图像，因而整个图像效果逼真，极具视觉冲击力。

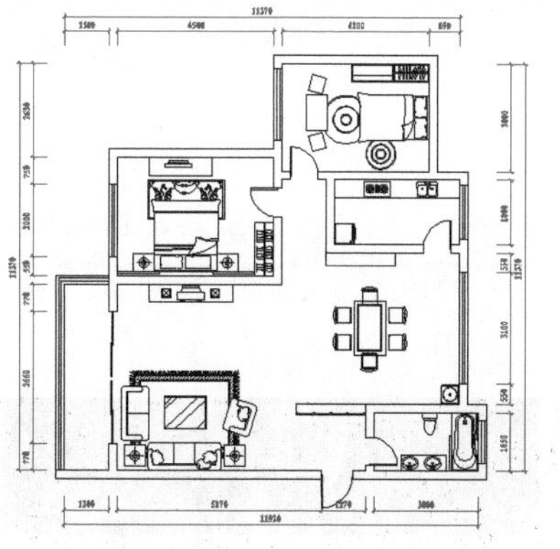

图2-76　AutoCAD绘制的户型图

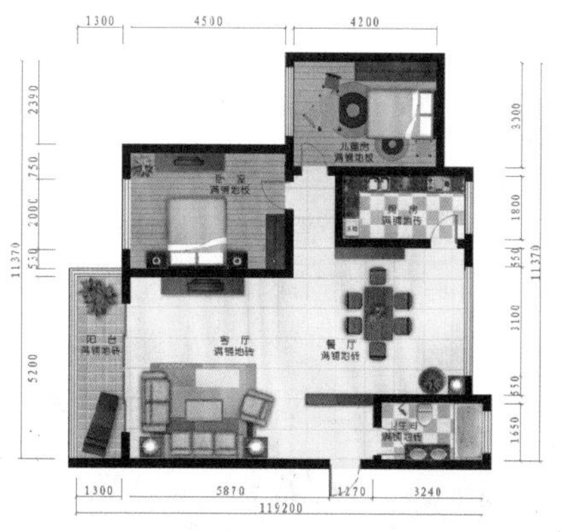


图2-77　Photoshop制作的彩色户型图

## 2.6.2 彩色总平面图

总平面图，就是指新建工程四周一定范围内的新建、拟建的建筑物、构筑物，连同其周围的地形、地物状况用水平投影方法和相应的图例所画出的图样，如图2-78所示为某住宅小区总平面图。

总平面图一般使用AutoCAD进行绘制，由于使用了大量的建筑专业图例符号，非建筑专业人员一般很难看懂。而如果在Photoshop中进行填色，添加相应的树、水、建筑小品等图形模块，总平面图就会立刻变得形象、生动、浅显易懂起来，这样就可以大大方便设计师和客户之间的交流，如图2-79所示。

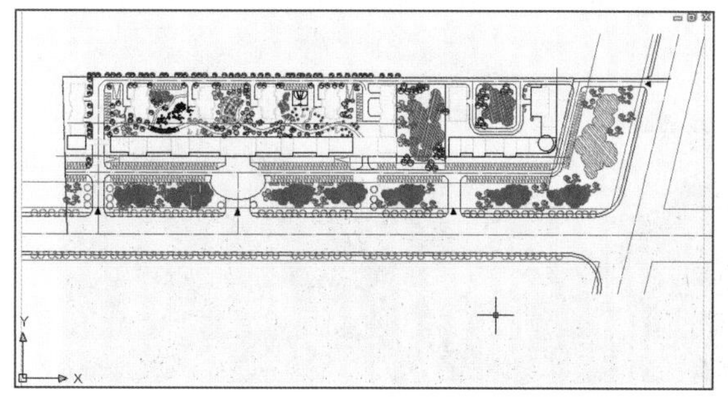

图2-78　AutoCAD绘制的商住小区规划图

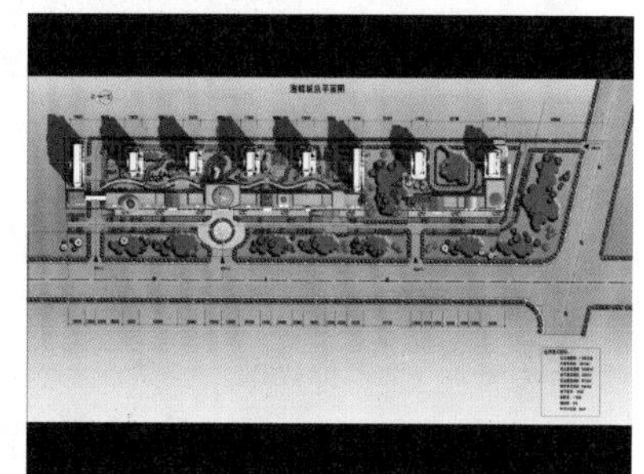

图2-79　Photoshop绘制的总平面图

## 2.6.3 建筑立面图

与总平面图不同，建筑立面图主要用于表现一幢或某几幢建筑的正面、背面或侧面的建筑效果。传统的建筑立面图都是以单一的颜色填充为主要手段，今天的设计师已经不再满足那种简单生硬的表达方式了，如图2-80所示的效果为当今流行的立面图绘制方法。

图2-80　Photoshop绘制的建筑立面图

## 2.6.4 建筑效果图

所说的建筑效果图一般指的是电脑建筑效果图，它是通过三维软件来进行模型创建，然后使用Photoshop来进行后期处理制作的。建筑效果图分为两种，一种是表现室内装饰装潢效果的室内效果图，如图2-81所示，另一种是表现建筑外观的室外效果图，如图2-82所示。

图2-81　表现室内装潢效果图的室内效果图

图2-82　表现建筑外观的室外效果图

# 2.7 Photoshop的优化

使用Photoshop软件处理的建筑图像的分辨率都非常高，要想使Photoshop能够高速、稳定地运行，必须掌握一些非常有用的优化技巧。

## 1. 字体与插件的优化

在进行图形图像设计时，会需要使用到各种不同的字体。由于Photoshop在启动时需要载入字体列表，并生成预览图，如果系统所安装的字体较多，启动速度就会大大减缓，启动之后也会占用很大的内存。

因此，要想提高Photoshop的运行速度，对于无用或较少使用的字体应及时删除。与字体一样，如果安装过多的第三方插件，也会大大降低Photoshop的运行速度。对于那些不常用的插件，可以将其移动至其他目录，需要时再将其移回。

## 2. 暂存盘的优化

暂存盘和虚拟内存相似，它们之间的主要区别在于：暂存盘完全受Photoshop的控制而不是受操作系统的控制。处理那些比较复杂的建筑效果图时，设置更大的暂存盘是必须的，当Photoshop用完内存时，它会使用暂存盘作为虚拟内存；当Photoshop处于非工作状态时，它会将内存中所有的内容拷贝到暂存盘上。

另外，Photoshop必须保留操作过程中的许多图像数据，如还原操作、历史信息和剪贴板数据等。因为Photoshop是使用暂存盘作为另外的内存，所有应正确理解暂存盘对于Phtotoshop的重要性。

选择菜单栏中的【编辑】|【首选项】|【性能】命令，在打开的对话框中可以设置多个磁盘作为暂存盘，如图2-83所示。

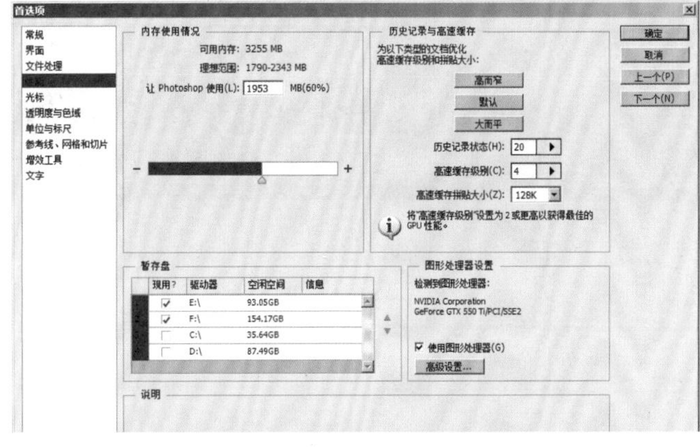


图2-83 Photoshop性能选项设置

**注 意**

**如果暂存盘的可用空间不够，Photoshop就不能打开、处理图像，因此应设置剩余空间较大的磁盘作为暂存盘。**

# 2.8 小结

本章主要介绍了Photoshop的工作界面，还有一些有关图像方面的专业知识。其中，最重要的就是图层的运用，因为很多图像的制作都是需要借助图层才能顺利完成的。相对于其他章节的内容来说，本章内容就是理论知识，但是对于读者在今后的工作中又是很重要，因为对于后面的工作学习它们是基础。所以，希望读者认真学习，为后面的学习打下坚实的基础。

Chapter 03

# 第3章

# Photoshop CS6常用工具及命令的使用

## 本章内容

- 选择工具的应用
- 移动工具的应用
- 图像编辑工具的应用
- 图像选择和编辑命令
- 巧妙地在后期处理中应用【渐变工具】
- 图像色彩调整命令
- 小结

使用Photoshop软件对室内外效果图进行后期处理，其实主要是对效果图进行色彩调整以及为效果图添加配景等。在为室内外效果图场景添加配景时，经常要对配景进行选择、移动、缩放以及进行色彩调整等，力求添加的配景无论是颜色还是大小都与场景文件相协调、相融合。

那么到底该如何选择、移动、缩放以及调整配景素材的色调呢？本章主要介绍在效果图后期处理过程中经常用到的各种工具和命令的使用方法及技巧。

# 3.1 选择工具

PhotoShop处理图像的核心技术就是如何选择要处理的图像区域。PhotoShop从某种意义上讲其实就是一种选择的艺术。因为该软件本身是一个二维平面处理软件，它的处理对象是区域，选择区域是对图片进行一切修改的前提。

在效果图后期处理中，对配景素材的需求量很大，所以熟练使用选择工具就成了必练的基本功。在制作建筑效果图时，经常需要从含有所需配景的图片上将配景提取出来，去掉不需要的部分，而留下有用的人物或花草树木等配景，以便与建筑效果图场景进行合成，其操作流程如图3-1所示。

图3-1 配景合成流程

## 3.1.1 选择工具的分类

总起来说，PhotoShop中最常用的选择工具有选框工具组、套索工具组、色彩选择工具以及路径工具组等。但是，它们的应用范围又是不一样的，根据各种选择工具的选择原理，大致可以分为以下几类：

- 圈地式选择工具。
- 颜色选择工具。
- 路径选择工具。

如图3-2所示的建筑结构简单、轮廓清晰，因此适合运用圈地式选择工具进行选取。而如图3-3所示的树木图像边缘复杂且不规则，但背景颜色比较单一，因此适合运用颜色选择工具进行选取。如图3-4所示的家具图像背景复杂，但边缘由圆滑的曲线组成，就比较适合运用路径工具进行选取。

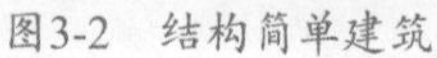

图3-2　结构简单建筑

图3-3　背景颜色单一图像

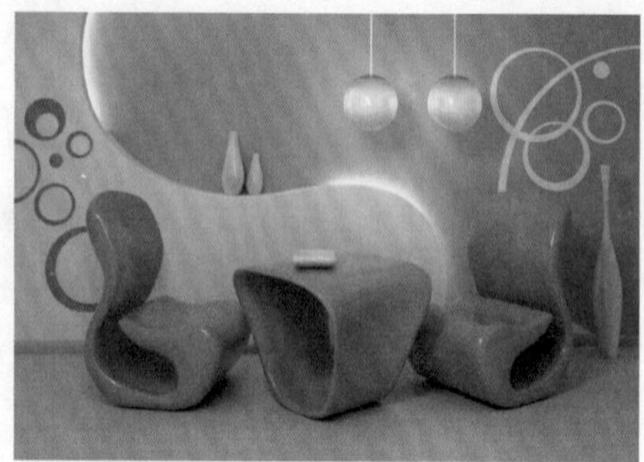

图3-4　圆滑边界家具

## 3.1.2 圈地式选择工具

圈地式选择工具就是可以直接勾画出选择范围的工具，这也是Photoshop创建选区最基本的方法，这类工具包括选框工具和套索工具，如图3-5和图3-6所示。

### 1. 选框工具

选框工具包括矩形、椭圆、单行、单列4种，这类工具只能创建形状规则的选区，适合选择矩形、圆形等比较规范的对象或区域，如图3-7所示。而在效果图后期处理中选择的配景一般都是不规范的，因此该类工具用的很少。

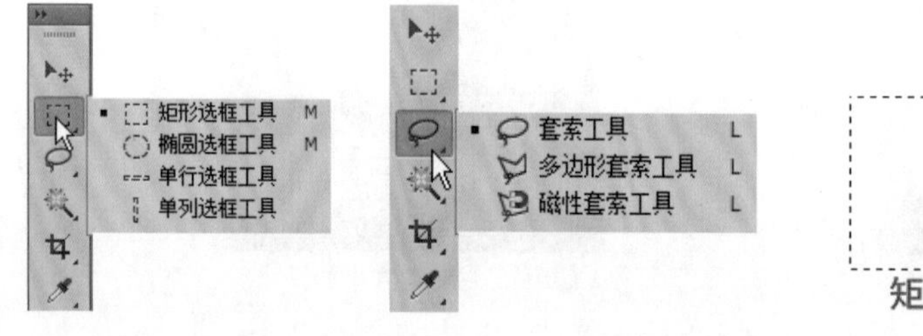


图3-5　选框工具　　图3-6　套索工具

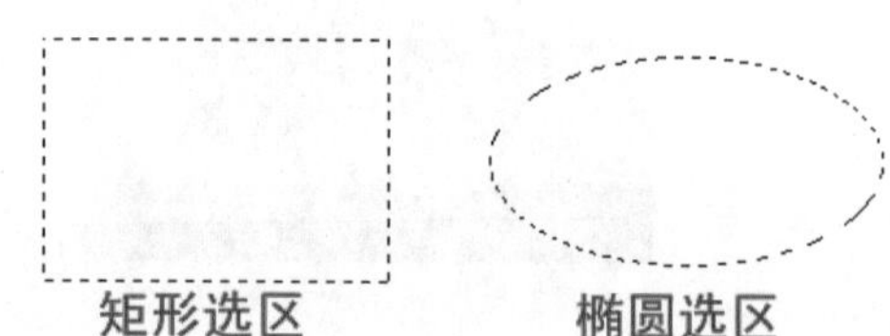


图3-7　使用选框工具建立的选区

由图3-7可以看出，选区建立后，在选区的边缘会出现不断闪烁的虚线，以便用户区分选中的与未选中区域，该虚线如同行进中的蚂蚁，所以又称为“蚂蚁线”。

### 2. 套索工具

套索工具包括【套索工具】、【多边形套索工具】和【磁性套索工具】3种。其中，【套索工具】在选择时要一气呵成，如图3-8所示。从图中可以看出，套索工具建立的选区非常不规则，同时也不易控制，因而只能用于对选区边缘没有严格要求情况下配景的选中，这对于初学者掌握起来有一定的难度。

【多边形套索工具】使用多边形圈地的方式来选择对象，可以轻松控制鼠标。由于它所拖出的轮廓都是直线，因而常用来选中边界较为复杂的多边形对象或区域，如图3-9所示。在实际工作中，多边形套索工具应用较广。而【磁性套索工具】特别适合用于选择边缘与背景对比强烈的图像。

图3-8 使用【套索工具】建立的选区

图3-9 使用【多边形套索工具】建立的选区

**技 巧**

**按住Shift键的同时拖曳鼠标，可进行水平、垂直或45°角方向的选择。**

下面通过简单小例子的选取过程介绍【多边形套索工具】的使用方法。

## 动手操作——用【多边形套索工具】选择配景素材

Step 01 选择菜单栏中的【图像】|【打开】命令，打开随书配套光盘中的“调用图片\第3章\客厅.jpg”文件，如图3-10所示。

Step 02 选择工具箱中的【多边形套索工具】，其属性栏中的各参数取默认值即可，然后在图像中台灯的某一个位置单击鼠标左键，确定一个选择点，然后移动鼠标至台灯的另一个转折处再单击鼠标左键，如果3-11所示。

图3-10 打开的客厅图像文件

图3-11 在转折处单击鼠标左键

Step 03 按照上述的方法继续对台灯造型进行选择操作，当【多边形套索工具】回到起点时，工具的下方就会出现一个小圆圈，如图3-12所示，这时单击鼠标左键可结束选择操作。

Step 04 按Ctrl+C快捷键将选择内容复制，再按Ctrl+N快捷键新建一个文档，并按Ctrl+V快捷键将复制的内容粘贴到新建文档中，最后选择一个合适的颜色填充到背景层上，最终效果如图3-13所示。

Step 05 将选择后的图像另存为【台灯素材.psd】文件。

图3-12 工具下方出现小圆圈

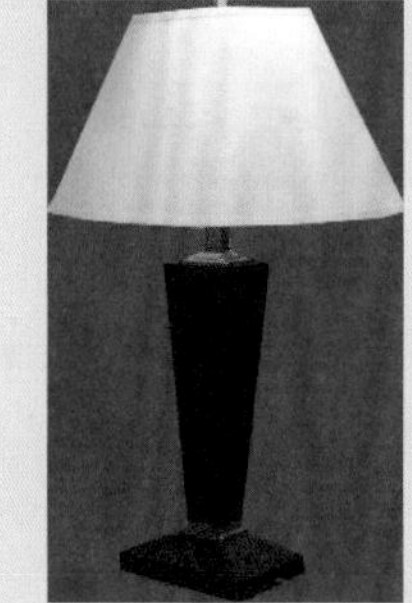

图3-13 选出的图像效果

下面使用【磁性套索工具】来选择这个台灯。

## 动手操作——用【磁性套索工具】选择配景素材

Step01 继续上面的操作。

Step02 重新打开上面的【客厅.jpg】文件，然后选择工具箱中的【磁性套索工具】，其属性栏中的各项参数取默认值即可。

Step03 在图像中台灯的某一个位置单击鼠标左键，确定一个起始点，释放鼠标，并沿着台灯的边缘拖动光标，如图3-14所示。

【磁性套索工具】自动在设定的像素宽度内分析图像，从而精确定义区域边界。要结束选择区域，可双击鼠标连接起点和终点。

Step04 随着鼠标自动选取图像轮廓，如果遇到【磁性套索工具】不能够识别的轮廓时，可单击鼠标左键进行移动选择，结果如图3-15所示。

图3-14 使用【磁性套索工具】选择

图3-15 选择结果

由图3-15可以看出，使用【磁性套索工具】选择后的边缘有的地方不是很尽如人意。

### 3.1.3 色彩选择工具

颜色选择工具根据颜色的反差来选择对象。当选择对象或选择对象的背景颜色比较单一时，使用颜色选择工具会比较方便。

PhotoShop提供了两个专用色彩变化来进行选择的工具，分别是工具箱中的【魔棒工具】和【快速选择工具】。【色彩范围】命令可以一次选择所有包含取样颜色的区域。

#### 1. 魔棒工具

【魔棒工具】是根据图像的颜色进行选择的工具，它能够选取图像中颜色相同或相近的区域，选取时只需在颜色相近区域单击即可。

使用【魔棒工具】时，通过工具属性栏可以设置选取的容差、范围和图层，如图3-16所示。

取样大小: 取样点 容差: 32 ☑消除锯齿 ☐连续 ☐对所有图层取样 调整边缘...

图3-16 【魔棒工具】属性栏

- 容差：在此文本框中输入0~255之间的数值来确定选取的颜色范围。其值越小，选取的颜色范围与鼠标单击位置的颜色越相近，同时选取的范围也越小；反之，选取的范围则越大，如图3-17所示。

容差：10

容差：20

容差：50

图3-17 不同容差值的选取结果

- 消除锯齿：选中该选项可以消除选区的锯齿边缘。
- 连续：选择该选项，在选取时仅选取位置相邻且颜色相近的区域。否则，会将整幅图像中所有颜色相近的区域选择，而不管这些区域是否相连，如图3-18所示。

勾选【连续】项

未勾选【连续】项

图3-18 【连续】选项对选择的影响

### 2. 快速选择工具

【快速选择工具】是Photoshop CS 5新增的一个工具。在使用该工具选择时，它能够快速选择多个颜色相似的区域。该工具的引入，使复杂选区的创建变得简单和轻松。

如图3-19所示的人物图像，由衣服的颜色、皮肤的黄色、头发的黑色等多种颜色，而且颜色的层次变化也很丰富，因此不能直接用【魔棒工具】选择。而使用【快速选择工具】就可以轻松地把人物选择下来。

原图像

选择结果

图3-19 快速选择结果

## 3.1.4 路径选择工具

路径选择工具根据创建路径转化为选区的方法选择对象。因为路径可以非常光滑，而且可以反复调节各锚点的位置和曲线的形态，因此非常适合建立轮廓复杂而边界要求极为光滑的选区，如人物、汽车、家具、室内物品等。

Photoshop有一整套的路径创建和编辑工具，如图3-20所示，其中【钢笔工具】和【自由钢笔工具】用于创建路径，【添加锚点工具】和【删除锚点工具】用于添加和删除锚点，【转换点工具】用于切换路径节点的类型，【路径选择工具】和【直接选择工具】用于路径的选择和单个节点的选择。

下面使用路径选择工具来选择一组家具素材，以学习该工具的使用方法。

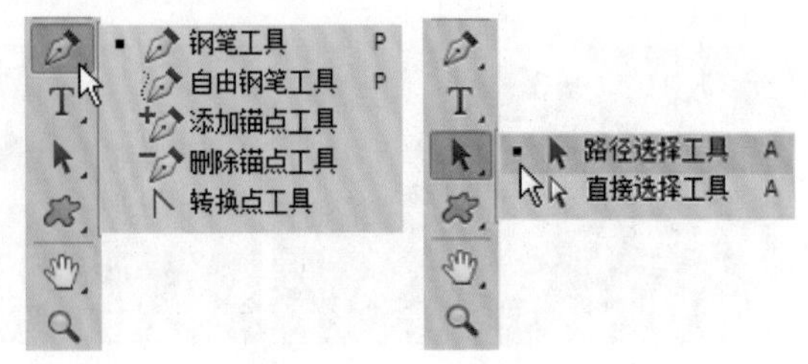


图3-20 路径创建、编辑和选择工具

## 动手操作——练习路径选择工具

Step 01 选择菜单栏中的【文件】|【打开】命令，打开随书配套光盘下的“调用图片\第3章\家具.jpg”文件，如图3-21所示。

Step 02 在工具箱中选择【钢笔工具】，然后使用该工具勾选家具的轮廓。在此可以通过间隔地单击鼠标左键的方式来进行勾选，如图3-22所示。

图3-21 打开的家具图像文件

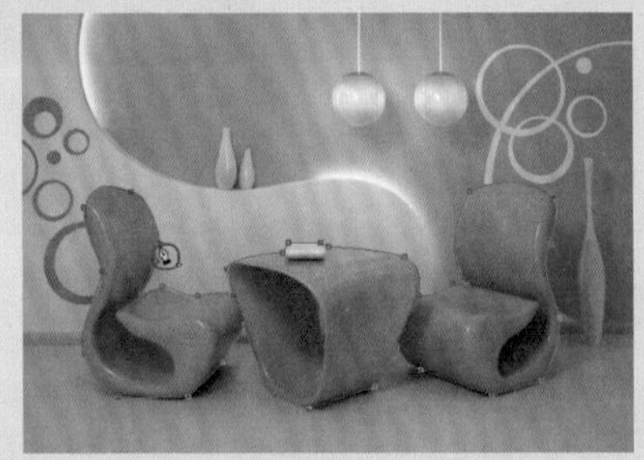

图3-22 选定家具的轮廓

Step 03 选择工具箱中的【直接选择工具】，在图像中单击，然后逐渐调整各个锚点到合适的位置，如图3-23所示。

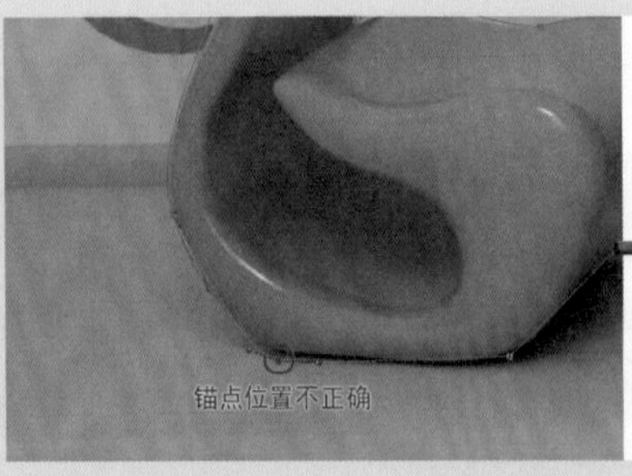


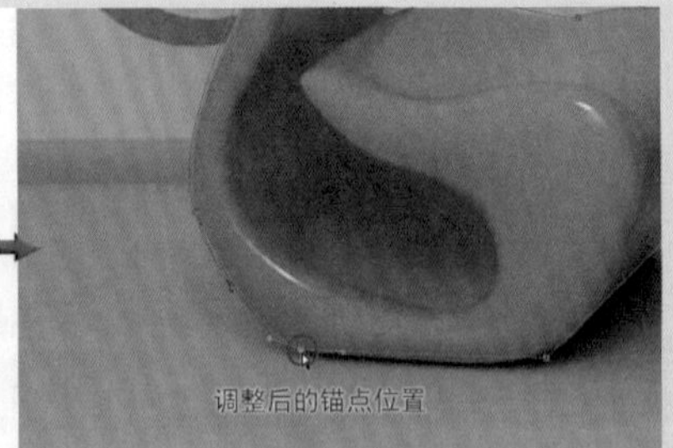


图3-23 调整锚点的位置

Step 04 使用同样的方法，把其他位置不理想的锚点逐个调整到合适的位置，效果如图3-24所示。

Step 05 选择工具箱中的【转换点工具】，如图3-25所示。该工具不能调整路径锚点的位置，但是可以改变路径锚点两边曲线的变化，精确修改路径的形状。

Step 06 单击一个锚点并拖曳鼠标，此时发现会有如图3-26所示的手柄出现，随着鼠标的移动，锚点两端的路径也相应变化。此时释放鼠标，单击其中一侧的手柄，然后拖曳鼠标进行调整，被拖曳手柄一侧的路径发生变化。如果想改变锚点的位置，可以将路径工具栏中的工具切换为工具。

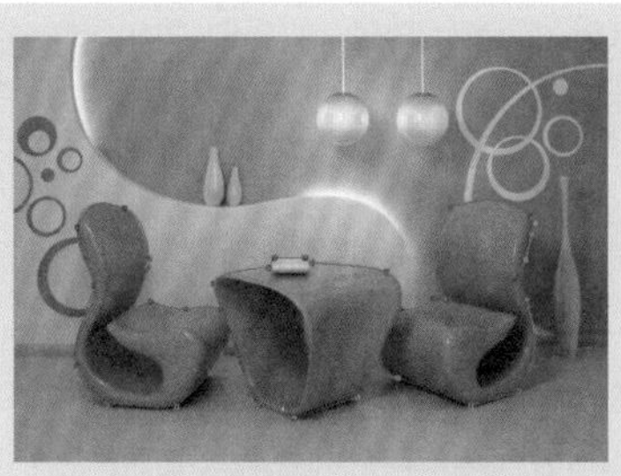

图3-24 调整各个锚点的位置

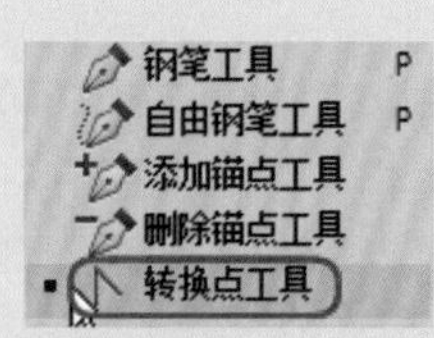


图3-25 转换点工具

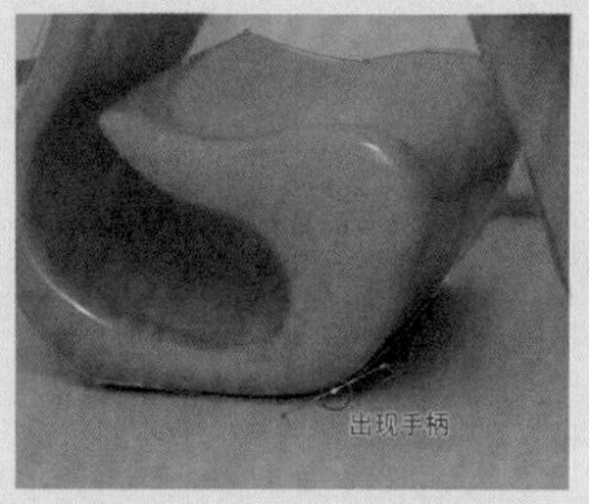


图3-26 调整锚点处的圆滑度

当调整曲线时，有时会发现锚点的数量不能满足修改的需要。这时可以使用工具箱中的工具和工具在线段处添加或删除一个锚点。

Step 07 选择工具箱中的【添加锚点工具】，在线段合适的位置单击一下，在这个位置就多了一个锚点，如图3-27所示。

Step 08 将路径调整至如图3-28所示所需的形状。

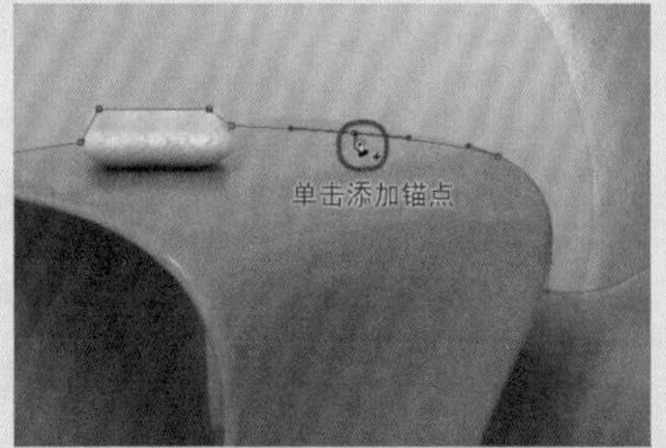


图3-27 添加锚点

图3-28 确定后的家具轮廓

但是由于路径是矢量线条，不能被直接运用，因此应将其转换为选区。

Step 09 打开【路径】面板，然后单击该面板下方的【将路径作为选区载入】按钮，将路径转换为选区效果，如图3-29所示。

Step 10 仔细观察图像，发现家具多选了一部分，如图3-30所示。对于这样的小问题，用工具箱中的【多边形套索工具】减选掉即可，如图3-30所示。

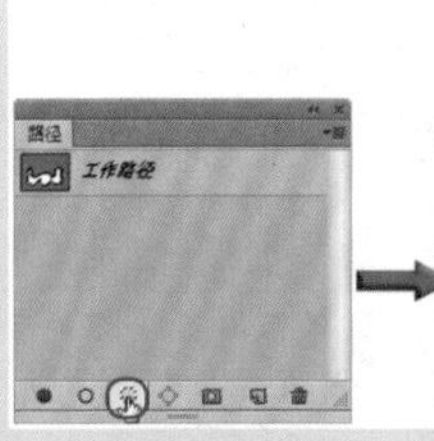


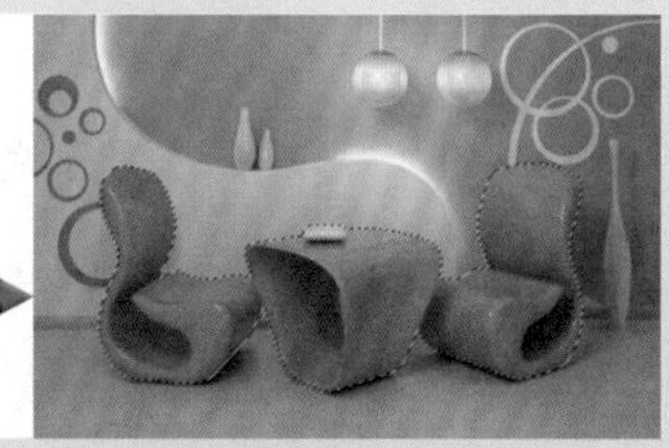

图3-29 【路径】面板及将路径转换为选区的效果

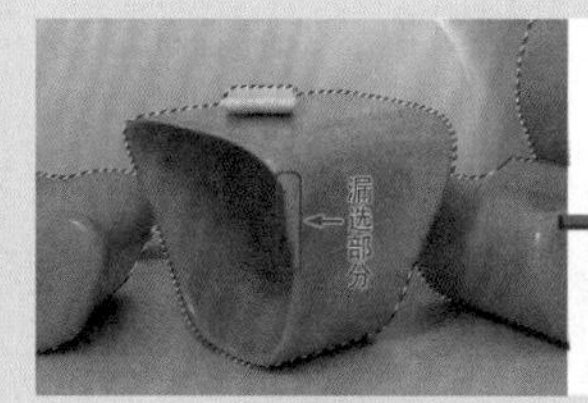


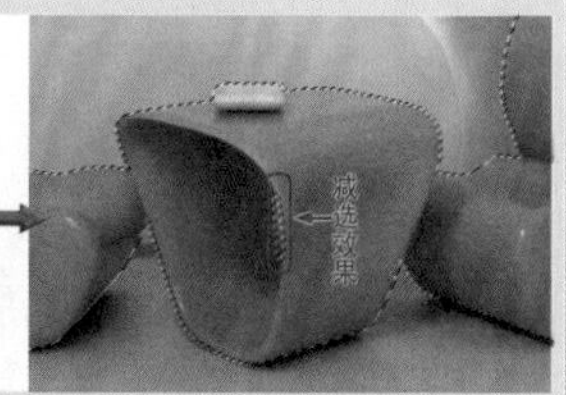


图3-30 减选掉多余部分效果

Step 11 按Ctrl+C快捷键将选择内容复制，再按Ctrl+N快捷键新建一个文档，并按Ctrl+V快捷键将复制的内容粘贴到新建文档中，最后选择一个合适的颜色填充到背景层上，最终效果如图3-31所示。

Step 12 选择【文件】|【存储为】命令，将调整后的文件另存为【家具选择.psd】文件。可以在随书配套光盘“效果文件\第3章”文件夹下找到该文件。

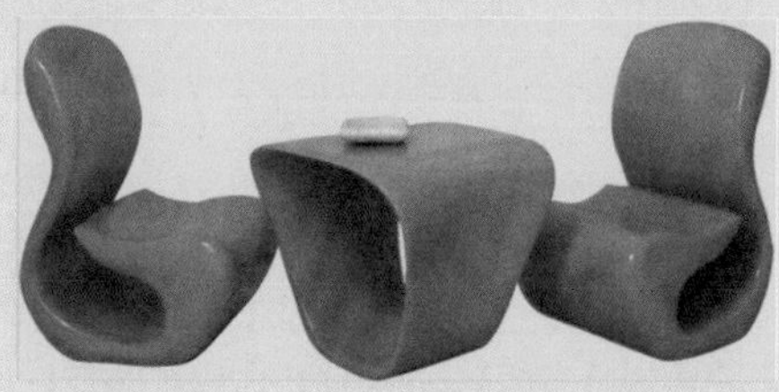

图3-31 选择的家具效果

# 3.2 移动工具

在处理效果图时，经常会遇到将相应的配景素材移动到场景中合适位置的情况，为此PhotoShop软件的工具箱提供了一个重要的、使用非常频繁的工具，即【移动工具】。该工具主要用于图像、图层或选择区域的移动，使用它可以完成排列、组合、移动和复制等操作。使用【移动工具】可以将任何配景素材移动到要处理的效果图场景中，从而使场景效果更加真实、自然。

- 在同一幅图像中移动选区，原图像区域将以背景色填充。
- 在不同的图像间移动选区，将复制选区到目标图像中。
- 在使用其他工具（【钢笔工具】、【抓手工具】除外）时，按Ctrl键，工具就自动变为【移动工具】。

## 动手操作——移动图像到场景中

Step 01 选择菜单栏中的【文件】|【打开】命令，打开随书配套光盘中的“调用图片\第3章\移动工具实例.jpg”和“植物.psd”文件，如图3-32所示。

图3-32 打开的图像文件

Step 02 选择工具箱中的【移动工具】，在【植物.psd】文件中按住鼠标左键，将植物图像拖到【移动工具实例.jpg】图像文件中，如图3-33所示。

Step 03 最后调整植物的位置，大小先不用调整，效果如图3-34所示。

图3-33 移动植物图像到效果图场景中

图3-34 将植物素材添加到场景中

Step 04 选择菜单栏中的【文件】|【存储为】命令，将图像另存为【移动实例.psd】文件。

**技巧**

还可以用另外一种方法添加配景素材，确定被选择的配景素材是当前所编辑的图像文件，选择菜单栏中的【编辑】|【拷贝】命令，将配景素材复制下来，然后激活需要移入配景的图像文件，选择菜单栏中的【编辑】|【粘贴】命令，这样被选择的配景素材就会被粘贴到效果图场景中。

Chapter 03

# 3.3 图像编辑工具

PhotoShop的图像编辑工具有很多种，主要包括图章工具、橡皮擦工具、加深和减淡工具、修复工具、文字工具、裁切工具以及抓手工具等。

## 3.3.1 图章工具

图章工具在效果图的后期处理中是应用最为广泛的一种工具，主要适用于复制图像，以修补局部图像的不足。图章工具包括【仿制图章工具】和【图案图章工具】两种，在建筑表现中使用较多的是【仿制图章工具】。

【仿制图章工具】的具体操作步骤是：首先选择合适的笔刷，按住Alt键，然后在图像中单击鼠标左键，选取一个采样点，最后在图像的其他位置上拖曳鼠标，这样就可以复制图像了，使残缺的图像修补完整。

### 动手操作——【仿制图章工具】使用练习

Step 01 选择【文件】|【打开】命令，打开随书配套光盘中的“调用图片\第3章\草地上的球.jpg”文件，如图3-35所示。

图3-35所示为生活中拍摄的草地照片，现在处理图片需要这个草地背景，但是球的存在破坏了其完整性，这时可以使用【仿制图章工具】将球从草地上去除。

Step 02 选择工具箱中的【仿制图章工具】，在属性栏中设置一个合适的虚边笔刷。

Step 03 将光标移动到图像中如图3-36所示的位置，按住Alt键单击鼠标左键，定义一个参考点。

图3-35 打开的草地上的球图像文件

图3-36 在图像中定义参考点

Step 04 释放Alt键，在图像中球的位置拖动鼠标，则采样点的像素就被一点点地复制到球的位置，如图3-37所示。

**技 巧**

**在复制图像时，可以通过在【仿制图章工具】属性栏中适当调整【不透明度】的数值来控制笔画的浓度，以使复制的像素与原像素能很好地融合在一起。**

Step 05 重复上面的操作，在图像中多次选择采样点，然后拖曳鼠标复制，修改球体的像素，效果如图3-38所示。

Step 06 选择【文件】|【存储为】命令，将图像另存为【草地.jpg】文件。可以在随书配套光盘“效果文件\第3章”文件夹下找到该文件。

图3-37 人物被修饰掉

图3-38 复制还原的图像效果

## 3.3.2 橡皮擦工具

Photoshop提供了3种橡皮擦工具，包括【橡皮擦工具】、【背景橡皮擦工具】、【魔术橡皮擦工具】，其中最常用的是【橡皮擦工具】。

在为效果图场景中添加配景时，加入的配景有时会与场景衔接得不自然，这时就可以使用工具箱中的【橡皮擦工具】对配景的边缘进行修饰，使配景与效果图场景结合得比较自然。

下面通过一个小实例来讲解【橡皮擦工具】的使用方法。

### 动手操作——用【橡皮擦工具】处理配景

Step 01 选择菜单栏中的【文件】|【打开】命令，打开随书配套光盘中的“调用图片\第3章\多层楼.psd”文件，如图3-39所示。

图3-39 打开的多层楼图像文件

由图3-39看出，近处花丛配景的边界和草地衔接处过于生硬，接下来用【橡皮擦工具】擦除花丛配景的边界，使其与草地衔接得自然些。

Step 02 选择配景花丛所在图层为当前图层，选择工具箱中的【橡皮擦工具】，设置其属性栏中的各项参数，如图3-40所示。

图3-40 【橡皮擦工具】属性栏设置

Step 03 按住鼠标左键，在配景花丛靠近草地的边缘拖动鼠标将部分图像擦除，如图3-41所示。

Step 04 对花丛配景连续执行同样的擦除操作，直到配景和草地衔接得比较自然为止，效果如图3-42所示。

图3-41 擦除配景边缘

图3-42 擦除花丛配景效果

Step05 选择菜单栏中的【文件】|【存储为】命令，将调整后的文件另存为【多层楼擦除.psd】文件。可以在随书配套光盘“效果文件\第3章”文件夹下找到该文件。

## 3.3.3 加深和减淡工具

【加深工具】和【减淡工具】可以轻松调整图像局部的明暗变化，使画面呈现丰富的变化。下面通过一个小实例来介绍它们的使用方法。

### 动手操作——加深和减淡工具运用

Step01 菜单栏中的选择【文件】|【打开】命令，打开随书配套光盘中的“调用图片\第3章\别墅鸟瞰.psd”文件，如图3-43所示。

图3-43 打开的别墅鸟瞰图像文件

如图3-43所示的道路路面没有颜色深浅的变化，看上去一点也不真实。下面分别用【加深工具】和【减淡工具】对路面进行调整。

Step02 选择工具箱中的【加深工具】，属性栏参数设置如图3-44所示。

图3-44 【加深工具】属性栏设置

Step03 选择路面所在图层，按住Shift键，在道路中间汽车频繁经过的区域，单击起始端和结束端，加深车轮压过马路后产生的暗颜色，如图3-45所示。

图3-45 加深路面效果

Step04 选择工具箱中的【减淡工具】，属性栏参数设置如图3-46所示。

图3-46 【减淡工具】属性栏设置

Step05 按住Shift键，在道路中间斑马线的区域单击起始端和结束端，减淡斑马线附近道路的颜色，如图3-47所示。

Step06 选择菜单栏中的【文件】|【存储为】命令，将调整后的文件另存为【别墅鸟瞰路面.jpg】文件。可以在随书配套光盘“效果文件\第3章”文件夹下找到该文件。

图3-47 减淡路面效果

## 3.3.4 修复工具

修复工具包括【修复画笔工具】、【修补工具】、【红眼工具】和【污点修复画笔工具】。与仿制图章工具不同的是，修复工具除了复制图像外，还会自动调整原图像的颜色和明度，同时虚化边界，使复制图像和原图像无缝结合。在效果图后期处理中，经常用的是【修补工具】，因此在这里重点讲述该工具的用法。

## 动手操作——练习【修补工具】

**Step 01** 选择菜单栏中的【文件】|【打开】命令，打开随书配套光盘中的“调用图片\第3章\天空.jpg”文件，如图3-48所示。

图3-48　打开的天空图像文件

图3-48所示的天空背景素材云彩过多，下面使用【修补工具】去除部分云彩以美化构图。

**Step 02** 选择工具箱中的【修补工具】，属性栏设置如图3-49所示。

修补：正常　源　目标　透明　使用图案

图3-49　【修补工具】属性栏设置

**Step 03** 沿云彩的边缘拖动鼠标，松开鼠标后得到一个选区，如图3-50所示。

**Step 04** 按住鼠标左键，拖动选区至一个没有云彩的天空区域，如图3-51所示。

**Step 05** 松开鼠标左键后，系统自动使用目标区域修复原选区，并使目标区域与原选区周围图像自动融合，得到如图3-52所示的去除云彩效果。

图3-50　选择云彩

图3-51　拖动至目标区域

图3-52　去除云彩效果

下面再使用【修补工具】为中间添加上云彩。

**Step 06** 回到未去除云彩前的效果。

**Step 07** 修改【修补工具】的属性栏设置，如图3-53所示。

修补：正常　源　目标　透明　使用图案

图3-53　【修补工具】属性栏设置

**Step 08** 沿云彩的边缘拖动鼠标，松开鼠标后得到一个选区，如图3-54所示。

**Step 09** 按住鼠标左键，拖动选区至需要添加云彩的天空区域，如图3-55所示。

**Step 10** 松开鼠标左键后，系统自动使用目标区域修复原选区，并使目标区域与原选区周围图像自动融合，得到如图3-56所示的添加云彩效果。

图3-54　选择云彩

图3-55　拖动至目标区域

图3-56　添加云彩效果

## 3.3.5 文字工具

文字在效果图后期处理中运用的也很多，它的设计和编排是一门很深的学问。特别是处理室外鸟瞰效果图时，在场景的边角加上一行富有韵味的文字，可以极大提升作品的品味。

### 1. 文字的类型

在Photoshop CS 6中，文字工具仍然分为【横排文字工具】、【竖排文字工具】和路径文字工具3类。

- 【横排文字工具】：选择T图标，在打开的图像窗口中单击，光标闪烁的位置就是文字输入的起始端。输入文字效果如图3-57所示。
- 【竖排文字工具】：选择IT图标，在打开的图像窗口中单击，即可以创建竖排文字。输入文字效果如图3-58所示。
- 路径文字：首先要使用【钢笔工具】勾画出一条路径，然后选择文字工具，将光标置于路径位置，单击鼠标左键，就会发现光标在路径上闪烁。这时输入文字，文字就会沿路径编排，如图3-59所示。

图3-57 横排文字输入

图3-58 竖排文字输入

图3-59 路径文字输入

### 2. 文字属性设置

文字属性包含文字字体、大小、颜色设置，在文字工具属性栏中，分别可以设置，如图3-60所示。

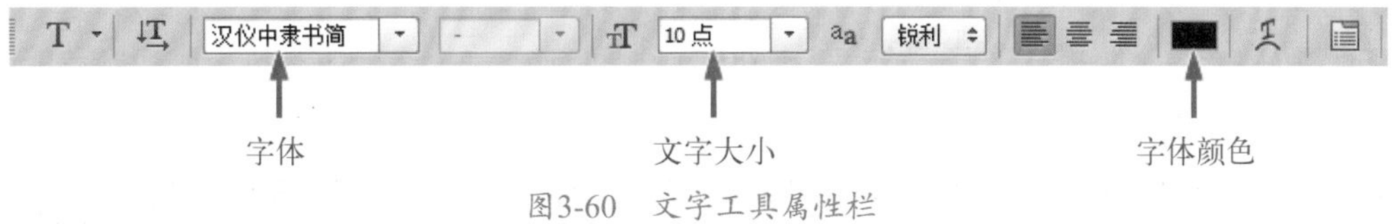

图3-60 文字工具属性栏

## 3.3.6 裁剪工具

【裁剪工具】在建筑效果图后期处理中经常用于调整图像的构图，使用它可以将图像中多余的画面裁剪掉，以得到更加完美的画面效果。

一般不建议直接对效果图进行裁剪，可以先用一个单色的矩形框将画面多余的部分遮住，调整好位置后再裁剪，即将单色的矩形外框裁剪掉，如图3-61所示。

图3-61　调整构图

## 3.3.7 抓手工具

在效果图后期处理中，往往需要对图像进行局部刻画，如将图像进行局部放大或缩小，这就用到了工具箱中的【抓手工具】。该工具虽然对图像本身的处理不产生影响，但是在操作过程中，移动图像它是必不可少的工具，可以单击工具，也可以按住空格键，拖动鼠标来移动图像的位置，这样操作起来非常方便。

【抓手工具】的使用方法如下。

- 选择【抓手工具】，将鼠标移动到图像上，则光标变为状，此时单击，图像将放大一级；连续单击鼠标左键，可以连续放大图像的显示比例。
- 按键盘上的Alt键，将鼠标移动至图像上，则光标变为状，此时单击，图像将缩小一级。
- 双击工具箱中的【抓手工具】，则图像以实际像素显示。
- 任何操作情况下，按Ctrl+Space快捷键，光标变为；按Alt+Space快捷键，光标变为。
- 按Ctrl++快捷键，可以将图像放大；按键盘中的Ctrl+-快捷键，可以将图像缩小；按键盘中的Ctrl+0快捷键，则图像窗口中的图像自动缩放至屏幕大小。

# 3.4 图像选择和编辑命令

除了使用前面介绍的一些工具选择和编辑图像外，还经常用到一些菜单命令。工具和命令两者的有力结合，为后期处理工作带来了很多便利。

## 3.4.1 【色彩范围】命令

【色彩范围】命令是一种选择颜色很方便的命令，它可以一次选择所有包含取样颜色的区域。下面以一个图像选取为例，介绍【色彩范围】命令的使用方法。

### 动手操作——使用【色彩范围】命令选择图像

Step 01 选择菜单栏中的【文件】|【打开】命令，打开随书配套光盘中的“调用图片\第3章\枝叶.jpg”文件，如图3-62所示。

Step 02 选择菜单栏中的【选择】|【色彩范围】命令，弹出【色彩范围】对话框，单击按钮，将光标移至图像窗口蓝色天空背景处单击鼠标，以拾取天空颜色作为选择颜色，如图3-63所示。

Step 03 【色彩范围】对话框中的预览框会以黑白图像显示当前选择的范围，其中白色区域表示选择区域，黑色区域表示非选择区域。拖动【颜色容差】色块，调节选择的范围，直至对话框中的天空背景全部显示为白色，如图3-64所示。

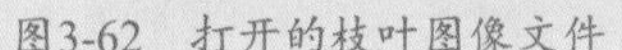
图3-62 打开的枝叶图像文件　　图3-63 拾取颜色　　图3-64 【色彩范围】对话框

Step 04 单击 确定 按钮关闭【色彩范围】对话框，图像窗口会以蚂蚁线的形式标记出选择的区域，如图3-65所示。

由图3-65可以看出，用此类方法选择，图像背景一次性被全部选择出来。

Step 05 双击【背景】图层，将背景图层转换为普通层【图层0】，再按键盘上的Delete键将天空背景删除掉，从而得到透明背景。或者按Ctrl+Shift+I快捷键将选区反选，得到枝叶的选区。

图3-65 得到天空背景选区

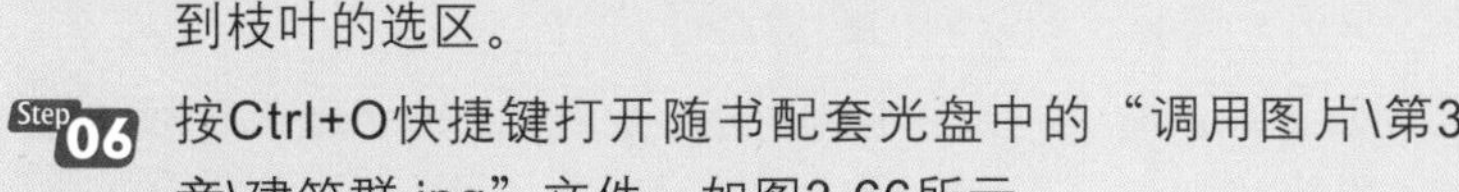

Step 06 按Ctrl+O快捷键打开随书配套光盘中的“调用图片\第3章\建筑群.jpg”文件，如图3-66所示。

Step 07 使用工具箱中的【移动工具】将去除天空背景的枝叶拖入到建筑图像窗口中，按Ctrl+T快捷键弹出自由变换框，调整枝叶图像的大小和位置，如图3-67所示，从而完成最终合成。

图3-66 打开的建筑群图像文件

图3-67 最终合成效果

Step 08 选择菜单栏中的【文件】|【存储为】命令，将调整后的文件另存为【建筑群合成.psd】文件。可以在随书配套光盘“效果文件\第3章”文件夹下找到该文件。

## 3.4.2 【调整边缘】命令

【调整边缘】命令是Photoshop CS5新增的一项功能，它结合了【抽出】滤镜的效果。这个命令可以理解为【抽出】滤镜的增强版，而且由于是选取操作（【抽出】滤镜是直接对像素操作），可修改的余地很大；同时由于最后抠取一般是自动生成蒙版（【抽出】滤镜是直接删掉像素），也可以防止做错、可反复修改。

下面使用【调整边缘】命令抠取一幅人物图像素材。

## 动手操作——【调整边缘】命令的运用

Step 01 选择菜单栏中的【文件】|【打开】命令，打开随书配套光盘中的“调用图片\第3章\春游.jpg”文件，如图3-68所示。

下面使用【调整边缘】命令将图中的人物图像抠取下来。

Step 02 选择工具箱中的【快速选择工具】，在图像的背景处连续拖动鼠标将背景部分选择下来，如图3-69所示。

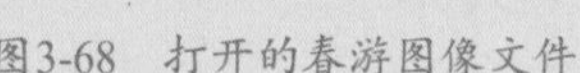

图3-68 打开的春游图像文件

图3-69 选择背景效果

Step 03 按Ctrl+Shift+I快捷键，将选区反选，即将背景以外的图像选择。

Step 04 选择菜单栏中的【选择】|【调整边缘】命令，如图3-70所示，这是Photoshop CS 5新增的一个功能，参数设置如图3-71所示。

Step 05 在【视图】下拉列表中有多种视图可供选择，如图3-72所示，一般观察视图选择【背景图层】选项，观察虚线选框则选择【闪烁虚线】选项。

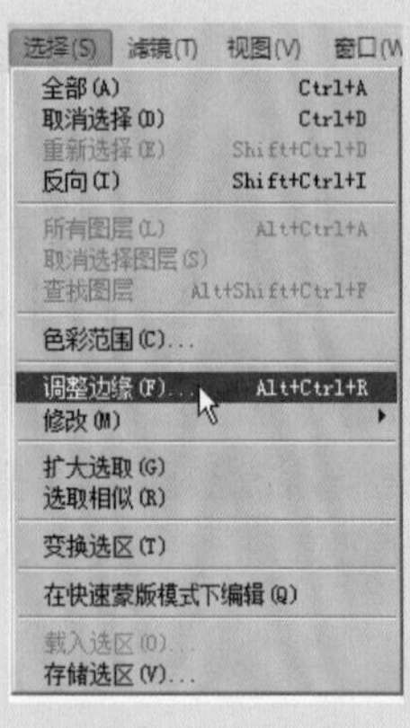


图3-70 选择命令

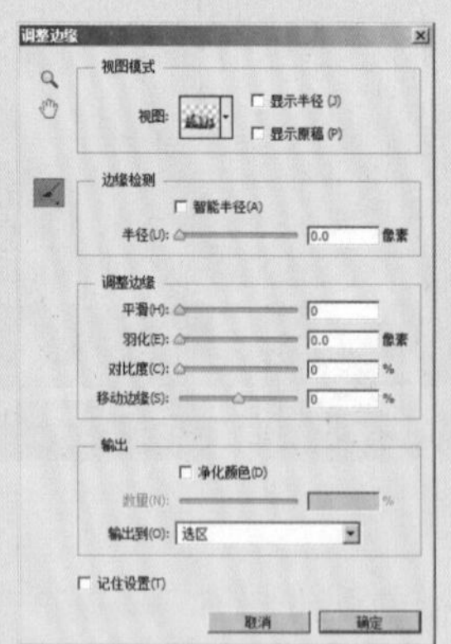


图3-71 【调整边缘】参数设置

图3-72 视图列表

### 技 巧

【智能半径】可以帮助读者快速找到选区的边缘，将没有删除或者多删除的背景色找到，半径大小决定了色彩范围选取的大小。

Step 06 在选择【背景图层】视图的情况下，勾选【显示半径】复选框，然后调整【智能半径】，如图3-73所示，这时可发现选区的边缘就显示出来了。

Step 07 单击对话框左侧的按钮，将沿智能半径显示的区域擦除，擦除效果如图3-74所示。

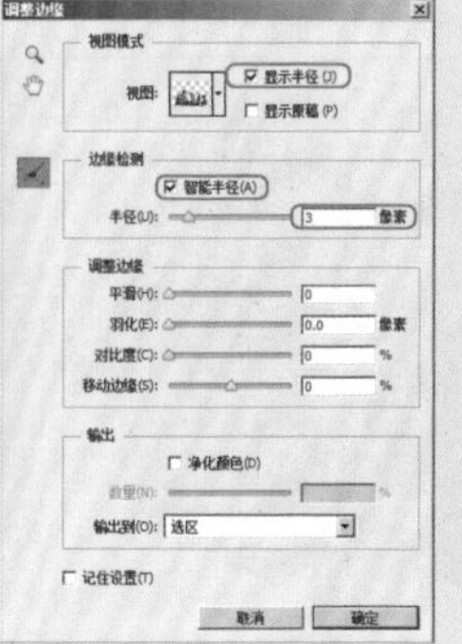

图3-73 显示智能半径

图3-74 擦除

Step 08 单击确定按钮，完成【调整边缘】命令，选区最终调整如图3-75所示。

Step 09 按Ctrl+J快捷键将选区内容复制至新的图层，将【背景】图层隐藏，最后图像的抠取效果如图3-76所示。

Step 10 选择菜单栏中的【文件】|【存储为】命令，将图像另存为【春游素材.psd】文件。

图3-75 【调整边缘】效果

图3-76 抠取效果

**技巧**

**如果有的地方多选或者漏选了，可以配合工具箱中的【多边形套索工具】再次处理。**

## 3.4.3 图像变换命令

将配景素材调入到场景中后，配景素材相对于场景来说可能会过大或过小，这时就需要对素材进行缩小或放大操作。

在调整配景大小时，会经常用到Photoshop的变换功能。图像的变换有两种方式：一种是直接在【编辑】|【变换】子菜单中选择各个命令，如图3-77所示；另一种方式是通过鼠标和键盘操作配合，进行各种自由变换操作。

### 1. 使用变换菜单

【编辑】|【变换】子菜单各命令功能如下。

- 【缩放】：移动光标至变换框上方，光标显示为双箭头形状，拖动鼠标即可调整图像的大小和尺寸。按住Shift键拖动，图像将按照固定比例缩放，如图3-78所示。
- 【旋转】：移动光标至变换框外，当光标显示为↰形状后，拖动即可旋转图像。若按住Shift键拖动，则每次旋转15°，如图3-79所示。

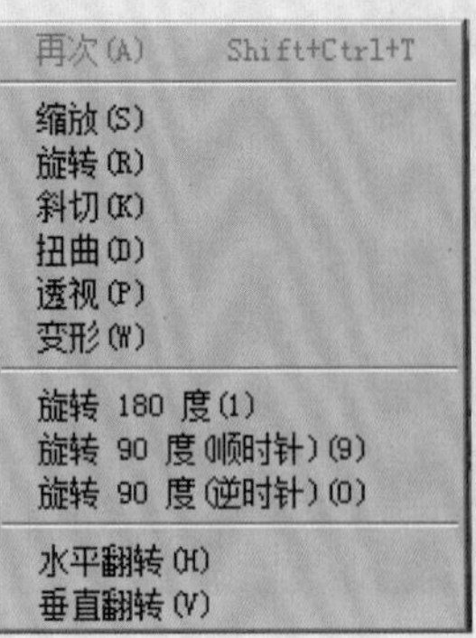

图3-77 【变换】子菜单

图3-78 缩放图像

图3-79 旋转图像

- 【斜切】：此命令可以将图像进行斜切变换。在该变换状态下，变换控制框的角点只能在变换控制框边线所定义的方向上移动，从而使图像得到倾斜效果，如图3-80所示。
- 【扭曲】：选择此命令后，可以任意拖动变换框的4个角点进行图像变换，如图3-81所示。
- 【透视】：拖动变换框的任一角点时，拖动方向上的另一角点会发生相反的移动，得到对称的梯形，从而得到物体透视变形的效果，如图3-82所示。
- 【变形】：选择此命令后，变换框的4个角点上就会出现变换手柄，用户可以拖动手柄对图像进行变形操作，如图3-83所示。

图3-80 斜切图像

图3-81 扭曲变换图像

图3-82 透视变形图像

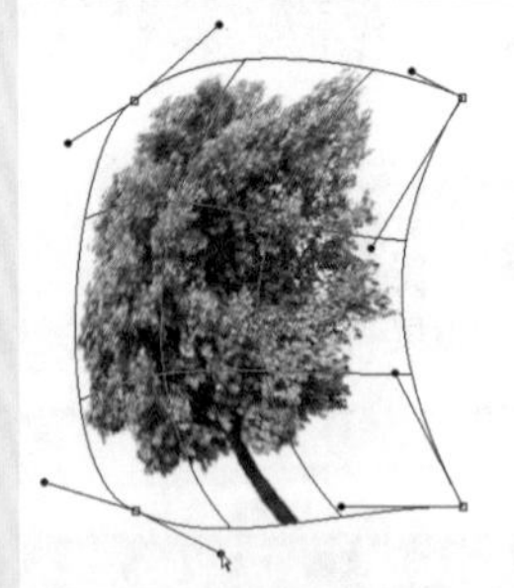
图3-83 变形图像

### 2. 自由变换

自由变换操作可以直接使用键盘快捷键进行，而不必从菜单中选择【缩放】、【旋转】、【斜切】、【扭曲】和【透视】命令，具体操作如下。

Step 01 选择需要变换的图像或图层。

Step 02 选择【编辑】|【自由变换】命令，或者按Ctrl+T快捷键进入自由变换状态。

- 缩放：移动光标至变换框的角点上，可直接缩放图像的大小和尺寸。

- 旋转：移动光标至变换框的外部并变为↰形状时，拖动鼠标即可对图像进行旋转变换。
- 斜切：按住Ctrl+Shift组合键并拖动变换框边框。
- 扭曲：按住Ctrl键并拖动边换框角点。
- 透视：按住Ctrl+Alt+Shift组合键并拖动变换框角点。

Step 03 调整合适后，按Enter键确认变形操作，按键盘上的Esc键取消变换操作。

因为这种方法简捷快速，因此进行图像变换操作时一般采用这种方法。下面通过一个小例子的操作过程介绍变换命令在实际工作中的运用。

## 动手操作——使用变换命令调整配景大小

Step 01 选择菜单栏中的【文件】|【打开】命令，打开随书配套光盘中的“调用图片\第3章\起居室.jpg”图像文件，如图3-84所示。

Step 02 使用同样的方法，打开随书配套光盘中的“调用图片\第3章\室内枝叶.psd”图像文件，如图3-85所示。

Step 03 选择工具箱中的【移动工具】，在【室内枝叶.psd】文件中按住鼠标左键将枝叶图像拖到【起居室.jpg】图像文件中，如图3-86所示。

由图3-86看出，加入的植物偏大，接下来使用变换命令调整它的大小。

图3-84 打开的起居室图像文件

图3-85 打开的室内枝叶图像文件

图3-86 移动植物图像到效果图场景中

Step 04 按Ctrl+T快捷键弹出自由变换框，按住Shift键的同时向内拖动变换框角上的控制点，最后再将左边变换框中间的控制点向左移动一些，如图3-87所示。

Step 05 调整合适后按Enter键确认变形操作，效果如图3-88所示。

图3-87 调整配景的大小

图3-88 调整植物大小后的效果

Step 06 选择菜单栏中的【文件】|【存储为】命令，将图像另存为【起居室配景.psd】文件。

**注 意**

使用Photoshop的图像变换命令还可以制作水面倒影、人物倒影、树木的阴影等，这些将在后面的章节中详细介绍。

## 3.4.4 【调整图层】命令

【调整图层】命令是以图层的形式保存修改的颜色和色调，以便后面对参数进行修改。调用【调整图层】命令时，系统会自动增加一个图层蒙版。调整图层除了有部分调整命令的功能外，还有图层的一些特征，如不透明度、混合模式等。当想修改参数是，可以双击【图层】面板上的调整图层缩览图图标，弹出图像调整对话框，直接改变调整参数即可。

下面通过实例操作介绍调整图层命令的使用方法。

### 动手操作——用【调整图层】命令调整图像

Step 01 选择菜单栏中的【文件】|【打开】命令，打开随书配套光盘中的“调用图片\第3章\酒店大堂.jpg”文件，如图3-89所示。

Step 02 单击【图层】面板底部的 按钮，在弹出的菜单中选择【色彩平衡】命令，在弹出的对话框中单击 确定 按钮，在随后弹出的面板中设置各项参数，如图3-90所示。

**技 巧**

选择菜单栏中的【图层】|【新建调整图层】命令，也可以在选择图层的上方建立一个颜色调整图层。

执行上述操作后，得到如图3-91所示的【色彩平衡1】图层。

图3-89 打开的酒店大堂图像文件

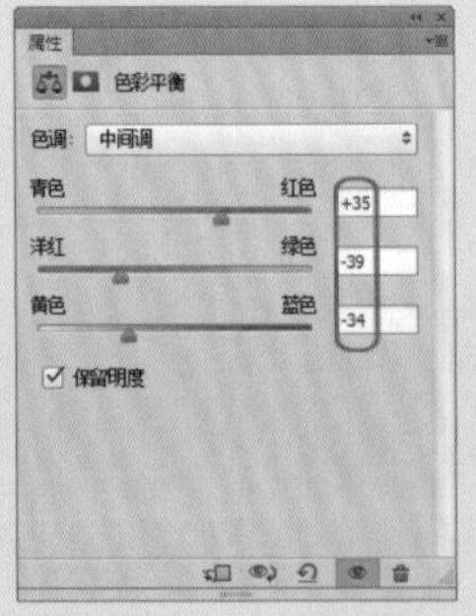


图3-90 参数设置

图3-91 添加调整图层效果

Step 03 单击【图层】面板底部的 按钮，在弹出的菜单中选择【曲线】命令，在弹出的面板中设置各项参数，如图3-92所示。

Step 04 单击【图层】面板底部的 按钮，在弹出的菜单中选择【色相/饱和度】命令，在弹出的面板中设置各项参数，如图3-93所示。

执行上述操作后，图像效果如图3-94所示。

由图3-94看出，酒店大堂的吊顶部分受色彩调整的影

图3-92 添加调整图层效果

Step 05 单击【色彩平衡1】调整图层蒙版缩览图，进入图层蒙版编辑模式。

Step 06 选择工具箱中的【画笔工具】，设置前景色为黑色，【不透明度】为40%，在大堂吊顶位置涂抹，消除【色彩平衡1】调整图层对该区域的影响。

执行上述操作后，图像效果如图3-95所示。

Step 07 选择菜单栏中的【文件】|【存储为】命令，将图像另存为【酒店大堂调整图层.psd】文件。响，颜色偏红，接下来对其进行调整。

图3-93 参数设置

图3-94 添加调整图层

图3-95 最终效果

## 3.5 巧妙地在后期处理中应用【渐变工具】

【渐变工具】在建筑效果图后期处理中应用很频繁，巧妙地应用它可以使画面产生微妙的变化。例如，在处理天空、草地、水面等配景时，使用【渐变工具】可以迅速地制作出柔和的变化效果。颜色渐变实际上就是在图像上或在图像的某一区域内添入两种具有多种过渡色的颜色。这两种颜色可以是前景色和背景色，也可以根据自己的需要随意设置。图3-96是PhotoShop软件中【渐变工具】的属性栏。

图3-96 【渐变工具】属性栏

### 动手操作——【渐变工具】的运用

Step 01 选择菜单栏中的【文件】|【打开】命令，打开随书配套光盘中的“调用图片\第3章\渐变.psd”文件，如图3-97所示。

在这种横构图的建筑效果图中，应该尽量应用一些云彩比较淡的天空素材。

Step 02 选择菜单栏中的【文件】|【打开】命令，打开随书配套光盘中的“调用图片\第3章\天空1.jpg”文件，如图3-98所示。

Step 03 选择工具箱中的【移动工具】，将打开的天空1图像拖至前面的场景文件中，如图3-99所示。将天空1图片拖到场景文件中后，效果如图3-100所示。

由图3-100看出，天空1在场景中比例过小，而且图层顺序也不对。下面对其进行调整。

Step 04 在【图层】面板中将天空1所在图层拖到建筑所在图层的下方，如图3-101所示。

图3-97 打开的渐变图像文件

图3-98 打开的天空1素材

图3-99 将天空1拖到场景文件中

图3-100 拖到场景中的天空1效果

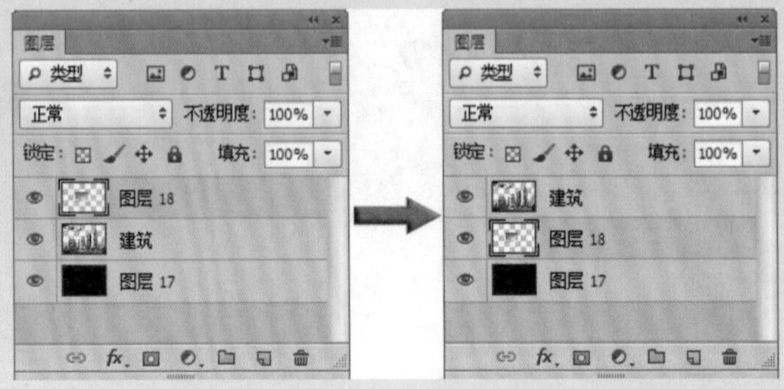

图3-101 【图层】面板

**Step 05** 确认天空1所在图层为当前层，按Ctrl+T快捷键，弹出自由变换框，然后调整天空的大小，如图3-102所示。调整合适后，按Enter键确认变换操作，效果如图3-103所示。

图3-102 调整天空1的尺寸

图3-103 调整后的天空1

此时天空看起来显得有些单调，因为使用的天空图片是一张正视的天空图片，没有真实世界的那种景深感，下面就来处理一下。

**Step 06** 在【图层】面板中创建一个新的图层，并使该图层位于天空1所在图层的下方。

**Step 07** 单击工具箱中的【渐变工具】，然后单击其属性栏中的渐变条，在弹出的【渐变编辑器】对话框中设置渐变模式和渐变颜色，如图3-104所示。

**Step 08** 确定好渐变模式和渐变颜色后，在【图层】面板中关闭天空1图层，然后在新建图层中由上而下施加渐变操作，如图3-105所示。

执行上述操作后，图像效果如图3-106所示。

**Step 09** 在【图层】面板中将刚才关闭的天空1所在图层激活，然后调整天空所在图层的【不透明度】为60%，图像的最终效果如图3-107所示。

**Step 10** 选择菜单栏中的【文件】|【存储为】命令，将图像另存为【渐变应用.psd】文件。

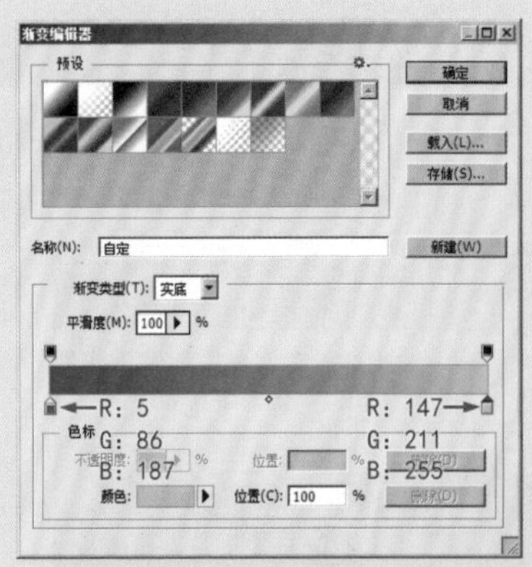


图3-104 设置渐变模式与渐变颜色

图3-105 施加渐变

图3-106 执行渐变后的效果

图3-107 图像最终效果

**注 意**

在调整图层的【不透明度】时应注意不要低于50%，否则天空中的云彩将与底色混在一起。

# 3.6 图像色彩调整命令

在室内外效果图的后期处理过程中，色彩调整命令的应用也不容忽视，因为从配景素材的调整、图纸的色调控制以及三维软件中渲染输出的渲染图都需要使用色彩调整命令进行调整。

色彩的调整主要是调整图像的明暗程度，如图像偏暗，可以将其调整得亮一些；如图像偏亮，可以将其调整得暗一些。另外，因为每一幅效果图场景所要求的时间、环境氛围是各不相同的，而又不可能有那么多正好适合该场景氛围的配景素材，这时就必须运用Photoshop中的图像色彩调整命令对图片进行调整。

## 3.6.1 【色阶】命令

【色阶】命令允许通过调整图像的阴影、中间调和高亮度色调来改变图像的明暗及反差效果，调整图像的色调范围和色彩平衡。在进行色彩调整时，【色阶】命令可以对整个图像或者图像的某一个选取区域、某一图层以及单个颜色通道进行调整。

选择菜单栏中的【图像】|【调整】|【色阶】命令，将弹出【色阶】对话框，如图3-108所示。

## 动手操作——用【色阶】命令调整图像

Step 01 选择菜单栏中的【文件】|【打开】命令，打开随书配套光盘中的“调用图片\第3章\建筑.jpg”文件，如图3-109所示。

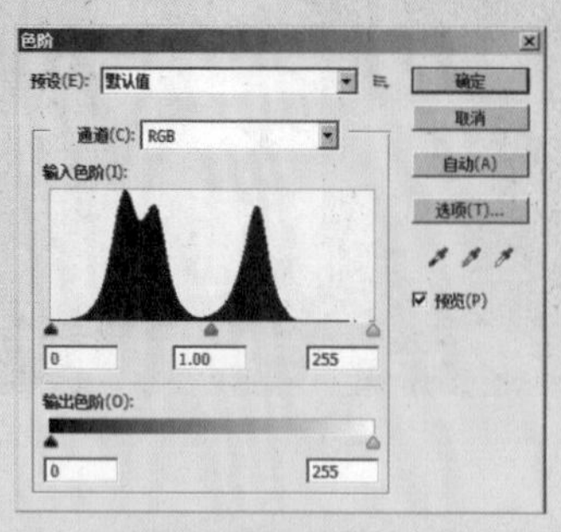
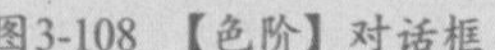

图3-108 【色阶】对话框

图3-109 打开的建筑图像文件

Step 02 选择菜单栏中的【图像】|【调整】|【色阶】命令，在弹出的【色阶】对话框中，用鼠标将中间色调的滑块向左侧移动，使其增加2.40，效果如图3-110所示。

图3-110 参数设置及调整后的图像效果

Step 03 如果用鼠标将中间色调滑块向右侧移动，使其降低0.4，效果如图3-111所示。

图3-111 参数设置及调整后的图像效果

通过上面的实例操作可以看出，【色阶】命令其实就是通过图像的高光色调、中间色调和阴影色调所占比例来调整图像的整体效果。读者可以试着用同样的方法调整图像的高光色调和阴影色调值。

## 3.6.2 【亮度/对比度】命令

【亮度/对比度】命令主要是用来调整图像的亮度和对比度，它不能对单一通道做调整，也不能像【色阶】命令一样对图像的细部进行调整，只能很简单、直观地对图像做较粗略调整，特别对亮度和对比度差异相对悬殊不太大的图像，使用起来比较方便。

选择菜单栏中的【图像】|【调整】|【亮度/对比度】命令，将弹出【亮度/对比度】对话框，如图3-112所示。

- 【亮度】：调整图像的明暗度，可通过拖动滑块或直接在文本框中输入数值的方法增加或降低其亮度。向右可以增加亮度，向左可以降低亮度，调整效果如图3-113所示。

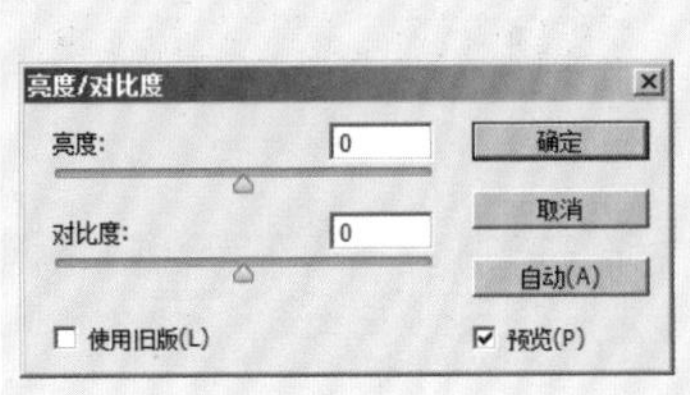


图3-112 【亮度/对比度】对话框

原图像　　增加亮度后的效果

图3-113 调整图像亮度

**注 意**

**当图像过亮或过暗时，可以直接使用【亮度】来调整，图像会整体变亮或变暗，而在色阶上没有很明显的变化。**

- 【对比度】：调整图像的对比度，可通过拖动滑块或直接在文本框中输入数值的方法增加或降低其对比度。向右可以增加对比度，向左可以降低对比度，调整效果如图3-114所示。

原图像　　增加对比度后的效果

图3-114 调整图像对比度

## 动手操作——用【亮度/对比度】命令调整图像

**Step 01** 选择菜单栏中的【文件】|【打开】命令，打开随书配套光盘中的“调用图片\第3章\办公室.jpg”文件，如图3-115所示。

这是一幅老板办公室的效果图，从空间的摆设、功能设计等方面来说都是很完美的一幅图。但是或许当初在3ds Max软件中创建灯光时各盏光源之间的强度没有拉开距离，致使画面中的物体没有立体感，画面整体显得比较压抑。这是典型的画面的亮度和对比度过低造成的。下面就使用【亮度/对比度】命令来对场景进行调整，使办公室空间看起来更加真实。

**Step 02** 选择菜单栏中的【图像】|【调整】|【亮度/对比度】命令，在弹出的【亮度/对比度】对话框中设置【亮度】为45、【对比度】为25，图像效果如图3-116所示。

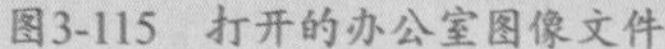

图3-115　打开的办公室图像文件

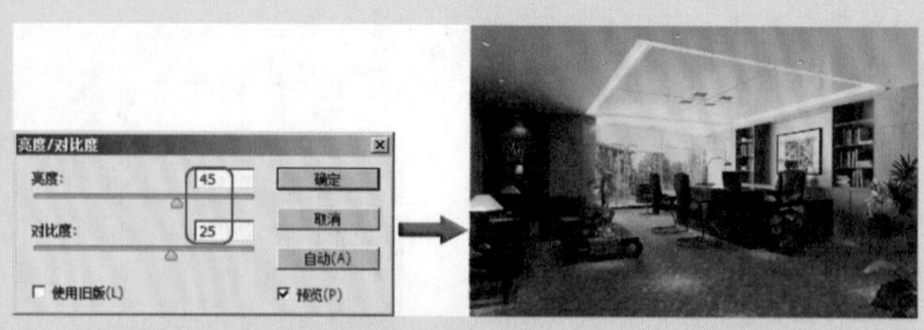

图3-116　参数设置及调整后的图像效果

Step 03 选择菜单栏中的【文件】|【存储为】命令，将调整后的图像另存为【办公室调整.jpg】文件。

## 3.6.3 【色彩平衡】命令

【色彩平衡】命令可以进行一般性的色彩校正，简单快捷地调整图像颜色的构成，并混合各色彩达到平衡。在使用该命令对图像进行色彩调整时，每个色彩的调整都会影响图像中的整体色彩平衡。因此，若要精确调整图像中各色彩的成份，还需要用【色阶】或者【曲线】等命令调节。

选择菜单栏中的【图像】|【调整】|【色彩平衡】命令，将弹出【色彩平衡】对话框，如图3-117所示。

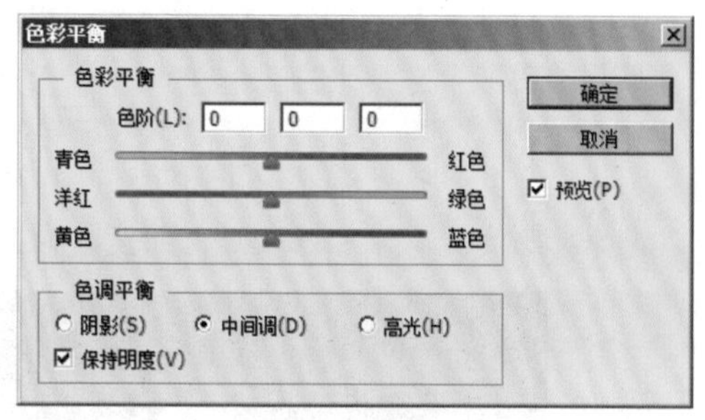


图3-117　【色彩平衡】对话框

- 【色彩平衡】：通过拖曳图中的3个滑块或直接在文本框中输入-100～100的数值来进行调节。当向右侧拖动滑块减少青色的同时，必然会导致红色的增加；如果图像的某一色调区青色过重，就可以靠增加红色来减少该色调区的青色，如图3-118所示。
- 【色调平衡】：选择需要调节色彩平衡的色调范围，其中包括阴影、中间调、高光3个色阶，它们可以决定改变哪个色阶的像素。同样的参数设置，选择不同色调的调整效果如图3-119所示。

图3-118　减少青色

图3-119　调整不同色调范围效果

- 【保持亮度】：勾选此选项，在调节色彩平衡的过程中可以保持图像的亮度值不变。同样的参数设置，未勾选【保持亮度】和勾选【保持亮度】后的调整效果如图3-120所示。

图3-120　通过【保持亮度】选项来调整图像的亮度值

## 动手操作——用【色彩平衡】命令调整图像

Step 01 选择菜单栏中的【文件】|【打开】命令，打开随书配套光盘中的“调用图片\第3章\大堂.jpg”文件，如图3-121所示。

这是一幅酒店类大堂效果图，像这类效果图的整体氛围一般是富丽堂皇、温馨的暖色调。从效果图的整体上来看，它所要表达的色调也正是这种，整体把握得很好。但是，在某些细节上还有待进一步处理。例如，挂在墙上的那幅画与整个环境氛围就格格不入。环境所要传达的是一种富丽堂皇、温馨的基调，而壁画的色调有点偏冷色，因此它就显得与周围的环境不协调。下面就对该细节进行处理。

Step 02 使用工具箱中的【多边形套索工具】将场景中的壁画选中，然后选择菜单栏中的【图像】|【调整】|【色彩平衡】命令，在弹出的【色彩平衡】对话框中设置各项参数，如图3-122所示。

Step 03 单击 确定 按钮，然后按Ctrl+D快捷键将选区取消，效果如图3-123所示。

图3-121　打开的大堂图像文件

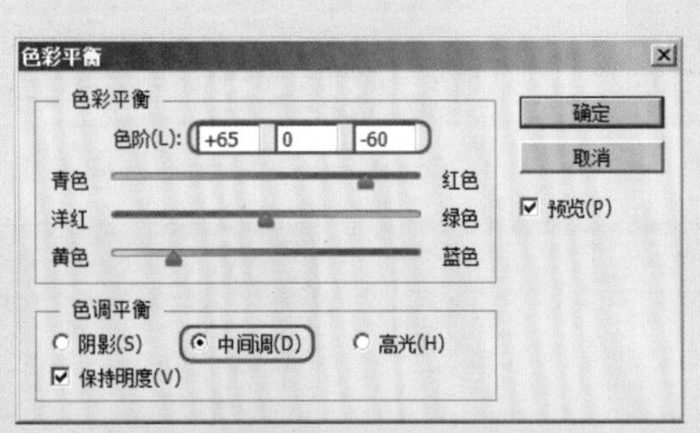


图3-122　设置【色彩平衡】对话框参数

图3-123　调整后的图像效果

此时再看使用色彩调整命令调整后的壁画在场景中不再孤立了。

Step 04 选择菜单栏中的【文件】|【存储为】命令，将调整后的图像另存为【大堂调整.jpg】文件。

### 3.6.4 【曲线】命令

【曲线】命令同样可以调整图像的整个色调范围，是一个常用的色调调整命令，其功能与【色阶】功能相似，但最大的区别是【曲线】命令调节更为精确、细致。选择菜单栏中的【图像】|【调

整】|【曲线】命令，弹出【曲线】对话框，如图3-124所示。

- 【通道】：选择需要调整的通道。如果某一通道色调明显偏重，就可以选择单一通道进行调整，而不会影响其他颜色通道的色调分布。
- 曲线区：横坐标代表水平色调带，表示原始图像中像素的亮度分布，即输入色阶，调整前的曲线是一条45°直线，意味着所有像素的输入亮度与输出亮度相同。用曲线调整图像色阶的过程，也就是通过调整曲线的形状来改变像素的输入输出亮度，从而改变整个图像色阶的过程。

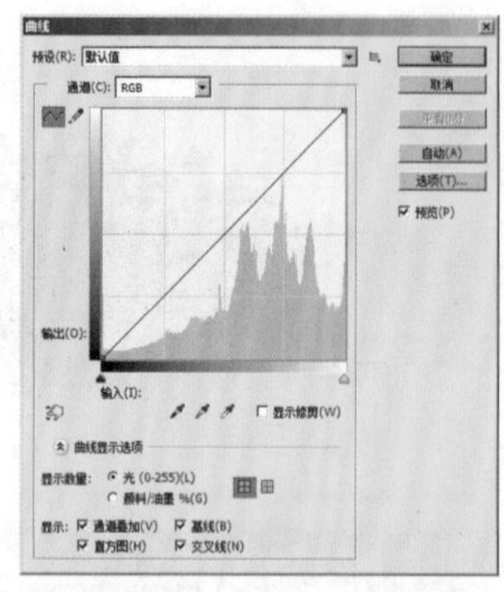

图3-124 【曲线】对话框

通常通过调整曲线区中的形状来调整图像的亮度、对比度、色彩等。调整曲线时，首先在曲线上单击，然后拖曳即可改变曲线形状。当曲线向左上角弯曲时，图像变亮；当曲线向右下角弯曲时，图像色调变暗。

**技 巧**

若在节点上按住鼠标不放，即可移动曲线；如果单击曲线后释放鼠标，则该点就被锁定，这时在曲线其他部分移动曲线时，该点是不会动的；要同时选中多个节点，按住Shift键分别单击所需节点；如果删除节点，可以在选择节点后将节点拖至坐标区域外，或按住Ctrl键后单击要删除的节点；要移动节点的位置，可在选中节点后用鼠标或4个方向键进行拖动。

通过调整曲线上的节点调整图像，其效果如图3-125～图3-128所示。

图3-125 调整前的效果

图3-126 当曲线向左上角弯曲时，图像变亮

图3-127 当曲线向右下角弯曲时，图像变暗

图3-128 多个节点效果

另外，使用【曲线】对话框中的铅笔工具可以做出更多的变化。直接用铅笔在曲线区内画出一个形状，代表曲线调节后的形状，如图3-129所示。然后单击 平滑(M) 按钮，曲线会自动变平滑，可以多次重复单击，直至达到满意的效果为止，如图3-130所示。单击按钮，可以对曲线再次进行编辑，如图3-131所示。

图3-129 使用铅笔工具绘制的曲线

图3-130 使用平滑工具平滑曲线

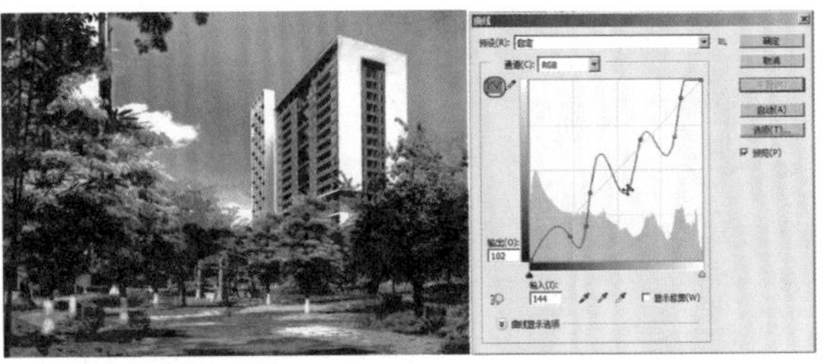

图3-131 使用节点工具编辑曲线

下面针对图像质量方面的一些常见问题介绍几种调整曲线的方法。

- 调整缺乏对比度的图像：通常是一些扫描的照片。这类图像的色调过于集中在中间色调范围内，缺少明暗对比。这时，可以在曲线区中锁定中间色调，将阴影区曲线稍稍下调，将高亮曲线稍稍上扬，这样可以使阴影区更暗，高光区更亮，明暗对比更明显，如图3-132所示。

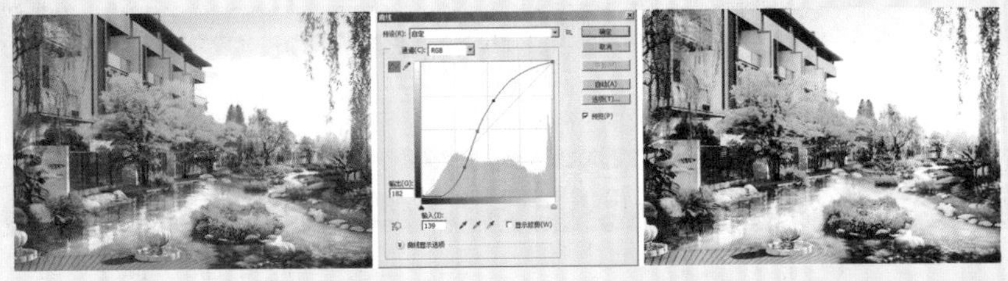

图3-132 调整缺乏对比度图像效果

- 调整颜色过暗的图像：色调过暗往往会导致图像细节的丢失，这时可以在曲线区中将阴影区曲线上扬，将阴暗区减少，同时中间色调区曲线和高光区曲线也会稍稍上扬，结果是图像的各色调区被按一定比例加亮，比起直接将整体加亮，显得更有层次感，效果如图3-133所示。

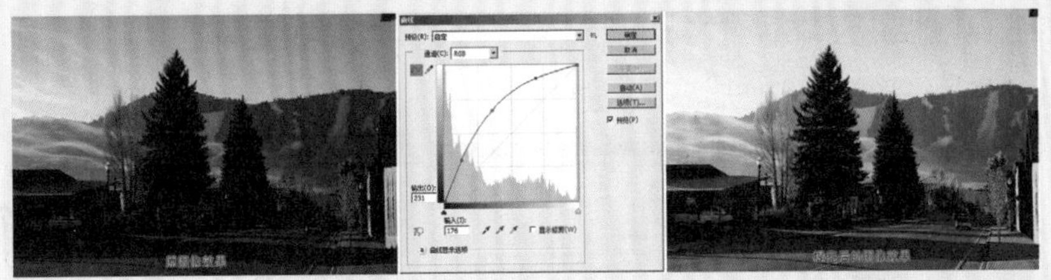

图3-133 将过暗的图像调亮

- 调整色调过亮的图像：色调过亮也会导致图像细节丢失。这时，在曲线区中将高亮区曲线稍稍下调，使高亮区减少，同时中间色调区和阴影区曲线也会稍稍下调，这样各色调区会按一定的比例变暗，比起直接整体调暗来说，同样更有层次感。

## 3.6.5 【色相/饱和度】

【色相/饱和度】命令主要用于改变图像像素的色相、饱和度和亮度，还可以通过定义像素的色相及饱和度，实现灰度图像上色的功能，或创作单色调效果。

选择菜单栏中的【图像】|【调整】|【色相/饱和度】命令，将弹出【色相/饱和度】对话框，如图3-134所示。

- 【编辑】：可以选择所要进行调整的颜色范围。如果选择下拉列表中的【全图】选项，能对图像中的所有元素起作用。如果选择其他项时，则只对当前选中的颜色起作用，以调整其色相、饱和度及亮度。

- 【色相】：左右拖动滑块或在文本框中输入数值进行调整。
- 【饱和度】：左右拖动滑块或在文本框中输入数值可以调整图像的饱和度。
- 颜色条：在对话框下部的两条颜色条显示了与色轮图上的颜色排列顺序相同的颜色。上面的颜色条显示了调整前的颜色，下面的颜色条显示了调整后的颜色。
- 【着色】：勾选此项后，所有彩色图像的颜色都会变为单一色调，如图3-135所示。

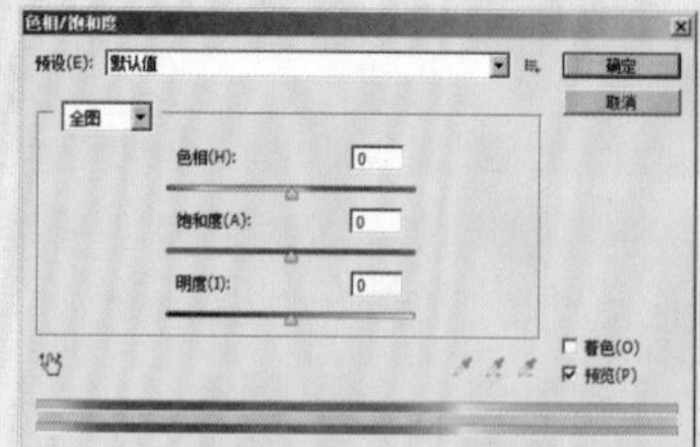
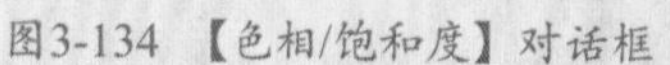

图3-134 【色相/饱和度】对话框

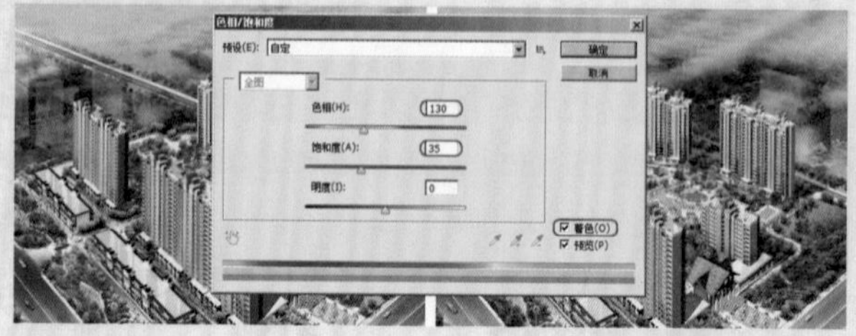

图3-135 调整单一色效果

## 动手操作——用【色相/饱和度】命令调整图像

Step 01 选择菜单栏中的【文件】|【打开】命令，打开随书配套光盘中的“调用图片\第3章\阳光客厅.jpg”文件，如图3-136所示。

客厅作为一个会客的公共空间，应该是明亮的。从图3-136来看，整个客厅看起来给人一种灰蒙蒙的感觉。下面就使用【色相/饱和度】命令对其进行调整。

Step 02 选择菜单栏中的【图像】|【调整】|【色相/饱和度】命令，在弹出的【色相/饱和度】对话框中设置【色相】为-15、【饱和度】为45，如图3-137所示。

执行上述操作后，图像效果如图3-138所示。

图3-136 打开的阳光客厅图像文件

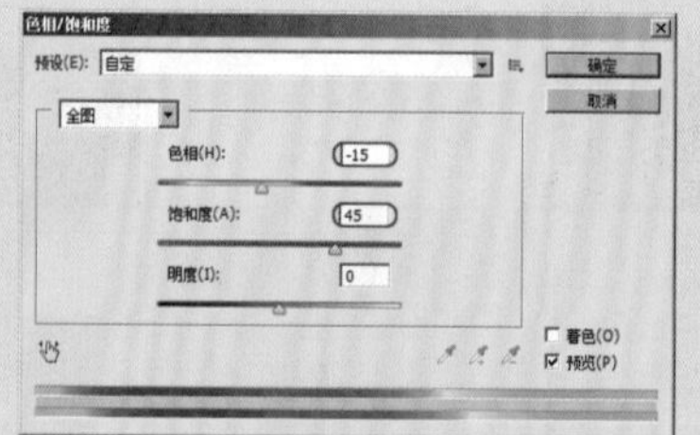

图3-137 【色相/饱和度】参数设置

图3-138 调整后的图像效果

Step 03 选择菜单栏中的【文件】|【存储为】命令，将调整后的图像另存为【阳光客厅调.jpg】文件。

## 3.7 小结

本章介绍了使用PhotoShop软件对室内外效果图进行后期处理的过程中最常用的一些工具和命令的基本用法及操作技巧，包括选择工具、移动工具、缩放工具、图像编辑工具、渐变工具以及几个主要的色彩调整命令等。因为这些工具和命令在效果图后期处理中都是最常用的，所以一定要学好本章知识，这样才能为后面的学习打好坚实的基础。

Chapter 04

# 第4章

# 纹理贴图的制作

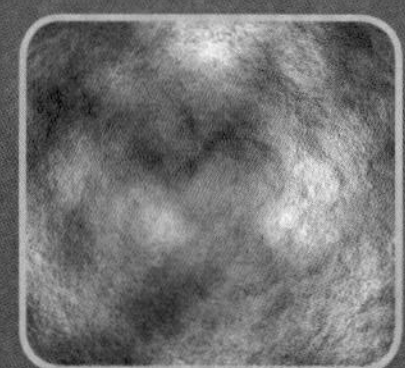

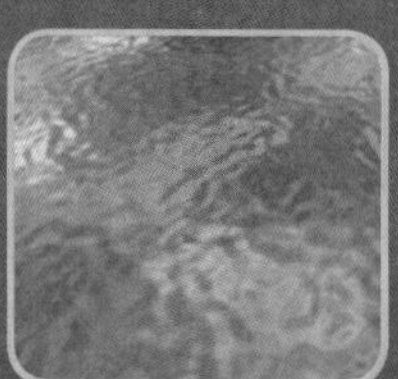

## 本章内容

- 纹理贴图的作用及意义
- 拉丝不锈钢质感贴图的制作
- 建筑材料贴图的制作
- 草地质感贴图的制作
- 水纹质感贴图的制作
- 光域网贴图的制作
- 无缝贴图的制作
- 透空贴图的制作
- 小结

在室内外建筑效果图制作过程中，所用到的贴图一般都是从备用的材质库中直接调用的现成素材。然而，在实际工作中有时很难找到一张完全称心如意的贴图，这时就可以使用Photoshop软件制作自己需要的贴图，或者对不适用的贴图进行编辑修改，以满足自己对材质及造型的需求。

本章介绍如何使用PhotoShop软件制作质感逼真的贴图。

# 4.1 纹理贴图的作用及意义

一幅效果图的成功与否，往往与造型的质感有着很大的关系，而质感的表现需要贴图来体现。贴图运用得适当，就会使效果图增色不少。

在运用3ds Max软件制作室内外建筑效果图的过程中，贴图起着举足轻重的作用，因为只有为造型赋予了合适的贴图，才能正确表达造型的材质，如家具是实木的、玻璃是磨砂的、餐椅是塑料的等。贴图不对，就不能正确地表达造型的质地。

对于一幅完整的效果图而言，纹理贴图的质感在场景效果的表现中占有十分重要的地位，它是模拟三维世界成功与否的关键。在3ds Max中，贴图是材质最重要的组成部分，如果没有贴图，大多数材质可能就成为无源之水、无本之木。凭借合适的贴图，可以充分表现出物体的质感，展现场景中物体的逼真效果。由此可见，纹理贴图在制作效果图时有很强的重要性。



# 4.2 拉丝不锈钢质感贴图的制作

在自然界中，不锈钢以其特殊金属纹理和光泽度受到艺术家们的关注，又因其不容易生锈更深得广大消费者的喜爱。

## 动手操作——制作拉丝不锈钢质感贴图

Step 01 选择菜单栏中的【文件】|【新建】命令，在弹出的【新建】对话框中设置各项参数，如图4-1所示。

Step 02 在【图层】面板中新建一个【图层1】图层。

Step 03 选择【渐变工具】，设置【渐变编辑器】各项参数，如图4-2所示。

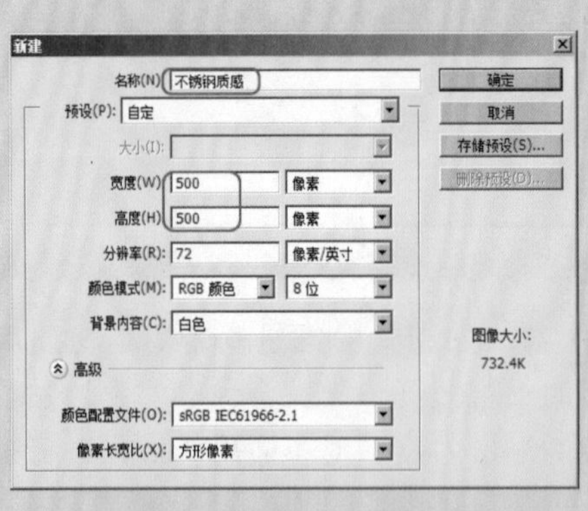


图4-1 【新建】参数设置

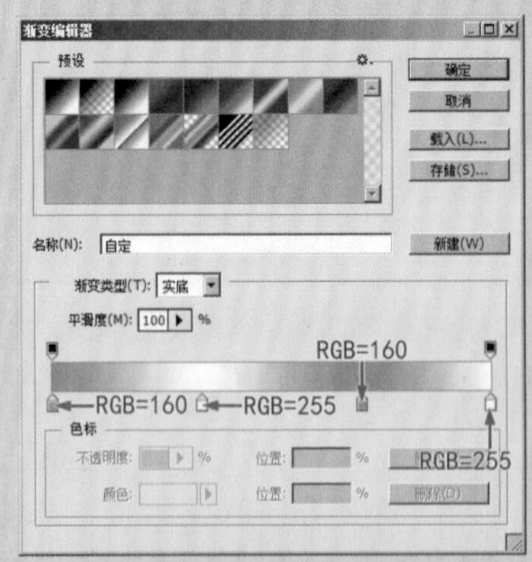


图4-2 【渐变编辑器】参数设置

Step 04 在图像中由左上角至右下角执行渐变操作，如图4-3所示。

Step 05 选择菜单栏中的【滤镜】|【杂色】|【添加杂色】命令，在弹出的【添加杂色】对话框中设置各项参数，如图4-4所示。

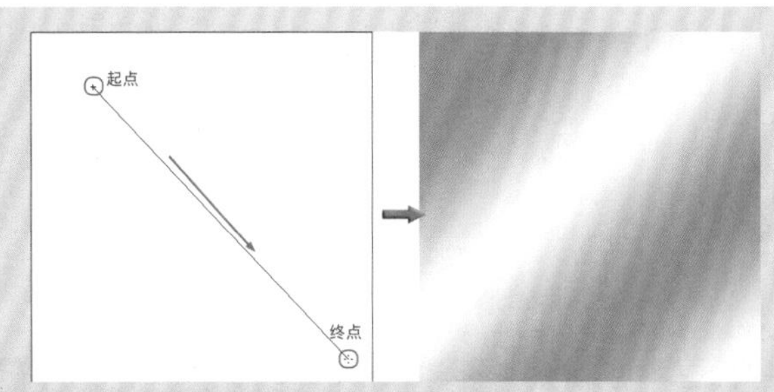


图4-3 渐变效果

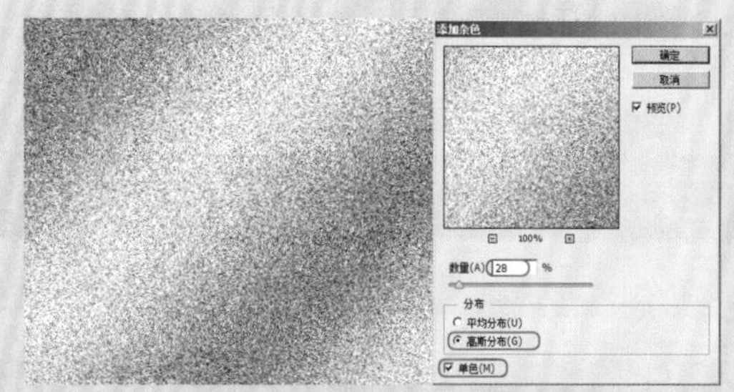

图4-4 【添加杂色】参数设置及图像效果

Step 06 选择菜单栏中的【滤镜】|【模糊】|【动感模糊】命令，在弹出的【动感模糊】对话框中设置各项参数，如图4-5所示。

Step 07 使用工具箱中的【裁剪工具】将两侧不均匀处裁剪掉，然后选择菜单栏中的【图像】|【调整】|【曲线】命令，在弹出的【曲线】对话框中设置各项参数，如图4-6所示。

图4-5 【动感模糊】参数设置及图像效果

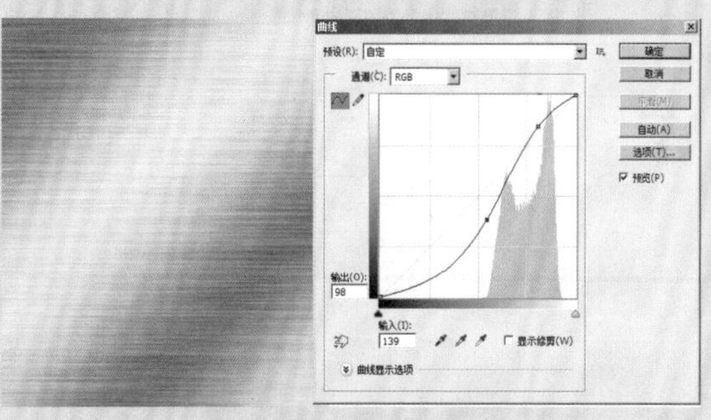

图4-6 【曲线】参数设置及图像效果

Step 08 选择菜单栏中的【图像】|【调整】|【色彩平衡】命令，在弹出的【色彩平衡】对话框中设置各项参数，如图4-7所示。

执行上述操作后，得到图像的最终效果如图4-8所示。

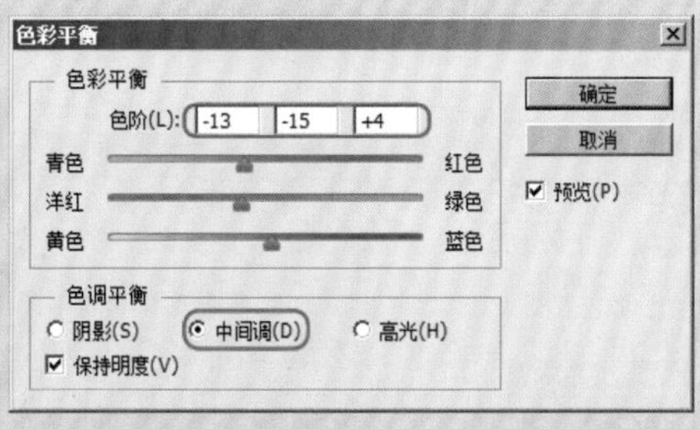


图4-7 【色彩平衡】参数设置

图4-8 最终效果

Step 09 按Ctrl+S快捷键，将制作的贴图保存。可以在本书配套光盘“效果文件\第4章”文件夹中找到该文件。

## 4.3 建筑材料贴图的制作

在自然界中，不管是粗糙的砂岩还是光滑的大理石材料，都是比较坚硬的材质。在建筑效果图中，石头材质既可以用于墙体的装饰，也可以用于地面及路面的装饰。因此，此类质感贴图的应用是非常广泛的。

## 4.3.1 玻璃砖墙质感贴图的制作

绘制装修效果图的时候，往往要设计玻璃砖墙，而这些玻璃砖墙通常是通过贴图来实现的。

### 动手操作——制作玻璃砖墙质感贴图

Step 01 选择菜单栏中的【文件】|【新建】命令，在弹出的【新建】对话框中设置各项参数，如图4-9所示。

Step 02 按D键，将前景色和背景设置为黑色和白色。选择菜单栏中的【滤镜】|【渲染】|【云彩】命令，为图像添加云彩效果，如图4-10所示。

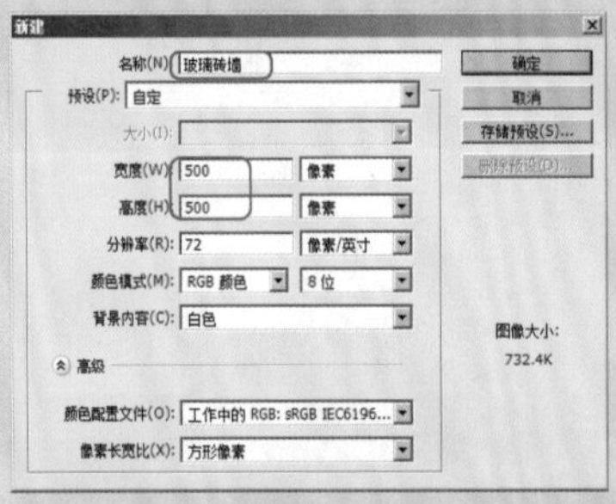

图4-9 【新建】参数设置

图4-10 【云彩】滤镜效果

Step 03 选择菜单栏中的【滤镜】|【滤镜库】命令，在弹出的对话框中选择【扭曲】类下的【玻璃】滤镜，并设置各项参数，如图4-11所示。

执行上述操作后，图像效果如图4-12所示。

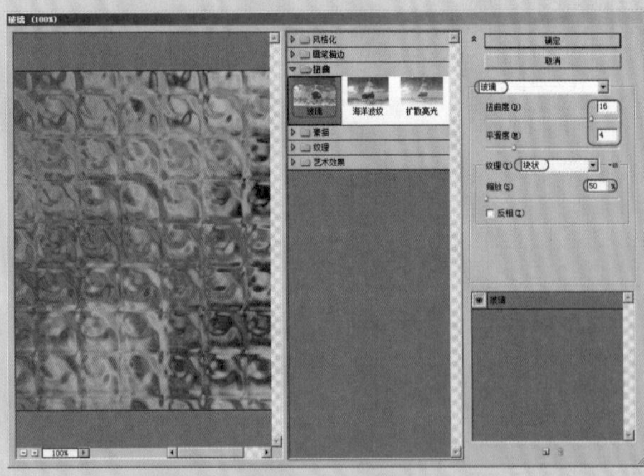

图4-11 【扭曲】参数设置

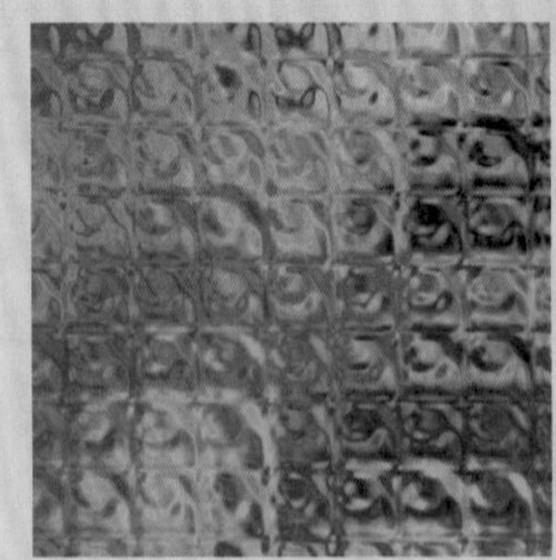

图4-12 图像效果

Step 04 选择菜单栏中的【图像】|【调整】|【色相/饱和度】命令，在弹出的【色相/饱和度】对话框中设置各项参数，参数设置及图像效果如图4-13所示。

Step 05 选择菜单栏中的【图像】|【调整】|【亮度/对比度】命令，在弹出的对话框中设置各项参数，如图4-14所示。

执行上述操作后，得到图像的最终效果如图4-15所示。

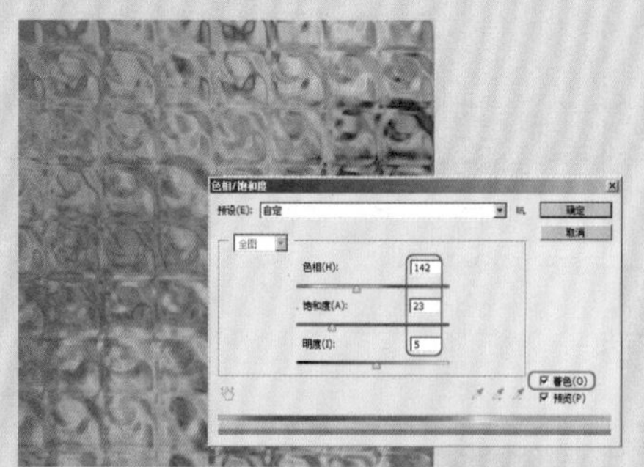

图4-13 【色相/饱和度】参数设置及图像效果

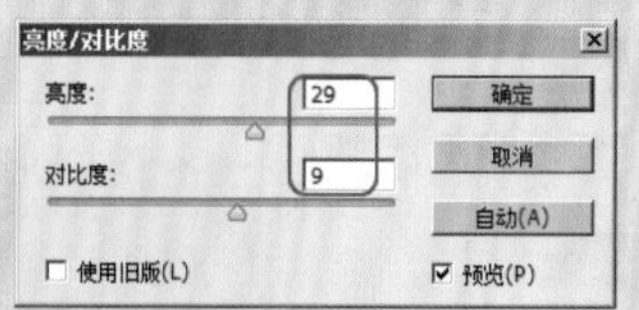


图4-14 【亮度/对比度】参数设置

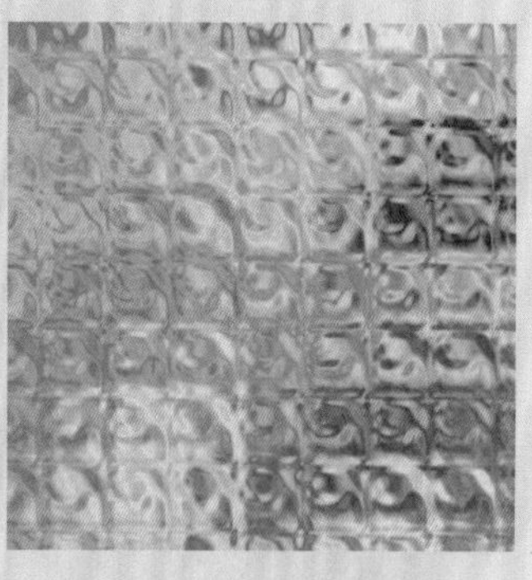

图4-15 图像最终效果

Step 06 按Ctrl+S快捷键，将制作的贴图保存。可以在本书配套光盘“效果文件\第4章”文件夹中找到该文件。

## 4.3.2 岩石质感贴图的制作

在自然界中，岩石大都有比较生硬且不规则的凹凸效果，给人一种很硬的感觉。它和砂岩有一定区别，砂岩反光性不是很强，而岩石的反光性相对来说比砂岩要稍强些。

### 动手操作——制作岩石质感贴图

Step 01 选择菜单栏中的【文件】|【新建】命令，在弹出的【新建】对话框中设置各项参数，如图4-16所示。

Step 02 按D键，将前景色和背景色设置为默认状态。

Step 03 选择菜单栏中的【滤镜】|【渲染】|【云彩】命令，可以按Ctrl+F快捷键执行多次，图像效果如图4-17所示。

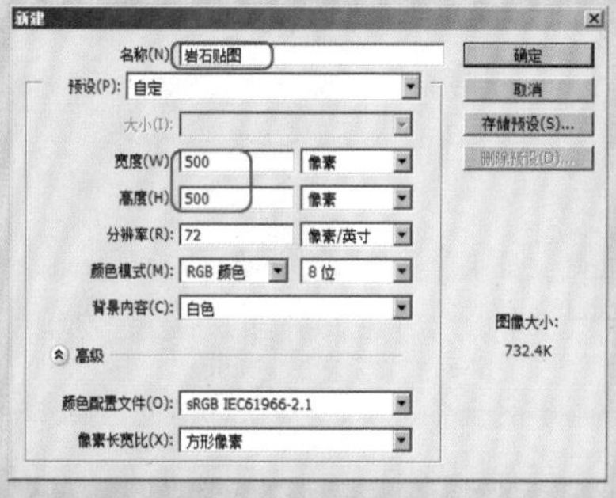


图4-16 【新建】参数设置

图4-17 【云彩】滤镜效果

Step 04 选择菜单栏中的【滤镜】|【滤镜库】命令，在弹出的对话框中选择【素描】类下的【基底凸现】滤镜，并设置各项参数，如图4-18所示。

执行上述操作后，图像效果如图4-19所示。

图4-18 【基底凸现】参数设置

图4-19 基底凸现效果

Step 05 选择菜单栏中的【图像】|【调整】|【色相/饱和度】命令，在弹出的【色相/饱和度】对话框中设置各项参数，如图4-20所示。

**注 意**

**调色的过程中也可以根据要制作材质的实际情况来选择颜色。**

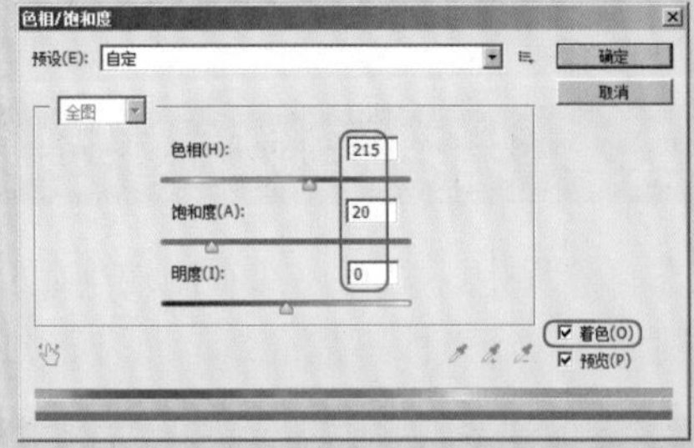

图4-20 【色相/饱和度】参数设置

执行上述操作后，岩石着色后的图像效果如图4-21所示。为了增加岩石的锐利感，接着要进行一些锐化。

Step 06 选择菜单栏中的【滤镜】|【锐化】|【USM锐化】命令，在弹出的【USN锐化】对话框中设置各项参数，如图4-22所示。

执行上述操作后，得到岩石贴图的最终效果，如图4-23所示。

图4-21 岩石着色效果

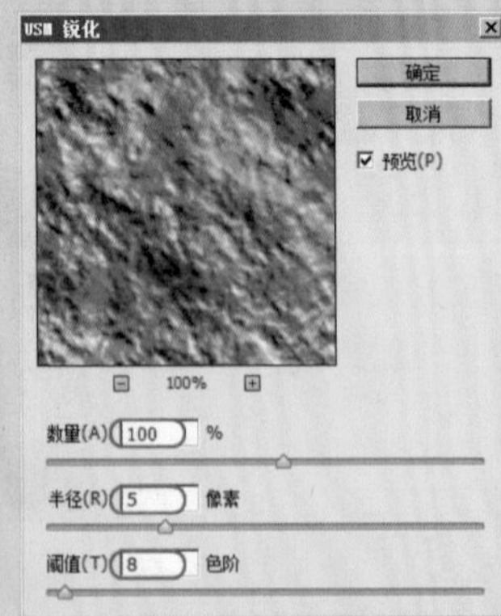

图4-22 参数设置

图4-23 最终效果

Step 07 按Ctrl+S快捷键，将制作的贴图保存。可以在本书配套光盘“效果文件\第4章”文件夹中找到该文件。

## 4.3.3 砂岩质感贴图的制作

观察自然界中的各式各样的砂岩，会发现砂岩的反光性不是很强，但它的肌理感很强。因此，在制作砂岩质感的贴图时，最难的应该是如何表现砂岩表面的小凸起。

### 动手操作——制作砂岩质感贴图

**Step 01** 选择菜单栏中的【文件】|【新建】命令，在弹出的【新建】对话框中设置各项参数，如图4-24所示。

**Step 02** 按D键，将前景色和背景色设置为默认状态。

**Step 03** 选择菜单栏中的【滤镜】|【渲染】|【云彩】命令，可以按Ctrl+F快捷键执行多次，图像效果如图4-25所示。

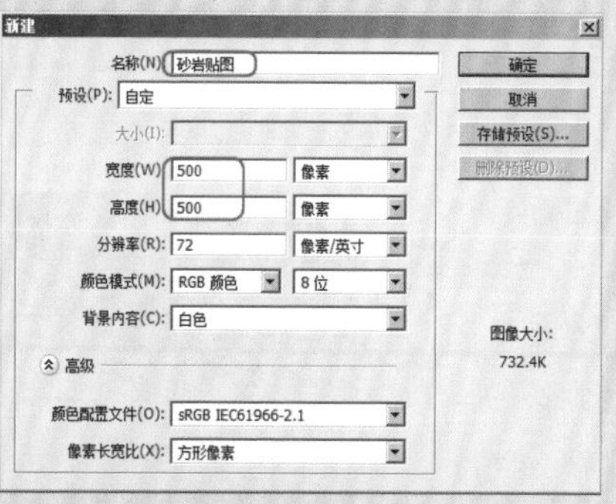


图4-24 【新建】参数设置

图4-25 【云彩】滤镜效果

**Step 04** 选择菜单栏中的【滤镜】|【杂色】|【添加杂色】命令，在弹出的【添加杂色】对话框中设置各项参数，如图4-26所示。

**Step 05** 打开【通道】面板，新建一个【Alpha 1】通道，如图4-27所示。

**Step 06** 选择菜单栏中的【滤镜】|【渲染】|【分层云彩】命令，可以按Ctrl+F快捷键执行多次，图像效果如图4-28所示。

图4-26 【添加杂色】参数设置及图像效果

图4-27 创建新的通道

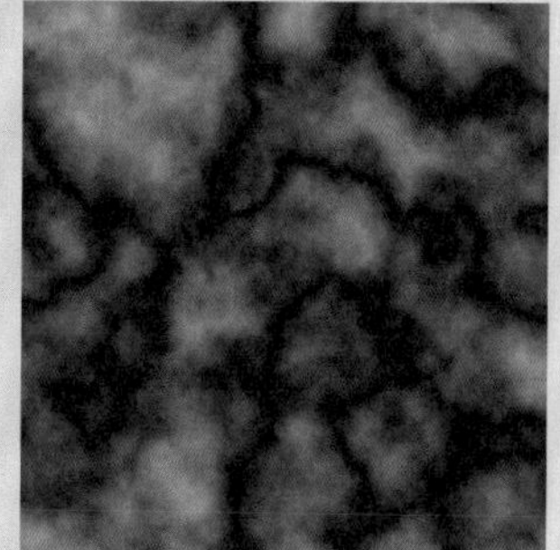

图4-28 【分层云彩】滤镜效果

**注 意**

因为【分层云彩】命令的计算结果是随机形成的，所以每次操作的结果都会不一样。所以可以按Ctrl+F快捷键重复执行几次，直到感觉效果满意了。

Step 07 选择菜单栏中的【滤镜】|【杂色】|【添加杂色】命令，弹出【添加杂色】对话框，参数设置采用默认值即可，图像效果如图4-29所示。

Step 08 返回到【图层】面板。选择菜单栏中的【滤镜】|【渲染】|【光照效果】命令，在弹出的【光照效果】对话框中设置各项参数，如图4-30所示。

Step 09 感觉效果合适后，单击工具属性栏上的 确定 按钮，提交光照效果，如图4-31所示。

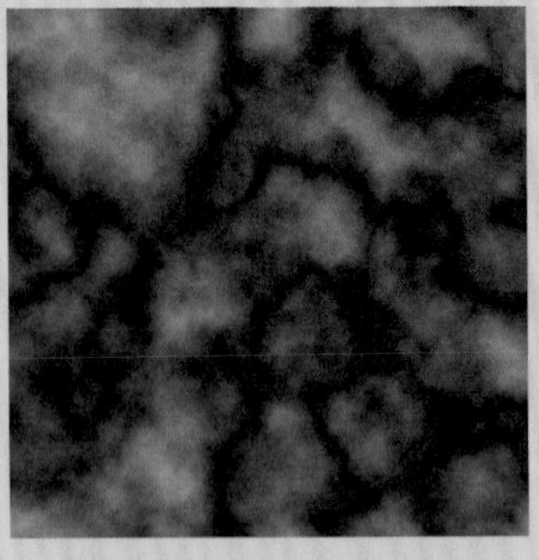

图4-29　添加杂色后的效果

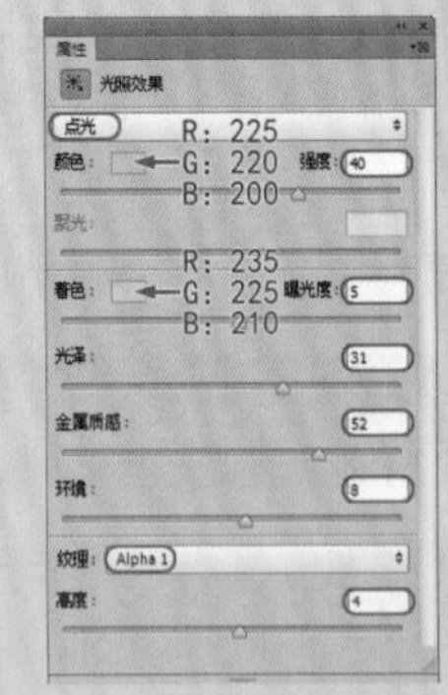


图4-30　参数设置

图4-31　提交光照效果

执行上述操作后，得到砂岩质感贴图的最终效果如图4-32所示。

Step 10 按Ctrl+S快捷键，将制作的贴图保存。可以在本书配套光盘“效果文件\第4章”文件夹中找到该文件。

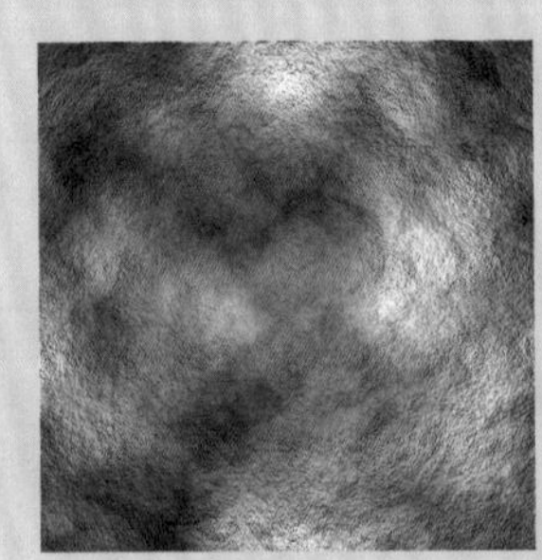

图4-32　砂岩贴图最终效果

## 4.3.4 耐水材料贴图的制作

耐水材料属于建筑建材行业，属于防水、防潮材料类别的一种。耐水材料贴图在效果图制作中也是很常用的一种贴图，它的肌理感很强。

## 动手操作——制作耐水材料贴图

Step 01 选择菜单栏中的【文件】|【新建】命令，在弹出的【新建】对话框中设置各项参数，如图4-33所示。

Step 02 设置前景色为灰色（R=180、G=180、B=174），将图像以前景色填充。

Step 03 选择菜单栏中的【滤镜】|【滤镜库】命令，在弹出的对话框中选择【纹理】类下的【龟裂缝】命令，参数设置如图4-34所示。

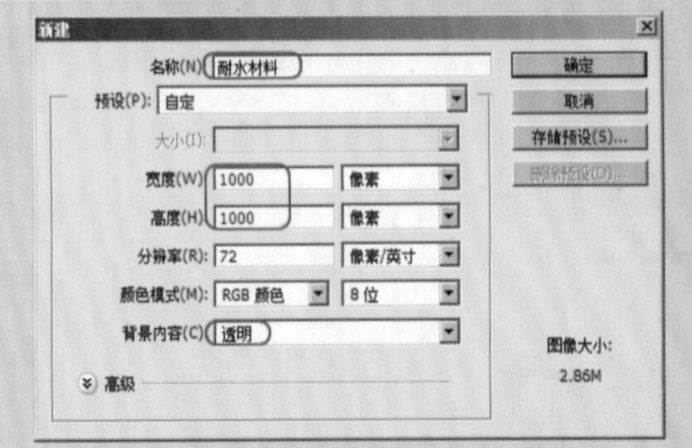


图4-33　【新建】参数设置

执行上述操作后，图像最终效果如图4-35所示。

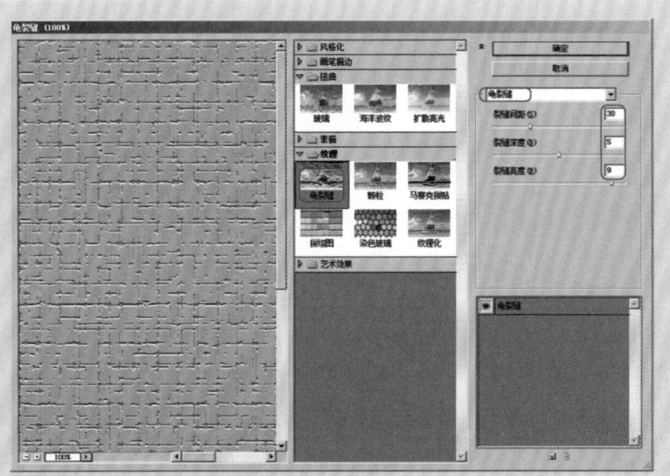

图4-34　【龟裂缝】参数设置

图4-35　贴图效果

Step 04 选择【文件】|【存储为】命令，将制作的图像保存为【耐水材料.jpg】。可以在本书配套光盘“效果文件\第4章”文件夹中找到该文件。

## 4.3.5 大理石质感贴图的制作

在建筑装修中，大理石以其丰富多彩的纹理和色彩，一直受到人们的青睐，下面学习大理石质感贴图的制作方法。

### 动手操作——制作大理石贴图

Step 01 选择菜单栏中的【文件】|【新建】命令，在弹出的【新建】对话框中设置各项参数，如图4-36所示。

Step 02 按D键，将前景色和背景色设置为默认颜色。

Step 03 选择菜单栏中的【滤镜】|【渲染】|【云彩】命令，可以按Ctrl+F快捷键多执行几次，效果如图4-37所示。

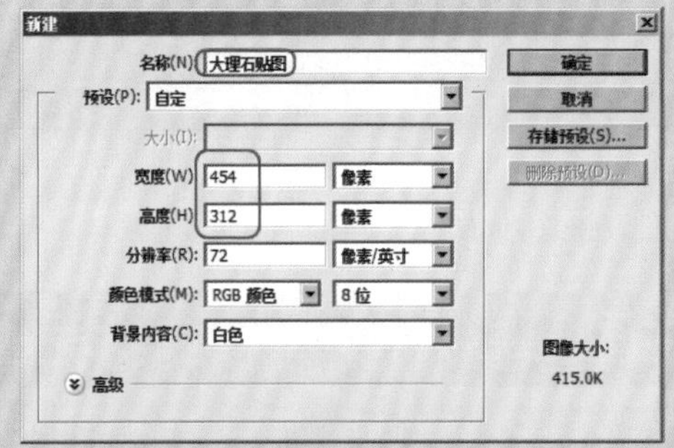


图4-36　【新建】参数设置

图4-37　【云彩】滤镜效果

Step 04 选择菜单栏中的【滤镜】|【风格化】|【查找边缘】命令，图像效果如图4-38所示。

Step 05 选择菜单栏中的【图像】|【调整】|【亮度/对比度】命令，在弹出的【亮度/对比度】对话

框中设置各项参数，如图4-39所示。

Step 06 选择菜单栏中的【图像】|【调整】|【反相】命令，将图像反相，效果如图4-40所示。

下面为大理石贴图着色。

Step 07 选择菜单栏中的【图像】|【调整】|【色相/饱和度】命令，在弹出的【色相/饱和度】对话框中设置各项参数，如图4-41所示。

执行上述操作后，图像效果如图4-42所示。

图4-38 【查找边缘】滤镜效果

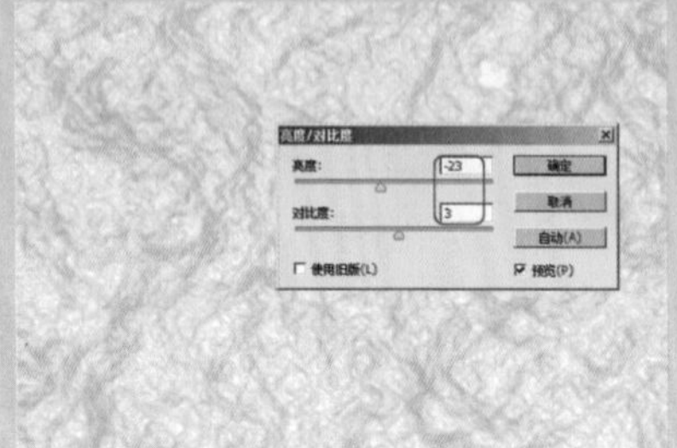

图4-39 【亮度/对比度】对话框参数设置及效果

图4-40 反相效果

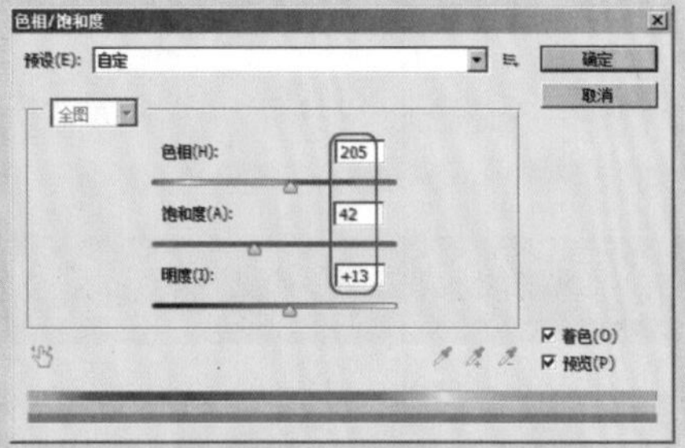


图4-41 【色相/饱和度】对话框参数设置

图4-42 大理石贴图效果

Step 08 选择菜单栏中的【文件】|【存储】命令，将制作的图像保存。可以在本书配套光盘“效果文件\第4章”文件夹中找到该文件。

## 4.4 草地质感贴图的制作

阳春三月，草长莺飞，绿草茵茵，草地在室外建筑效果图中占的比重非常大。

### 动手操作——制作草地质感贴图

Step 01 选择菜单栏中的【文件】|【新建】命令，在弹出的【新建】对话框中设置各项参数，如图4-43所示。

Step 02 在【图层】面板中新建一个图层，并确认新建图层为当前层。

Step 03 设置前景色为草绿色（R=0、G=153、B=0），背景色为深绿色（R=0、G=51、B=0），

然后将新建图层以前景色填充，如图4-44所示。

Step04 选择菜单栏中的【滤镜】|【渲染】|【纤维】命令，在弹出的【纤维】对话框中设置各项参数，如图4-45所示。

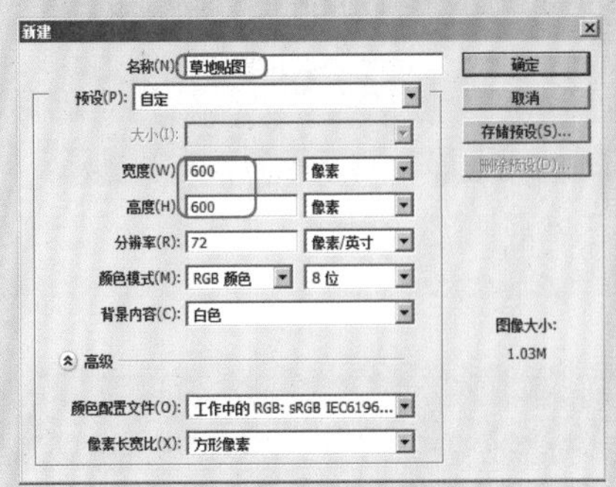

图4-43 【新建】参数设置

图4-44 填充前景色

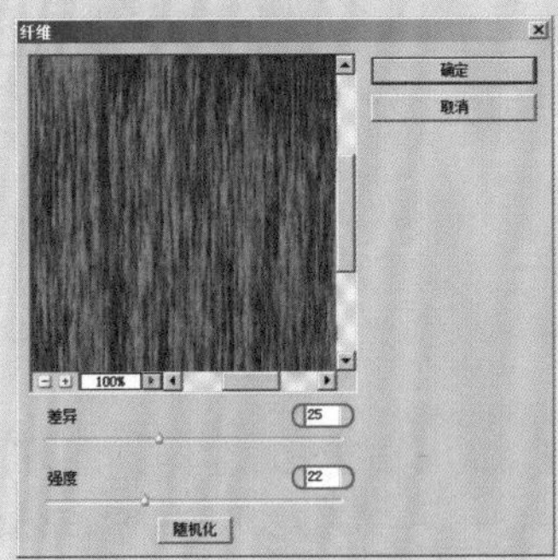

图4-45 【纤维】参数设置

执行上述操作后，图像效果如图4-46所示。

Step05 选择菜单栏中的【滤镜】|【风格化】|【风】命令，在弹出的【风】对话框中设置各项参数，如图4-47所示。

执行上述操作后，图像效果如图4-48所示。

图4-46 【纤维】滤镜效果

图4-47 【风】参数设置

图4-48 【风】滤镜效果

Step06 选择菜单栏中的【图像】|【图像旋转】|【90度（顺时针）】命令，将图像做顺时针90°旋转，效果如图4-49所示。

Step07 按Ctrl+T快捷键，弹出自由变换框，然后选择菜单栏中的【编辑】|【变换】|【透视】命令，在图像中做一个梯形透视效果，如图4-50所示。

图4-49 旋转效果

图4-50 透视效果

Step08 调整的透视效果合适后，按Enter键确认变换操作。

Step09 裁剪自己认为最好的画面，得到最终效果，如图4-51所示。

Step10 按Ctrl+S快捷键，将制作的贴图保存。可以在本书配套光盘“效果文件\第4章”文件夹中找到该文件。

图4-51 最终效果

## 4.5 水纹质感贴图的制作

水是世界上最无固定形状的物质，水的纹理也是千变万化的。水有海水、湖水之分，现在要模拟的水纹理，是类似海水之类的水面，而且是侧视的角度效果。

### 动手操作——制作水纹质感贴图

Step01 选择菜单栏中的【文件】|【新建】命令，在弹出的【新建】对话框中设置各项参数，如图4-52所示。

Step02 按D键，将前景色和背景色设置为默认色，然后在【图层】面板中新建一个图层。

Step03 确认新建图层为当前层。选择菜单栏中的【滤镜】|【渲染】|【云彩】命令，得到的图像效果如图4-53所示。

Step04 选择菜单栏中的【滤镜】|【滤镜库】命令，在弹出的对话框中选择【扭曲】类下的【玻璃】滤镜，并设置各项参数，如图4-54所示。

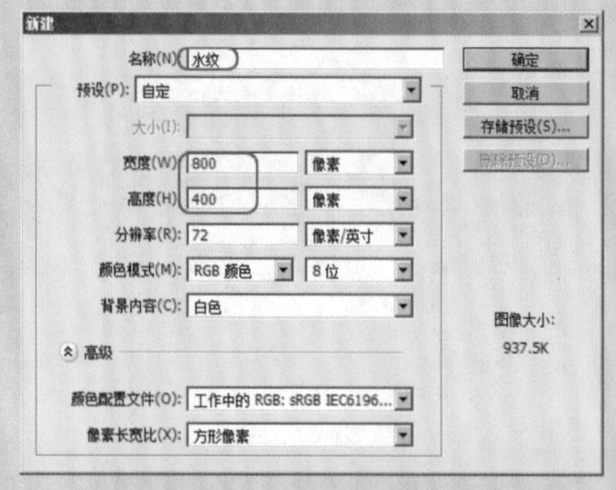


图4-52 【新建】参数设置

图4-53 【云彩】滤镜效果

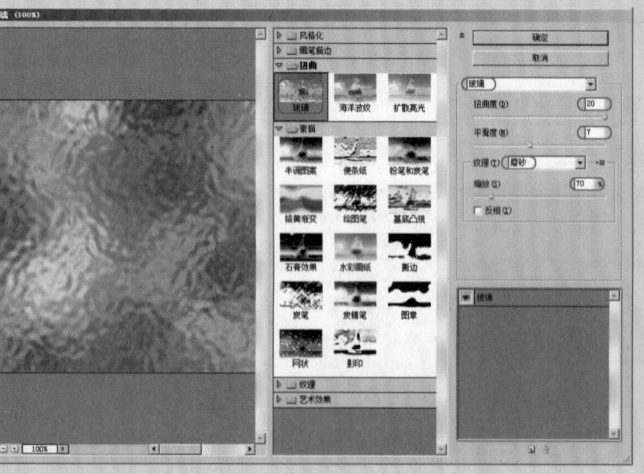

图4-54 【玻璃】参数设置

执行【玻璃】滤镜后，图像效果如图4-55所示。

下面为制作的图像调配颜色。

Step 05 选择菜单栏中的【图像】|【调整】|【色彩平衡】命令，在弹出的【色彩平衡】对话框中设置各项参数，如图4-56所示。

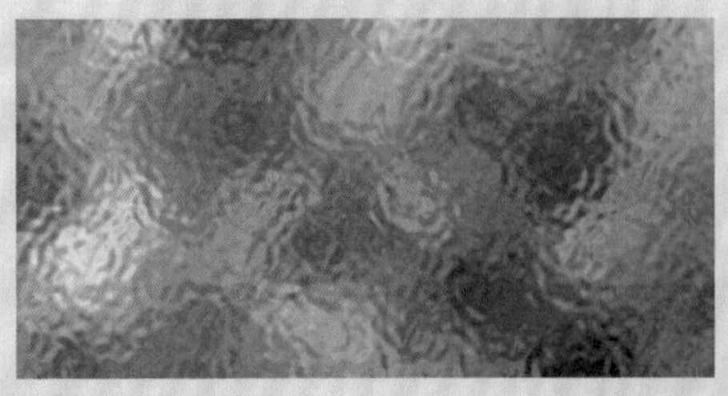

图4-55 玻璃滤镜效果

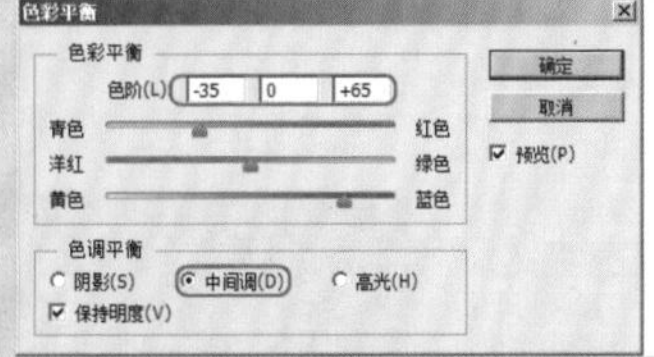

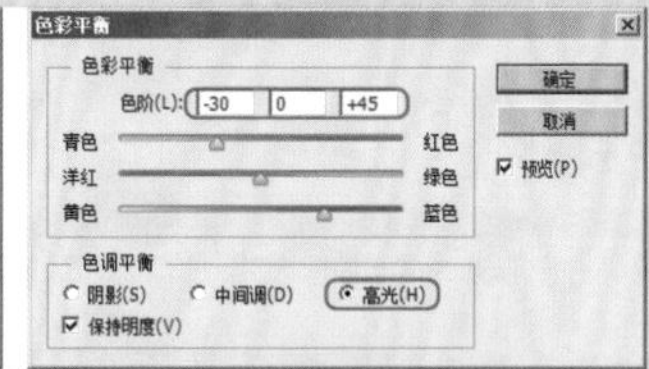

图4-56 【色彩平衡】参数设置

执行上述操作后，图像效果如图4-57所示。

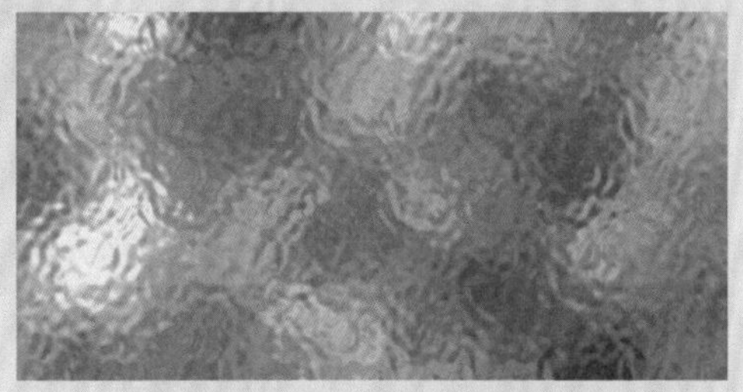

图4-57 调配颜色后的效果

水纹都是有一定的透视角度的，而上面制作的水纹是一个平视的效果。下面就为这个水纹做透视效果。

Step 06 按Ctrl+T快捷键，弹出自由变换框，然后选择菜单栏中的【编辑】|【变换】|【透视】命令，在图像中做一个梯形透视效果，如图4-58所示。

执行上述操作后，图像的最终效果如图4-59所示。

图4-58 做梯形透视效果

图4-59 图像的最终效果

Step 07 按Ctrl+S快捷键，将制作的贴图保存。可以在本书配套光盘“效果文件\第4章”文件夹中找到该文件。

## 4.6 光域网贴图的制作

要想得到精确灯光照明效果，除了可以在3ds Max中调用IES光域网文件外，还可以在后期处理时进行手工模拟。

### 动手操作——制作光域网贴图

Step 01 选择菜单栏中的【文件】|【新建】命令，在弹出的【新建】对话框中设置各项参数，如图4-60所示。

Step 02 设置前景色为黑色，按Alt+Delete快捷键填充前景色。

**注 意**

设置黑色背景是为了便于更好地观察光域网的效果。

Step 03 选择工具箱中的【椭圆选框工具】，在图像中创建如图4-61所示的选区。

Step 04 按Shift+F6快捷键，弹出【羽化选区】对话框，设置各项参数，如图4-62所示。

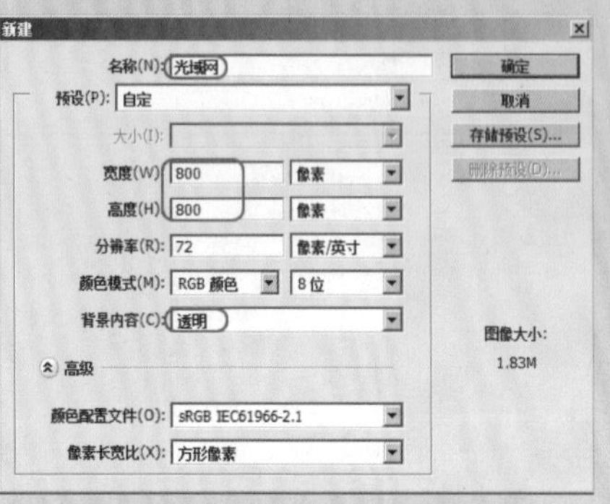


图4-60 【新建】参数设置

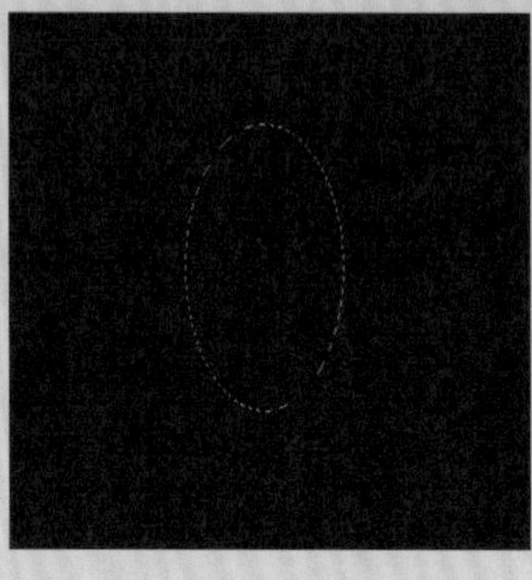

图4-61 创建的选区

图4-62 【羽化选区】参数设置

Step 05 在【图层】面板中新建一个【图层2】图层。

Step 06 设置前景色为淡黄色（R=255、G=244、B=202），按Alt+Delete快捷键将【图层2】以淡黄色填充，如图4-63所示。

Step 07 按Ctrl+T快捷键，弹出自由变换框，将图像调整成如图4-64所示的梯形透视效果。

Step 08 形态合适后按Enter键确认变形操作，并按Ctrl+D快捷键将选区取消。

Step 09 在【图层】面板中将【图层2】图层复制，生成【图层2副本】图层，将其混合模式改为【颜色减淡】、【不透明度】改为50%。

执行上述操作后，得到图像的最终效果如图4-65所示。

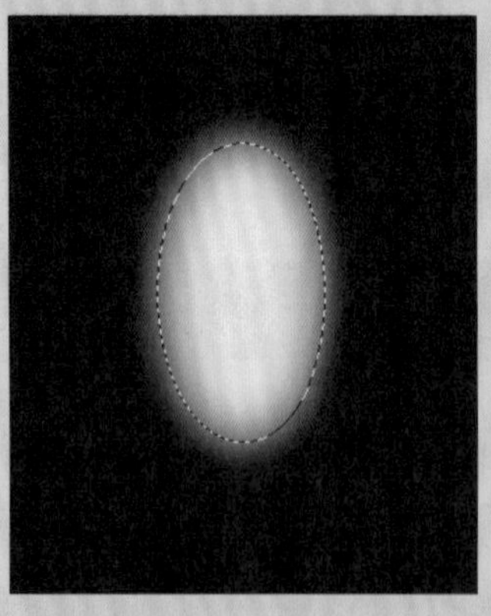

图4-63 填充效果

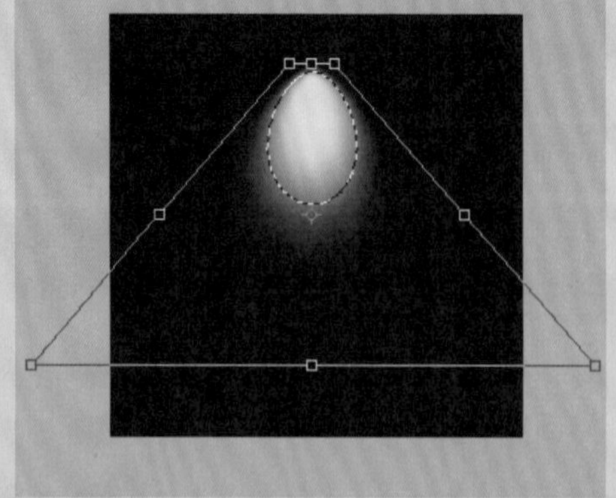

图4-64 光域网形态

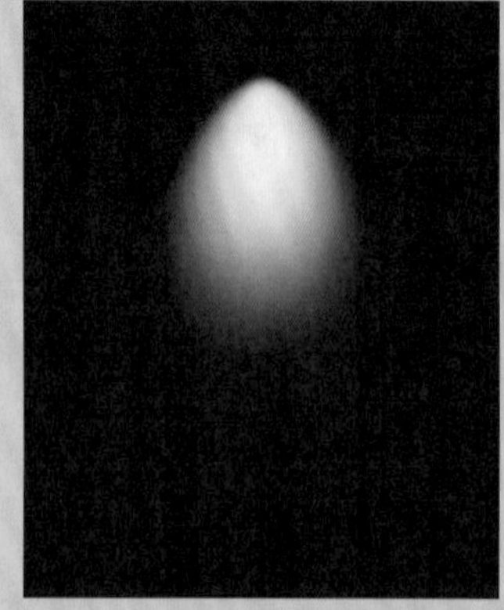

图4-65 最终效果

Step 10 按Ctrl+S快捷键，将制作的贴图保存。可以在本书配套光盘“效果文件\第4章”文件夹中找到该文件。

# 4.7 无缝贴图的制作

在应用3ds Max软件制作室内外效果图时，经常会遇到一些贴图在平铺多次后出现接缝不真实的情况，其实只要在平铺之前将贴图处理一下就可以避免这种情况的发生。下面介绍使用【仿制图章工具】制作一张无缝贴图的方法。

## 动手操作——制作无缝贴图

Step 01 选择菜单栏中的【文件】|【打开】命令，打开随书配套光盘中的“调用图片\第4章\鹅卵石.jpg”文件，如图4-66所示。

Step 02 选择菜单栏中的【滤镜】|【其它】|【位移】命令，在弹出的【位移】对话框中，设置【水平】为50、【垂直】为50，在【未定义区域】选项组中选择【折回】项，如图4-67所示。

图4-66 打开的鹅卵石图像文件

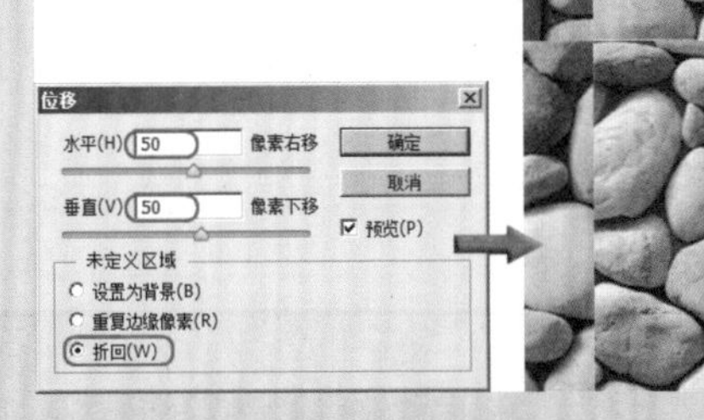

图4-67 【位移】参数设置及位移效果

由图4-67可以看出，将图像位移后，在图像中出现了接缝，说明这个贴图文件不是无缝贴图，如果将它直接赋予造型，就会出现前面说的那种接缝处不真实的情况。

下面使用工具箱中的【仿制图章工具】对其进行调整。

Step 03 选择工具箱中的【仿制图章工具】，在其属性栏中将笔刷大小设置为15，其他各项参数设置如图4-68所示。

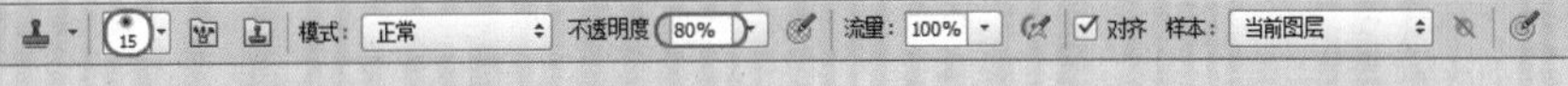


图4-68 【仿制图章工具】属性栏设置

Step 04 先使用【抓手工具】将图像局部放大，然后将光标移动到图像中如图4-69所示的位置，按住Alt键单击鼠标左键，定义一个参考点。

Step 05 释放Alt键，在图像中的接缝处拖曳鼠标，则采样点的像素就被一点点地复制到接缝处，如图4-70所示。

图4-69 在图像中定义参考点

图4-70 接缝处被复制

**技 巧**

在复制图像时，可以通过在【仿制图章工具】属性栏中适当调整【不透明度】的数值来控制笔画的浓度，以使复制的像素与原像素能很好地融合在一起。

Step 06 重复上面的操作，在图像中多次选择采样点，然后拖曳鼠标复制，修改接缝处的像素，效果如图4-71所示。

未赋予无缝贴图的图像效果与赋予无缝贴图的图像效果比较如图4-72所示。

Step 07 选择菜单栏中的【文件】|【存储为】命令，将图像另存为【无缝鹅卵石贴图.jpg】文件。

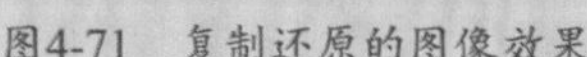

图4-71 复制还原的图像效果

图4-72 赋无缝贴图前后的效果对比

## 4.8 透空贴图的制作

在效果图的制作中，有时会遇到结构比较复杂的造型，例如汽车、假山、人物等。若直接在3ds Max中制作，不管是在难度上还是在效率上，显然是不适合的。遇到这样的情况，为了简化造型而又不失其真实性，一般采用赋予造型透空贴图的方式来表现。透空贴图由两部分组成，即一黑一白，其中黑色部分是透明的，白色部分是不透明的，以不透明贴图与漫反射贴图的位图相配合，就可以表现出场景中的复杂造型。

### 动手操作——制作透空贴图

Step 01 选择菜单栏中的【文件】|【打开】命令，打开随书配套光盘中的“调用图片\第4章\汽车.jpg”文件，如图4-73所示。

Step 02 选择工具箱中的【魔棒工具】，设置其属性栏中的各项参数，如图4-74所示。

图4-73 打开的汽车图像文件

取样大小：取样点 容差 20 ☑消除锯齿 ☐连续 ☐对所有图层取样 调整边缘...

图4-74 【魔棒工具】属性栏设置

Step 03 使用【魔棒工具】，在图像的蓝色背景中单击鼠标左键，即可将背景全部选择，效果如图4-75所示。

**Step 04** 按D键，将前景色和背景色设置为默认状态，然后按Alt+Delete快捷键将选区用前景色填充，图像效果如图4-76所示。

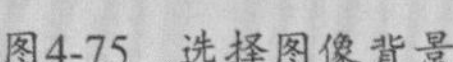
图4-75 选择图像背景

图4-76 填充前景色后的图像效果

**Step 05** 选择菜单栏中的【选择】|【反选】命令将选区反选，然后按Ctrl+Delete快捷键用背景色将选区填充，效果如图4-77所示。

图4-77 填充背景色后的图像效果

**Step 06** 按Ctrl+D快捷键将选区取消，完成透空贴图的制作。

**Step 07** 选择菜单栏中的【文件】|【存储为】命令，将制作的透空贴图存储为【汽车透空.jpg】文件。可以在本书配套光盘“效果文件\第4章”文件夹中找到该文件。

## 4.9 小结

本章主要介绍了运用Photoshop软件中的各种命令制作常用材质及贴图的方法和技巧，其中包括拉丝不锈钢质感贴图、建筑材料贴图、草地贴图、水纹贴图、光域网贴图、无缝贴图以及透空贴图等。在制作室内外建筑效果图的过程中，各种材质及贴图对于每一幅效果图作品来说都是一个不可缺少的组成部分。只有具备了合适的贴图素材，才能制作出逼真、自然的效果图作品。

希望在学习完本章的内容后，最好能够做一些这方面的练习，通过实际操作来提高运用Photoshop软件制作贴图的能力，从而丰富自己的材质库。

Chapter 05

# 第5章

# 配景素材的使用及处理

**本章内容**

- 倒影、水面效果处理方法
- 投影效果处理方法
- 室内插花与室外草地的处理方法
- 天空处理方法
- 玻璃材质处理方法
- 人物配景的处理方法
- 树木配景的处理方法
- 配景色彩与环境的协调问题
- 小结

在室内外建筑效果图表现中，如果要正确表现场景中所要达到的真实效果，就不能忽视背景、人物、花草、树木以及玻璃等配景的作用。这些配景虽然不是主体部分，但是能对场景效果起到一个协调的作用，它们处理得好坏与否，将直接影响到整个效果图场景的最终效果。

# 5.1 倒影、水面效果处理方法

倒影在室内外效果图中会经常遇到。相对于投影来说，倒影的制作过程显得稍微复杂一些。根据配景与地面的“接触点”不同，倒影大致可以分为两种：一种是配景与地面只有一个单面接触的情况，如树木、花盆等。制作这类配景的倒影时，只需将原图像复制一个，然后将复制后的图像垂直翻转即可。另一种是配景与地面有多个接触点的情况，如汽车、桌椅等。在制作该类配景的倒影效果时，就不能仅仅依靠【垂直翻转】命令来处理了，还需要对图像进行一些变形操作。另外，也经常遇到制作水面倒影效果的情况。

## 5.1.1 轿车倒影

在现实中很多时候倒影与地面的接触点不止一个，此时可以参照以下方法进行操作。

### 动手操作——制作轿车倒影

Step 01 选择菜单栏中的【文件】|【打开】命令，打开随书配套光盘中的“调用图片\第5章\汽车场景.jpg”文件，如图5-1所示。

Step 02 再打开随书配套光盘中的“调用图片\第5章\汽车.jpg”文件，如图5-2所示。

图5-1 打开的汽车场景图像文件

图5-2 打开的汽车图像文件

Step 03 选择汽车，然后使用【移动工具】将汽车拖入到【汽车场景.jpg】文件中，并调整其大小和位置，如图5-3所示。

Step 04 在【图层】面板中，将汽车所在图层命名为【汽车】，然后将其复制一层，得到【汽车副本】图层，如图5-4所示。

图5-3 添加汽车的效果

图5-4 【图层】面板

Step 05 确定【汽车副本】图层为当前层，在菜单栏选择【编辑】|【变换】|【垂直翻转】命令，将图像垂直翻转，并将其移至【汽车】图层的下方，如图5-5所示。

因为这个汽车有透视效果，所以它的倒影与原汽车的接触点应该有3个，但是从图像上看却只有一个，这样看起来显然是不真实的。下面就解决这个接触点的问题。

Step 06 按Ctrl+T快捷键，弹出自由变换框，用鼠标将倒影图像在垂直方向上略微压缩一下，然后按Enter键，确认变换操作。此时的图像效果如图5-6所示。

图5-5 翻转后的效果

图5-6 执行自由变换后的图像效果

在进行操作之前，先找一个参照物，在这里以与原配景接触的那个点为参照物来进行操作。如果感觉目测不准确的话，可以按Ctrl+R快捷键调出标尺，然后拖曳出参考线作为标准。

Step 07 选择工具箱中的【矩形选框工具】，其属性栏参数取默认值即可，然后在图像中创建出如图5-7所示的矩形选区。

Step 08 选择菜单栏中的【编辑】|【变换】|【斜切】命令，然后用鼠标向上拖动变换框左边中间的控制点直至两个车轮重合，如图5-8所示。

图5-7 创建的选区

图5-8 变换操作

Step 09 调整合适后，按Enter键确认变形操作。

Step 10 使用同样的方法，制作出另一部的倒影效果，如图5-9所示。

Step 11 将汽车倒影顶部区域选择，然后运用自由变换工具将其略微向上拖动一点，效果如图5-10所示。

Step 12 在【图层】面板中为【汽车副本】图层添加图层蒙版，然后使用【渐变工具】制作出汽车倒影的退晕效果，如图5-11所示。

Step 13 在【图层】面板中，将【汽车副本】图层的【不透明度】调整为50%，得到图像的最终效果，如图5-12所示。

图5-9 另一部分倒影效果

图5-10 调整效果

图5-11 制作的渐变效果

图5-12 图像最终效果

Step 14 选择菜单栏中的【文件】|【存储为】命令，将制作的图像另存为【汽车倒影.psd】文件。可以在随书配套光盘“效果文件\第5章”文件夹中找到该文件。

## 5.1.2 水面倒影

不管是在三维设计领域，还是在平面设计领域，对于水面倒影的效果表现一直是个难题。水面有两种：一种是比较平静的水面，这种可以用蒙版制作；另一种是有水纹波动的水面，这种一般用滤镜制作。下面分别介绍这两种水面的制作方法。

### 动手操作——平静水面倒影制作

Step 01 选择菜单栏中的【文件】|【打开】命令，打开随书配套光盘中的“调用图片\第5章\河边风光.psd”文件，如图5-13所示。

Step 02 选择岸上的一组人物，如图5-14所示。

图5-13 打开的河边风光图像文件

图5-14 选择图层

Step 03 将该图层复制一层，再按Ctrl+T快捷键，弹出自由变换框，右击鼠标，选择【垂直翻转】命令，将图像垂直翻转，最后将其调整到如图5-15所示的位置。

倒影的颜色一般比较接近水的颜色，所以这里需要先调整倒影素材的颜色。

Step 04 选择菜单栏中的【图像】|【调整】|【色相/饱和度】命令，在弹出的对话框中设置各项参数，如图5-16所示。

图5-15 调整图像位置

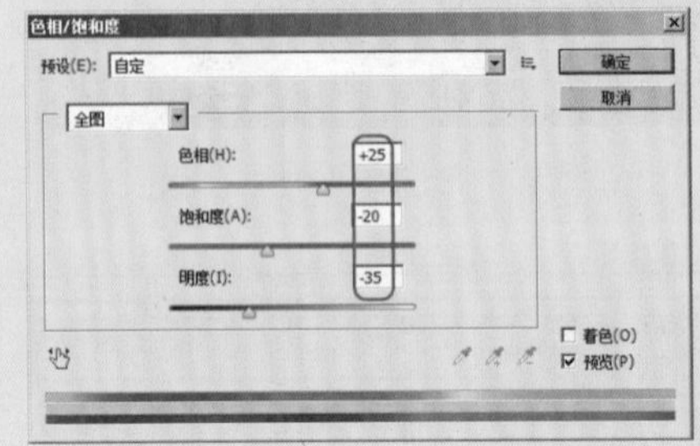


图5-16 【色相/饱和度】参数设置

Step 05 单击【图层】面板底部的按钮，为倒影添加图层蒙版，如图5-17所示。

Step 06 选择工具箱中的【橡皮擦工具】，设置前景色为白色，将倒影的下半部分轻轻擦除，制作渐隐效果，如图5-18所示。

图5-17 添加图层蒙版

图5-18 图像最终效果

Step 07 选择菜单栏中的【文件】|【存储为】命令，将制作的图像另存为【平静水面倒影.psd】文件。可以在随书配套光盘“效果文件\第5章”文件夹中找到该文件。

## 动手操作——使用滤镜制作水面倒影效果

Step 01 选择菜单栏中的【文件】|【打开】命令，打开随书配套光盘中的“调用图片\第5章\滤镜倒影.jpg”文件，如图5-19所示。

Step 02 将背景层转换为普通层【图层0】。

Step 03 选择菜单栏中的【图像】|【画布大小】命令，在弹出的对话框中设置画布的高度是原来的两倍，为制作倒影提供画面空间，如图5-20所示。

Step 04 使用工具箱中的【矩形选框工具】将画面框选下来，按Ctrl+J快捷键将选区内容复制为一个单独的图层，命名为【倒影】。

Step 05 确认【倒影】图层为当前图层。按Ctrl+T快捷键弹出自由变换框，在变换框内单击鼠标右键，在弹出的快捷菜单中选择【垂直翻转】命令，然后调整图像的大小和位置，如图5-21所示。

Step 06 按住Ctrl键的同时单击【倒影】图层，调出图像选区，以控制后面滤镜作用的范围。

Step 07 选择菜单栏中的【滤镜】|【扭曲】|【置换】命令，在弹出的【置换】对话框中设置各项参数，如图5-22所示。

Step 08 单击 确定 按钮，在打开的对话框中选择随书配套光盘中的“调用图片\第5章\水素材.psd”文件，置换效果如图5-23所示。

图5-19 打开的滤镜倒影图像文件

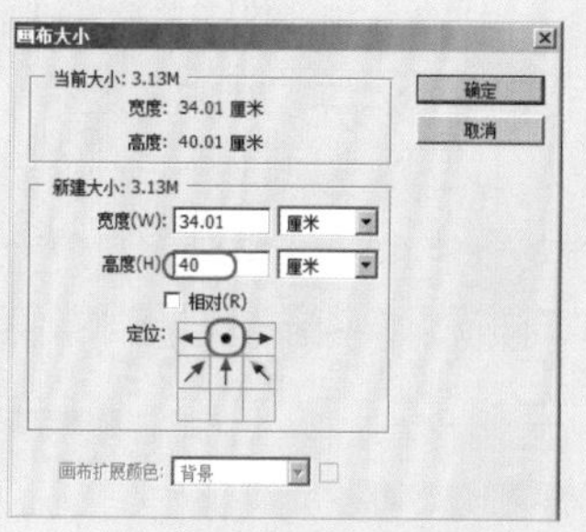


图5-20 【画布大小】参数设置

图5-21 变换图像效果

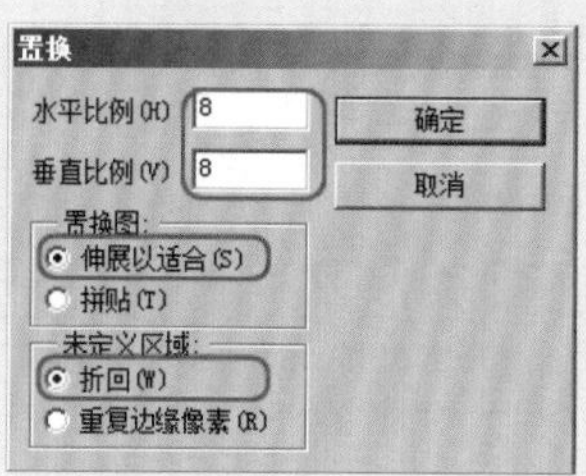


图5-22 【置换】参数设置

图5-23 置换效果

Step 09 选择菜单栏中的【滤镜】|【滤镜库】命令，在弹出的对话框中选择【扭曲】类下的【玻璃】滤镜，并设置各项参数，如图5-24所示。

Step 10 单击  按钮，图像效果如图5-25所示。

图5-24 【玻璃】参数设置

图5-25 【玻璃】滤镜效果

Step 11 选择菜单栏中的【滤镜】|【模糊】|【高斯模糊】命令，在弹出的【高斯模糊】对话框中设置各项参数，如图5-26示。

执行上述操作后，水面具有模糊效果，最后将选区取消。

Step 12 选择菜单栏中的【图像】|【调整】|【曲线】命令，在弹出的对话框中设置参数，如图5-27所示。

执行上述操作后，图像的亮度降低。

Step 13 最后使用【移动工具】调整图像的位置，并使用【裁剪工具】把画面完美的部分裁剪下来，从而得到水面倒影的最终效果，如图5-28所示。

Step 14 选择菜单栏中的【文件】|【存储为】命令，将制作的图像另存为【滤镜倒影制作.psd】文件。可以在随书配套光盘"效果文件\第5章"文件夹中找到该文件。

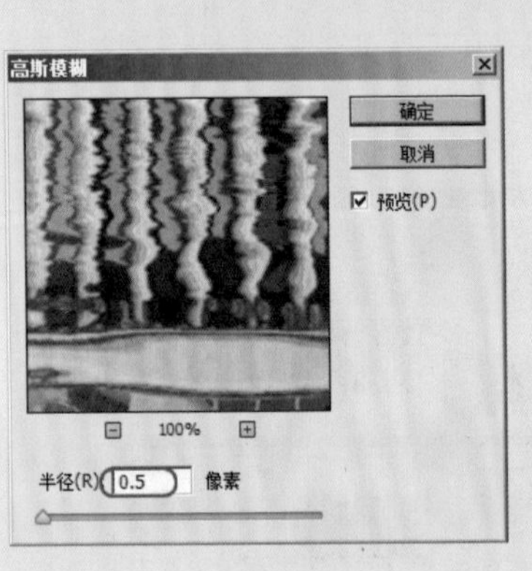

图5-26 【高斯模糊】参数设置

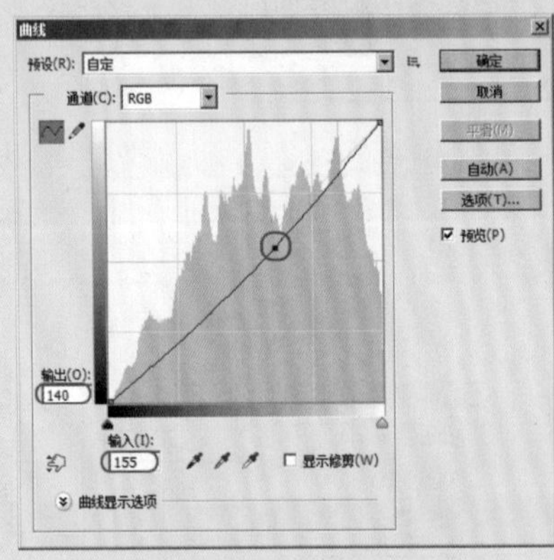

图5-27 【曲线】参数设置

图5-28 图像最终效果

## 5.2 投影效果处理方法

没有影子，物体的立体感也就无从体现了。因此，影子是使物体具有真实感的重要因素之一。通常情况下，在为效果图场景中添加了配景后，就应该为该配景制作投影效果。另外，在制作投影效果时，通常会应用到缩放、变形等操作，通过给图层添加蒙版还可以制作出那种带有退晕的投影效果。

配景投影效果分为普通投影和折线投影两种形式，下面分别介绍这两种投影效果的制作方法。

### 5.2.1 普通投影

相对于制作比较复杂的折线投影来说，普通投影的制作方法很简单，主要是运用【变换】命令来完成。

### 动手操作——制作普通投影效果

Step 01 选择菜单栏中的【文件】|【打开】命令，打开随书配套光盘中的"调用图片\第5章\室外.psd"文件，如图5-29所示。

这是一幅室外建筑效果图后期处理图片，场景最前面的人物没有制作投影，下面为其制作上投影效果。

Step 02 将【人物】图层复制一层，生成【人物 副本】图层，然后将该图层拖到【人物】图层的下方，如图5-30所示。

Step 03 按Ctrl+T快捷键，弹出自由变换框，然后在按住Ctrl键的同时用鼠标拖曳变换框四角上的控制点，将图像调整成如图5-31所示的形态。

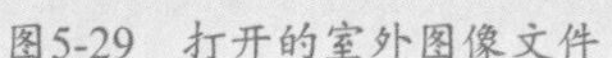

图5-29　打开的室外图像文件

图5-30　【图层】面板

图5-31　调整变换框形态

**注 意**

**在调整变换框的方向时，一定要和场景整体光线方向一致。**

Step 04 调整合适后，按Enter键，确认变换操作。

Step 05 选择菜单栏中的【图像】|【调整】|【色相/饱和度】命令，在弹出的对话框中，将【明度】调整为-100，将图像调整为黑色，如图5-32所示。

此时人物阴影轮廓过于清晰，需要进行模糊处理。

Step 06 选择菜单栏中的【滤镜】|【模糊】|【高斯模糊】命令，在弹出的【高斯模糊】对话框中设置参数，如图5-33所示。

图5-32　调整为黑色

图5-33　【高斯模糊】参数设置及图像效果

Step 07 将【人物 副本】图层的【不透明度】调整为70%，得到图像的最终效果，如图5-34所示。

Step 08 选择菜单栏中的【文件】|【存储为】命令，将制作的图像另存为【室外投影.psd】文件。可以在随书配套光盘“效果文件\第5章”文件夹中找到该文件。

图5-34　图像的最终效果

## 5.2.2 折线投影

在很多情况下，室内外光线所投射的投影是位于台阶、墙角等有转折的物体上，这类投影就叫做折线投影。在制作这类投影时，用户就不能用普通投影的方法来制作了。

### 动手操作——制作折线投影效果

Step01 选择菜单栏中的【文件】|【打开】命令，打开随书配套光盘中的“调用图片\第5章\折线.jpg”文件，如图5-35所示。

Step02 选择菜单栏中的【文件】|【打开】命令，打开随书配套光盘中的“调用图片\第5章\人物.psd”文件，如图5-36所示。

Step03 使用工具箱中的【移动工具】将人物拖到【折线.jpg】图像文件中，并将其所在层命名为【人物】。

Step04 按Ctrl+T快捷键弹出自由变换框，然后按住Shift键对人物图像进行等比例缩放。

Step05 缩放合适后，按Enter键确认变形操作。

Step06 调整人物在场景中的位置，效果如图5-37所示。

图5-35 打开的折线图像文件

图5-36 打开的人物图像文件

图5-37 调整人物大小后的效果

Step07 使用工具箱中的【抓手工具】将图像放大到如图5-38所示的效果。

Step08 在【图层】面板中将【人物】图层复制一层，并将复制后的图层拖到【人物】图层的下方。

Step09 选择菜单栏中的【编辑】|【变化】|【扭曲】命令，弹出扭曲变形框，用鼠标将图像调整到如图5-39所示的形态。

图5-38 放大后的图像效果

图5-39 扭曲后的图像效果

Step 10 形态合适后，按Enter键，确认变换操作。

Step 11 选择工具箱中的【多边形套索工具】，其属性栏参数取默认值即可，然后在图像中创建如图5-40所示的选区。

Step 12 按Ctrl+ →快捷键，选区将变为如图5-41所示的效果。

图5-40 创建的选区

图5-41 选区效果

Step 13 按Ctrl+T快捷键，弹出自由变换框，按住Ctrl键将图像调整到如图5-42所示的垂直状态。

Step 14 形态合适后，按Enter键确认变换操作。然后按Ctrl+D快捷键取消选区。

Step 15 运用同样的方法，在图像中创建如图5-43所示的选区。

图5-42 调整图像效果

图5-43 创建的选区

Step 16 按Ctrl+T快捷键，弹出自由变换框。然后按住Ctrl键将图像调整到如图5-44所示的状态。形态合适后，按Enter键确认变换操作。然后按Ctrl+D快捷键取消选区。

Step 17 使用同样的方法，继续对投影的其他部分进行变形操作。操作完成后的图像效果如图5-45所示。

图5-44 扭曲后的效果

图5-45 变形效果

Step 18 按住Ctrl键，单击【人物副本】图层，调出该层图像的选区，然后将选区以黑色填充，填充后将选区取消。

Step 19 选择菜单栏中的【滤镜】|【模糊】|【高斯模糊】命令，在弹出的【高斯模糊】对话框中设置模糊【半径】为1.8像素，图像效果如图5-46所示。

Step 20 在【图层】面板中调整该层的【不透明度】数值为70%，得到图像的最终效果如图5-47所示。

图5-46 模糊后的效果

图5-47 图像最终效果

Step 21 选择菜单栏中的【文件】|【存储为】命令，将制作的图像另存为【折线投影.psd】文件。可以在随书配套光盘“效果文件\第5章”文件夹中找到该文件。

## 5.3 室内插花与室外草地的处理方法

在为室内外效果图进行后期处理时，为场景中添加一些绿化配景素材是必不可少的，例如，室内效果图要添加上插花、盆景等，室外效果图则要添加上树木、灌木及花草等。

### 5.3.1 室内插花的处理

室内插花的处理方法很简单，即把插花配景添加到场景中，然后根据场景的需要调整插花的色调、大小，如果需要最后再为插花配景制作倒影或阴影。

### 动手操作——室内插花处理

Step 01 选择菜单栏中的【文件】|【打开】命令，打开随书配套光盘中的“调用图片\第5章\室内.jpg”文件，如图5-48所示。

Step 02 选择菜单栏中的【文件】|【打开】命令，打开随书配套光盘中的“调用图片\第5章\花瓶.psd”文件，如图5-49所示。

图5-48 打开的室内图像文件

图5-49 打开的花瓶图像文件

Step 03 使用工具箱中的【移动工具】将【花瓶】图像拖入到【室内.jpg】场景中，然后调整它的大小及位置，如图5-50所示。

下面为插花制作上倒影效果。

Step 04 将【花瓶】所在图层命名为【花瓶】，然后将其复制一层，生成【花瓶副本】图层，并将复制后的图像调整到【花瓶】图层的下方，如图5-51所示。

图5-50 调入图像后的效果

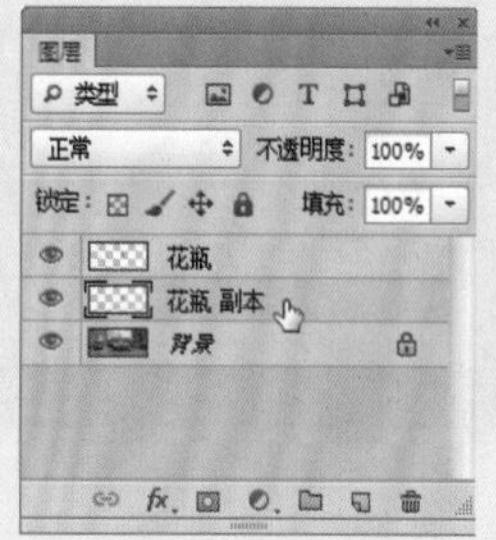


图5-51 【图层】面板

Step 05 确认【花瓶副本】图层为当前层，按Ctrl+T快捷键，弹出自由变换框。

Step 06 选择菜单栏中的【编辑】|【变换】|【垂直翻转】命令，将图像翻转过来，然后调整它的位置，如图5-52所示。

Step 07 形态合适后，按Enter键，确认变换操作。

Step 08 单击【图层】面板底部的按钮，为【花瓶副本】图层添加上图层蒙版。然后选择工具箱中的【渐变工具】，选择【线性渐变】方式，在图层蒙版上由上而下执行渐变操作，如图5-53所示。

图5-52 将图像垂直翻转

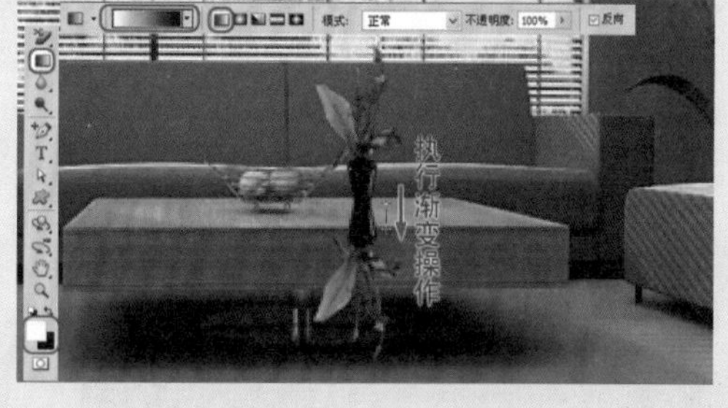


图5-53 执行渐变操作

执行上述操作后，图像效果如图5-54所示。

Step 09 在【图层】面板中单击【花瓶副本】图层前面的图层缩略图，暂时关闭蒙版，如图5-55所示。

图5-54 渐变操作效果

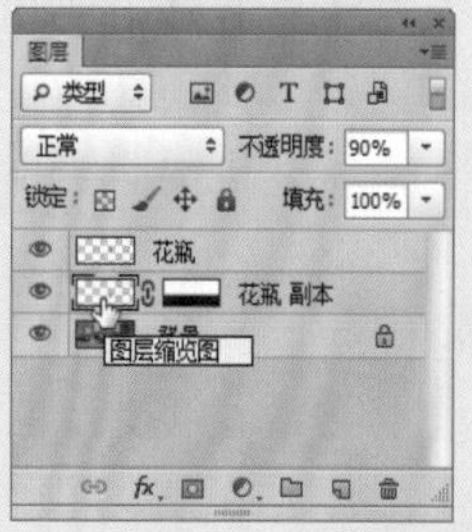


图5-55 【图层】面板

Step 10 选择菜单栏中的【滤镜】|【模糊】|【高斯模糊】命令，在弹出的【高斯模糊】对话框中设置【半径】为1像素，图像效果如图5-56所示。

Step 11 在【图层】面板中将【花瓶副本】图层的【不透明度】调整为90%，得到图像的最终效果，如图5-57所示。

图5-56 图像效果

图5-57 图像最终效果

Step 12 选择菜单栏中的【文件】|【存储为】命令，将制作的图像另存为【插花处理.psd】文件。可以在随书配套光盘“效果文件\第5章”文件夹中找到该文件。

## 5.3.2 室外草坪的处理

处理效果图中的室外草地，一般有3种方法。

第一种是直接在制作草地的位置利用渐变工具来填充草地的颜色，然后运用相应的命令来制作出草地的效果，如图5-58所示。但是这种方法制作的草地呆板、不真实，因此现在很少使用。

第二种方法是直接调用现成的草地素材，不需要做过多调整，这样的草地看起来效果比较真实。但前提是草地的色调、透视必须和场景所要表现的效果相匹配，如图5-59所示。

图5-58 使用命令制作的草地效果

图5-59 直接引用草地素材的效果

第三种方法是合成法，也就是同时引用多种草地素材，使用Photoshop中的图层工具与其他工具对其进行合成，使其按照真实的透视原理合成为一个整体。这种处理方法的特点是颜色绚丽，草地富于变化，如图5-60所示。

图5-60 合成法制作的草地效果

## 动手操作——直接调用法

直接调用法比较简单，只要找到草地纹理清晰、比例关系协调的素材，将它直接添加到效果图场景中，稍微调整即可。

Step 01 选择菜单栏中的【文件】|【打开】命令，打开随书配套光盘中的“调用图片\第5章\添加草地练习.psd”文件，如图5-61所示。

Step 02 打开随书配套光盘中的“调用图片\第5章\草地.jpg”文件，如图5-62所示。

图5-61 打开的添加草地练习图像文件

图5-62 打开的草地图像文件

Step 03 使用工具箱中的【移动工具】将草地拖至【添加操作练习.psd】文件中，在【图层】面板中调整图层的顺序，如图5-63所示。

Step 04 进入【通道】面板，选择【Alpha 2】通道，按住Ctrl键的同时单击该通道，将草地区域载入选区，回到【图层】面板，选区效果如图5-64所示。

图5-63 调整图层顺序

图5-64 创建草地选区

Step 05 切换到草地所在图层，单击【图层】面板底部的按钮为该图层添加图层蒙版，将草地选区以外的草地隐藏，效果如图5-65所示。

最后再使用色彩调整命令调整草地的色调。

Step 06 单击草地图层的图层缩览图，选择菜单栏中的【图像】|【调整】|【色相/饱和度】命令，在弹出的【色相/饱和度】对话框中设置参数，如图5-66所示。

执行上述操作后，得到图像的最终效果如图5-67所示。

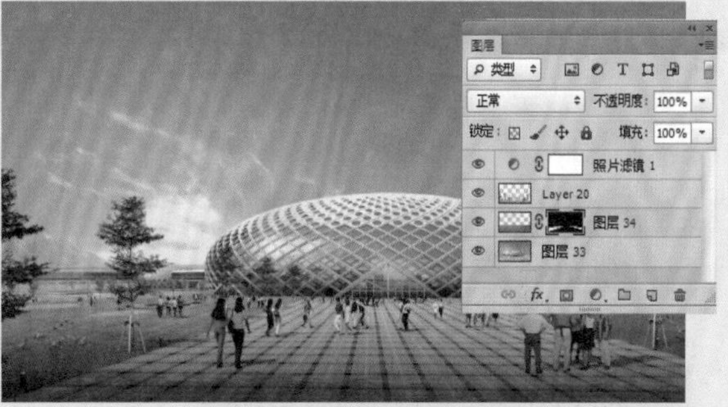

图5-65 添加图层蒙版

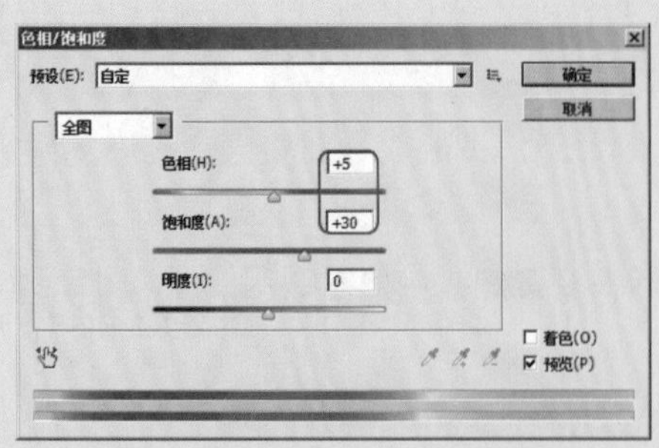

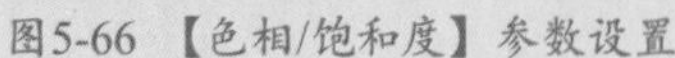

图5-66 【色相/饱和度】参数设置

图5-67 最终效果

Step 07 选择菜单栏中的【文件】|【存储为】命令，将制作的图像另存为“调入草地.psd”文件。可以在随书配套光盘“效果文件\第5章”文件夹中找到该文件。

## 动手操作——合成法

Step 01 选择菜单栏中的【文件】|【打开】命令，打开随书配套光盘中的“调用图片\第5章\合成草地场景.psd”文件，如图5-68所示。

这幅效果图的建筑部分都已经调整好，只有草地部分没有处理。下面使用合成法对草地进行处理。

Step 02 打开随书配套光盘中的“调用图片\第5章\合成草地.jpg”文件，如图5-69所示。

图5-68 打开的合成草地场景图像文件

图5-69 打开的合成草地图片

这是一幅非常有纵深感的草地图片，下面准备使用这幅图片与另外一些植物配景图片合成来完成远景、中景、近景的表现。

Step 03 使用工具箱中的【移动工具】将【合成草地.jpg】图像拖入到【合成草地场景.psd】场景中作为草地图片，然后调整它的大小及位置，如图5-70所示。

Step 04 打开随书配套光盘中的“调用图片\第5章\远景灌木.psd”文件，如图5-71所示。

图5-70 添加草地配景

图5-71 打开的远景灌木图像文件

**Step 05** 使用工具箱中的【移动工具】将【远景灌木.psd】图像拖入到效果图场景中，然后调整它的大小及位置，如图5-72所示。

**Step 06** 打开随书配套光盘中的“调用图\第5章\灌木带.psd”文件，如图5-73所示。

**Step 07** 使用工具箱中的【移动工具】将【灌木带.psd】图像拖入到效果图场景中，然后调整它的大小及位置，如图5-74所示。

图5-72 添加远景灌木效果

图5-73 打开的灌木带图像文件

图5-74 添加石头配景效果

下面再为场景中添加中景草地配景。

**Step 08** 打开随书配套光盘中的“调用图片\第5章\中景灌木1.psd”文件，如图5-75所示。

**Step 09** 使用工具箱中的【移动工具】将【中景灌木1.jpg】配景拖入到效果图场景中，并调整它的大小及位置，如图5-76所示。

> **注 意**
>
> **在添加配景时，一定要注意图层的先后顺序，避免有互相遮挡现象的发生。**

此时发现添加进去的灌木颜色过于鲜艳，容易造成画面混乱。下面使用色彩调整命令降低饱和度。

**Step 10** 选择工具箱中的【图像】|【调整】|【色相/饱和度】命令，在弹出的【色相/饱和度】对话框中设置参数，如图5-77所示。

图5-75 打开的中景灌木1图像文件

图5-76 添加中景的位置

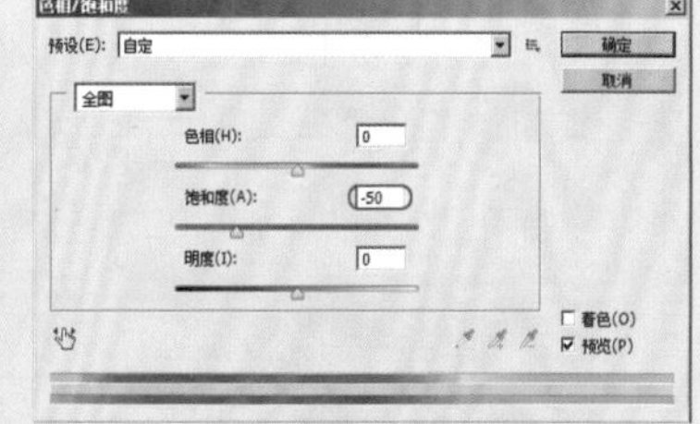


图5-77 【色相/饱和度】参数设置

执行上述操作后，灌木1的效果如图5-78所示。此时发现灌木底部和草地衔接得有些生硬，下面使用【橡皮擦工具】处理。

**Step 11** 选择工具箱中的【橡皮擦工具】，选择一个虚边的笔头，把【不透明度】设置为30%，然后使用【橡皮擦工具】在灌木的底部轻轻拖曳鼠标，将灌木虚化，使其与草地相融合，效果如图5-79所示。

**Step 12** 打开随书配套光盘中的“调用图片\第5章\中景灌木2.psd”文件，如图5-80所示。

图5-78 降低灌木饱和度效果

图5-79 处理灌木效果

图5-80 打开的中景灌木2图像文件

Step 13 同样使用工具箱中的【移动工具】将【中景灌木2.psd】图像拖入到效果图场景中，然后调整它的大小及位置，如图5-81所示。

下面再为场景添加近景灌木配景。

Step 14 打开随书配套光盘中的“调用图片\第5章\近景灌木.psd”文件，如图5-82所示。

Step 15 使用工具箱中的【移动工具】将其拖入到效果图场景中，然后调整它的大小及位置，如图5-83所示。

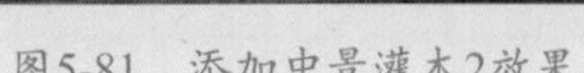
图5-81 添加中景灌木2效果

图5-82 打开的近景灌木图像文件

图5-83 添加近景灌木效果

此时发现添加的近景灌木亮度对比度过大，下面进行调整。

Step 16 选择菜单栏中的【图像】|【调整】|【亮度/对比度】命令，在弹出的【亮度/对比度】对话框中设置参数，如图5-84所示。

Step 17 最后为场景中添加上一些高大的乔木、人物以及建筑设施等配景，从而得到图像的最终效果，如图5-85所示。

图5-84 【亮度/对比度】参数设置及图像效果

图5-85 图像最终效果

Step 18 选择菜单栏中的【文件】|【存储为】命令，将制作的图像另存为【合成草地法.psd】文件。可以在随书配套光盘“效果文件\第5章”文件夹中找到该文件。

## 5.3.3 草地制作的注意事项

草地也是效果图的一部分，它处理的好坏直接影响到效果图的成败。在制作草地时，需要注意以下几点。

### 1. 透视规律

草地同样也遵循效果图近大远小、近实远虚的透视规律。因此在处理草地时，远处的草地可以处理得粗糙些，而近处的草地则要纹理清晰，如图5-86所示。

图5-86　草地透视效果

### 2. 明暗关系

由于受光照及植物遮挡的影响，草地本身的颜色并不是一成不变的，它会随着这些因素的变化而呈现出不同的光影效果。

如图5-87所示，受近景树木的遮挡，近处的草地颜色很深，而远处的草地由于光照的原因，它的颜色相对明亮些。

图5-88为夜景中的草地效果，远处受建筑物内灯光照射的影响，草地颜色偏亮，而近处因为灯光较弱，草地呈现颜色较重。夜景中的草地一般颜色较深，只有在有灯光的地方才能呈现出不同的绿色，这样就把草地的明暗关系表现出来了，而且使草地层次更加丰富。

图5-87　日景草地明暗关系

图5-88　夜景草地明暗关系

### 3. 合理种植

草地的种植是很有讲究的。园林、小区、湿地等地方的草地颜色以鲜绿为主，草地要茂盛，很有生命力，体现环境的优雅和生机勃勃，如图5-89～图5-91所示。

图5-89　小区

图5-90　公园

图5-91　湿地

而稳重、色彩不轻浮、纹理简单的草地，常见于办公楼、高层建筑等场景中，如图5-92和图5-93所示。

图5-92　高层建筑

图5-93　办公场所

## 5.4 天空处理方法

天空的表现对于建筑效果图的制作具有重要的意义，通过为场景添加不同的天空背景，在天空的色彩、亮度、云彩大小上产生丰富的变化，将为建筑营造不同的氛围。

如图5-94所示为晴空，不论是白云朵朵，还是一片干净的蓝色，都给人一种晴朗的惬意感。

图5-94　晴空效果

如图5-95所示为阴云密布的下雨场景的天空，通过暗沉的天空背景，营造出了下雨天压抑、厚重的气息。

图5-95　阴云密布的天空

如图5-96所示为夜晚的天空，单纯的深蓝色，给人以静谧的感觉。

图5-96 夜晚的天空

制作天空背景的方法有3种：一种是直接运用合适的天空背景素材，添加到效果图中；另外一种是利用颜色渐变制作天空；还有一种是利用多个天空素材合成，营造出变化丰富的天空背景。

## 5.4.1 直接添加天空配景素材

直接添加天空素材相对简单，只需要根据建筑和环境的需要，选择颜色合适、透视合适的天空，直接添加进来就可以了。

### 动手操作——直接添加天空

Step 01 选择菜单栏中的【文件】|【打开】命令，打开随书配套光盘中的“调用图片\第5章\直接添加天空.psd”文件，如图5-97所示。

打开的建筑场景中所有的配景都已经添加好了，唯有天空还没加上。下面学习如何给建筑物直接添加天空背景。

Step 02 打开随书配套光盘中的“调用图片\第5章\天空.jpg”文件，如图5-98所示。

图5-97 打开的直接添加天空图像文件

图5-98 打开的天空图像文件

**注 意**

素材的选择很重要，准确地选择合适的天空素材，可以轻松地制作出逼真的天空透视效果。

Step 03 使用工具箱中的【移动工具】将天空素材拖至【直接添加天空.psd】文件中，并将其所在图层调整到【建筑】图层的下方，如图5-99所示。

此时发现添加进的天空没有把效果图的背景全部遮住，需要调整下大小。

Step 04 按Ctrl+T快捷键，弹出自由变换框，对天空图像进行大小和位置的调整，使其铺满整个背景。

Step 05 调整合适后按Enter键确认变换操作，效果如图5-100所示。

图5-99 添加天空背景

图5-100 调整天空大小效果

Step 06 选择菜单栏中的【文件】|【存储为】命令，将制作的图像另存为【直接添加天空效果.psd】文件。可以在随书配套光盘“效果文件\第5章”文件夹中找到该文件。

## 5.4.2 巧用渐变工具绘制天空

使用渐变色填充天空背景的方法，一般适合于制作万里无云的晴空，天空看起来宁静而高远。这种方法制作的天空给人一种简洁、宁静的感觉，比较适合主体建筑结构比较复杂的场景。

## 动手操作——用渐变工具绘制天空

### 1. 方法一

Step 01 选择菜单栏中的【文件】|【打开】命令，打开随书配套光盘中的“调用图片\第5章\渐变天空场景.psd”文件，如图5-101所示。

Step 02 设置前景色为深蓝色（R=35、G=75、B=105），背景色为浅灰色（R=185、G=180、B=185）。

Step 03 单击工具箱中的按钮，在工具属性栏渐变列表框中选择【前景色到背景色渐变】类型，选择线性渐变，其他参数设置如图5-102所示。

图5-101 打开的渐变天空场景图像文件

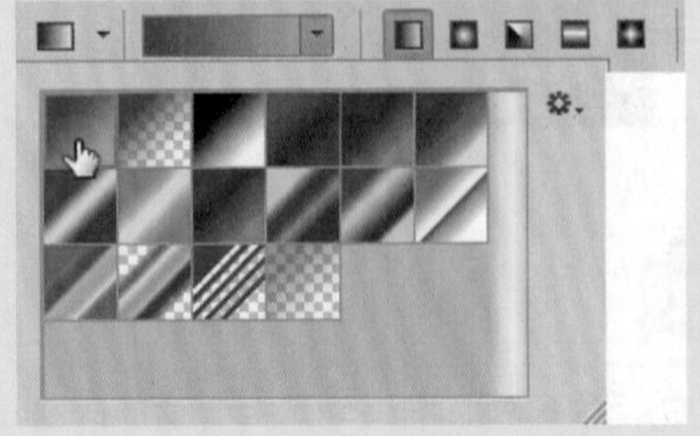

图5-102 参数设置

Step 04 新建一个【图层1】图层，将其放置在【照片滤镜 1】图层的底部，如图5-103所示。

Step 05 在场景中由右上角至左下角拖动鼠标，执行渐变操作，如图5-104所示。

图5-103 新建图层

图5-104 执行渐变操作

执行上述操作后，得到的渐变天空效果如图5-105所示。

Step 06 选择菜单栏中的【文件】|【存储为】命令，将制作的图像另存为【渐变天空一.psd】文件。可以在随书配套光盘“效果文件\第5章”文件夹中找到该文件。

## 2. 方法二

这种方法可以自由控制天空高亮区域的大小。

Step 01 继续上面的操作。

Step 02 将【图层1】图层以前面设置的前景色填充，如图5-106所示。

Step 03 将前景色设置为白色，选择【渐变工具】，在工具属性栏渐变列表框中选择【前景色到透明渐变】类型，选择线性渐变，其他参数设置如图5-107所示。

图5-105 渐变天空效果一

图5-106 填充颜色

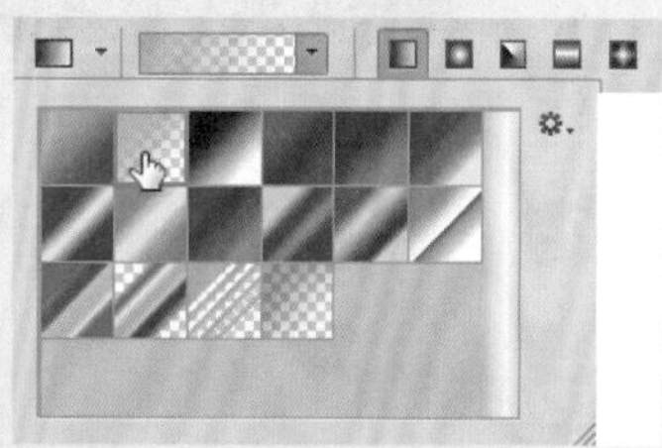

图5-107 参数设置

Step 04 在【图层1】图层上方新建一个【图层2】图层，然后从画面左下角至右上方向拖动鼠标，填充白色到透明渐变，如图5-108所示。

Step 05 将【图层2】图层的【不透明度】数值调整为50%，如图5-109所示。

Step 06 通过调整图层的【不透明度】数值可以调整天空的颜色浓淡，利于表现天空的透视效果，如图5-110所示。

图5-108 执行渐变操作

Step 07 选择菜单栏中的【文件】|【存储为】命令，将制作的图像另存为【渐变天空二.psd】文件。可以在随书配套光盘“效果文件\第5章”文件夹中找到该文件。

图5-109 调整不透明度数值

图5-110 天空效果

### 3. 方法三

Step01 回到方法二制作前的状态。

Step02 将【图层1】图层以深蓝色（R=35、G=75、B=105）填充，如图5-111所示。

Step03 按键盘上的D键，恢复前景色、背景色为默认的黑白颜色。

Step04 按键盘上的Q键，进入快速蒙版编辑模式。

Step05 选择工具箱中的【渐变工具】，在画面中由左下角至右上角拖动鼠标，填充一个半透明的红色蒙版，如图5-112所示。

图5-111 填充颜色

图5-112 在快速蒙版中执行渐变操作

Step06 按Q键退出快速蒙版编辑模式，并按Ctrl+Shift+I快捷键将选区反选，得到如图5-113所示的选区。

Step07 选择菜单栏中的【图像】|【调整】|【亮度/对比度】命令，在弹出的【亮度/对比度】对话框中设置参数，即可得到有远近变化的天空效果，如图5-114所示。

图5-113 返回正常编辑模式

图5-114 调整天空色调

Step08 选择菜单栏中的【文件】|【存储为】命令，将制作的图像另存为【渐变天空三.psd】文件。可以在随书配套光盘“效果文件\第5章”文件夹中找到该文件。

## 5.4.3 合成法让天空富有变化

合成法适合制作颜色、层次变换有度的天空，使天空看起来具有丰富的美感。

### 动手操作——合成法制作天空

Step 01 选择菜单栏中的【文件】|【打开】命令，打开随书配套光盘中的“调用图片\第5章\合成法天空.psd”文件，如图5-115所示。

Step 02 打开随书配套光盘中的“调用图片\第5章\天空1.jpg”文件，如图5-116所示。

图5-115 打开的合成法天空图像文件

图5-116 打开的天空1图像文件

Step 03 使用工具箱中的【移动工具】将【天空1.jpg】图像添加到效果图中，调整其大小和位置，并将其放置在【图层】面板的底部，效果如图5-117所示。

图5-117 调入天空1的效果

Step 04 选择菜单栏中的【图像】|【调整】|【色阶】命令，在弹出的【色阶】对话框中设置参数，如图5-118所示。

执行上述操作后，图像效果如图5-119所示。

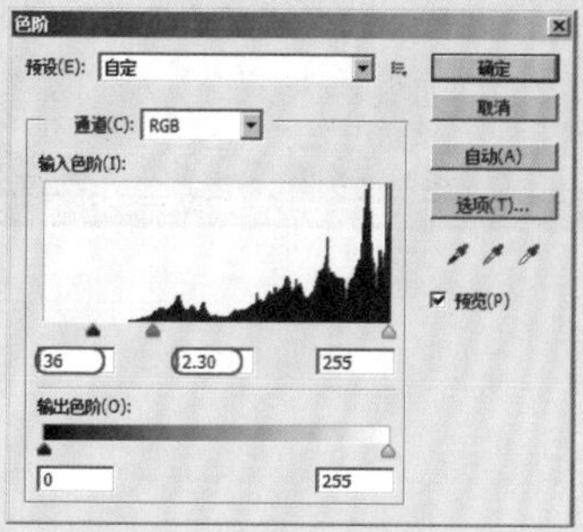


图5-118 【色阶】参数设置

图5-119 编辑天空色阶效果

Step 05 选择菜单栏中的【图像】|【调整】|【色相/饱和度】命令，在弹出的【色相/饱和度】对话框中设置其【饱和度】数值为-50，图像效果如图5-120所示。

根据建筑上影子的投射方向，确定天空的光照方向是从右往左照射，那么在添加天空素材时也要遵循这个规律，天空较亮的一方在画面的右侧，左侧的天空相对较暗。

Step 06 打开随书配套光盘中的“调用图片\第5章\天空2.jpg”文件，如图5-121所示。

图5-120 降低天空饱和度效果

图5-121 打开的天空2图像文件

Step 07 将【天空2.jpg】图像添加到效果图场景中，然后按Ctrl+T快捷键，弹出自由变换框，调整天空的大小和位置，如图5-122所示。

Step 08 单击【图层】面板底部的按钮，为【天空2.jpg】背景素材添加图层蒙版。

Step 09 按键盘上的D键，恢复默认的颜色设置。选择工具箱中的【渐变工具】，在工具属性栏渐变列表框中选择【前景色到背景色渐变】类型，选择线性渐变，然后在场景中执行渐变操作，将【天空2.jpg】左侧的部分进行虚化处理，如图5-123所示。

图5-122 调整天空2的大小和位置

图5-123 执行渐变操作

执行上述操作后，得到添加天空背景的最终效果如图5-124所示。

Step 10 选择菜单栏中的【文件】|【存储为】命令，将制作的图像另存为【合成法天空效果.psd】文件。可以在随书配套光盘“效果文件\第5章”文件夹中找到该文件。

图5-124 合成天空效果

## 5.4.4 天空制作的注意事项

在为效果图场景选择天空素材时，需要考虑到以下几个方面。

### 1. 明确建筑物的用途

建筑物性质不同，所表现的氛围也不同。例如，居住类建筑应表现出亲切、温馨的氛围，商业建筑应表现出繁华、热闹的氛围，而办公建筑则应表现出肃静、庄重的氛围。

如图5-125所示为小型办公楼建筑，使用了比较稳重的天空配景，表现出了办公环境的庄重和肃静。

如图5-126所示为居住小区场景，运用高饱和度的蓝色天空，配以轻松活泼的云彩，表现出了住宅小区的温馨和亲切感。

图5-125 办公大楼

图5-126 居住小区

### 2. 天空素材要与建筑物形态匹配

天空素材作为配景，应陪衬建筑物的形态，以突出、美化建筑为主，不能喧宾夺主。结构复杂的建筑应选用简单的天空素材作为背景，甚至用简单的颜色处理也可以，如图5-127所示。结构简单的建筑宜选用云彩较多的天空作为背景，以丰富画面，如图5-128所示。

图5-127 结构复杂的建筑

图5-128 结构简单的建筑

### 3. 天空素材要有透视感

天空在场景中占据着一半甚至更多的位置，是最高远的背景。为了表现出整个场景的距离感和纵深感，天空图像本身也应该通过颜色的浓淡、云彩的大小等表现出远近感，以使整个场景更为真实，如图5-129所示。

### 4. 天空素材应与场景的光照方向和视角相一致

天空素材也应该有光照方向，靠近太阳方向的天空颜色亮且耀眼，远离太阳的方向颜色深。

如图5-130所示的场景，观察场景的光照方向，哪个天空方向正确哪个错误一目了然。

图5-129　有透视感的天空

图5-130　天空与光照的方向



# 5.5 玻璃材质处理方法

玻璃材质是建筑效果图中最难表现的。与一般的其他材质不同，玻璃材质会根据周围景观的不同有很多变化。同一块玻璃，在不同的天气状况，不同的观察角度，都会看到不同的效果。

玻璃的最大特征是透明和反射，不同的玻璃，其反射强度和透明度会不相同。如图5-131所示，高层建筑的玻璃由于反射了天空的颜色，玻璃呈现出极高的亮度，但是透明度较低。而低层建筑的玻璃由于周围建筑的遮挡而光线较暗，呈现出极高的透明度和较低的反射度，室内的灯光和景物一览无余。

实际使用的玻璃可以分为透明玻璃和反射玻璃两种。透明玻璃透明性好，反射较弱，如图5-132所示。透明玻璃由于透出暗的建筑内部，而看起来暗一些。反射玻璃由于表面镀了一层薄膜，而呈现出极强的反射特征，如图5-133所示。

图5-131　建筑玻璃照片

图5-132 使用透明玻璃的建筑

图5-133 使用反射玻璃的建筑

## 5.5.1 透明玻璃处理方法

### 动手操作——透明玻璃处理方法

夜景建筑玻璃的处理也是很重要的，它同样也是场景效果表现的关键所在。

Step 01 选择菜单栏中的【文件】|【打开】命令，打开随书配套光盘中的“调用图片\第5章\透明玻璃场景.psd”文件，如图5-134所示。

Step 02 显示【通道】图层，然后使用工具箱中的【魔棒工具】将【通道】图层中代表玻璃的咖啡色部分选中。

Step 03 回到【背景】图层，按Ctrl+J快捷键将其复制为一个单独的图层，命名为【玻璃】，如图5-135所示。

图5-134 打开的透明玻璃场景图像文件

图5-135 创建的选区

Step 04 选择菜单栏中的【图像】|【调整】|【曲线】命令，在弹出的【曲线】对话框中设置各项参数，如图5-136所示。

下面再将后楼玻璃局部提亮。

Step 05 在【图层】面板中新建一个名为【局部发光】的图层，然后使用工具箱中的【套索工具】在图像中创建如图5-137所示的选区。

Step 06 按Shift+F6快捷键，弹出【羽化选区】对话框，设置【羽化半径】为15像素。

Step 07 设置前景色为赭石色（R=100、G=47、B=30），按Alt+Delete快捷键将选区以前景色填充，效果如图5-138所示。

Step 08 在【图层】面板中将该图层的混合模式更改为【颜色减淡】，按Ctrl+D快捷键将选区取消，效果如图5-139所示。

因为前面楼体侧面玻璃离观者最近，下面把它再提亮些。

Step 09 在【玻璃】图层中选择前面楼体侧面的玻璃，然后按Ctrl+J快捷键将其复制为一个单独的图层，命名为【侧玻璃】，如图5-140所示。

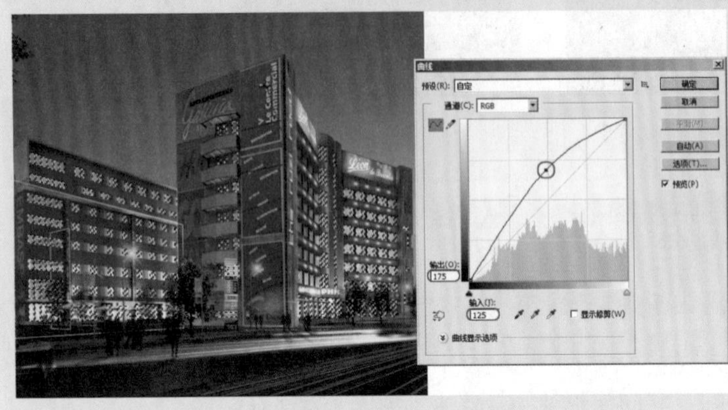

图5-136 【曲线】参数设置及图像效果

图5-137 创建的选区

图5-138 填充效果

图5-139 编辑图像效果

图5-140 创建的选区

Step 10 选择菜单栏中的【图像】|【调整】|【色相/饱和度】命令，在弹出的【色相/饱和度】对话框中设置各项参数，如图5-141所示。

下面为建筑物添加室内景观，使场景效果看起来更加真实、繁华。

Step 11 选择菜单栏中的【文件】|【打开】命令，打开随书配套光盘中的“调用图片\第5章\室内1.psd”文件，如图5-142所示。

图5-141 【色相/饱和度】参数设置及编辑图像效果

图5-142 打开的室内1图像文件

Step 12 按住Ctrl键的同时单击室内1所在的图层，调出其选区，再按Ctrl+C快捷键将选区内容复制。

Step 13 返回到【透明玻璃场景】中，调出【玻璃】图层的选区，选择菜单栏中的【编辑】|【选择性

粘贴】|【贴入】命令，将复制的图像粘贴到选区中，并调整图像的位置，如图5-143所示。

Step 14 在【图层】面板中将室内1所在图层命名为【室内1】，然后将该图层的【不透明度】改为90%。最后再将调入的室内图片移动复制一个，放置在如图5-144所示的位置。

Step 15 打开随书配套光盘中的“调用图片\第5章\室内2.psd”文件，如图5-145所示。

图5-143 调入图像的位置

图5-144 编辑图像效果

图5-145 打开的室内2图像文件

Step 16 运用同样的方法将其贴入到【玻璃】选区中，并放置在如图5-146所示的位置。

Step 17 在【图层】面板中将【室内2.psd】所在的图层命名为【室内2】。

Step 18 打开随书配套光盘中的“调用图片\第5章\室内3.psd”文件，如图5-147所示。

Step 19 运用同样的方法将其贴入到【玻璃】选区中，并放置在如图5-148所示的位置。

图5-146 调入配景的位置

图5-147 打开的室内3图像文件

图5-148 贴入图像的位置

Step 20 在【图层】面板中将【室内3】图像所在的图层命名为【室内3】。然后再将其移动复制一个，放置在如图5-149所示的位置。

Step 21 将【室内3】图层的混合模式更改为【柔光】，图像效果如图5-150所示。

Step 22 打开随书配套光盘中的“调用图片\第5章\室内4.psd”文件，如图5-151所示。

图5-149 复制贴入图像的位置

图5-150 编辑图像效果

图5-151 打开的室内4图像文件

Step 23 运用同样的方法将其贴入到【玻璃】选区中，调整他的位置。然后将图像移动复制2个，放置在如图5-152所示的位置。

Step 24 在【图层】面板中将【室内4】图像所在的图层命名为【室内4】，然后将该图层的混合模式改为【柔光】，效果如图5-153所示。

图5-152　调入及复制图像的位置

图5-153　编辑图像效果

Step 25 打开随书配套光盘中的“调用图片\第5章\室内5.jpg”文件，如图5-154所示。

Step 26 将【室内5】图像调入到【透明玻璃场景】中，调整它的位置，然后在【通道】图层中将侧墙位于一楼的窗户部分选择出来，如图5-155所示。

图5-154　打开的室内5图像文件

图5-155　创建的选区

Step 27 单击【图层】面板底部的按钮，将蒙版外的配景隐藏起来，效果如图5-156所示。

Step 28 至此室内景观就全部添加完毕，最后再将窗户部分局部提亮些就可以。整体观察效果如图5-157所示。

图5-156　贴入图像后的效果

图5-157　透明玻璃编辑效果

Step 29 选择菜单栏中的【文件】|【存储为】命令，将制作的图像另存为【透明玻璃效果制作.psd】文件。可以在随书配套光盘“效果文件\第5章”文件夹中找到该文件。

## 5.5.2 反射玻璃处理方法

### 动手操作——反射玻璃处理方法

Step01 选择菜单栏中的【文件】|【打开】命令，打开随书配套光盘中的“调用图片\第5章\反射玻璃.psd”文件，如图5-158所示。

Step02 显示【通道】图层，使用工具箱中的【魔棒工具】将该图层中代表玻璃的橘色部分选择出来。然后回到【建筑】图层中，按Ctrl+J快捷键将选区内容复制为一层，命名为【玻璃】，如图5-159所示。

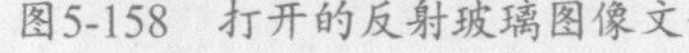

图5-158 打开的反射玻璃图像文件

图5-159 创建的玻璃选区

Step03 选择菜单栏中的【图像】|【调整】|【色相/饱和度】命令，在弹出的【色相/饱和度】对话框中设置各项参数，如图5-160所示。

下面制作玻璃的反射效果。

Step04 选择菜单栏中的【文件】|【打开】命令，打开随书配套光盘中的“调用图片\第5章\玻璃反射1.psd”文件，如图5-161所示。

图5-160 【色相/饱和度】参数设置及图像效果

图5-161 打开的玻璃反射1图像文件

Step05 使用工具箱中的【移动工具】将【玻璃反射1.psd】素材拖入到【反射玻璃.psd】场景中，将其所在图层命名为【反射1】，并调整它的位置，如图5-162所示。

Step06 按住Ctrl键的同时单击【玻璃】图层调出玻璃选区。在【反射1】图层上单击【图层】面板底部的按钮，将蒙版外的配景隐藏起来，然后将其混合模式更改为【正片叠底】、【不透明度】为92%，效果如图5-163所示。

Step07 选择菜单栏中的【文件】|【打开】命令，打开随书配套光盘中的“调用图片\第5章\玻璃反射2.jpg”文件，如图5-164所示。

图5-162　调入图像的位置

图5-163　编辑配景蒙版效果

图5-164　打开的玻璃反射2图像文件

Step 08 按Ctrl+A快捷键将图像全选，然后按Ctrl+C快捷键将选区内容复制到系统粘贴板中。

Step 09 返回到【玻璃反射.psd】文件中，在【玻璃】图层中将位于阳面的玻璃选中，如图5-165所示。

Step 10 选择菜单栏中的【编辑】|【选择性粘贴】|【贴入】命令，将复制的图像贴入到选区中，效果如图5-166所示。

Step 11 在【图层】面板中将其所在图层命名为【反射2】，将其混合模式更改为【柔光】、【不透明度】为30%，效果如图5-167所示。

图5-165　创建的选区效果

图5-166　贴入图像效果

图5-167　编辑反射玻璃效果

Step 12 选择菜单栏中的【文件】|【存储为】命令，将制作的图像另存为【反射玻璃处理.psd】文件。可以在随书配套光盘“效果文件\第5章”文件夹中找到该文件。

## 5.6 人物配景的处理方法

不管是进行室内效果图处理，还是室外效果图后期处理，适当地为场景添加一些人物配景是必不可少的重要步骤。因为添加了人物后，不仅可以很好地烘托主体建筑、丰富画面、增加场景的透视感和空间感，还能使画面更加贴近生活，富有生活气息。

在添加人物配景时需要注意以下几点：

- 所添加人物的形象和数量要与建筑的风格相协调。
- 人物与建筑的透视关系和比例关系要一致。
- 人物的穿着要与建筑所要表现的季节相一致。
- 为人物制作的阴影或者倒影要与建筑的整体光照方向相一致，而且要有透明感。

下面以一个小实例介绍人物添加的方法和注意事项。

## 动手操作——人物配景的添加

Step 01 选择菜单栏中的【文件】|【打开】命令，打开随书配套光盘中的"调用图片\第5章\添加人物场景.jpg"文件，如图5-168所示。

在添加人物配景之前，如果对人物的大小尺寸把握不好的话，可以先在场景中创建视平线的位置，并建立参考线，以方便调整人物的大小和高度。

确定场景视平线高度的方法有多种，最常用的是在场景中选定一个参照物，然后以该参照物为依据创建视平参考线。例如建筑窗台的高度一般在1.0~1.8m的范围，而人的视平线高度一般在1.65m左右，那么在窗台稍高的位置创建一条水平参考线，即得到视平参考线。

Step 02 在场景中按Ctrl+R快捷键调出标尺，在窗台稍高的位置创建一条水平参考线，即视平参考线，如图5-169所示。

图5-168 打开的添加人物场景图像文件

图5-169 设置参考线

设置好了视平参考线后，接下来添加人物配景。

Step 03 选择菜单栏中的【文件】|【打开】命令，打开随书配套光盘中的"调用图片\第5章\人物1.psd"文件，如图5-170所示。

Step 04 使用工具箱中的【移动工具】将人物1配景素材拖入到场景中，调整它的大小和位置，如图5-171所示。

图5-170 打开的人物1图像文件

图5-171 配景在场景中的位置

下面为人物1制作投影效果。

Step 05 在【图层】面板中将【人物1】所在图层命名为【人物1】，然后将该图层复制一层，生成【人物1副本】图层，并将其拖到【人物1】图层的下方。

Step 06 按住Ctrl键的同时单击【人物1副本】图层，调出人物图像的选区。

Step 07 按Ctrl+T快捷键弹出自由变换框，然后按住Ctrl的同时用鼠标拖曳变换框四角上的控制点，将图像调整到如图5-172所示的形态及位置。

Step 08 按Enter键确认变形操作。

Step 09 选择菜单栏中的【图像】【调整】【色相/饱和度】命令，将【明度】数值设置为-100，效果如图5-173所示。

图5-172　执行自由变换后图像的形态及位置

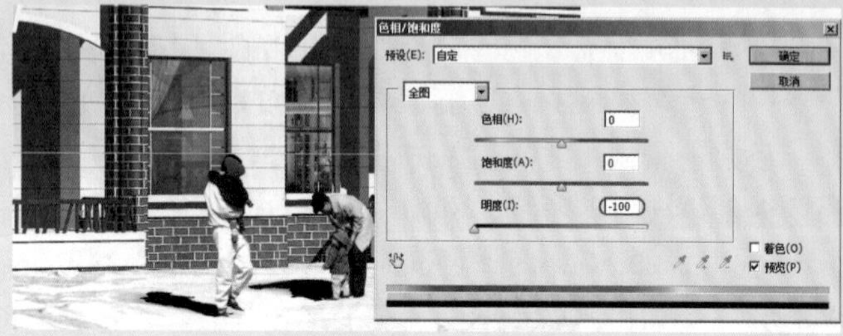


图5-173　将阴影调黑

Step 10 选择菜单栏中的【滤镜】|【模糊】|【动感模糊】命令，在弹出的【动感模糊】对话框中设置各项参数，如图5-174所示。

Step 11 在【图层】面板中将【人物1副本】图层的【不透明度】该为25%，效果如图5-175所示。

图5-174　【动感模糊】参数设置及图像效果

图5-175　编辑的阴影效果

Step 12 打开随书配套光盘中的“第5章\调用图片\人物5.psd”文件，如图5-176所示。

Step 13 使用工具箱中的【移动工具】将【人物5.psd】配景素材拖入到场景中，调整它的大小和位置，如图5-177所示。

由图5-177看出，人物有一部分在建筑外面，这不符合常理现象。下面对其进行调整。

Step 14 将人物5所在图层命名为【人物5】，并为其添加图层蒙版。

Step 15 设置前景色为黑色，选择工具箱中的【画笔工具】，在人物5的不合理处将部分人物擦除，效果如图5-178所示。

Step 16 打开随书配套光盘中的“第5章\调用图片\人物2.psd”、“人物3.psd”、“人物4.psd”、“人物6.psd”和“人物7.psd”文件，如图5-179所示。

Step 17 使用工具箱中的【移动工具】将各个人物配景一一调入到场景中，并分别调整它们的大小与位置，效果如图5-180所示。

图5-176 打开的人物5配景素材

图5-177 添加人物5配景的位置　　图5-178 编辑人物蒙版效果

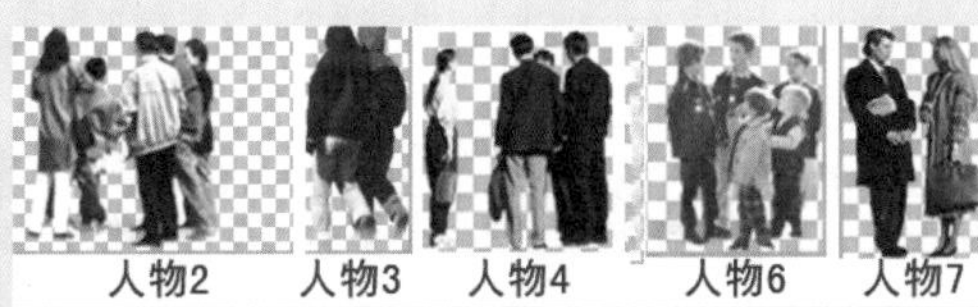

图5-179 打开的人物配景

图5-180 人物的位置

Step 18 选择菜单栏中的【文件】|【存储为】命令，将制作的图像另存为【人物添加实例.psd】文件。可以在随书配套光盘“效果文件\第5章”文件夹中找到该文件。

# 5.7 树木配景的处理方法

进行室外效果图后期处理时，必须为场景添加一些合适的树木配景，这样可以使建筑与环境融为一体。作为建筑配景的植物，种类有高大的乔木、低矮的灌木、花丛等，通过对它们高低不同、错落有致地排列和搭配，可以形成丰富多样、赏心悦目的效果图场景。

## 5.7.1 树木配景的添加原则

树木配景的添加一般遵循以下原则。

### 1. 符合规律

树木配景通常分为远景树、中景树、近景树3种，处理好这3种树木配景的前后关系，可以增强效果图场景的透视感。在处理这3种配景时，也要遵循着近大远小、近实远虚的透视原理。远景树配景要处理得模糊些、颜色暗淡些，中景树次之，近景树要纹理清晰、颜色明亮。调整好透视关系后，还要根据场景的光照方向为树木配景制作上阴影效果，如图5-181所示。

图5-181 树木配景

### 2. 季节统一

添加树木配景时，还要注意所选择树木配景的色调和种类要符合地域和季节特色。例如，如果在一个效果图中既有篱笆上的黄色迎春花，又有池塘里的荷花，这样就不符合实际了，因为这两种花不可能在同一个季节开放。

### 3. 疏密有致

在添加树木配景时，并不是种类和数量越多越好，毕竟它的存在是为了陪衬主体建筑。树木配景只要能和主体建筑相映成趣，并注意透视关系和空间关系，符合实际就可以。

## 5.7.2 树木配景的颜色调整

不同的色调不仅可以表现不同的空间氛围，也可以表现不同的季节特色。春天是嫩嫩的绿，夏天是浓密的深绿，秋天是金色的。总之，休闲、家居生活场所一般采用暖色调，而办公、政府机关则一般采用冷色调。

下面以一个树木配景的色调调整为例，讲述树木冷暖色调的调整。

## 动手操作——树木颜色的调整

Step 01 选择菜单栏中的【文件】|【打开】命令，打开随书配套光盘中的“调用图片\第5章\树木颜色调整.psd”文件，如图5-182所示。

如果该树木素材应用于春夏季节，又是环境优雅的公园、居住小区等空间，那么它的颜色应以娇嫩的绿色为主，颜色饱和度好，以营造出生机勃勃的环境氛围。

Step 02 选择树木所在图层，选择菜单栏中的【图像】|【调整】|【色相/饱和度】命令，在弹出的【色相/饱和度】对话框中设置参数，如图5-183所示。

执行上述操作后，树木配景颜色调整效果如图5-184所示。

图5-182 打开的树木颜色调整图像文件

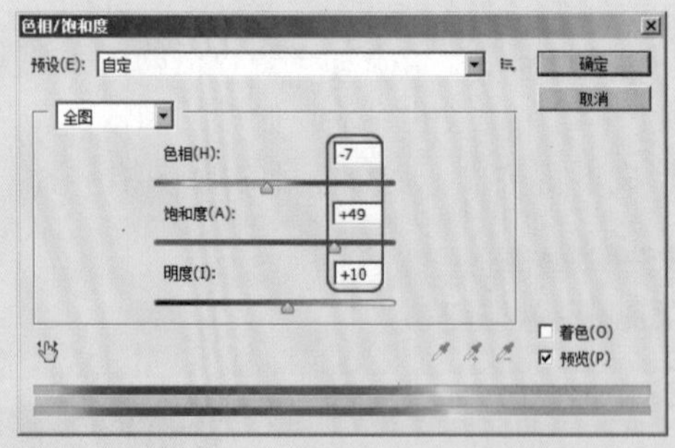


图5-183 【色相/饱和度】参数设置

图5-184 树木调色效果

如果该树木素材应用于秋季，应该将树木调配至黄色，以符合秋季的特点。

Step 03 选择树木所在图层，选择菜单栏中的【图像】|【调整】|【色相/饱和度】命令，在弹出的【色相/饱和度】对话框中设置参数，如图5-185所示。

执行上述操作后，树木配景颜色调整效果如图5-186所示。

如果该树木素材应用于办公场所、商业广场的周围，那么色彩应该偏青蓝色，色调偏冷，饱和度较低，以突出主体建筑的大气、严肃。

Step 04 选择树木所在图层，选择菜单栏中的【图像】|【调整】|【色相/饱和度】命令，在弹出的【色相/饱和度】对话框中设置参数，如图5-187所示。

执行上述操作后，树木配景颜色调整效果如图5-188所示。

总之，树木的颜色调整是根据具体的建筑和季节来确定，从色相、饱和度和明度等3个方面进行调整。

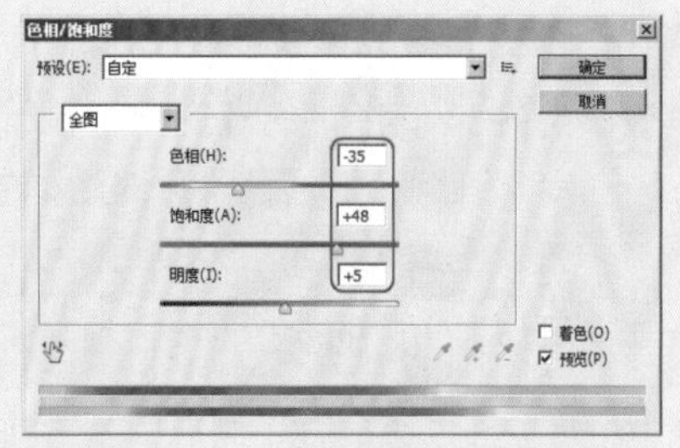


图5-185 【色相/饱和度】参数设置

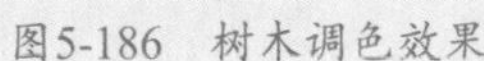

图5-186 树木调色效果

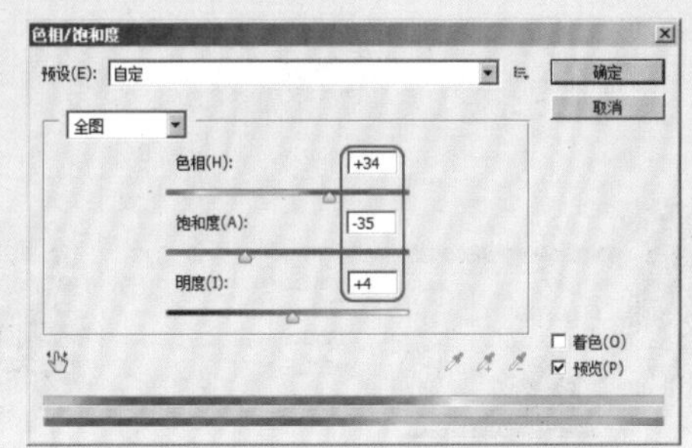


图5-187 【色相/饱和度】参数设置

图5-188 树木调色效果

## 5.7.3 树木受光面的表现

根据光线投射原理，树木暴露在光线里，它的受光面和背光面会有一定的光线和颜色的变化，如图5-189所示。本节将介绍树木受光面的表现方法。

### 动手操作——树木受光面的表现

Step 01 选择菜单栏中的【文件】|【打开】命令，打开随书配套光盘中的“调用图片\第5章\树木受光面表现.psd”文件，如图5-190所示。

Step 02 选择工具箱中的【套索工具】，在图像中建立如图5-191所示的选区，作为树木的受光面。

图5-189 受光面和背光面的表现

图5-190 打开的树木受光面表现图像文件

图5-191 建立的选区

Step 03 按Shift+F6快捷键，弹出【羽化】对话框，设置【羽化半径】为40像素。

Step 04 选择菜单栏中的【图像】|【调整】|【曲线】命令，在弹出的【曲线】对话框中设置各项参数，参数设置及图像效果如图5-192所示。

还可以使用【色阶】色彩调整命令调整受光区。

Step 05 恢复到曲线调整前的状态。

Step 06 选择菜单栏中的【图像】|【调整】|【色阶】命令，在弹出的【色阶】对话框中设置参数，参数设置及图像效果如图5-193所示。

也可以使用【亮度/对比度】色彩调整命令调整受光区。

图5-192 【曲线】参数设置及图像效果

Step 07 恢复到色阶调整前的状态。

Step 08 选择菜单栏中的【图像】|【调整】|【亮度/对比度】命令，在弹出的【亮度/对比度】对话框中设置参数，参数设置及图像效果如图5-194所示。

图5-193 参数设置及图像效果

图5-194 参数设置及图像效果

## 5.8 配景色彩与环境的协调问题

在效果图后期处理的过程中，配景的色彩对效果图整体环境气氛起着重要的作用。一幅优秀的效果图，虽说场景中的造型舒适、布局合理是非常必要的，但是后期添加的各类配景的色彩也是很重要的。试想一下，如果后期添加进去的各种配景的色彩与环境所要表现的整体氛围不相匹配，相信用户也不能说这是一幅成功的效果图。若不能找到正好合适的配景，就可以使用前面学习的各种色彩调整命令调整配景的色彩，以使其符合需要。

色彩调整主要是调整配景整体色彩的平衡度，使配景在场景中不至于太抢眼，使配景与场景相融合。对于作为配景的图片来说，不管它本身的色彩多么丰富，如果与场景所表现的色调不协调，就应该进行调整。配景的色彩处理好了，就可以轻松创造出建筑的情调和气氛。

如何调整色彩与环境方面相协调的问题，是一个很重要的问题。

光是一切物体颜色的唯一来源，没有光，也就没有了颜色。人的视觉有3个特性，即形、色、光，这三者相辅相成。从物理学的角度来说，不同波长的光波产生不同的色，色即是光。

- 色彩的属性：色彩有3种属性，即色相、明度和纯度。这3种属性在任何一个物体上都会同时显示出来，不可分离，通常称之为色彩三要素。
  - 色相：指色彩所表现的相貌。不同色彩的面目，反映了不同色彩的品格。如红色、绿色等色彩的不同，决定于其光波的波长。平时所说的红色、绿色等颜色的名称就是色相的标志。而作为一名设计人员，应该努力提高自己的色彩组合能力。

- ◆ 明度：指色彩的明暗情况，是色彩在不同光线下因受光的不同而产生的不同明暗程度。一般来说，在相同光照的情况下，黄色是最亮的，而蓝色和紫色是较暗的。而且，即使是同一种颜色也会有明暗的区别，如有的绿色很明亮，有的绿色则较暗。
- ◆ 纯度：指色彩的鲜艳程度，又叫饱和度。平常所说的某物体颜色太鲜艳，其实就是说该物体的饱和度太高了。

- 色彩对人心理的作用：色彩是一种视知觉，不同的色彩给人的心理感受是不一样的。比如，红色表示热情，则给人以温暖的感觉；黄色表示高贵、华丽，通常在帝王宫殿中被大量使用；蓝色则能给人带来有丝丝凉意。另外，随着节气及时间的变化，色彩给人的感受也在发生着变化。因此，在对效果图中的配景进行色彩调配时，应根据实际情况进行调整。
- 色彩的使用原则：要充分发挥效果图中配景色彩的作用，则必须遵循一定的法则。正确处理好各配景色彩与效果图场景所要表现的色调之间的协调与对比、统一与变化、主景与背景的关系等，将有利于效果图的最终表现。
  - ◆ 首先，观察建筑空间色彩的主色调是暖色还是冷色。只有确定了场景中的主色调后，才能游刃有余地为场景添加合适的配景素材。因此，确认建筑空间的主色调，是做好效果图后期处理的第一步。
  - ◆ 其次，正确处理建筑与配景的统一与变化的关系。如果一幅效果图只有统一而没有变化，是远远达不到所要表现的效果的，因此必须在统一中求变化。其中，大面积的色块不宜采用过分鲜艳的颜色，小面积的色块可以适当提高其亮度和饱和度。从如图5-195所示的效果图中可以看到，该场景表现的是一个现代的高层建筑，从整体上来说，设计师要表现的是一种冷色调，为了达到那种画面的变化，设计师在近景处添加了一簇粉红色的桃树，这样就为场景带来了一丝暖意，这也是整幅图的点睛之笔。相反，如果场景中全是绿色、蓝色等偏冷的颜色，那么整个画面就会因为颜色太过统一、缺少色彩对比而黯然失色。
  - ◆ 最后，配景的色彩变化主要是为了体现建筑场景中的节奏感和韵律感。韵律感是室内外效果图设计中的一个重要法则。例如，色彩强烈、明暗分明的图片，就“扬”，反之则“抑”。总之，配景的色彩可以起到均衡画面空间及调节观察者心情的作用。因此，在为场景中的配景调整色彩时，一定要从全局出发，注意使各配景的色彩在效果图场景中形成一定的韵律感和节奏感，切忌杂乱无章。

图5-195 高层建筑

## 5.9 小结

本章通过几个既典型又实用的实例的制作过程，介绍了效果图各种情况下投影和倒影的制作方法、室内插花与室外草地的处理方法、天空的处理方法、玻璃材质的处理方法、人物配景添加处理方法以及树木配景的处理方法，在本章最后，还介绍了一些配景色彩方法的理论知识。在此，希望读者制作本章实例的同时，一定要认真体会制作的思路及方法，并将制作方法灵活运用，以使自己的制作水平达到一个更高的层次，制作出更加逼真的效果图作品。

Chapter 06

# 第6章

# 收集自己的配景素材库

**本章内容**

- 什么是建筑配景
- 建筑配景的添加原则
- 建筑配景的添加步骤
- 收集配景素材的方法
- 常用的配景素材的制作
- 如何制作配景模板
- 小结

在效果图场景中添加适当的建筑配景，能起到烘托主体建筑、营造环境氛围的作用。建筑效果图的质量，除了与设计者的实际水平、审美观点、操作技巧等因素有关外，还与设计者所拥有配景素材的数量与质量有关。如果没有大量的素材，则必定是“巧妇难为无米之炊”。所以在后期添加景物之前，应该充分准备大量的配景素材，这样才能在实际工作中充分地表达自己的设计思想。

# 6.1 什么是建筑配景

在建筑效果图中，除重点表现的建筑物是画面的主体之外，还有大量的配景要素。建筑物是效果图的主体，但它不是孤立的存在，须安放在协调的配景之中，才能使一幅建筑效果图渐臻完善。所谓配景要素，就是指突出衬托建筑物效果的环境部分。

协调的配景是根据建筑物设计所要求的地理环境和特定的环境而定。常见的配景有树木丛林、人物车辆、道路地面、花圃草坪、天空水面等，也常根据设计的整体布局或地域条件，设置广告、路灯、雕塑等，为了创造一个真实的环境、增强画面的气氛，这些配景在建筑效果图表现中起着多方面的作用，能充分表达画面的气氛与效果。

除了烘托主体建筑外，配景还能够起到参照的作用。配景可以调整建筑物的平衡，可以起到引导视线的作用，能把观察者的视线引向画面的重点部位。配景又有利于表现建筑物的性格和时代特点。利用配景，可以表现出建筑物的环境气氛，从而加强建筑物的真实感；利用配景，还可以有助于表现出空间效果；利用配景本身的透视变化及配景的虚实、冷暖，可以加强画面的层次和纵深感。

# 6.2 建筑配景的添加原则

建筑配景虽然有用，但不能滥用，一般来说，使用建筑配景需要遵循以下原则：

## 1. 主次分明

配景在效果图场景中的主要作用是烘托主体建筑、活跃画面气氛。总之，对于一幅完整的效果图来说，主体建筑是“主角”，而配景始终是“配角”。不管建筑配景多完美无缺，它也是为主体建筑服务的，不能求多求全，数量和种类要适可而止。因此，配景素材的表达既要精细，又要有所节制，注意整个画面的搭配与协调，和谐与统一。

## 2. 服务于构图

选择配景时，应根据整个画面的布局以及建筑特点来选材。不同的建筑类型所选择的后期素材是有区别的，例如园林公园等场景添加的配景素材宜色彩鲜艳，办公区域添加的配景素材宜庄重。

在选择配景素材时，还应考虑画面整体布局的需要。如图6-1所示的效果图场景，在为场景中添加了树木、假山、水面、人物等配景后，画面两侧显得有点空，这是构图不均衡的原因造成的。

而如果在画面两侧加上一个近景植物，就会使整个画面产生均衡感，如图6-2所示。

图6-1 构图不均衡场景

图6-2 添加近景植物平衡构图

3. 符合实际

用软件制作的配景素材会显得生硬，容易使整个效果图场景显得不真实。所以在后期处理中使用的配景素材要尽量贴近现实取材，例如斑驳的树木影子，或鲜艳的花丛，以及真实的水面和天空等。设计来源于生活，贴近于生活，则自然真实。

## 6.3 建筑配景的添加步骤

建筑配景的添加一般遵循以下几步。

Step 01 添加环境背景：环境背景一般是一幅合适的天空背景。在天空背景方面，既可以填充合适的渐变颜色来作为背景，又可以直接调用一幅合适的、真实的天空配景图片作为背景，一般采用后者的处理方法。在选择天空背景素材时，要注意图片的分辨率要与建筑图片的分辨率基本相当，否则将影响到图像的精度与效果。另外，还要为场景添加合适的草地配景。在添加草地配景时，要注意所选择草地的色调、透视关系要与场景相协调。

Step 02 添加辅助建筑：适当地添加辅助建筑会增强画面的空间感，渲染出建筑群体的环境气氛。注意，辅助建筑的透视和风格要与场景中主体建筑风格相近，而且辅助建筑的形式与结构要相对简单一些，才能既保持风格的统一，又能突出建筑主体。

Step 03 添加植物配景：为场景中添加植物配景，不仅可以增加场景的空间感，还可以展现场景的自然气息。在添加时，要注意植物配景的形状及种类要与画面环境相一致，以免引起画面的混乱。

Step 04 添加人物配景：要注意人物配景的人物形象要与建筑类型相一致；不同位置的人物的明暗程度也会不同，要进行单个适当调整；人物所处位置要尽量靠近建筑的主入口部位，以突出建筑入口；要处理好人物与建筑的透视关系、比例关系等。

Step 05 添加其他配景：不同类型的建筑添加的配景也不一样，适当地为场景中添加路旗广告、户外广告、路灯等配景，可使画面更加生动、真实。

## 6.4 收集配景素材的方法

在日常生活中，可以通过以下途径来收集配景素材。

- 购买专业的配景素材库：由于近年来建筑设计行业的迅速发展，专业的图形图像公司与建筑效果图公司迅速崛起，相关的辅助公司也随之应运而生，其中包括专业制作配景素材的图像公司。因此可以通过购买他们的产品得到专业的配景素材。
- 通过扫描仪扫描：可以收集一些印刷精美的画册及杂志，通过扫描仪扫描转换为图像格式，以便使用。扫描仪的分辨率不同，所扫描图像的精细程度也会不同。分辨率太低，扫描的图像就会不清晰；分辨率过高，扫描后的文件就会很大，使用起来不一定方便。因此，在扫描图像之前，要先弄清楚扫描仪的分辨率，然后根据实际需要灵活选择扫描仪。
- 通过数码相机进行实景拍摄：如果想创作出真正属于自己的建筑效果图，建议用户还是带上数码相机，走出房间融入到生活中，拍下真实生活中的各种角色。另外，数码相机拍摄的照片可以方便地修改及保存。

● 借助网络：现在网络非常发达，用户可以通过网络下载自己需要的配景素材，当然，前提是不能有知识产权问题。

# 6.5 常用配景素材的制作

本节将制作几种最常用的配景素材。经历过建筑效果图后期处理的用户都知道，在对效果图场景进行后期制作时，场景不同所需要的配景素材是不一样的，如鸟瞰场景、彩平图、平面规划图等和正常视角的建筑场景所需要的素材就不一样，因此需要准备很多不同类型的配景素材，已备不时之需。

## 6.5.1 街景素材

街景素材一般包括景观灯、路灯以及长椅等，制作方法相同，这里做一个路灯配景素材。

### 动手操作——路灯素材的制作

Step 01 选择菜单栏中的【文件】|【打开】命令，打开随书配套光盘中的“调用图片\第6章\欧洲街景.jpg”文件，如图6-3所示。

Step 02 选择菜单栏中的【图像】|【调整】|【亮度/对比度】命令，在弹出的【亮度/对比度】对话框中设置各项参数，提高图像的对比度，利于后面的选择，效果如图6-4所示。

Step 03 选择工具箱中的【快速选择工具】，然后在图像中路灯的位置拖动鼠标将路灯选中，创建的选区效果如图6-5所示。

图6-3 打开的欧洲街景图像文件

图6-4 【亮度/对比度】参数设置及图像效果

图6-5 选择路灯效果

**注 意**

对于多选或漏选的位置，可以借助其他工具，例如【多边形套索工具】完成选择。

Step 04 按Ctrl+C快捷键将选区内容复制，按Ctrl+N快捷键新建一个文档，再按Ctrl+V快捷键将辅助的内容粘贴到新建文档中，效果如图6-6所示。

Step 05 选择菜单栏中的【文件】|【存储】命令，将制作的图像保存为【路灯素材.psd】。可以在本书配套光盘“效果文件\第6章”文件夹中找到该文件。

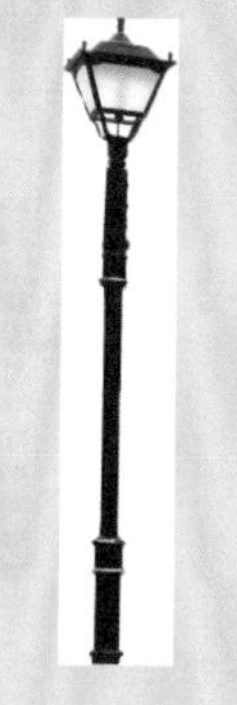

图6-6 路灯素材效果

## 6.5.2 鸟瞰素材

鸟瞰素材因为视角和平时所看不一样，因此它的素材做起来也比较特殊。在制作该类配景素材时，一定要注意透视的问题。本节将制作一个鸟瞰喷泉素材。

### 动手操作——鸟瞰喷泉素材的制作

Step01 选择菜单栏中的【文件】|【打开】命令，打开随书配套光盘中的“调用图片\第6章\喷泉.psd”文件，如图6-7所示。

图6-7 打开的喷泉图像文件

Step02 选择工具箱中的【魔棒工具】，其属性栏参数设置如图6-8所示。

图6-8 【魔棒工具】属性栏参数设置

Step03 使用【魔棒工具】将场景中的蓝色部分选择出来，如图6-9所示。

Step04 打开随书配套光盘中的“调用图片\第6章\水面.jpg”文件，如图6-10所示。

Step05 按Ctrl+A快捷键将水面选择，再按Ctrl+C快捷键将选区内容复制，回到【喷泉】文件中。

Step06 选择菜单栏中的【编辑】|【选择性粘贴】|【贴入】命令，将复制的图像粘贴到创建的选区中，并调整图像的大小和位置，效果如图6-11所示。

图6-9 创建的选区

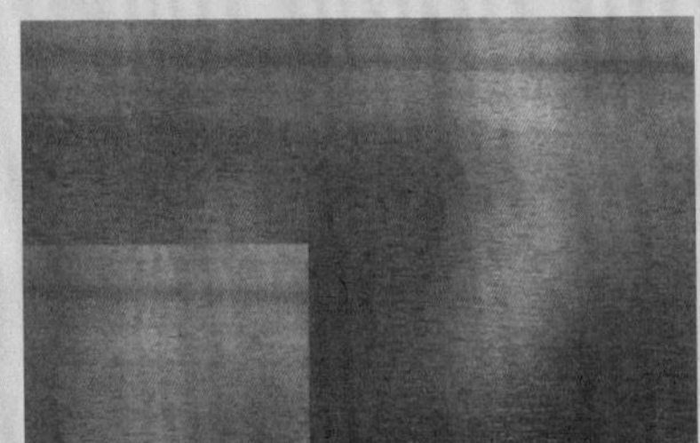

图6-10 打开的水面图像文件

图6-11 粘贴上水面后的图像效果

Step07 双击鼠标【水面】所在图层，在弹出的【图层样式】对话框中选择【内阴影】选项，各项参数设置如图6-12所示。

执行上述操作后，水面产生一种带有投影的效果，看起来更加真实。效果如图6-13所示。

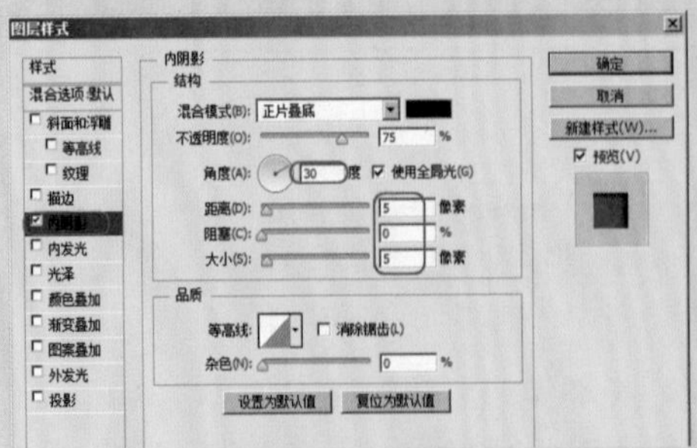


图6-12 【图层样式】参数设置

图6-13 添加内阴影的效果

下面制作喷泉效果。

**Step 08** 在【图层】面板中新建一个图层，将其命名为【喷泉】。

**Step 09** 设置前景色为白色，然后选择工具箱中的【画笔工具】，将笔尖设置为花斑状笔刷，设置其属性栏中参数，如图6-14所示。

图6-14 【画笔工具】属性栏设置

**注 意**

**选择合适的笔刷是制作成功的关键，因为选择的笔刷不合适就可能达不到预期的效果。**

**Step 10** 在图像合适位置向上拖曳鼠标，绘制出如图6-15所示的效果。

下面使用【动感模糊】滤镜制作喷泉的动感效果。

**Step 11** 选择菜单栏中的【滤镜】|【模糊】|【动感模糊】命令，在弹出的【动感模糊】对话框中设置各项参数，如图6-16所示。

执行上述操作后，图像效果如图6-17所示。

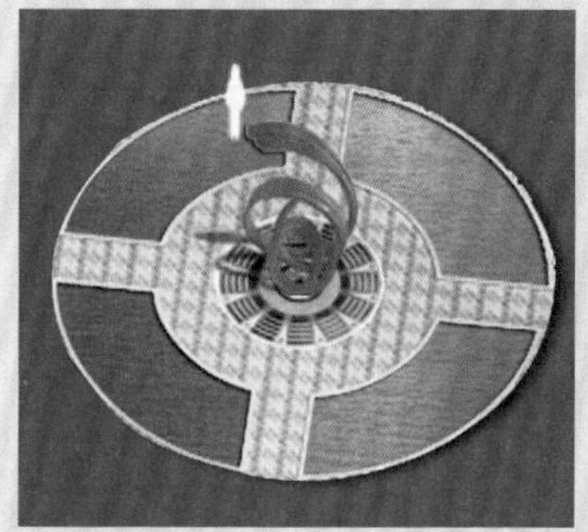

图6-15 使用【画笔工具】绘制图像

动感模糊
确定
取消
预览(P)
100%
角度(A) 90 度
距离(D) 25 像素

图6-16 【动感模糊】参数设置

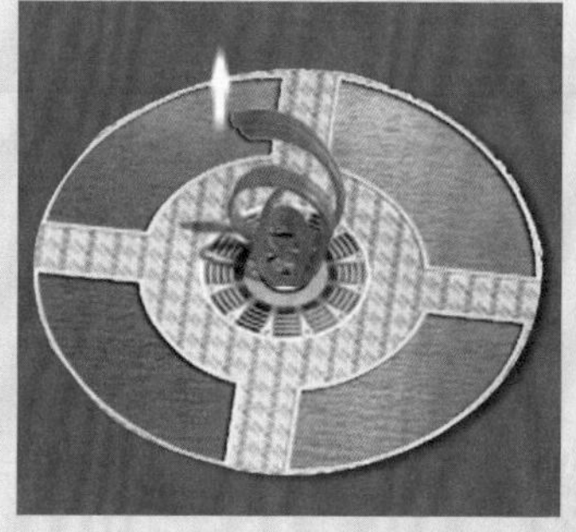

图6-17 动感模糊效果

**Step 12** 在喷泉的底部再多次单击，绘制出喷泉的落水效果，如图6-18所示。

**Step 13** 选择工具箱中的【模糊工具】，参数取默认值即可，在喷泉的底部拖曳几次将底部模糊一下，使其与背景相融合，效果如图6-19所示。

**Step 14** 选择工具箱中的【移动工具】，然后按住Alt键，在喷泉合适的位置拖曳鼠标复制出7个喷泉，然后调整位置，如图6-20所示。

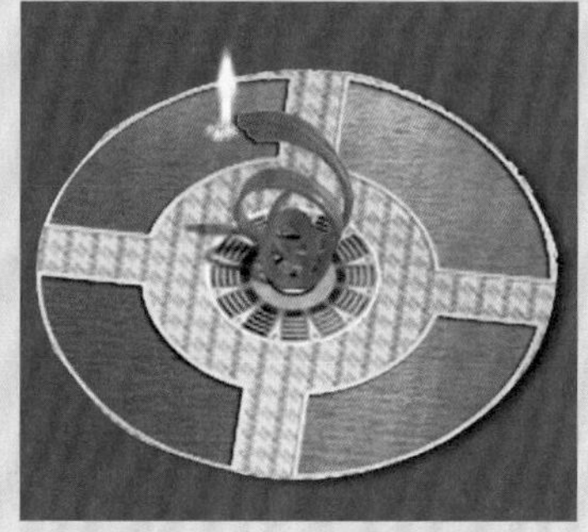

图6-18 绘制落水效果

图6-19 模糊后的效果

图6-20 制作的喷泉素材

Step 15 选择菜单栏中的【文件】|【存储为】命令，将制作的图像保存为【喷泉素材.psd】。可以在本书配套光盘“效果文件\第6章”文件夹中找到该文件。

## 6.5.3 铺装素材

所谓铺装素材，也就是地面铺装，例如地板、地砖、地面拼花等。这里只做一个地面拼花素材。

### 动手操作——地面拼花的制作

Step 01 选择菜单栏中的【文件】|【新建】命令，在弹出的【新建】对话框中设置各项参数，如图6-21所示。

Step 02 选择菜单栏中的【文件】|【打开】命令，打开随书配套光盘中的“调用图片\第6章\地砖1.jpg”文件，如图6-22所示。

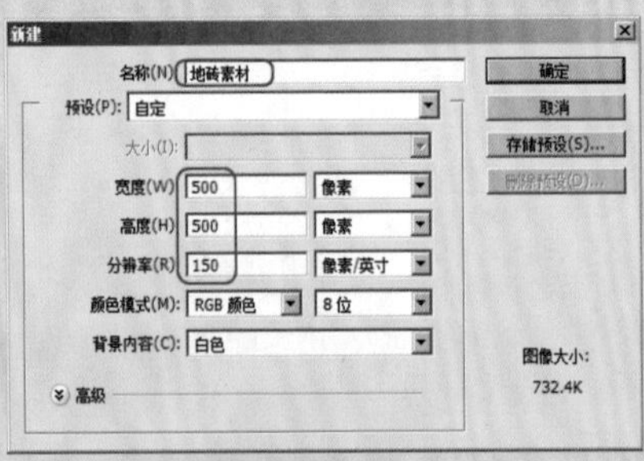


图6-21 【新建】参数设置

图6-22 打开的地砖1图像文件

Step 03 使用工具箱中的【移动工具】，将地砖1图片拖入到新建文件中，并使其铺满整个画面。

Step 04 选择工具箱中的【矩形选框工具】】，其属性栏各参数设置如图6-23所示。

图6-23 【矩形选框工具】属性栏设置

Step 05 使用【矩形选框工具】在图像中拖曳鼠标，绘制如图6-24所示的选区。

Step 06 在【矩形选框工具】属性栏中将【宽度】和【高度】的数值调换一下，即【宽度】为25像素、【高度】为500像素，然后在图像中拖曳鼠标，在画面左侧绘制3条垂直矩形选区，如图6-25所示。

Step 07 选择菜单栏中的【文件】|【打开】命令，打开随书配套光盘中的“调用图片\第6章\地砖2.jpg”文件，如图6-26所示。

Step 08 按Ctrl+A快捷键将图像全选，按Ctrl+C快捷键将选区内容复制到系统剪贴板中。

Step 09 返回到【地砖素材】中，选择菜单栏中的【编辑】|【选择性粘贴】|【贴入】命令，将复制的图像贴入到选区中，如图6-27所示。

Step 10 按Ctrl+T快捷键，弹出自由变换框，然后调整图像的形态。形态合适后，按Enter键确认边形操作，效果如图6-28所示。

Step 11 选择菜单栏中的【文件】|【打开】命令，打开随书配套光盘中的“调用图片\第6章\地砖3.jpg”文件，如图6-29所示。

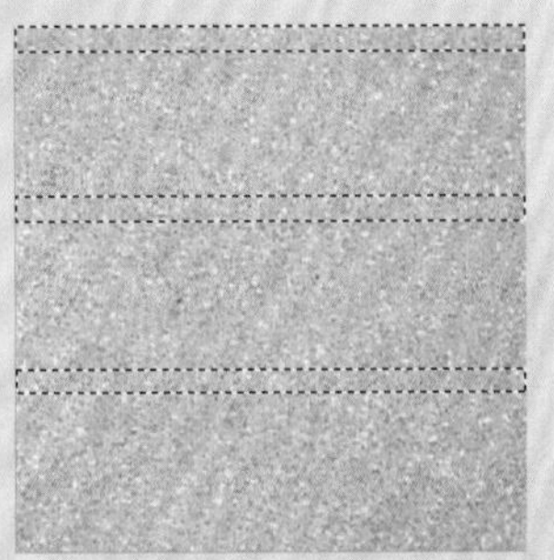
图6-24 绘制的选区

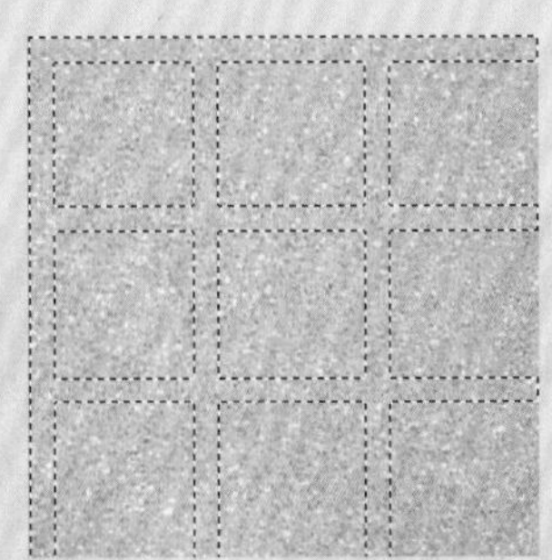
图6-25 绘制的选区

图6-26 打开的地砖2图像文件

图6-27 贴入效果

图6-28 调整贴入图像效果

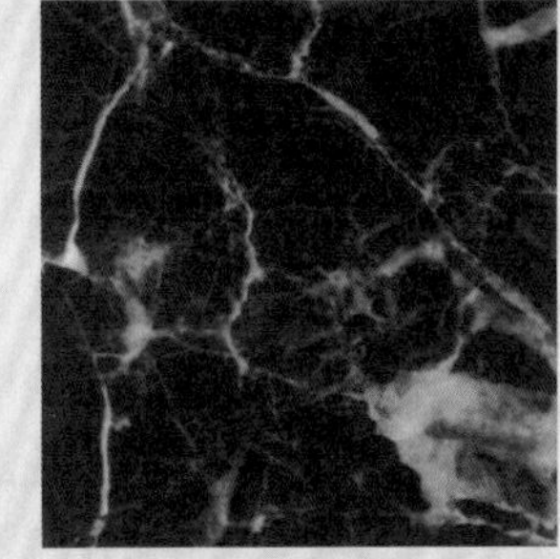
图6-29 打开的地砖3图像文件

Step 12 使用工具箱中的【移动工具】将【地砖3.jpg】图片拖入到【地砖素材】文件中，并调整它的大小与位置，如图6-30所示。

Step 13 将【地砖3.jpg】移动复制8个，完成图像的最终效果如图6-31所示。

Step 14 按Ctrl+S快捷键，将制作的图像保存。可以在本书配套光盘“效果文件\第6章”文件夹中找到该文件。

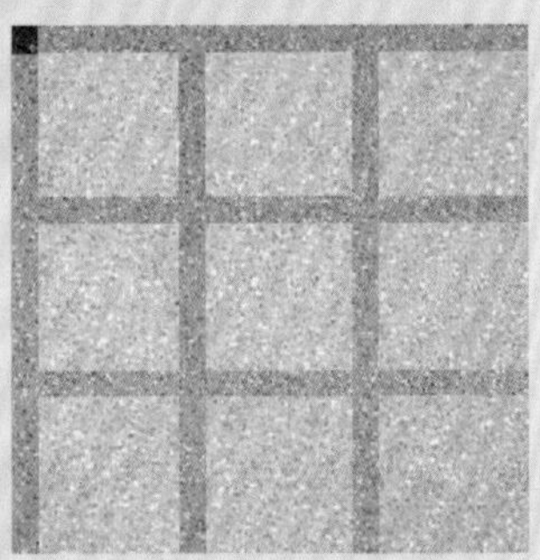
图6-30 编辑图像效果

图6-31 地砖拼花最终效果

## 6.5.4 汽车素材

汽车在室外建筑效果图后期制作中用得很多，加入汽车配景就带动了整个场景的气氛。在做图的时候，如果没有合适的汽车素材，就需要搜索资料，找到合适的汽车配景后再把汽车抠下来，做成汽车素材。

### 动手操作——汽车素材的制作

Step 01 选择菜单栏中的【文件】|【打开】命令，打开随书配套光盘中的“调用图片\第6章\汽车.jpg”文件，如图6-32所示。

Step 02 选择工具箱中的【钢笔工具】，在场景中沿着汽车的周围单击鼠标创建锚点，如图6-33所示。

图6-32 打开的汽车图像文件

图6-33 创建锚点效果

Step 03 如果创建的锚点有不合适的地方，可以使用【转换点工具】和【直接选择工具】调整，直到满意为止。

Step 04 在【路径】面板中单击底部的按钮，将路径转换为选区。再按Ctrl+J快捷键将选区内容复制为单独的一个图层，如图6-34所示。

Step 05 设置前景色为蓝色（R=0、G=0、B=255），按Alt+Delete快捷键将前景色填充到【背景】图层中，如图6-35所示。

最后使用【裁剪工具】调整图片的大小，效果如图6-36所示。

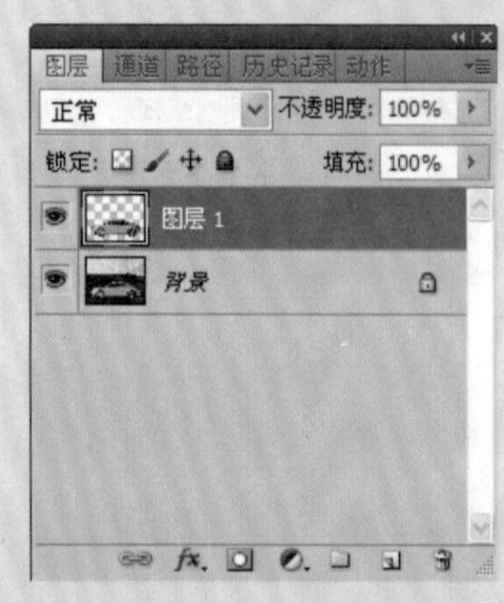

图6-34 【图层】面板

图6-35 【图层】面板

图6-36 素材最终效果

Step 06 选择菜单栏中的【文件】|【存储】命令，将制作的图像保存为【汽车素材.psd】。此文件可以在本书配套光盘“效果文件\第6章”文件夹中找到。

## 6.5.5 人物素材

不管是室内场景还是室外场景，人物都是一个非常有用的配景。加上人物，场景马上就有了人文气息。

## 动手操作——人物素材的制作

Step 01 选择菜单栏中的【文件】|【打开】命令，打开随书配套光盘中的“调用图片\第6章\人

物.jpg”文件，如图6-37所示。

Step 02 选择菜单栏中的【图像】|【调整】|【亮度/对比度】命令，在弹出的【亮度/对比度】对话框中设置各项参数，如图6-38所示。

执行上述操作后，图像的对比度加强，利于后面的选择，效果如图6-39所示。

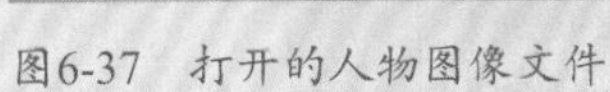

图6-37 打开的人物图像文件

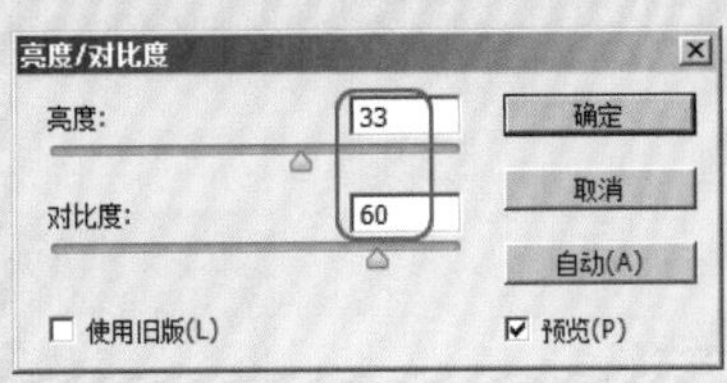


图6-38 【亮度/对比度】参数设置

图6-39 调整图像色调效果

Step 03 选择工具箱中的【磁性套索工具】，其属性栏参数设置如图6-40所示。

图6-40 【磁性套索工具】属性栏设置

Step 04 使用【磁性套索工具】在人物周围单击创建一个起始点，然后沿着人物周围拖曳鼠标绘制一个闭合的选区，如图6-41所示，将人物选择下来。

Step 05 按Ctrl+J快捷键将选区内容复制为单独的一个图层，如图6-42所示。

Step 06 设置前景色为白色，按Alt+Delete快捷键将前景色填充到【背景】图层中，如图6-43所示。

Step 07 使用【裁剪工具】调整图片的大小，最终效果如图6-44所示。

图6-41 创建的人物选区

图6-42 【图层】面板

图6-43 【图层】面板

图6-44 素材最终效果

Step 08 选择菜单栏中的【文件】|【存储】命令，将制作的图像保存为【人物素材.psd】。可以在本书配套光盘“效果文件\第6章”文件夹中找到该文件。

## 6.5.6 雪景树木素材

在制作雪景时，有时会遇到雪景素材不足或者无适合的雪景树木素材等情况，这时就可以对现有的树木素材进行调整以制作出完美的雪景树木素材。雪景树木素材有两种方法可以制作，一种是填充颜色模拟完成，另一种是调整颜色模拟完成。

### 动手操作——填充制作雪景树木素材

Step01 选择菜单栏中的【文件】|【打开】命令，打开随书配套光盘中的"调用图片\第6章\雪松.psd"文件，如图6-45所示。

Step02 在【图层】面板中新建一个【图层1】图层，使其位于图层的最下方。

Step03 设置前景色为蓝色（R=0、G=0、B=255），按Alt+Delete快捷键将前景色填充到【图层1】中，效果如图6-46所示。

图6-45 打开的雪松图像文件

图6-46 填充效果

**注 意**

**填充蓝色背景是为了方便观察素材的制作效果。**

Step04 确认【图层0】图层为当前层，选择菜单栏中的【选择】|【色彩范围】命令，在弹出的【色彩范围】对话框中用吸管吸取高光部分的颜色，如图6-47所示。

Step05 执行上述操作后，雪松的高光部分被选中。在【图层】面板中新建一个【图层2】的图层，并使其位于图层的最上方。

Step06 设置前景色为白色，按Alt+Delete快捷键将选区以白色填充。按Ctrl+D快捷键将选区取消，图像最终效果如图6-48所示。

图6-47 吸取高光颜色

图6-48 素材最终效果

Step07 选择菜单栏中的【文件】|【存储为】命令，将制作的图像保存为【雪松填充.psd】。可以在本书配套光盘"效果文件\第6章"文件夹中找到该文件。

## 动手操作——调色制作雪景树木素材

Step01 选择菜单栏中的【文件】|【打开】命令，打开随书配套光盘中的“调用图片\第6章\雪松1.psd”文件，如图6-49所示。

Step02 选择菜单栏中的【图像】|【调整】|【色阶】命令，在弹出的【色阶】对话框中用第3个吸管在松树的高光部分吸取颜色，如图6-50所示。

图6-49 打开的雪松1图像文件

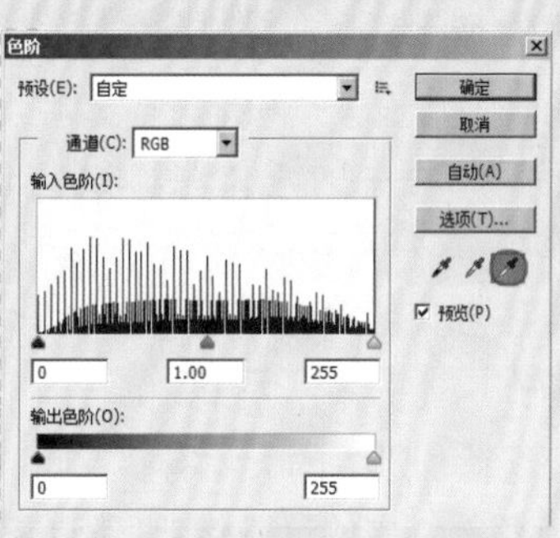


图6-50 吸取高光部分颜色

Step03 选择菜单栏中的【图像】|【调整】|【色相/饱和度】命令，在弹出的【色相/饱和度】对话框中设置参数，如图6-51所示。

执行上述操作后，图像效果如图6-52所示。

Step04 在【图层】面板中新建一个【图层1】图层，并使其位于图层的最下方。

Step05 设置前景色为蓝色（R=0、G=0、B=255），按Alt+Delete快捷键将前景色填充到【图层1】中。

执行上述操作后，图像效果如图6-53所示。

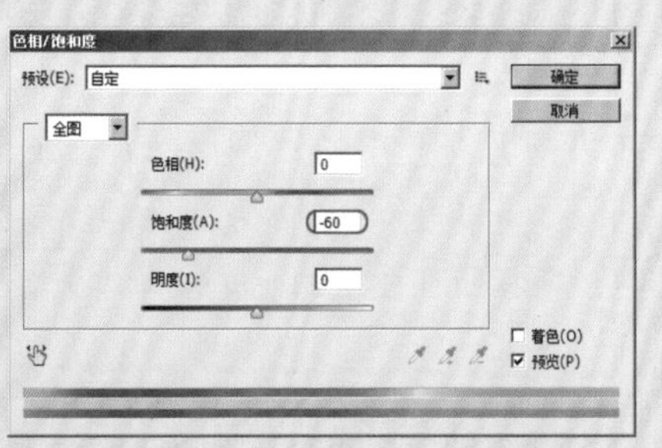


图6-51 【色相/饱和度】参数设置

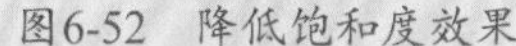

图6-52 降低饱和度效果

图6-53 素材最终效果

Step06 选择菜单栏中的【文件】|【存储为】命令，将制作的图像保存为【雪松调色.psd】。可以在本书配套光盘“效果文件\第6章”文件夹中找到该文件。

## 6.6 如何制作配景模板

许多建筑效果图后期制作公司都有很多不同环境的配景模板，例如居住区素材配景模板、园林素材配景模板、广场素材配景模板、高层住宅配景模板、夜景配景模板等。制作这些不同类别的配景模板的目的就是为了在工作较多的时候，对与模板类似的效果图进行后期处理时，可以直接套用现成的模板，这样既节省了人力，又节省了时间，一举多得。

## 动手操作——高层住宅小区配景模板的制作

Step01 选择菜单栏中的【文件】|【新建】命令，在弹出的【新建】对话框中设置各项参数，如图6-54所示。

先为场景添加上天空和地面。

Step02 选择菜单栏中的【文件】|【打开】命令，打开随书配套光盘中的“调用图片\第6章\天空.jpg”文件，如图6-55所示。

Step03 使用工具箱的【移动工具】将天空背景拖入到场景中，将其调整到铺满整个画面，然后将其所在层命名为【天空】。

此时发现添加进去的天空有些偏暗，因此需要调整天空的色调。

Step04 选择菜单栏中的【图像】|【调整】|【亮度/对比度】命令，在弹出的【亮度/对比度】对话框中设置【亮度】为60，图像效果如图6-56所示。

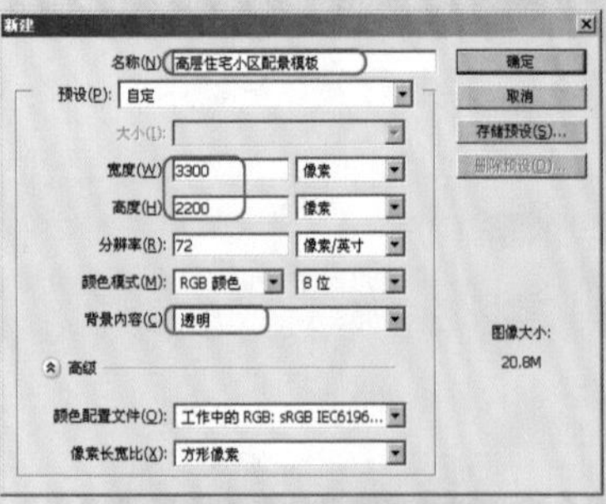


图6-54 【新建】参数设置

图6-55 打开的天空图像文件

图6-56 调整天空亮度后的效果

下面再添加草地配景。

Step05 选择菜单栏中的【文件】|【打开】命令，打开随书配套光盘中的“调用图片\第6章\草地.psd”文件，如图6-57所示。

Step06 使用工具箱中的【移动工具】将草地拖入到场景中，将其所在图层命名为【草地】，然后调整其位置，如图6-58所示。

Step07 选择菜单栏中的【文件】|【打开】命令，打开随书配套光盘中的“调用图片\第6章\路面.psd”文件，如图6-59所示。

图6-57 打开的草地图像文件

图6-58 添加草地后的效果

图6-59 打开的路面图像文件

Step08 使用工具箱中的【移动工具】将路面拖入到场景中，将其所在图层命名为【路面】，然后调整其位置，如图6-60所示。

下面再为场景添加一些辅助楼体作为背景。

Step 09 选择菜单栏中的【文件】|【打开】命令，打开随书配套光盘中的“调用图片\第6章\辅助楼体1.psd”文件，如图6-61所示。

Step 10 使用工具箱中的【移动工具】将辅助楼体1拖入到场景中，调整它的位置，然后将该图层的【不透明度】改为40%，效果如图6-62所示。

图6-60 路面的位置

图6-61 打开的辅助楼体1图像文件

图6-62 辅助楼体1的位置

Step 11 选择菜单栏中的【文件】|【打开】命令，打开随书配套光盘中的“调用图片\第6章\辅助楼体2.psd”文件，如图6-63所示。

Step 12 使用工具箱中的【移动工具】将辅助楼体2拖入到场景中，调整它的位置，然后将该图层的【不透明度】改为40%，效果如图6-64所示。

Step 13 选择菜单栏中的【文件】|【打开】命令，打开随书配套光盘中的“调用图片\第6章\辅助楼体3.psd”文件，如图6-65所示。

图6-63 打开的辅助楼体2图像文件

图6-64 【辅助楼体2】的位置及效果

图6-65 打开的辅助楼体3图像文件

Step 14 使用工具箱中的【移动工具】将辅助楼体3拖入到场景中，调整它的位置，然后将该图层的【不透明度】改为60%，效果如图6-66所示。

下面添加树木、灌木、花卉等植物配景素材。

Step 15 选择菜单栏中的【文件】|【打开】命令，打开随书配套光盘中的“调用图片\第6章\远景树1.psd”文件，如图6-67所示。

Step 16 使用工具箱中的【移动工具】将远景树1拖入到场景中，调整它的位置，如图6-68所示。

此时发现刚加进去的远景树1配景和草地衔接得不是很好，这是因为配景的色调太暗的原因造成的。下面调整一下它的色调，使其与草地融合在一起。

Step 17 选择菜单栏中的【图像】|【调整】|【色相/饱和度】命令，在弹出的【色相/饱和度】对话框中设置【饱和度】为+65，效果如图6-69所示。

Step 18 在【图层】面板中将【远景树1】所在图层的【不透明度】改为80%，图像效果如图6-70所示。

Step 19 选择菜单栏中的【文件】|【打开】命令，打开随书配套光盘中的“调用图片\第6章\远景树2.psd”文件，如图6-71所示。

图6-66 辅助楼体3配景的位置及效果

图6-67 打开的远景树1图像文件

图6-68 调入远景树1的位置

图6-69 调整图像色调后的效果

图6-70 调整不透明度后的效果

图6-71 打开的远景树2图像文件

Step 20 使用工具箱中的【移动工具】将远景树2拖入到场景中，调整它的位置，如图6-72所示。

下面再为场景添加中景树。

Step 21 选择菜单栏中的【文件】|【打开】命令，打开随书配套光盘中的“调用图片\第6章\中景树.psd”文件，如图6-73所示。

Step 22 使用工具箱中的【移动工具】将中景树拖入到场景中，调整它的位置，如图6-74所示。

图6-72 调入远景树2的位置

图6-73 打开的中景树图像文件

图6-74 添加中景树的位置

Step 23 在【图层】面板中将中景树配景复制3个，分别调整它们的大小和位置，如图6-75所示。

Step 24 选择菜单栏中的【文件】|【打开】命令，打开随书配套光盘中的“调用图片\第6章\花圃.psd”文件，如图6-76所示。

Step 25 使用工具箱中的【移动工具】将花圃拖入到场景中，调整它的位置，如图6-77所示。

Step 26 在【图层】面板中将花圃配景再复制一个，调整它的大小和位置，如图6-78所示。

Step 27 选择菜单栏中的【图像】|【调整】|【色彩平衡】命令，在弹出的【色彩平衡】对话框中设

置各项参数，如图6-79所示。

执行上述操作后，图像效果如图6-80所示。

图6-75 复制后配景树的位置

图6-76 打开的花圃图像文件

图6-77 花圃的位置

图6-78 复制后配景的位置

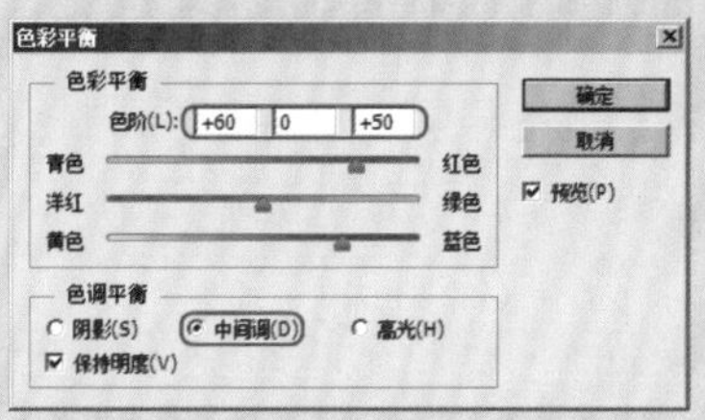


图6-79 【色彩平衡】参数设置

图6-80 图像效果

**Step 28** 选择菜单栏中的【文件】|【打开】命令，打开随书配套光盘中的“调用图片\第6章\灌木.psd”文件，如图6-81所示。

**Step 29** 使用工具箱中的【移动工具】将灌木拖入到场景中，调整它的位置，然后再将其复制几个，放置在如图6-82所示的位置。

**Step 30** 选择菜单栏中的【文件】|【打开】命令，打开随书配套光盘中的“调用图片\第6章\近景枝.psd”文件，如图6-83所示。

图6-81 打开的灌木图像文件

图6-82 灌木的位置

图6-83 打开的近景枝图像文件

**Step 31** 使用工具箱中的【移动工具】将近景枝拖入到场景中，调整它的位置，如图6-84所示。

**Step 32** 选择菜单栏中的【文件】|【打开】命令，打开随书配套光盘中的“调用图片\第6章\近景灌木.psd”文件，如图6-85所示。

**Step 33** 使用工具箱中的【移动工具】将灌木拖入到场景中，调整它的位置，如图6-86所示。

由图6-86可以看出，近景灌木在场景中显得饱和度有点高，下面降低其饱和度。

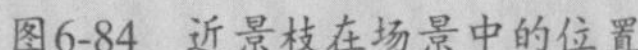

图6-84 近景枝在场景中的位置　图6-85 打开的近景灌木图像文件　图6-86 近景灌木的位置

Step 34 选择菜单栏中的【图像】|【调整】|【色相/饱和度】命令，在弹出的【色相/饱和度】对话框中设置【饱和度】为-90，效果如图6-87所示。

Step 35 选择菜单栏中的【文件】|【打开】命令，打开随书配套光盘中的 “调用图片\第6章\枝叶.psd”文件，如图6-88所示。

Step 36 使用工具箱中的【移动工具】将枝叶拖入到场景中，调整它的位置，如图6-89所示。

图6-87 调整饱和度后的图像效果

图6-88 打开的枝叶图像文件

图6-89 枝叶的位置

下面为草地制作枝叶的投影效果。

Step 37 在【图层】面板中将枝叶所在图层命名为【近景枝】，然后将该图层复制一层，生成【近景枝副本】图层，并将其拖到【近景枝】图层的下方，如图6-90所示。

Step 38 按住Ctrl键的同时单击【近景枝副本】图层，调出近景枝图像的选区。

Step 39 按Ctrl+T快捷键弹出自由变换框，然后按住Ctrl的同时用鼠标拖曳变换框四角上的控制点，将图像调整到如图6-91所示的形态及位置。

Step 40 形态合适后按 Enter键确认变形操作。

Step 41 将前景色设置为黑色，然后按Alt+Delete快捷键将选区以前景色填充，最后再按Ctrl+D快捷键将选区取消，图像效果如图6-92所示。

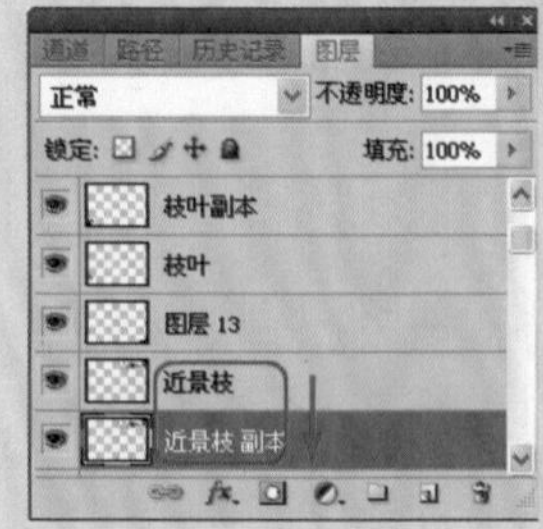


图6-90 【图层】面板

图6-91 编辑图像变形效果

图6-92 填充图像效果

Step 42 选择菜单栏中的【滤镜】|【模糊】|【动感模糊】命令，在弹出的【动感模糊】对话框中设

置各项参数，如图6-93所示。

Step43 执行上述操作后，在【图层】面板中将【枝叶副本】图层的【不透明度】改为60%，图像效果如图6-94所示。

下面为场景添加几个合适的人物配景和其他建筑设施配景。

Step44 打开随书配套光盘中的“调用图片\第6章\人物1.psd”文件，如图6-95所示。

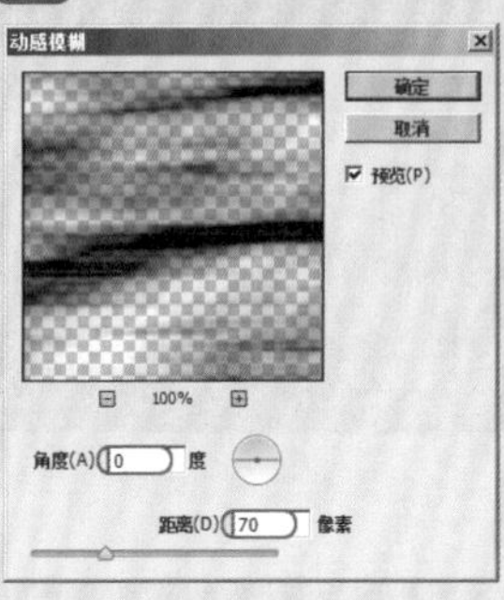


图6-93 【动感模糊】参数设置

图6-94 制作的阴影效果

图6-95 打开的人物1图像文件

Step45 使用工具箱中的【移动工具】将人物1拖入到场景中，调整它的位置，如图6-96所示。

Step46 打开随书配套光盘中的“调用图片\第6章\人物2.psd”、“人物3.psd”文件，如图6-97所示。

Step47 使用【移动工具】将两组人物配景一一调入到场景中，并分别调整它们的大小与位置，效果如图6-98所示。

图6-96 人物1的位置

图6-97 打开的素材配景文件

图6-98 人物的位置

Step48 打开随书配套光盘中的“调用图片\第6章\汽车1.psd”文件，如图6-99所示。

Step49 使用【移动工具】将其拖入到场景中，然后放置在如图6-100所示的位置。

Step50 打开随书配套光盘中的“调用图片\第6章\汽车2.psd”文件，如图6-101所示。

图6-99 打开的汽车1图像文件

图6-100 添加汽车1配景的位置

图6-101 打开的汽车2图像文件

Step51 使用【移动工具】将其拖入到场景中，然后调整其大小和位置，如图6-102所示。

下面再为汽车2制作动感效果。

Step 52 选择菜单栏中的【滤镜】|【模糊】|【动感模糊】命令，在弹出的【动感模糊】对话框中设置各项参数，如图6-103所示。执行上述操作后，图像效果如图6-104所示。

图6-102 汽车2的大小与位置

图6-103 【动感模糊】参数设置

图6-104 编辑后的效果

下面对场景进行简单的调整，使画面看起来更加鲜亮。

Step 53 选择菜单栏中的【图层】|【新建调整图层】|【亮度/对比度】命令，在弹出的【新建图层】对话框中单击 确定 按钮，在随后弹出的对话框中设置【对比度】为11，如图6-105所示。

执行上述操作后，高层住宅小区配景模板效果如图6-106所示。

使用本套配景模板制作的小区效果图后期处理效果如图6-107所示。

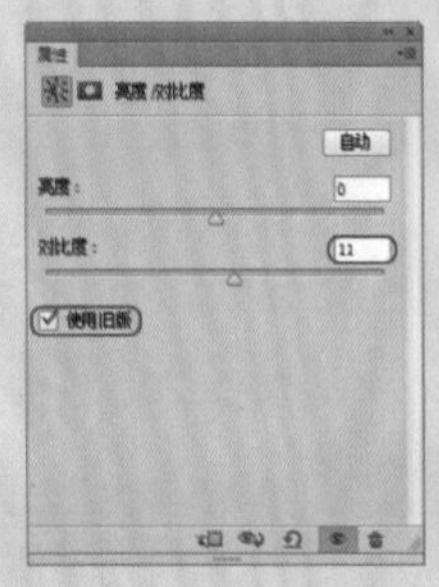

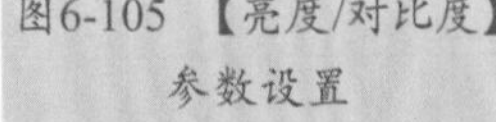
图6-105 【亮度/对比度】参数设置

图6-106 配景模板效果

图6-107 套用模板制作的效果图后期

Step 54 选择菜单栏中的【文件】|【存储为】命令，将图像另存为【高层住宅小区配景模板.psd】。可以在随书配套光盘“效果文件\第6章”文件夹下找到该文件。

## 6.7 小结

本章介绍了什么是建筑配景、建筑配景的添加原则和步骤、如何收集自己的素材库、常用配景素材的制作以及如何制作配景模板等。通过本章的学习，应掌握配景素材的制作方法。其实配景素材的制作方法多种多样，不必拘泥于本章介绍的方法，读者完全可以根据自己的习惯和需要制作。

Chapter 07

# 第7章

# 效果图色彩和光效处理

## 本章内容

- 效果图主环境背景处理
- 建筑与环境的色彩处理
- 建筑与环境的光影处理
- 室内光效处理
- 室外光效处理
- 日景转换为夜景
- 小结

不管是室内效果图还是室外效果图，色彩和光效对效果图而言是两个重要的因素。因为对于建筑物，色彩是一个能够迅速被人感知的因素，它不是一个抽象的概念，而是与建筑中的物体、材料、质地紧密联系在一起的。色彩使用的好坏，除了对视觉产生影响外，还对人的情绪、心理产生影响。另外，色彩还可以创造建筑环境的情调和气氛，是一种最实际的装饰因素。模型的质感只有通过光的作用才能够得以实现，光效的处理将直接影响到效果图的最终效果。一般来说，效果图的光效可以通过3ds Max软件来实现，但是有时可能花费大量的时间，也不一定能够得到理想的效果，这时就可以运用Photoshop软件对效果图的光效进行处理再加工。

# 7.1 效果图主环境背景处理

建筑画后期处理中最重要的莫过于主环境背景，因为它既要反映作品中的环境特征，又要衬托整张画面的主体气氛。主环境背景通常都使用一幅天空图片，然后是使用树木与辅助楼体。

在为场景中添加天空配景时，要注意所添加天空配景的色彩、透视及气氛是否与主体建筑所要表现的整体氛围相协调。同时，还要注意遵循“疏密结合”的构图原则，也就是说如果主体建筑的形体结构比较复杂，其所添加的天空背景应当以简单、平静为主，云彩可以少一点，甚至可以将它做成渐变颜色的退晕效果，如图7-1所示。

而相对于形体比较简洁干净的建筑，则应该配上云彩，这样才能给画面增添几分活跃的气氛，如图7-2所示。

图7-1 退晕效果

图7-2 增添云彩

在处理同一幅作品时，使用日景的天空与使用夜景的天空会产生不同的画面效果，如图7-3所示。

图7-3 使用不同时间天空的效果

其实，在为效果图场景创建整体灯光时，就一定应该明确自己所创建的场景是在什么季节、时间，阴天还是晴天。例如，当一栋建筑创建完毕后，灯光是按照上午的光线创建的，而在添加天空背景时却选择了夜晚时的天空，那么效果就会不协调。

另外，在设置天空配景时应配合使用一些辅助的建筑或是一些树林等其他配景素材，这样才能准确地营造出真实的环境气氛。如图7-4所示是使用天空和加入辅助建筑、树林作为背景时的不同效果。

由图7-4可以看出，在使用辅助建筑和树林之前，整个画面显得过于空旷，地面与天空衔接的地方也显得过于生硬。

在天空背景中添加了辅助楼体及树林后，就营造出了另外一种和谐、自然的环境气氛，草地的边缘与树林巧妙地衔接在一起，这样的画面看起来很充实，添加树林后不但没有阻挡住观察者的视线，反而给人一种景深感，模拟出了一种真实的环境气氛。

天空、辅助楼体和树林这些素材的使用方法很简单，就是使用Photoshop中的图层工具进行组合，处理时可以将辅助楼体的图层【不透明度】值减小，使辅助楼体与天空背景更好地融为一体；在主环境背景与建筑的协调方面主要是使用色彩调整命令处理。

图7-4 添加辅助楼体及树林的前后对比效果

## 7.2 建筑与环境的色彩处理

建筑效果图的色彩与建筑材料是密切相关的，一方面建筑效果图必须真实反映建筑材料的色感与质感；另一方面建筑效果图必须具有一定的艺术创意，要表达出一定的氛围与意境。

构成建筑效果图色彩的因素主要有两点：一是建筑材料，二是天空与环境的色彩。对于前者，必须使用其固有色，以表现真实；而对于后者，创意空间则较大。例如，天空既可以是蓝蓝的，又可以是灰蒙蒙的；环境既可以是充满生机的春天，又可以是白雪皑皑的冬天，还可以是夜色或黄昏。

### 7.2.1 确定效果图的主色调

任何一幅美术作品必须有一个主色调，效果图也是如此，这就像乐曲的主旋律一样，主导了整个作品的艺术氛围。

色彩是城市文化和城市美学的重要组成部分，建筑物的色彩甚至能影响到人们的生存环境和情感。中国古代建筑就非常讲究色彩，黄瓦红墙代表了最尊贵的颜色，只能在紫禁城、皇家园林等帝王居住之处使用，京城普通老百姓只能用青瓦青墙。

建筑的色调还包括色彩的明度和彩度。色彩明度高，则给人轻快、明朗、清爽、优美的感觉。而色彩彩度的选择要因建筑而异，高的建筑物，应该选择素雅的颜色，反之，则选择鲜艳的颜色，如图7-5所示。

另外，公共设施类的建筑则最好成组建设，成批统一规划、安排，有利于色调上的协调。

图7-5 不同建筑复杂程度的色彩对比

### 7.2.2 使用色彩对比表现主题

色彩在室内外设计中具有多重功能，除具备审美方面的功能外，同时还具有表现和调节室内外空间情趣的作用。

在环境色彩中两种色彩互相影响，而强调显示差别的现象，称作色彩对比。当同时观看相邻或接近的两种色彩时所发生的色彩对比，则称做同时对比。如果建筑物内部或外部的色彩属性有所变化时，还会产生属性之间的对比。如果色相和彩度相同，有明度对比；如果色相和明度相同，有彩度对比；如果明度和彩度相同，有色相对比。两种色彩之间必定存在差别，同时也必定相互产生影响。比如在黑底上的灰色看起来要比白底上的灰色更明亮。又如，在两张灰色的底图上分别画上密集的黑线和白线，黑线部分的灰色底图显得深，而白线部分的灰色底图则显得浅。

好的效果图一般用色不宜超过3种，这个原则在室内效果图中体现得更为明显。如果画面中颜色过多，整个画面就会显得混乱，使人看上去很不舒服。可以在用色时根据图像的亮度来调整，最好不要太亮也不要太暗，因为太亮会抢眼，太暗会破坏图面的干净度。

色彩对比可以使图更有韵味。色彩学上说的互补色就是色彩对比，如黄蓝对比、红绿对比、黑白对比，称其为互补色的原因是它们之间的相互强化或互补。红色会让绿色显得更绿，反过来也一样。黄色最大程度地强化了蓝色。事实上，当看到一种色彩时，内在的感知能力就会使人想到它的互补色。任何两种色彩放到一起，彼此都会微妙地影响对方。每一种色彩安排，依据色彩在这种安排中的分量、质量和相邻关系，都会出现各种独特的联系和张力。

对于各种场所的设计师们来说，不要以为把互为对比色的几种颜色加在一起就可以了，其实还要考虑它们的明度和纯度、面积大小和使用位置。黄蓝对比就着重于明度和纯度，在使用时明度中等的黄色和纯度高点的蓝色搭配在一起是没有问题的。红绿就讲究面积大小，大面积的红加上小面积的绿是没有问题的，但如果面积平均，就会显得不协调。色彩的使用位置应根据图的主色来调整，而主色应该用在近处，其次是装饰色，最后是次色。

另外，想要突出一幅图的主题，色彩是最方便的工具。强烈的色彩对比或怪诞的色彩对比，都能突出主体物，但要注意，其他次要物体的色彩不能太抢眼，要有点模糊的概念。

如图7-6所示为使用色彩对比的两幅效果图。

图7-6　色彩对比效果图

## 7.2.3 如何调和建筑与环境的色彩

色彩可建立在建筑形体之上以传达人们的认知情感，它常给人非常鲜明而直观的视觉印象，同时它是建筑造型中最直接有效的表达手段，使建筑造型的表达具有广泛性和灵活性。

在建筑活动中，色彩的使用为建筑提供了创造富有独特魅力的建筑环境的可能性，为建筑增添了难以言表的生机和活力，使建筑造型极大丰富。

总的来说，色彩在建筑效果图上主要表现有以下几个方面。

- 对空间层次关系的再创造：运用色彩远近感的差异可以对已有空间层次感加以强调，可利用适当的色彩组合来调节建筑造型的空间效果，并对建筑的空间层次加以区分，以增加空间造型的主次关系，建立有组织的空间秩序感。
- 对空间比例关系的再创造：建筑的尺度和比例一般受地段条件及建筑面积的制约，建筑立面上各种构件的尺度和比例也是由各种具体条件所限定的，这势必会影响到建筑师创意的发挥。这时，设计师通常会使用色彩造型的方法来调整建筑形体和界面的比例。例如，对建筑中同一性质的表面施以不同的色彩可以使尺度由大化小，造成适宜的或较小的尺度，给人以亲切、精美之感。反之，也可把若干个零乱狭小的空间立面用统一的色彩组织起来，以达到对空间比例的重新划分与组合。如图7-7所示，主体建筑是蓝色调的，如果全是蓝色调，则画面会显得单调、乏味，因此，设计师就在蓝色中加上了一小块红色的区域，这样既打破了蓝色的太过统一性，又使画面产生了变化。同样，辅助建筑上的砖红色色调也是这样处理的，如果全是该色调，则会显得画面太闷。因此，设计师就在砖红色构建上面又打上了几个镂空的设计，这样也达到了对空间比例再造的效果。

- 材质表现的超本质创造：建筑是各种材质的集合表现，材质是反映建筑造型界面的基本特征，色彩的表现可以使杂乱的肌理得到休整而变得统一协调，也可以使得过于平淡单调的材质变得丰富多彩，超过材料本色的表现力。

图7-7 色彩对空间比例的营造

## 7.2.4 建筑与环境的色彩对构图的影响

室外建筑效果图的环境通常也称为配景，主要包括天空、环境绿化、车辆、人物等。

### 1. 天空

对室外建筑效果图而言，天空是必需的环境元素。而针对不同的时间与气候，天空的色彩是不同的，它也会影响效果图的表现意境。

造型简洁、体积较小的室外建筑物，如果没有过多的辅助楼体、树木与人物等衬景，则可以使用浮云多变的天空图，以增加画面的景观。造型复杂、体积庞大的室外建筑物，可以使用平和宁静的天空图，以突出建筑物的造型特征，缓和画面的纷繁。

天空在室外建筑效果图中占的画面比例较大，但主要起陪衬作用。因此，不宜过分雕琢，必须从实际出发，合理运用，以免分散主题。

### 2. 环境绿化

室内外效果图都离不开环境的处理，其中绿化是一项很重要的工作。室内效果图主要包括插花、盆景等，室外效果图主要包括配景树木、灌木、草坪等。

树木作为室外建筑效果图的主要配景之一，能起到充实与丰富画面的作用。树木的组合要自如，或相连、或孤立、或交错。

草坪、灌木等配景可以使环境幽雅宁静，大多铺设在路边或广场中，在表现时只作一般装饰，不要过分刻画，以免冲淡建筑物的造型与色彩的主体感染力。

### 3. 车辆、人物

在室外建筑效果图中添加车辆、人物，可以增强效果图的生气，使画面更具生机。通常情况下，在一些公共建筑和商业建筑的入口处以及住宅小区的小路上，可以添加一些人物，在一些繁华的商业街中可以添加一些静止或运动的车辆，以增强画面的生活气息。在添加车辆与人物时要适度，不要造成纷乱现象，以免冲淡主题。

## 7.3 建筑与环境的光影处理

灯光与阴影在建筑效果图中起着至关重要的作用。质感通过灯光得以体现，建筑物的外形和层次则需要通过阴影来确定。建筑效果图的真实感很大程度上取决于细节的刻画，而建筑的细节则需要通过灯光与阴影的关系来刻画。

从一定程度上说，处理光与影的关系就是解决效果图的阴影与轮廓、明暗层次与黑白关系，光影表现的重点是阴影和受光形式。

### 1. 阴影

基本作用是表现建筑的形体、凹凸和空间层次，另外画面中常利用阴影的明暗对比来集中人们的注意力，突出主体。

在处理阴影时要注意两点：首先在一般的环境中影子不能过重，它应该以可以察觉到但不刺眼、不影响整体的画面规划为原则；其次要控制好影子的边缘，即应该有退晕。

### 2. 受光形式

在建筑效果图中，最常用的受光形式主要有两种，即单面受光和双面受光。

- 单面受光是指在场景中只有一个主光源，不对场景中的建筑进行补光，主要用于表现侧面窄小、正面简洁的建筑物。另外，这种受光形式还可以用于鸟瞰图中，这样可以用阴影来烘托建筑，增强空间的层次感。在室外建筑效果图的表现中，单面受光的运用极少，因为这种受光形式很难达到真实的自然光照效果；但如果为了取得对比强烈、主次分明的效果，则可以考虑。
- 双面受光是指场景中有一个主光源照亮建筑物的正面，同时还有辅助光源照亮建筑物的侧面，但是以主光源的光照强度为主，从而使建筑物产生光影变化与层次。这种受光形式在室外建筑效果图中应用最普遍。主光源的设置一般要根据建筑物的实际朝向、季节以及时间等确定。而辅助光源则与主要光源相对，补充建筑物中过暗部位的光照效果，即补光，它起到补充、修正的作用，照亮主光源没有顾及到的死角。

另外，在室内外建筑效果图中处理光影中，可以遵循以下原则：在画面上要避免大块被光线照射生成的白色光斑，也要避免大块因为背光而产生的黑暗；在布光时应做到每一个灯都有实际的效果，对那些效果微弱、可有可无的灯光要删除。

## 7.4 室内光效处理

在效果图中，光影效果处理的好坏将直接影响效果图的最终表现。在Photoshop中，可以轻松制作出一些室内的常用光效效果，如十字星光效果、筒灯投射效果、局部光线的退晕效果等。

## 7.4.1 十字星光效果

十字星光效果在室内效果图中应用的比较多，主要模拟的是筒灯光晕效果。这里有两种制作方法：一种是选择十字星光笔刷，然后在筒灯的位置喷几下，以此产生发光的效果。另一种是直接在筒灯的位置添十字星光素材，通过调整图层的混合模式模拟光晕效果

1. 方法一

### 动手操作——手绘十字星光效果

Step 01 选择菜单栏中的【文件】|【打开】命令，打开随书配套光盘中的“调用图片\第7章\十字星光效果.jpg”文件，如图7-8所示。

这是一幅中式卧室效果图，除了筒灯的光晕效果没处理外，其他的都处理好了。下面运用Photoshop中的相应工具为场景制作十字星光效果。

Step 02 选择工具箱中的【画笔工具】，然后选择一个十字星光笔刷，并设置属性栏中的各项参数，如图7-9所示。

图7-8 打开的十字星光效果图像文件

图7-9 【画笔工具】属性栏设置

Step 03 在【图层】面板中新建一个图层，并将图层命名为【光晕】。

Step 04 设置前景色为白色，然后在图像中如图7-10所示的位置单击鼠标左键，创建一个十字星光效果。

Step 05 使用同样的方法，在卧室筒灯的位置单击鼠标左键制作光晕效果，如图7-11所示。

图7-10 创建十字星光效果

图7-11 光晕效果

Step 06 选择菜单栏中的【文件】|【存储为】命令，将制作的图像另存为【十字星光效果一.psd】文件。可以在随书配套光盘“效果文件\第7章”文件夹下找到该文件。

2. 方法二

## 动手操作——调用素材模拟星光效果

Step01 继续上面的操作，回到没有制作十字星光效果的状态。

Step02 选择菜单栏中的【文件】|【打开】命令，打开随书配套光盘中的“调用图片\第7章\光晕.psd”文件，如图7-12所示。

Step03 使用工具箱中的【移动工具】将光晕拖入到正在处理的【十字星光效果】场景中，调整它的大小后，将其移动放置在如图7-13所示的位置。

Step04 将光晕移动复制多个，分别放置在所有光源的位置，从而得到十字星光的最终效果，如图7-14所示。

图7-12　打开的光晕图像文件

图7-13　调入光晕的位置

图7-14　图像最终效果

**注 意**

**在复制光效时，一定要根据实际情况随时调整光效的大小。**

Step05 选择菜单栏中的【文件】|【存储为】命令，将制作的图像另存为【十字星光效果二.psd】文件。可以在随书配套光盘“效果文件\第7章”文件夹下找到该文件。

## 7.4.2 筒灯投射效果

不管是室内效果图还是室外效果图，为了创建真实的光影效果，一般会在有壁灯的地方制作局部的照明效果，以模拟真实的壁灯光晕效果，而且这种光晕还必须是逐渐退晕的。制作这种光晕效果既可以在3ds Max中通过灯光来实现，又可以在PhotoShop中对软件进行后期处理时，通过相应的命令制作完成。

## 动手操作——制作筒灯投射效果

Step01 选择菜单栏中的【文件】|【打开】命令，打开随书配套光盘中的“调用图片\第7章\玄关.jpg”文件，如图7-15所示。

下面将使用【渐变工具】制作筒灯光晕效果。

Step02 新建一个名为【光晕】的图层。选择工具箱中的【椭圆选框工具】，在图像中创建如图7-16所示的选区。

Step 03 按Shift+F6快捷键，弹出【羽化选区】对话框，设置【羽化半径】为5像素。

Step 04 选择工具箱中的【渐变工具】，选择【线性渐变】方式，【渐变编辑器】对话框参数设置如图7-17所示。

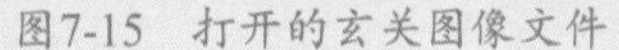

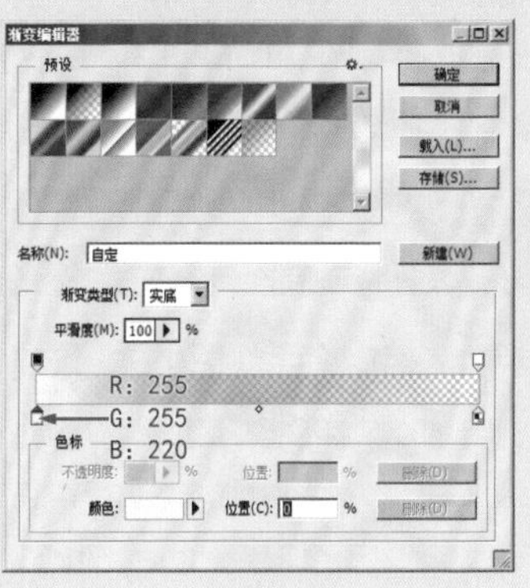


图7-15 打开的玄关图像文件　　图7-16 绘制的选区　　图7-17 【渐变编辑器】参数设置

Step 05 在选区内由上而下拖动鼠标执行渐变操作，如图7-18所示。

执行上述操作后，图像效果如图7-19所示。

图7-18 执行渐变操作

图7-19 渐变效果

Step 06 调整【光晕】图层的混合模式为【滤色】，然后按Ctrl+D快捷键将选区取消，效果如图7-20所示。

Step 07 将【光晕】图层的【不透明度】数值调整为50%，然后将其再移动复制2个，放置在如图7-21所示的位置，得到图像的最终效果。

图7-20 图像效果

图7-21 图像最终效果

Step 08 选择菜单栏中的【文件】|【存储为】命令，将制作的图像另存为【玄关灯光.jpg】文件。可以在随书配套光盘“效果文件\第7章”文件夹中找到该文件。

## 7.4.3 局部光线退晕效果

不管是室内效果图还是室外效果图，为了创建真实的光影效果，一般会在有壁灯的地方制作上局部的照明效果，以模拟真实的壁灯光晕效果，而且这种光晕还必须是逐渐退晕的。制作这种光晕效果既可以在3ds Max中通过灯光来实现，又可以在Photoshop中对软件进行后期处理时，通过相应的命令制作完成。

### 动手操作——制作壁灯光晕效果

Step 01 选择菜单栏中的【文件】|【打开】命令，打开随书配套光盘中的“调用图片\第7章\壁灯光晕.jpg”文件，如图7-22所示。

这是一幅从3ds Max中渲染出来的未设置壁灯光影效果的位图图片，下面将运用Photoshop中的相应工具和命令为壁灯制作光晕效果。

Step 02 使用工具箱中的选择工具将场景中的壁灯选中，如图7-23所示。

Step 03 选择菜单栏中的【图像】|【调整】|【曲线】命令，在弹出的【曲线】对话框中设置各项参数，如图7-24所示。

图7-22 打开的壁灯光晕图像文件

图7-23 创建的选区效果

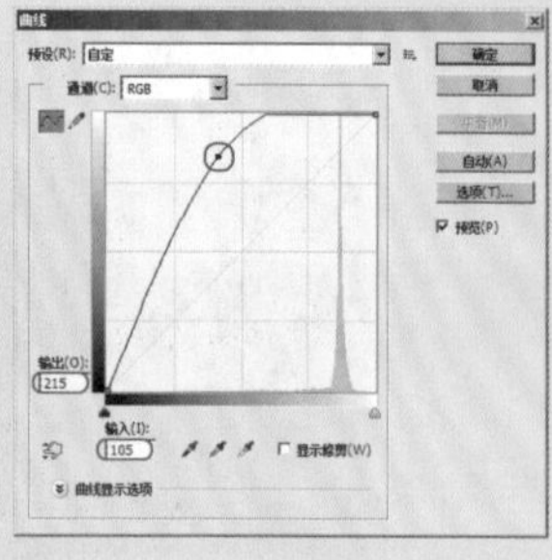

图7-24 【曲线】参数设置

**技 巧**

**在选择灯罩时，可以使用工具箱中的【魔棒工具】选择，也可以使用【钢笔工具】选择，这根据个人的习惯来定。**

执行上述操作后，图像效果如图7-25所示。

Step 04 按Ctrl+Shift+I快捷键，将选区反选。

Step 05 选择菜单栏中的【滤镜】|【渲染】|【光照效果】命令，在弹出的【光照效果】面板中设置各项参数，如图7-26所示。

图7-25 图像效果

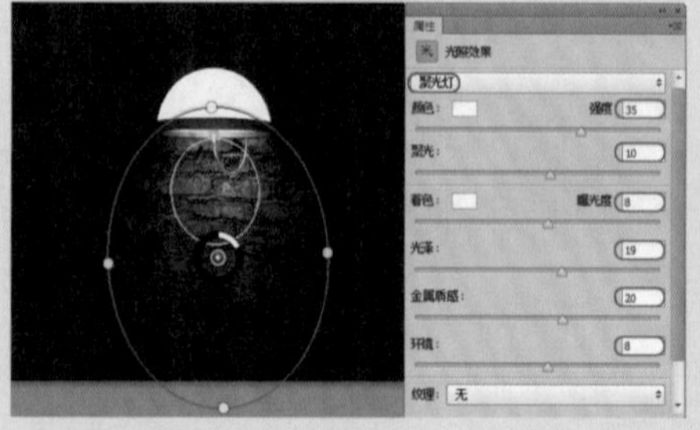

图7-26 【光照效果】参数设置

Step 06 单击工具属性栏上的 确定 按钮，提交光照效果，这时图像效果如图7-27所示。

Step 07 按Ctrl+D快捷键，将选区取消。

因为光照的原因，肯定会对壁灯上方的墙壁也会产生影响，下面就处理这部分效果。

Step 08 在【图层】面板中将【背景】图层复制一层，生成【背景副本】图层。

Step 09 选择菜单栏中的【滤镜】|【渲染】|【光照效果】命令，在弹出的【光照效果】面板中设置各项参数，如图7-28所示。

图7-27 光照后的图像效果

图7-28 【光照效果】参数设置

Step 10 单击工具属性栏上的 确定 按钮，提交光照效果，这时图像效果如图7-29所示。

Step 11 在【图层】面板中，将【背景副本】图层的混合模式调整为【滤色】，并将该图层的【不透明度】修改为70%，得到图像最终效果如图7-30所示。

图7-29 光照后的图像效果

图7-30 图像最终效果

Step 12 选择菜单栏中的【文件】|【存储为】命令，将制作的图像另存为【壁灯光晕效果.psd】文件。可以在随书配套光盘“效果文件\第7章”文件夹下找到该文件。

## 7.4.4 台灯光晕效果

在室内设计后期处理中，对于较暗的房间，巧妙地使用灯光能给人温馨的感觉。

## 动手操作——制作台灯光晕效果

Step 01 选择菜单栏中的【文件】|【打开】命令，打开随书配套光盘中的“调用图片\第7章\卧室夜景.jpg”文件，如图7-31所示。

下面将使用【画笔工具】制作台灯光晕效果。

Step 02 新建一个名为【光晕】的图层。设置前景色为白色，选择工具箱中的【画笔工具】，选择一个虚边的笔头，把笔刷大小设置为台灯的2倍，【不透明度】数值为30%，然后在台灯的位置单击，表现出台灯发出的光芒效果，如图7-32所示。

图7-31 打开的卧室夜景图像文件

图7-32 一次发光效果

Step 03 将画笔大小更改为2倍台灯大的尺寸，【不透明度】数值为60%，在台灯的中心位置单击，如图7-33所示。

Step 04 将画笔大小更改为比台灯略小的尺寸，【不透明度】数值为80%，在台灯的中心位置单击，如图7-34所示。

图7-33 二次发光效果

图7-34 三次发光效果

Step 05 使用同样的方法，为其他灯具制作上光晕效果，如图7-35所示。

Step 06 选择菜单栏中的【文件】|【存储为】命令，将制作的图像另存为【筒灯光晕效果.psd】文件。可以在随书配套光盘“效果文件\第7章”文件夹中找到该文件。

图7-35 图像最终效果

## 7.5 室外光效处理

本节介绍使用Photoshop软件制作几种比较具有代表性的室外场景中的光影效果。

## 7.5.1 夜晚汽车流光效果

告别喧闹的白昼，夜幕降临、华灯初上，现代都市展示了它魅惑的另一面。马路上，一辆辆汽车疾驰而过，留给路人的只是一道道流光溢彩的运动轨迹，这同样也成为夜晚的一道靓丽风景线。

### 动手操作——制作汽车流光效果

Step 01 选择菜单栏中的【文件】|【打开】命令，打开随书配套光盘中的“调用图片\第7章\夜景效果.jpg”文件，如图7-36所示。

图7-36 打开的夜景效果图像文件

下面为场景中调入一辆汽车，并制作汽车流光效果。

Step 02 打开随书配套光盘中的“调用图片\第7章\车1.psd”文件，如图7-37所示。

Step 03 使用工具箱中的【移动工具】将车1配景调入到场景中，并调整它的大小与位置，如图7-38所示。

为了使汽车与整个场景的色调相协调，下面调整汽车的明度。

Step 04 选择菜单栏中的【图像】|【调整】|【亮度/对比度】命令，在弹出的对话框中设置【亮度】为-70，如图7-39所示。

图7-37 打开的车1图像文件

图7-38 调整汽车的大小及位置

图7-39 降低汽车明度和对比度效果

下面制作车的灯光效果。

Step 05 设置前景色为原白色（R=246、G=246、B=240），选择工具箱中的【画笔工具】，其属性栏中的各项参数设置如图7-40所示。

模式: 正常 不透明度 90% 流量 70%

图7-40 【画笔工具】属性栏设置

Step 06 在汽车的两个车灯处分别单击鼠标一次，绘制出车灯的光芒效果，如图7-41所示。

另外，因为塑造的汽车是在行驶过程中的，所以要制作出汽车运动的效果。

Step 07 选择菜单栏中的【滤镜】|【模糊】|【动感模糊】命令，在弹出的【动感模糊】对话框中设置各项参数，如图7-42所示。

执行上述操作后，图像效果如图7-43所示。

图7-41 制作的车灯光芒效果

Step 08 在【图层】面板中将车1所在图层的【不透明度】改为82%，效果如图7-44所示。

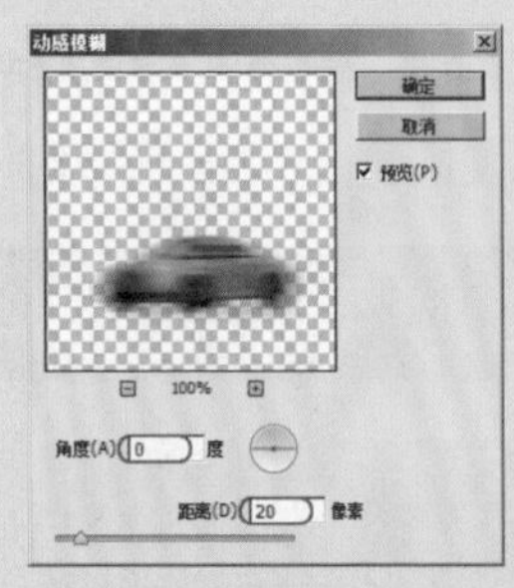
图7-42 【动感模糊】参数设置

图7-43 动感模糊效果

图7-44 制作的汽车流光效果

Step 09 选择菜单栏中的【文件】|【存储为】命令，将制作的图像另保存为【汽车流光效果.psd】文件。可以在随书配套光盘“效果文件\第7章”文件夹下找到该文件。

## 7.5.2 城市光柱效果

在现代都市中，城市光柱是近年来经常使用的一种照明设施。在夜幕的映衬下，五光十色的城市光柱显得这座城市更加绚丽多彩、光彩夺目。

### 动手操作——制作城市光柱效果

Step 01 选择菜单栏中的【文件】|【打开】命令，打开随书配套光盘中的“调用图片\第7章\商场夜景.jpg”文件，如图7-45所示。

Step 02 在【图层】面板中新建一个【图层1】图层。

Step 03 选择工具箱中的【多边形套索工具】，属性栏中各项参数取默认设置即可。

Step 04 使用【多边形套索工具】，在图像中创建如图7-46所示的选区。

Step 05 按Shift+F6快捷键，弹出【羽化选区】对话框，设置【羽化半径】为10像素。

Step 06 将前景色设置为紫色（R=255、G=0、B=255），然后按Alt+Delete快捷键用前景色将选区填充，效果如图7-47所示。

图7-45 打开的商场夜景图像文件

图7-46 创建的选区效果

图7-47 填充后的图像效果

Step 07 按Ctrl+D快捷键，将选区取消。然后按Q键进入快速蒙版状态。

Step 08 选择工具箱中的【渐变工具】，渐变名称选择【黑，白渐变】，然后在图像中由左上角至右下角拖曳鼠标，如图7-48所示。

执行上述操作后，图像效果如图7-49所示。

Step 09 按Q键，退出快速蒙版状态。这时在图像中出现了一个选区，然后按Ctrl+Shift+I快捷键将选区反选，如图7-50所示。

图7-48　在图像中执行渐变操作

图7-49　执行渐变后的效果

图7-50　选区效果

Step 10 按Delete键，将选区内的内容删除，然后按Ctrl+D快捷键将选区取消。此时，图像中的紫色区域呈现由下而上渐变的光柱效果，如图7-51所示。

**注 意**

**如果制作的效果不是很理想，可以重复执行几次同样的操作，直到自己感觉效果满意了为止。图7-51是删除两次后的效果。**

Step 11 在【图层】面板中将【图层1】图层的【不透明度】改为90%，如图7-52所示。

Step 12 依照上面的方法，在图像中再制作上几个红色（R=255、G=0、B=0）、绿色（R=0、G=255、B=0）、黄色（R=255、G=255、B=0）、白色（R=255、G=255、B=255）以及蓝色（R=0、G=0、B=255）的光柱，得到图像的最终效果如图7-53所示。

图7-51　删除选区内容后的图像效果

图7-52　【图层】面板

图7-53　图像的最终效果

Step 13 选择菜单栏中的【文件】|【存储为】命令，将制作的图像另存为【商场夜景之光柱.psd】文件。可以在随书配套光盘“效果文件\第7章”文件夹下找到该文件。

## 7.5.3 霓虹灯发光字效果

霓虹灯是城市的美容师，每当夜幕降临时，五颜六色的霓虹灯就把城市装扮得格外美丽，它们使城市【亮】起来了。它们是商家夜间用来吸引顾客或装饰夜景的彩色灯，在美化城市、传播广告信息、引导消费等方面起到很大作用。

## 动手操作——制作霓虹灯效果

Step 01 选择菜单栏中的【文件】|【打开】命令，打开随书配套光盘中的“调用图片\第7章\商场夜景.jpg”文件，如图7-54所示。

Step 02 设置前景色为蓝色，选择工具箱中的【横排文字工具】，然后在画面中输入【春天百货】文字字样，如图7-55所示。

**注 意**

**在选择文字的字体时，最好采用那种圆头的字体，这样比较符合实际的霓虹灯样子。**

Step 03 将文字选中，单击文字选项栏右侧的按钮，在弹出的面板中设置各项参数，如图7-56所示。

图7-54 打开的商场夜景图像文件

图7-55 输入文字

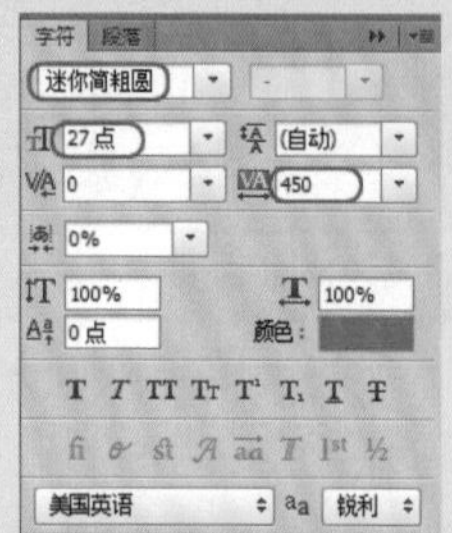


图7-56 文字变形效果

Step 04 双击文字图层，在弹出的【图层样式】对话框中选中【外发光】效果，参数设置如图7-57所示。

Step 05 文字外发光效果如图7-58所示。

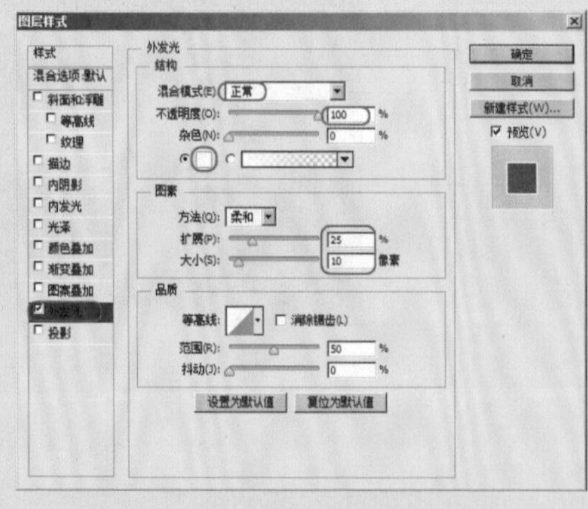


图7-57 【图层样式】参数设置

图7-58 文字外发光效果

Step 06 在【混合选项】中选中【投影】效果，参数设置如图7-59所示。

Step 07 文字投影效果如图7-60所示。

至此，文字的发光效果已经差不多完成了。下面制作灯光映射到墙壁上的效果。

Step 08 按住Ctrl键的同时单击文字所在的图层，得到文字选区，如图7-61所示。

Step 09 选择菜单栏中的【选择】|【修改】|【扩展】命令，在弹出的【扩展选区】对话框中设置

【扩展量】为20像素，如图7-62所示。

Step 10 按Shift+F6快捷键，弹出【羽化选区】对话框，设置【羽化半径】设置为30像素，如图7-63所示。

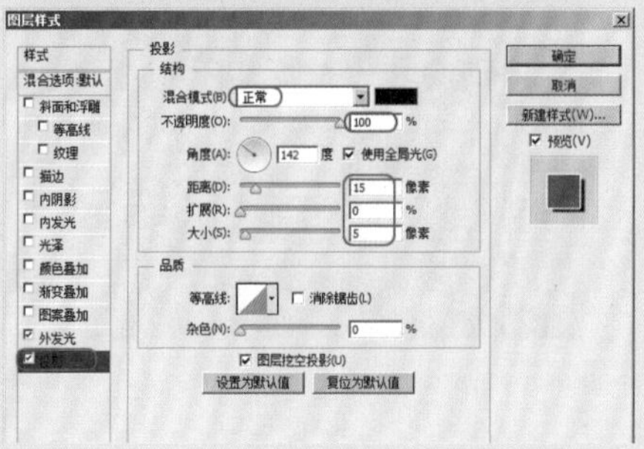

图7-59 【图层样式】参数设置

图7-60 文字投影效果

图7-61 文字选区

图7-62 【扩展选区】参数设置及图像效果

图7-63 【羽化选区】参数设置及羽化效果

Step 11 回到【背景】图层，将【背景】图层复制一层，生成【背景 副本】图层，后面的操作都在这个图层上进行。

Step 12 选择菜单栏中的【图像】|【调整】|【曲线】命令，在弹出的对话框中设置参数，如图7-64所示。

Step 13 确认选区没被取消，选择菜单栏中的【滤镜】|【模糊】|【高斯模糊】命令，在弹出的对话框中将模糊【半径】设置为5像素，如图7-65所示。

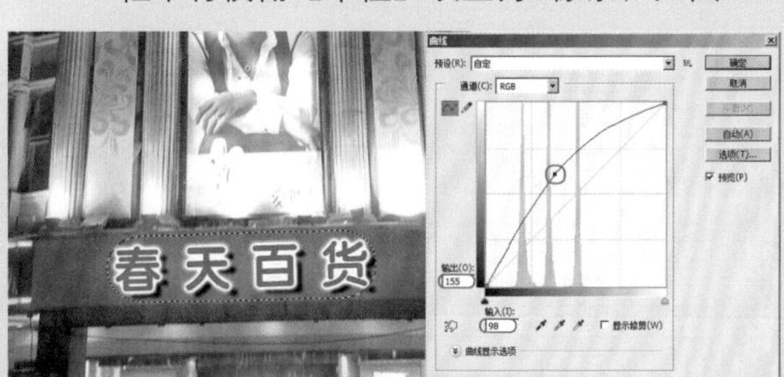

注 意

图7-64 【曲线】参数设置及图像效果

图7-65 【高速模糊】参数设置及效果

执行上一步操作的目的就是为了加强灯光的漫射效果。

Step 14 选择菜单栏中的【图像】|【调整】|【色相/饱和度】命令，在弹出的对话框中将选区中图

像的色相调至与霓虹灯文字发光颜色相同色系的颜色，如图7-66所示。

Step 15 按Ctrl+D快捷键将选区取消，完成霓虹灯发光字的最终效果，如图7-67所示。

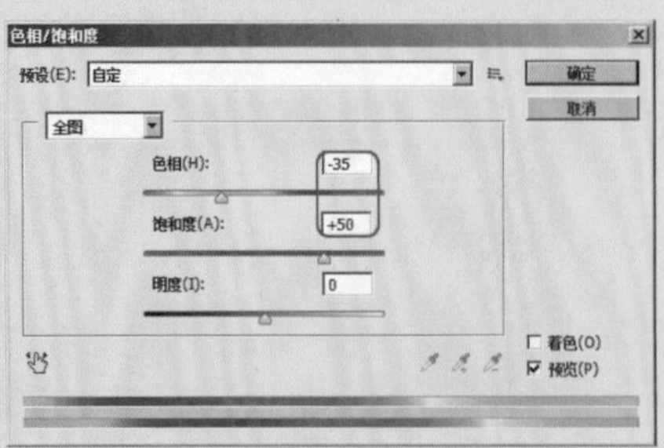

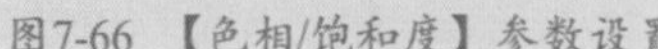

图7-66 【色相/饱和度】参数设置

图7-67 图像最终效果

Step 16 选择菜单栏中的【文件】|【存储为】命令，将制作的图像另存为【霓虹灯发光字效果.psd】文件。可以在随书配套光盘“效果文件\第7章”文件夹下找到该文件。

## 7.5.4 太阳光束效果

清晨的阳光，和着清脆的鸟鸣声，穿隙而下，是怎样的心旷神怡；傍晚的斜阳，暖暖地照射窗前，是怎样的温馨浪漫。正是有了太阳光的照耀，才使地面富有生气：疾风劲吹、江水奔流、花开果熟，生物生生不息。在后期处理中，经常会遇到处理这样的光线的问题，那么怎样才可以随意所欲地制作出光线呢？下面将介绍几种光线的制作方法。

1. 方法一

### 动手操作——用画笔绘制太阳光束效果

Step 01 选择菜单栏中的【文件】|【打开】命令，打开随书配套光盘中的“调用图片\第7章\阳光场景.psd”文件，如图7-68所示。

Step 02 在【近景枝】图层的下方新建一个图层，命名为【阳光】。

Step 03 选择工具箱中的【画笔工具】，设置属性栏各项参数，如图7-69所示。

图7-68 打开的阳光场景图像文件

图7-69 【画笔工具】属性栏设置

Step 04 设置前景色为黄色（R=253、G=255、B=206），根据光线照射的方法，在场景中绘制如图7-70所示的线条。

Step 05 选择菜单栏中的【滤镜】|【模糊】|【动感模糊】命令，在弹出的【动感模糊】对话框中设置参数，如图7-71所示。

图7-70 绘制的光束效果

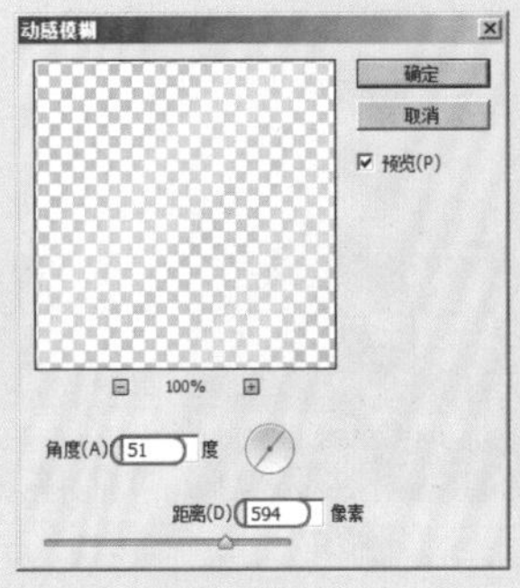

图7-71 【动感模糊】滤镜设置

执行上述操作后，将太阳光束所在图层的【不透明度】改为75%，得到太阳光束的最终效果，如图7-72所示。

Step 06 选择菜单栏中的【文件】|【存储为】命令，将制作的图像另存为【太阳光束效果一.psd】文件。可以在随书配套光盘“效果文件\第7章”文件夹下找到该文件。

2. 方法二

## 动手操作——用命令绘制太阳光束效果

Step 01 选择菜单栏中的【文件】|【新建】命令，新建一个【宽度】、【高度】均为400像素的文档。

Step 02 选择菜单栏中的【滤镜】|【杂色】|【添加杂色】命令，在弹出的对话框中设置各项参数，如图7-73所示。

Step 03 选择菜单栏中的【滤镜】|【模糊】|【动感模糊】命令，在弹出的对话框中设置各项参数，如图7-74所示。

图7-72 【动感模糊】滤镜效果

图7-73 【添加杂色】参数设置及图像效果

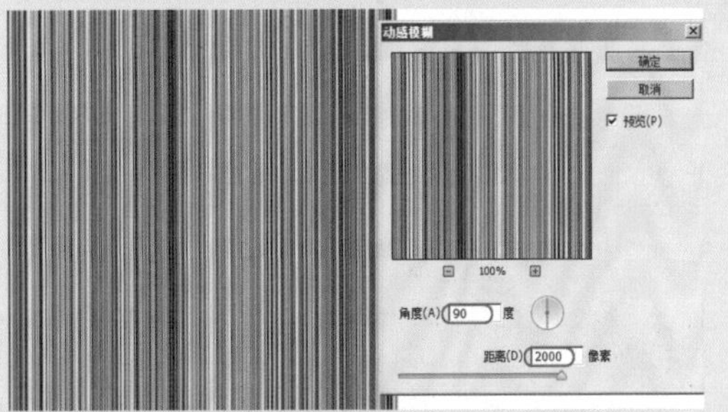

图7-74 【动感模糊】参数设置及图像效果

Step 04 新建一个【图层1】图层，在【图层1】上添加一个上白下黑的线性渐变，如图7-75所示。

Step 05 将【图层1】图层的混合模式调整为【滤色】，效果如图7-76所示。

Step 06 将所有图层合并为一个图层。选择菜单栏中的【滤镜】|【扭曲】|【极坐标】命令，在弹出的对话框中设置各项参数，如图7-77所示。

图7-75　渐变效果

图7-76　滤色效果

图7-77　【极坐标】参数设置及图像效果

现在阳光的效果已经展现出来了。为了让阳光四周的效果更柔和，先扩展画布。

Step 07 选择菜单栏中的【图像】|【画布大小】命令，在弹出的对话框中设置各项参数，如图7-78所示。

下面让阳光四周的效果更柔和。

Step 08 选择菜单栏中的【滤镜】|【模糊】|【径向模糊】命令，在弹出的对话框中设置各项参数，如图7-79所示。

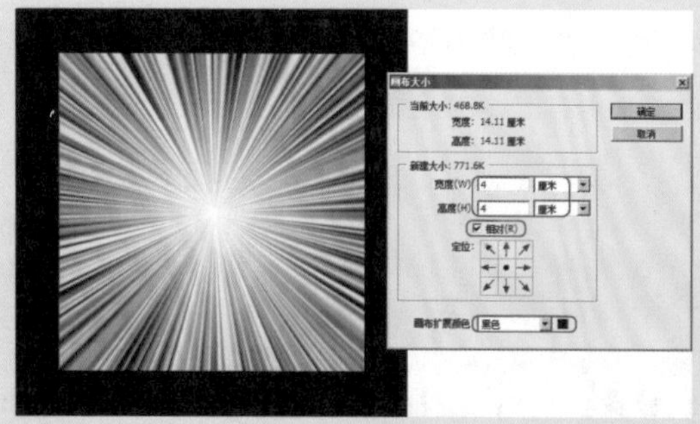

图7-78　【画布大小】参数设置及图像效果

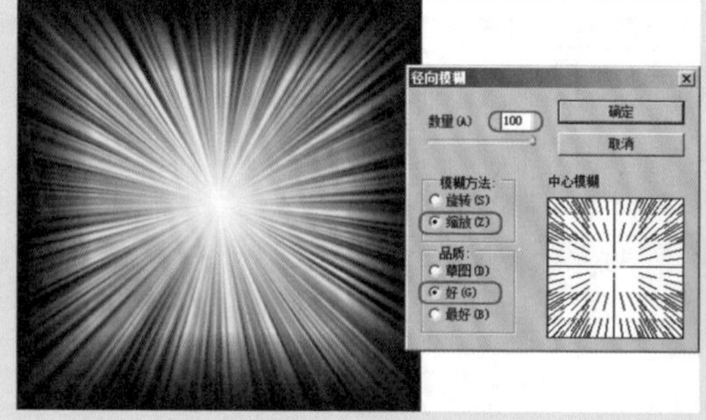


图7-79　【径向模糊】参数设置及图像效果

至此，阳光效果就制作好了。下面将刚才制作好的阳光效果融入到效果图中。

Step 09 打开随书配套光盘中的“调用图片\第7章\阳光场景.psd”文件，如图7-80所示。

Step 10 使用【移动工具】将刚才制作好的阳光效果拖入到打开的场景中，并使它位于【近景枝】图层的下方，如图7-81所示。

图7-80　打开的阳光场景图像文件

图7-81　调入图像效果

Step 11 按Ctrl+T快捷键，弹出自由变换框，放大阳光效果并移动到合适的位置，如图7-82所示。

Step 12 调整阳光效果所在图层的混合模式为【滤色】，效果如图7-83所示。

Step 13 为阳光效果所在图层添加上图层蒙版，使用【渐变工具】和【橡皮擦工具】将多余的部分擦除，如图7-84所示。

Step 14 将阳光效果所在图层的【不透明度】改为75%，完成光束效果的最终制作，如图7-85所示。

图7-82 放大并移动太阳光位置效果

图7-83 修改模式

图7-84 擦除多余部分效果

图7-85 太阳光束最终效果

Step 15 选择菜单栏中的【文件】|【存储为】命令，将制作的图像另存为【太阳光束效果二.psd】文件。可以在随书配套光盘“效果文件\第7章”文件夹下找到该文件。

## 7.5.5 镜头光晕效果

镜头光晕模拟的是太阳光照射时产生的光晕效果，尤其适合比较晴朗的天气。

### 动手操作——制作镜头光晕效果

Step 01 选择菜单栏中的【文件】|【打开】命令，打开随书配套光盘中的“调用图片\第7章\高层建筑.jpg”文件，如图7-86所示。

Step 02 选择菜单栏中的【滤镜】|【渲染】|【镜头光晕】命令，在弹出的【镜头光晕】对话框中设置参数，如图7-87所示。

Step 03 单击 确定 按钮，直接添加镜头光晕效果，如图7-88所示。

Step 04 选择菜单栏中的【文件】|【存储为】命令，将制作的图像另存为【高层建筑镜头光晕.jpg】文件。可以在随书配套光盘“效果文件\第7章”文件夹下找到该文件。

图7-86 打开的高层建筑图像文件

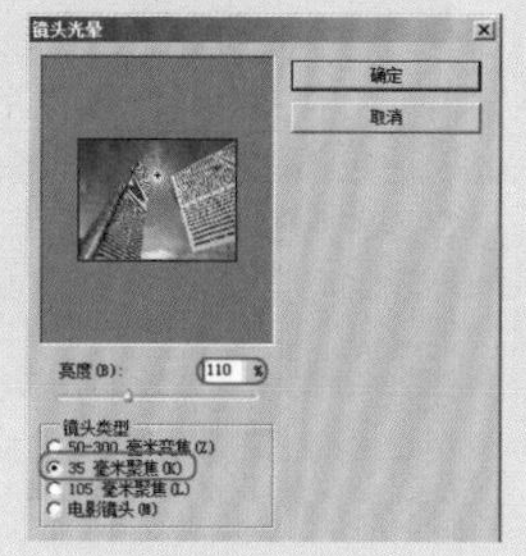

图7-87 【镜头光晕】参数设置

图7-88 图像效果

# 7.6 日景转换为夜景

在给客户制作效果图方案时，客户经常要求把同一场景的日景和夜景效果同时展示出来。设计师既可以在3ds Max中获得两种光照效果来满足客户的要求，又可以运用Photoshop软件中的相应工具和命令将已制作好的日景图片制作成夜景图片。为了提高工作的速度，一般建议直接在PhotoShop中进行日景和夜景的转换。

在进行日景和夜景的转换时，用户一定要注意场景中色彩和光照效果的变化。虽然是同一场景，但是时间不同，其所表现的氛围肯定也会不同。

## 动手操作——将日景转换为夜景效果制作

Step01 选择菜单栏中的【文件】|【打开】命令，打开随书配套光盘中的“调用图片\ 第7章\车站日景.psd”文件，如图7-89所示。

这是一幅在Photoshop软件中处理好的车站日景效果图，下面将以本图为例介绍怎样将日景效果转换为夜景效果。先处理天空部分色调。

为了便于操作，在处理之前，先将【图层】面板中的3个调整图层删除或者隐藏。

Step02 选择天空所在图层，选择菜单栏中的【图层】|【调整】|【色相/饱和度】命令，在弹出的【色相/饱和度】对话框中设置各项参数，如图7-90所示。

图7-89　打开的车站日景图像文件

图7-90　【色相/饱和度】参数设置及图像效果

Step03 选择菜单栏中的【图像】|【调整】|【亮度/对比度】命令，在弹出的【亮度/对比度】对话框中设置各参数，如图7-91所示。

另外，夜景的天空都是虚无缥缈的，需要用【高斯模糊】滤镜模糊出来。

Step04 选择菜单栏中的【滤镜】|【模糊】|【高斯模糊】命令，在弹出的【高斯模糊】对话框中设置各参数，如图7-92所示。

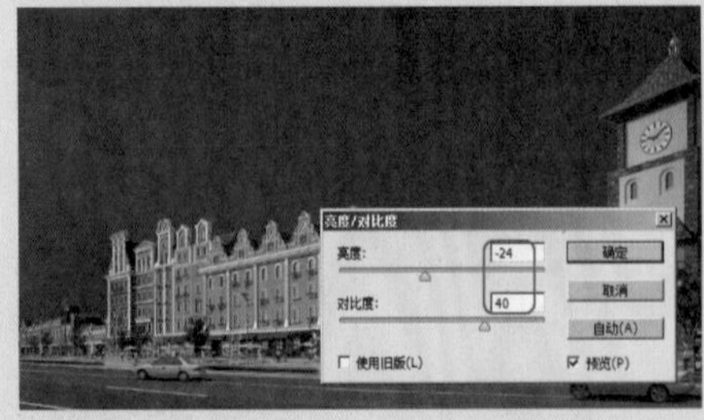

图7-91　【亮度/对比度】参数设置及图像效果

图7-92　【高斯模糊】参数设置及图像效果

天空基本调整好了，下面调整远景辅助建筑的色调。

**Step 05** 选择远景辅助建筑所在图层，选择菜单栏中的【图像】|【调整】|【亮度/对比度】命令，在弹出的【亮度/对比度】对话框中设置各参数，如图7-93所示。

**Step 06** 选择菜单栏中的【图层】|【调整】|【色相/饱和度】命令，在弹出的【色相/饱和度】对话框中设置各项参数，如图7-94所示。

图7-93 【亮度/对比度】参数设置及图像效果

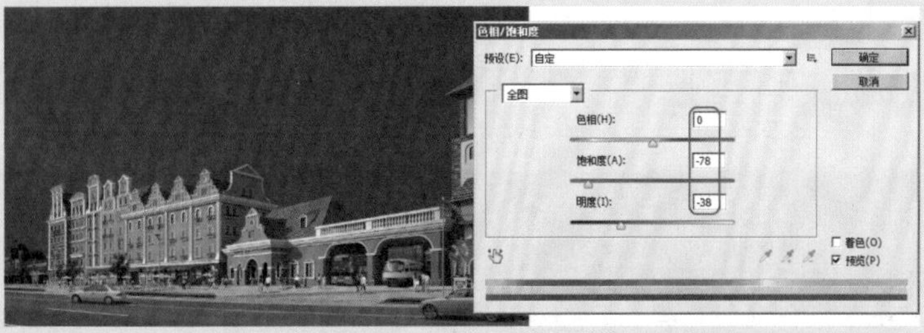

图7-94 【色相/饱和度】参数设置及图像效果

下面调整主体建筑的色调。

**Step 07** 选择主体建筑所在图层，选择菜单栏中的【图像】|【调整】|【亮度/对比度】命令，在弹出的【亮度/对比度】对话框中设置各参数，如图7-95所示。

**Step 08** 选择主体建筑所在图层，选择菜单栏中的【图像】|【调整】|【色相/饱和度】命令，在弹出的【色相/饱和度】对话框中设置各参数，如图7-96所示。

图7-95 【亮度/对比度】参数设置及图像效果

图7-96 【色相/饱和度】参数设置及图像效果

这时发现，墙体上还有很重的太阳光影效果，需要运用图像编辑工具将光影处理掉。

**Step 09** 选择工具箱中的【修补工具】，在图像中将太阳光影效果修补掉，如图7-97所示。

下面制作室内景观。

**Step 10** 选择菜单栏中的【文件】|【打开】命令，打开随书配套光盘中的“调用图片\第7章\室内1.psd”文件，如图7-98所示。

图7-97 修补掉太阳光效果

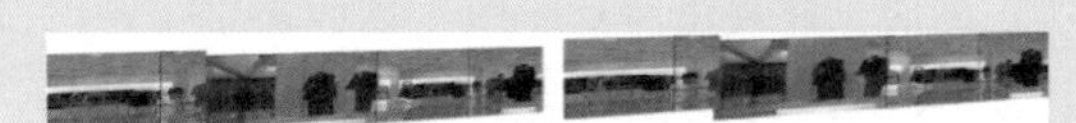

图7-98 打开的室内1图像文件

Step 11 使用工具箱中的【移动工具】将它调入到【日景】场景中，并调整图像的位置，如图7-99所示。

Step 12 在【通道】图层上调出窗户的选区，然后确认当前图层为室内1所在图层。单击【图层】面板下方的◘按钮，为该图层添加上图层蒙版，则选区外的图像被全部隐藏。

Step 13 在【图层】面板中将室内1所在图层的混合模式改为【柔光】，图像效果如图7-100所示。

Step 14 选择菜单栏中的【文件】|【打开】命令，打开随书配套光盘中的“调用图片\ 第7章\室内2.psd”文件，如图7-101所示。

图7-99　添加室内1效果

图7-100　编辑室内1效果

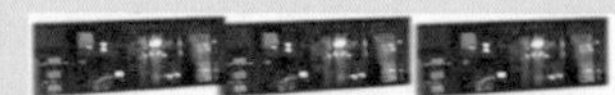

图7-101　打开的室内2图像文件

Step 15 使用同样的方法，将【室内2】配景调入到场景中，并调整它的位置，如图7-102所示。

Step 16 为室内2所在图层添加上图层蒙版，并将室内2所在图层的混合模式改为【滤色】，图像效果如图7-103所示。

下面再局部提亮几个窗户。

Step 17 新建一个图层，命名为【窗户】。

Step 18 设置前景色为白色，选择工具箱中的【画笔工具】，在属性栏中将其【不透明度】设置为50%左右，然后在主体建筑窗户的位置单击，提亮几个窗户，效果如图7-104所示。

图7-102　添加室内2效果

图7-103　编辑室内2效果

图7-104　提亮窗户后的效果

在现实中，建筑因为室内灯光照射的原因，应该是上面颜色暗底部颜色亮，下面将主体建筑按这个规律进行调整。

Step 19 选择主体建筑所在图层，按Q键进入快速蒙版编辑模式。

Step 20 选择工具箱中的【渐变工具】，在场景中执行一个【黑，白渐变】，如图7-105所示。

执行上述操作后，图像效果如图7-106所示。

Step 21 Q键退出快速蒙版编辑模式，在场景中出现一个选区，然后按Ctrl+Shift+I快捷键将选区反选，选区效果如图7-107所示。

Step 22 选择主体建筑所在图层，选择菜单栏中的【图像】|【调整】|【色相/饱和度】命令，在弹出的【色相/饱和度】对话框中设置各参数，如图7-108所示。

Step 23 按Ctrl+D快捷键将选区取消。

Step 24 分别使用工具箱中的【加深工具】和【减淡工具】编辑出建筑的明暗变化，编辑后的效果如图7-109所示。

图7-105 执行渐变操作

图7-106 执行渐变操作效果

图7-107 创建的选区

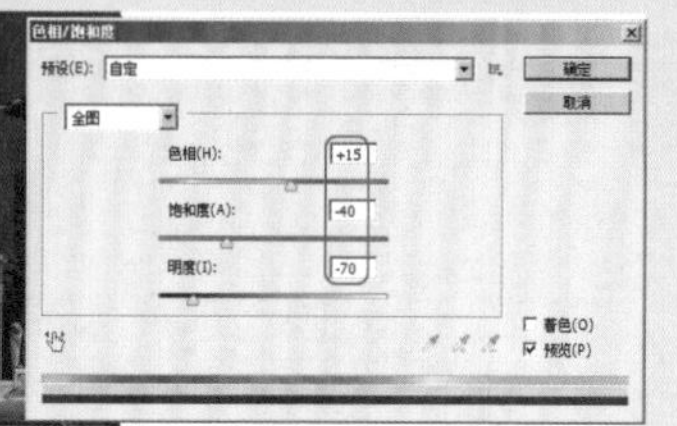
图7-108 【色相/饱和度】参数设置及图像效果

图7-109 编辑图像明暗效果

至此建筑部分基本完成，下面处理路面部分。

Step 25 选择地面所在图层，选择菜单栏中的【图像】|【调整】|【亮度/对比度】命令，在弹出的【亮度/对比度】对话框中设置各参数，如图7-110所示。

Step 26 选择地面所在图层，选择菜单栏中的【图像】|【调整】|【曲线】命令，在弹出的【曲线】对话框中设置各参数，如图7-111所示。

执行上述操作后，图像效果如图7-112所示。

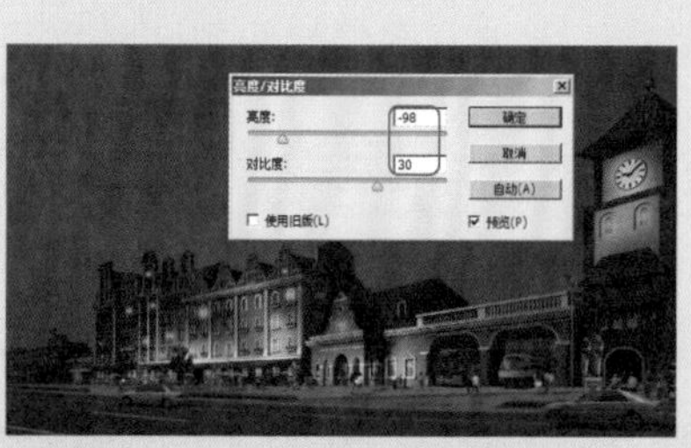
图7-110 调整路面亮度对比度效果

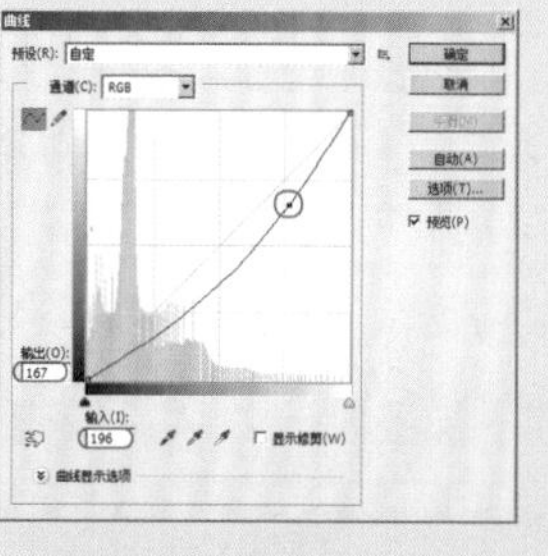
图7-111 【曲线】参数设置

图7-112 调整路面效果

下面制作汽车车灯在路面上的光影效果。

Step 27 选择菜单栏中的【文件】|【打开】命令，打开随书配套光盘中的“调用图片\第7章\路面光影.psd”文件，如图7-113所示。

图7-113 打开的路面光影图像文件

Step 28 使用工具箱中的【移动工具】将它调入到【日景】场景中，并调整图像的位置，然后将其所在图层的混合模式改为【浅色】、【不透明度】数值为70%，图像效果如图7-114所示。

下面制作车灯效果。

Step 29 新建一个图层，命名为【车灯】。

Step 30 设置前景色为红色（R=255、G=0、B=0），使用工具箱中的【画笔工具】在车尾灯的位置单击鼠标绘制颜色，如图7-115所示。

Step31 设置前景色为白色（R=255、G=255、B=255）,使用工具箱中的【画笔工具】在车前灯的位置单击鼠标绘制颜色，如图7-116所示。

图7-114 调入路面光影效果

图7-115 绘制车尾灯效果

图7-116 绘制车前灯效果

Step32 选择菜单栏中的【滤镜】|【模糊】|【动感模糊】命令，在弹出的【动感模糊】对话框中设置各参数，如图7-117所示。

下面处理路灯的发光效果。

Step33 选择菜单栏中的【文件】|【打开】命令，打开随书配套光盘中的“调用图片\第7章\路灯发光.psd”文件，如图7-118所示。

图7-117 【动感模糊】参数设置及图像效果

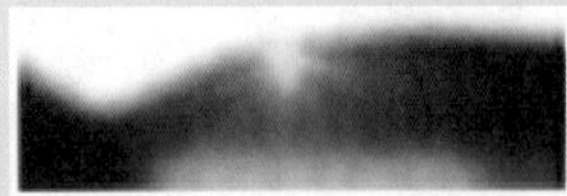

图7-118 打开的路灯发光图像文件

Step34 使用工具箱中的【移动工具】将它调入到【日景】场景中，并调整图像的位置，然后将其所在图层的混合模式改为【滤色】，图像效果如图7-119所示。

Step35 将【路灯发光】所在图层再复制一层，修改其混合模式为【滤色】、【不透明度】为50%，图像效果如图7-120所示。

Step36 使用同样的方法，为其他路灯添加上发光效果。编辑后的图像效果如图7-121所示。

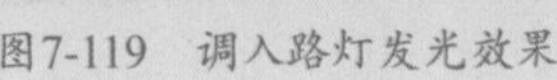

图7-119 调入路灯发光效果

图7-120 编辑路灯发光效果

图7-121 编辑其他路灯发光效果

参照7.5.2节的制作方法，为场景中制作上城市光柱效果。在制作时，注意重新创建图层，这样可以避免因操作失误而无法恢复的错误发生。

Step37 制作城市光柱后的图像效果如图7-122所示。

最后，再为图像中制作几个十字星光效果。

Step38 在【图层】面板中新建一个图层，命名为【星光】。

Chapter 07

Step 39 选择工具箱中的【画笔工具】，选择笔尖为十字星光笔刷，其属性栏中各项参数设置如图7-123所示。

**注 意**

**如果在默认的笔刷里面没有十字星光笔刷，重新载入一个十字星光笔刷或者到网上下载一个十字星光笔刷载入即可。**

Step 40 设置前景色为白色，然后在图像中不同的位置单击鼠标左键，创建多个十字星光效果，如图7-124所示。

图7-122 编辑城市光柱效果

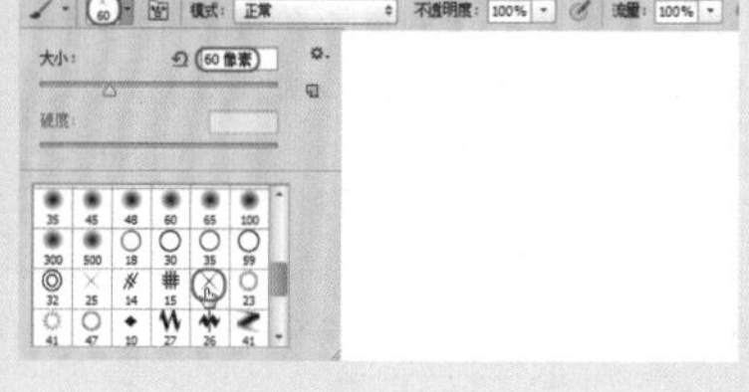

图7-123 【画笔工具】属性栏设置

图7-124 图像最终效果

下面再处理天空效果。

Step 41 在【图层】面板中新建一个图层，使其位于【天空】图层的上方，设置前景色为深蓝色（R=14、G=3、B=76）。选择工具箱中的【渐变工具】，选择渐变方式为【线性渐变】、渐变类型为【前景色到透明渐变】，然后在图像中由上向下拖曳鼠标执行渐变操作，效果如图7-125所示。

Step 42 执行上述操作后，将其所在图层的混合模式调整为【颜色减淡】，从而得到车站夜景场景的最终效果，如图7-126所示。

图7-125 渐变效果

图7-126 最终效果

Step 43 选择菜单栏中的【文件】|【存储为】命令，将制作的图像另存为【车站夜景.psd】文件。可以在随书配套光盘“效果文件\第7章”文件夹下找到该文件。

## 7.7 小结

本章主要介绍了建筑与环境的色彩处理关系以及室内外各种常用光效的制作方法，其中包括夜晚汽车的流光效果、城市之光光柱效果、霓虹灯发光字效果、太阳光束效果、壁灯光晕效果、镜头光晕效果以及日景转换为夜景的效果制作等。希望通过本章知识的学习，读者能够提高效果图后期处理水平，并能制作出具有高水准的效果图作品。

Chapter 08

# 第8章

# 补救缺陷效果图

## 本章内容

- 效果图的常见缺陷
- 对效果图光照效果的补救
- 修补错误建模和材质
- 调整不均衡构图
- 修改画布的尺寸
- 小结

制作过效果图的用户可能会有这样的体会，在3ds Max中感觉效果图场景的造型、材质、灯光等已经很完美了，但是在输出后还会发现很多缺陷，如效果图的光照效果不够理想、材质不合理、构图不合理等。本章将详细介绍对效果图处理过程中的缺陷进行补救的方法。

# 8.1 效果图的常见缺陷

从3ds Max软件中渲染输出的效果图，一般都会有一些小小的缺陷和不足，一般表现为以下几个方面：

- 渲染输出的效果图场景的整体灯光效果不够理想，即过亮或过暗。
- 主体建筑的体积感不够强。
- 画面的锐利度不够，也就是画面显得发灰。
- 画面所表现的色调和场景所要表现的色调不协调。
- 输出图像的构图不合理，满足不了需要。

如果在渲染效果图的时候出现了这些不足，对于那些比较好调整的，用户可以在Photoshop软件中对渲染图修改；而对于那些不容易修改的，只能重新回到3ds Max中进行调整后再渲染输出。

# 8.2 对效果图光照效果的补救

在室内外效果图制作过程中，灯光的创建和处理是至关重要的，因为场景中任何造型的体积感和质感都是通过光照被读者所感知的。对一幅效果图来说，好的光照效果处理不仅可以为效果图场景中各造型的质感体现起到一个推波助澜的作用，而且可以营造出恰当的环境氛围。如图8-1所示，设计师巧妙地使用灯光，加上南方特有的建筑、水流，成功地营造出了一幅江南水乡的美丽画卷。

图8-1　江南水乡景致

## 8.2.1 修改灯光的照射强度

制作过效果图的用户都知道，建模部分不是很难，就是用那几个常用的工具和命令将模型堆砌起来而已。最难的是灯光的创建，因为灯光创建的成功与否将直接影响到最终的效果图是否被客户所认可。但是，很多时候是在后期处理的过程中才发现效果图场景的光照效果不理想，但是客户又催得急，再回去重新开始显然是来不及的，这时就可以用Photoshop来救场了。

## 动手操作——修改灯光的照射强度

Step 01 选择菜单栏中的【文件】|【打开】命令，打开随书配套光盘中的“调用图片\第8章\别墅.tif”文件，如图8-2所示。

由图8-2可以看出，因为在三维软件中主光源与辅助光源之间的光照强度没有设置好，所以整个建筑主体看起来很平，没有体积感。下面将对图像的光照效果进行调整，以使建筑看起来更有体积感。首先将主体建筑从背景中提取出来。

Step 02 在【图层】面板中双击【背景】图层，在弹出的【新建图层】面板中将图层命名为【建筑】。

执行上述操作后，【背景】图层就被转换为普通层。

Step 03 在【通道】面板中按住Ctrl键的同时单击【Alpha 1】通道，调出图像的选区，然后按Ctrl+Shift+I快捷键将选区反选，选择黑色背景。

Step 04 按Delete键将黑色背景删除，然后按Ctrl+D快捷键将选区取消，此时图像效果如图8-3所示。

Step 05 选择菜单栏中的【文件】|【打开】命令，打开随书配套光盘中的"调用图片\第8章\别墅渲染.tif"文件，如图8-4所示。

图8-2 打开的别墅图像文件

图8-3 删除背景后的效果

图8-4 打开的别墅渲染图像文件

Step 06 运用同样的方法，调出建筑的选区，然后按住Shift键的同时将选区内的内容拖入到【别墅】场景中，并将其所在图层命名为【通道】，然后将该图层隐藏，如图8-5所示。注意，【通道】图层在不用的时候，要记着将其隐藏。

### 技 巧

在调入配景时按住Shift键，可以将调入后的图像居中放置。

至此，主体建筑从背景中被分离出来。下面先调整主体建筑的整体色调。

Step 07 选择菜单栏中的【图像】|【调整】|【亮度/对比度】命令，在弹出的【亮度/对比度】对话框中设置各项参数，如图8-6所示。

此时发现建筑稍微有了些体积感，但是建筑的蓝色屋顶部分的对比度不是很强。

Step 08 显示【通道】图层，使用工具箱中的【魔棒工具】将代表屋顶的黄色屋顶部分选中，如图8-7所示。

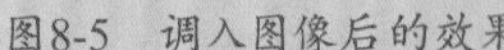

图8-5 调入图像后的效果

图8-6 【亮度/对比度】参数设置及图像效果

图8-7 选择屋顶部分

Step 09 回到【建筑】图层，按Ctrl+J快捷键将其复制为单独的一层，命名为【屋顶】。

Step 10 选择菜单栏中的【图像】|【调整】|【曲线】命令，在弹出的【曲线】对话框中设置各项参数，如图8-8所示。

下面再调整黄色墙砖的色调。

Step 11 显示【通道】图层，使用工具箱中的【魔棒工具】将黄色墙体部分选中，如图8-9所示。

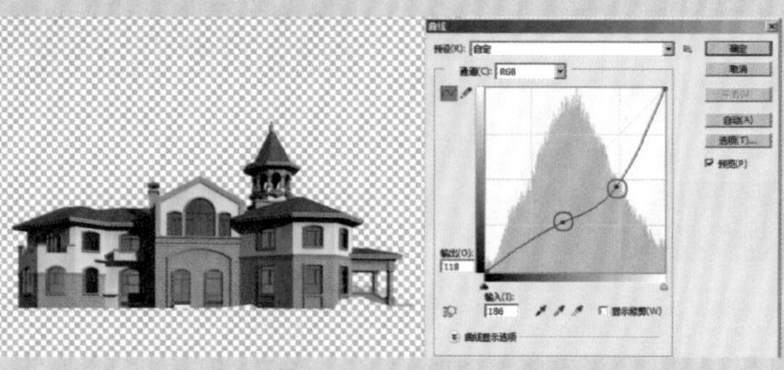

图8-8 【曲线】参数设置及图像效果

图8-9 选择墙体部分

Step 12 回到【建筑】图层，按Ctrl+J快捷键将其复制为单独的一层，命名为【黄砖墙】。

Step 13 选择菜单栏中的【图像】|【调整】|【色彩平衡】命令，在弹出的【色彩平衡】对话框中设置各项参数，如图8-10所示。

下面再调整屋顶装饰线的色调。

Step 14 显示【通道】图层，使用工具箱中的【魔棒工具】将屋顶装饰线部分选中，如图8-11所示。

Step 15 回到【建筑】图层，按Ctrl+J快捷键将其复制为单独的一层，命名为【装饰线】。

Step 16 选择菜单栏中的【图像】|【调整】|【色相/饱和度】命令，在弹出的【色相/饱和度】对话框中设置【饱和度】数值为40，图像效果如图8-12所示。

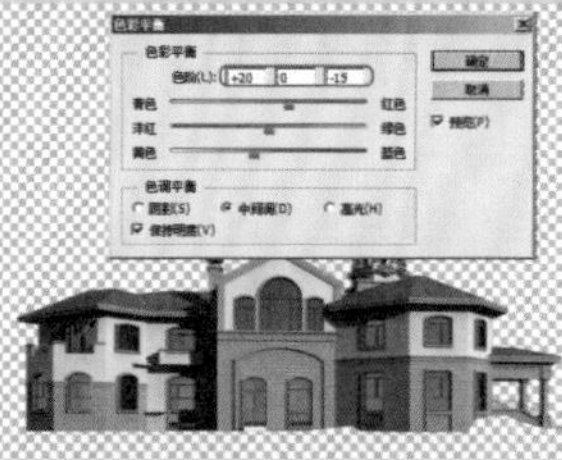

图8-10 【色彩平衡】参数设置及图像效果

图8-11 选择装饰线部分

图8-12 提高饱和度效果

最后再调整建筑玻璃的色调。

Step 17 显示【通道】图层，使用工具箱中的【魔棒工具】将别墅玻璃部分选中，如图8-13所示。

Step 18 回到【建筑】图层，按Ctrl+J快捷键将其复制为单独的一层，命名为【玻璃】。

Step 19 选择菜单栏中的【图像】|【调整】|【亮度/对比度】命令，在弹出的【亮度/对比度】对话框中设置各项参数，如图8-14所示。

图8-13 选择玻璃部分

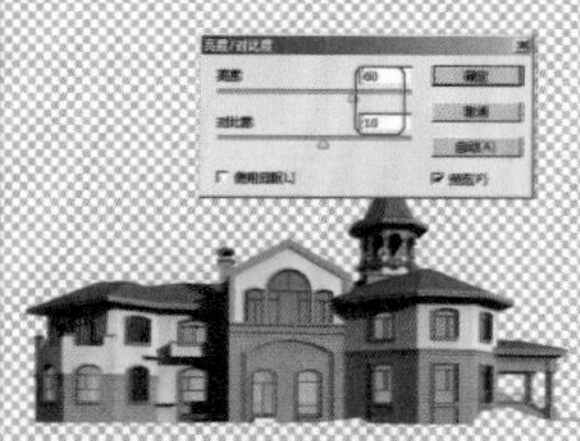

图8-14 【亮度/对比度】参数设置及图像效果

如图8-15所示为经过后期处理后的别墅效果。

Step 20 选择菜单栏中的【文件】|【存储为】命令，将制作的图像另存为【别墅调整.psd】文件。可以在随书配套光盘“效果文件\第8章”文件夹下找到该文件。

图8-15 后期处理效果

## 8.2.2 根据环境修改建筑色彩

对于一幅完整的效果图而言，不仅要有优美的造型结构，还要有和谐统一的环境气氛，这主要体现在主体建筑和周围环境的相互协调上。只有建筑和环境相融合，才能体现出那种水乳交融的意境，效果图才会显得更加真实、自然。

### 动手操作——修改建筑的色彩

Step 01 选择菜单栏中的【文件】|【打开】命令，打开随书配套光盘中的“调用图片\第8章\别墅.psd”文件，如图8-16所示。

这是一幅别墅效果图，从图上可以看出设计师所要表现的是小区傍晚的那种夕阳西下、彩霞满天的意境。但是由于在创建灯光时没有把握好，致使渲染出来的建筑主体与黄昏的背景不协调。下面就处理一下主体建筑与背景之间色调的协调问题。

首先整体调整主体建筑的色调。

Step 02 确认主体建筑所在图层为当前层，选择菜单栏中的【图像】|【调整】|【色彩平衡】命令，在弹出的【色彩平衡】对话框中设置各项参数，如图8-17所示。

图8-16 打开的别墅图像文件

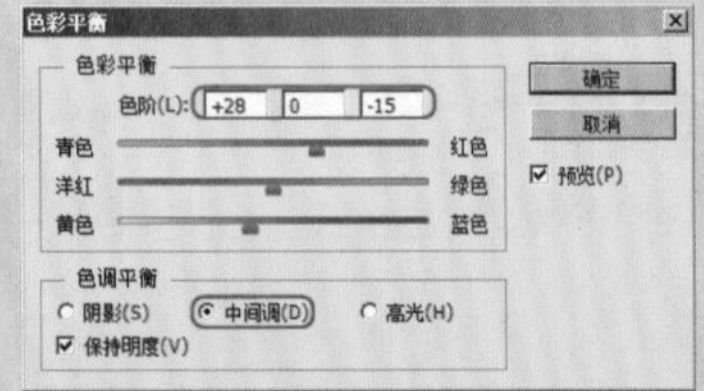


图8-17 【色彩平衡】参数设置

执行上述操作后，图像效果如图8-18所示。

Step 03 选择菜单栏中的【图像】|【调整】|【亮度/对比度】命令，在弹出的【亮度/对比度】对话框中设置其各项参数，图像效果如图8-19所示。

图8-18 图像效果

图8-19 【亮度/对比度】参数设置及图像效果

执行上述操作后，建筑的体积感就增强了。

**Step 04** 选择菜单栏中的【图像】|【调整】|【可选颜色】命令，在弹出的【可选颜色】对话框中设置其各项参数，如图8-20所示。

图8-20 【可选颜色】参数设置及图像效果

执行完上述操作后，主体建筑的体积感增强不少。下面再对主体建筑的局部进行调整。人们都知道，任何物体都会有受光面和背光面，它们的光照效果是不一样的。接下来就分别对受光面和背光面进行处理。

**Step 05** 选择工具箱中的【减淡工具】，选择一个虚边的笔尖，然后设置其属性栏中的各项参数，如图8-21所示。

300 范围: 高光 曝光度: 30% 保护色调

图8-21 【减淡工具】属性栏设置

**Step 06** 使用【减淡工具】在图像中受光区域快速拖曳鼠标，擦亮高光部分，处理后的图像效果如图8-22所示。

**Step 07** 选择工具箱中的【加深工具】，选择一个虚边的笔尖，使用同样的方法在建筑的背光区域部分拖曳鼠标，编辑后的图像效果如图8-23所示。

图8-22 受光区的处理效果

图8-23 背光区的处理效果

下面调整玻璃的色调。

**Step 08** 显示【通道】图层，使用【魔棒工具】将代表玻璃的区域选中，如图8-24所示。

**Step 09** 回到【主体建筑】图层，按Ctrl+J快捷键将选区内容复制为一个单独的图层，命名为【玻璃】。

**Step 10** 选择菜单栏中的【图像】|【调整】|【色相/饱和度】命令，在弹出的【色相/饱和度】对话框中设置其各项参数，图像效果如图8-25所示。

图8-24 选择玻璃区域

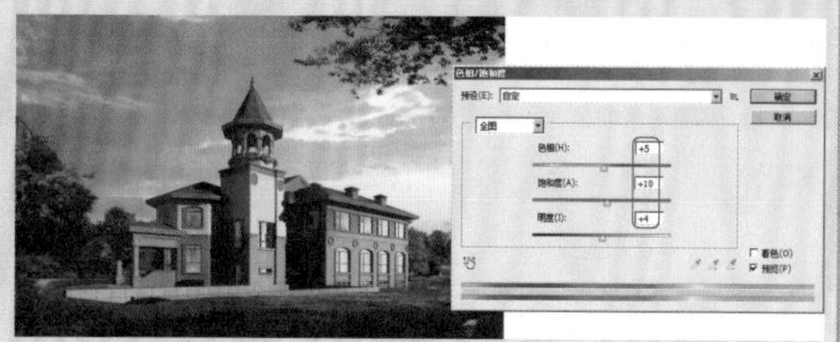

图8-25 【色相/饱和度】参数设置及图像效果

至此，主体建筑的色调基本处理好了。为了使天空背景有更好的透视关系，下面再对天空背景做一个简单的处理。

Step 11 在【天空】图层的上方新建一个图层，命名为【加深】。

Step 12 将前景色设置为黑色，选择工具箱中的【渐变工具】，将渐变类型设置为【从前景色到透明渐变】，然后在图像中由上而下拖曳鼠标执行渐变操作，如图8-26所示。

Step 13 在【图层】面板中将【加深】图层的【不透明度】数值更改为55%，从而得到别墅黄昏场景的最终效果，如图8-27所示。

图8-26　渐变效果

图8-27　最终效果

Step 14 选择菜单栏中的【文件】|【存储为】命令，将制作的图像另存为【别墅黄昏效果.psd】文件。可以在随书配套光盘“效果文件\第8章”文件夹下找到该文件。



# 8.3 修补错误建模和材质

制作过效果图的用户可能都有这样的体会，在3ds Max中处理场景觉着已经是完美无缺了，位图也已经渲染输出了，往往在后期处理的过程中会发现有的地方因为建模时没有对齐或者其他的原因，致使渲染图有的地方不正确。大的不好更改的错误需要重新回到3ds Max中调整好后重新渲染输出，但是像那些不是很严重的错误建模，用户就可以直接运用Photoshop软件中的相应工具或命令修补下就可以。

一般修补方法有两种：拖移复制法和工具修补法。这两种修补方法不仅简单，而且还很实用。

## 8.3.1 拖移复制法修补错误建模

所谓拖移复制，就是先在正确的位置创建合适的选择区域，然后按住Ctrl+Alt组合键的同时移动鼠标，将选区内的内容复制到需要修补的位置，以此达到修补错误建模的目的。

### 动手操作——拖移复制法

Step 01 选择菜单栏中的【文件】|【打开】命令，打开随书配套光盘中的“调用图片\第8章\拖移复制.jpg”文件，如图8-28所示。

由图8-28可以看出，图中办公椅因为在3ds Max中建模时模型的位置调整得不够准确，致使椅子的扶手穿插到办公桌里面了，如图8-29所示。下面就使用拖移复制法进行调整。

Step 02 选择工具箱中的【矩形选框工具】，参数取默认值即可，然后在图像中创建如图8-30所示的选区。

图8-28 打开的拖移复制图像文件

图8-29 错误位置

图8-30 创建的选区

Step 03 按住Ctrl+Alt组合键的同时移动鼠标，将选区内容复制到相应的位置，如图8-31所示。

Step 04 按Ctrl+D快捷键将选区取消，修补后的图像最终效果如图8-32所示。

图8-31 复制图像

图8-32 修补好的图像效果

Step 05 选择菜单栏中的【文件】|【存储为】命令，将制作的图像另存为【拖移复制好.jpg】文件。可以在随书配套光盘“效果文件\第8章”文件夹下找到该文件。

## 8.3.2 工具修补法修补错误材质

一般来说，【修补工具】就是希望拿某一块画面的效果，去修补另外一个地方。例如图片某个角太亮，就完全可以拿另外一个与它效果类似的画面，来修补这个角。修补过程中，修补的区域是经过羽化的，经过Photoshop内部程序处理，是【混合】，不是粘贴，因此边缘不生硬，色彩也不生硬。

修补工具有两种用法：第一种就是拿别处的修补此处；第二种是拿此处的修补别处。

### 动手操作——工具修补法

Step 01 选择菜单栏中的【文件】|【打开】命令，打开随书配套光盘中的“调用图片\第8章\卫生间.jpg”文件，如图8-33所示。

这是一张渲染输出的卫生间效果图图片。仔细观察图片发现，场景中天花上面出现了反射，这显然是在3ds Max中设置材质时没有注意，给材质设置上了反射，这肯定是不合常理的。下面使用Photoshop工具箱中的【修补工具】将天花部分修补好。

Step 02 选择工具箱中的【修补工具】，其属性栏参数设置如图8-34所示。

图8-33 打开的卫生间图像文件

图8-34 【修补工具】属性栏设置

Step 03 在图像中在想修补的区域拖曳鼠标，创建如图8-35所示的选区。

Step 04 单击创建的选区并按住鼠标左键不放，拖动到认为正确的区域释放鼠标，这时原先的选区就被正确区域内容修补了，如图8-36所示。

图8-35 创建的选区

图8-36 修补选区内容

Step 05 运用同样的方法，使用【修补工具】将图像中错误的区域修补好。

图像的最终效果如图8-37所示。

Step 06 选择菜单栏中的【文件】|【存储为】命令，将制作的图像另存为【卫生间材质调整.jpg】文件。可以在随书配套光盘“效果文件\第8章”文件夹下找到该文件。

图8-37 修补好的图像效果

## 8.4 调整不均衡构图

一般情况下，直接从3ds Max中渲染输出的位图很难满足用户对画面构图的需要，因此往往都会在Photoshop中调整画面的构图关系，以求达到画面的统一、合理。其实效果图的构图方法也没有什么既定的法则，具体的构图形式应该根据建筑的设计形式、建筑风格以及客户的要求等方面来确定，以形成自己的构图风格。

### 8.4.1 构图原则

不同的美术作品具有不同的构图原则，对于建筑装饰效果图来说，基本遵循平衡、统一、比例、节奏、对比等基本原则。

- 平衡：所谓平衡，是指空间构图中各元素的视觉分量给人以稳定的感觉。平衡有对称平衡和非对称平衡之分，对称平衡是指画面中心两侧或四周的元素具有相等的视觉分量，给人以安全、稳定、庄严的感觉；非对称平衡是指画面中心两侧或四周的元素比例不等，但是利用视觉规律，通过大小、形状、远近、色彩等因素来调节构图元素的视觉分量，从而达到一种平衡状态，给人以新颖、活泼、运动的感觉。例如，相同的两个物体，深色的物体要比浅色的物体感觉重一些；表面粗糙的物体要比表面光滑的物体显得重一些。如图8-38所示，如果没有左上角的枝叶，画面就会显得左边轻，右边重；加上左边的枝叶配景后，整个画面看起来就均衡了。
- 统一：也就是使画面拥有统一的思想与格调，把所涉及的构图要素运用艺术的手法创造出协调统一的感觉。这里所说的统一，是指构图元素的统一、色彩的统一、氛围的统一等多方面。统一并不代表单调，有时为了获得空间的协调统一，可以借助正方形、圆形、三角形等基本元素，使不协调的空间得以和谐统一，或者也可以使用适当的文字进行点缀，如图8-39所示。

图8-38 平衡

图8-39 色彩的统一

- 比例：一是指造型比例，二是指构图比例，这里说的是后者。当将比例和谐的造型放在一个环境中时，需要强调构图比例。对于室内效果图来说，室内空间与沙发、床、吊灯、植物配景等要保持合理的比例；而对于室外建筑装饰效果图来说，主体与环境设施、人物、树木等要保持合理的比例，如图8-40所示。
- 节奏：节奏体现了形式美，在效果图中将造型或色彩以相同或相似的序列重复交替排列可以获得节奏感。自然界中有许多事物由于有规律地重复出现，或者有秩序地变化，给人以美的感受。节奏就是有规律的重复，各空间要素之间具有单纯的、明确的、秩序井然的关系，使人产生匀速有规律的动感，如图8-41所示。

图8-40 合理的构图比例

图8-41 充满韵律的节奏感

- 对比：有效地运用任何一种差异，通过大小、形状、方向、色彩、明暗及情感对比等方式，都可以引起人们的注意力，如图8-42所示。

图8-42 色彩对比

## 8.4.2 裁切法

裁切法就是直接使用工具箱中的【裁剪工具】在图像中裁剪出构图合适的区域，以此来调整整个画面的构图关系。

### 动手操作——裁切法

Step01 选择菜单栏中的【文件】|【打开】命令，打开随书配套光盘中的“调用图片\第8章\构图.psd”文件，如图8-43所示。

图8-43 打开的构图图像文件

由图8-43可以看出，整个画面的构图显得左轻右重，这是因为在场景中添加配景时，没有把握好画面的均衡关系造成的。下面就使用裁切法调整画面的构图关系。

Step02 选择工具箱中的【裁剪工具】，属性栏中各项参数取默认值即可。

Step03 使用【裁剪工具】在图像中拖曳鼠标，得到如图8-44所示的裁剪区域。

Step04 按Enter键，确认裁剪操作，图像效果如图8-45所示。

图8-44 得到的图像裁剪区域

图8-45 裁剪后的图像效果

Step05 选择菜单栏中的【文件】|【存储为】命令，将制作的图像另存为【裁剪构图.jpg】文件。可以在随书配套光盘“效果文件\第8章”文件夹下找到该文件。

**技 巧**

**确认裁切操作，除了按Enter键外，也可以在裁剪区域内双击鼠标左键确认裁剪操作。**

## 8.4.3 添加法

添加法就是在画面中感觉构图偏的位置加上合适的其他配景，以此把画面的重心扶正，使整个画面从视觉上看起来是均衡的。

## 动手操作——添加法

Step01 选择菜单栏中的【文件】|【打开】命令，打开随书配套光盘中的“调用图片\第8章\添加构图.psd”文件，如图8-46所示。

Step02 在【图层】面板中，将【建筑】图层复制一层，生成【建筑 副本】图层。

Step03 将【建筑 副本】图层移动到画面空的位置，并按Ctrl+T快捷键，弹出自由变换框，调整图像的大小，如图8-47所示。

图8-46 打开的添加构图图像文件

图8-47 调整辅助建筑的大小

Step04 调整大小合适后，按Enter键确认变形操作。

由图8-47可以看出，现在图像加上了，但是在场景中显得过于醒目。下面就将所加入的图像处理得与背景融合在一起。

Step05 在【图层】面板中将辅助建筑所在图层的【不透明度】改为65%。

Step06 选择工具箱中的【橡皮擦工具】，选择一个虚边的笔头，设置其【不透明度】数值为70%，然后在添加的辅助建筑的顶部拖曳鼠标，将其处理得与天空背景相融合，效果如图8-48所示。

此时发现，画面左侧部分还是感觉有些轻。下面再为场景加上一些合适的枝叶，以此来平衡画面的中心。

Step07 选择菜单栏中的【文件】|【打开】命令，打开随书配套光盘中的“调用图片\第8章\枝叶.psd”文件，如图8-49所示。

图8-48 擦除效果

图8-49 打开的枝叶图像文件

Step08 使用工具箱中的【移动工具】将枝叶图片拖入到【添加构图】场景中，并调整它的大小和位置，如图8-50所示。

此时再看图像，发现所加入图像的色调与场景要表现的时间和氛围不一致。下面就来调整一下枝叶配景的色调。

图8-50 放入图像后的效果

Step 09 选择菜单栏中的【图像】|【调整】|【色相/饱和度】命令，在弹出的【色相/饱和度】对话框中设置各项参数，如图8-51所示。

执行上述操作后，得到图像的最终效果，如图8-52所示。

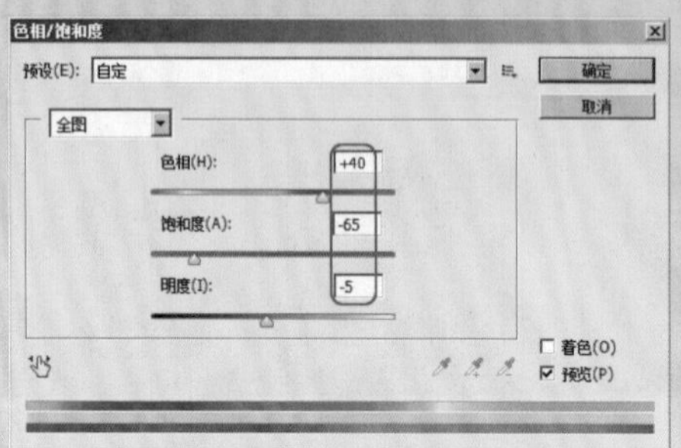

图8-51 【色相/饱和度】参数设置

图8-52 图像最终效果

Step 10 选择菜单栏中的【文件】|【存储为】命令，将制作的图像另存为【添加法构图.jpg】文件。可以在随书配套光盘“效果文件\第8章”文件夹下找到该文件。

## 8.5 修改画布的尺寸

在3ds Max软件中完成效果图的制作后，就要进行效果图的渲染输出。可以在弹出的【渲染场景】对话框（如图8-53所示）中选择既定的尺寸，也可以自定义图像的输出尺寸。

但是，使用上述方法输出的图像，有时候还是不能满足构图需求，此时用户可以对图像的尺寸做进一步的调整。在Photoshop软件中，可以在原图像的基础上将图像缩小，也可以使用【裁剪工具】将多余的部分裁剪掉。另外，还可以使用【画布大小】命令改变图像的画布尺寸。

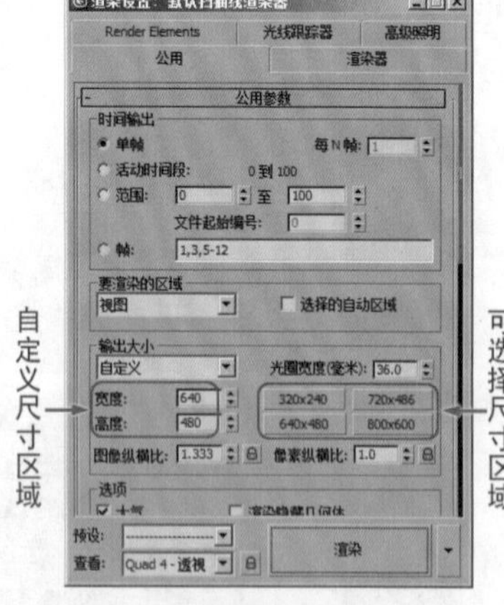

图8-53 【渲染场景】对话框

### 动手操作——调整图像的画布大小

Step 01 选择菜单栏中的【文件】|【打开】命令，打开随书配套光盘中的“调用图片\第8章\高层建筑.tif”文件，如图8-54所示。

由图8-54可以看出，渲染图下面空的区域有点大，下面就使用【画布大小】命令调整图像中画面的大小。

Step 02 选择菜单栏中的【图像】|【画布大小】命令，弹出【画布大小】对话框，如图8-55所示。

图8-54 打开的高层建筑图像文件

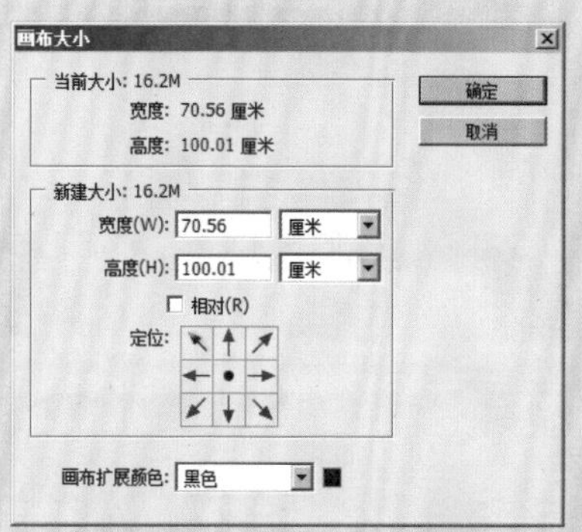


图8-55 【画布大小】对话框设置

**注 意**

**在【画布大小】对话框中，当改变图像的版面大小时，只要在【新建大小】栏中输入相应的宽度和高度大小，在【定位】框中确定图像裁切的位置，然后单击 确定 按钮即可。**

不过，有一点应该注意，输入的尺寸是图像整体的宽高尺寸，而不是给图像增加的宽高尺寸。所以当所输入的尺寸小于原图像尺寸时，单击 确定 按钮后就会弹出一个如图8-56所示的提示对话框，提醒用户此尺寸将会把原图像裁剪。如果认为可以裁剪，单击 继续(P) 按钮即可进行裁剪。

Step 03 在弹出的【画布大小】对话框中设置各项参数，如图8-57所示。

执行上述操作后，图像效果如图8-58所示。

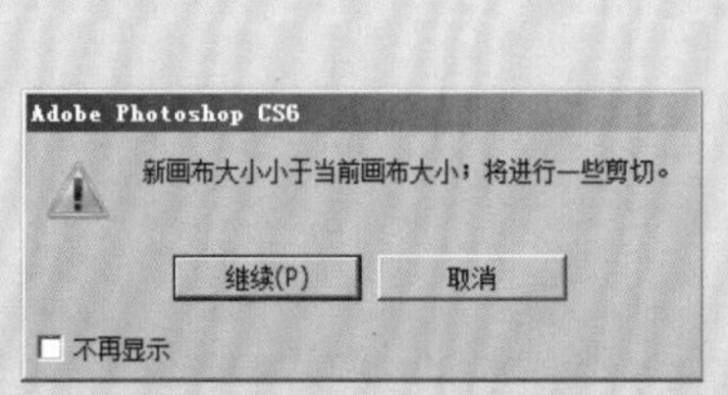


图8-56 提示对话框

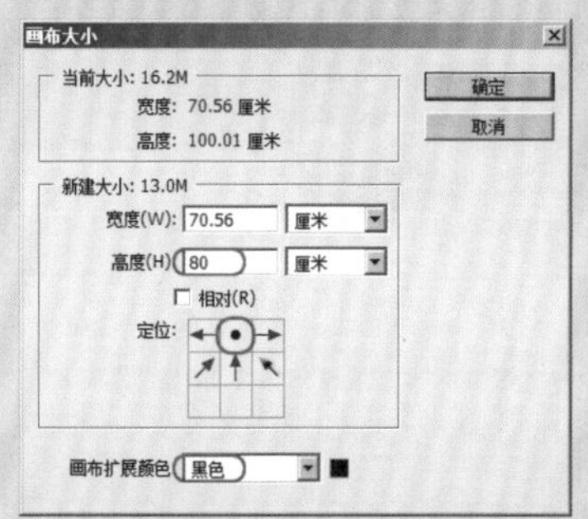


图8-57 【画布大小】参数设置

图8-58 调整渲染图尺寸后的效果

Step 04 选择菜单栏中的【文件】|【存储为】命令，将制作的图像另存为【高层建筑画布大小.tif】文件。可以在随书配套光盘“效果文件\第8章”文件夹下找到该文件。

## 8.6 小结

本章通过具体实例的操作过程，系统地介绍了运用Photoshop软件中相应的工具和命令对不太理想的室内外效果图进行修改的方法，其中包括对效果图光照效果图的调整、对错误材质的调整以及对不理想画面构图的调整等。这些不足之处都是渲染后的效果图经常有的缺陷，希望读者能够认真体会介绍的调整方法，平时多做些这方面的练习，以牢固掌握本章介绍的各项内容。

Chapter 09

# 第9章

# 客厅效果图后期处理

## 本章内容

- 客厅效果图后期处理的要点
- 客厅效果图后期处理的方法
- 小结

在前面章节中主要学习了效果图后期处理的一些基础知识，其中包括Photoshop软件中的一些常用工具及命令的用法、如何制作常用贴图、效果图中光效和色彩的处理以及如何补救带有缺陷的效果图等，应该说几乎把效果图后期处理中用到的工具和命令都介绍了。从本章开始，将开始效果图后期处理的实战操作旅程。

渲染的客厅效果图处理前和处理后的效果如图9-1所示。

处理前的效果　　处理后的效果

图9-1　用Photoshop处理的前后效果对比

## 9.1 客厅效果图后期处理的要点

客厅是家庭生活必不可少的活动空间，既是家人交流的空间，又是接待客人的场所。因此在表现方面，客厅既不能像卧室那样温馨，又不能像办公空间那样严谨，应该根据客户的要求灵活把握。

同样，客厅效果图在家装效果图中是最为重要的，如果它的基调和风格用3ds Max渲染的最终效果不能完全令人满意，就需要用Photoshop对渲染图片中的不足之处进行提亮、修饰、美化。

针对效果图后期处理来说，在做客厅效果图时，用户通常要做的工作包括调整画面的整体色调、对画面的细部进行单独调整，为场景添加一些花卉、人物配景等，以使整个画面更加人性化、生活化。

有一点需要提醒，客厅是整个房间的重中之重，因此不管是在最初的设计还是后期处理阶段，一定要多加重视。

## 9.2 客厅效果图后期处理的方法

进行客厅效果图后期处理，一般要遵循以下4个流程。

- 对渲染图片的整体调整：在正式进行效果图后期处理之前，一般需要先调整画面的整体色调和明暗对比度，使画面更加符合场景要求。
- 对场景进行细部刻画：细部刻画包括局部色调、明暗对比度的调整。因为整体色调的调整所照顾到的只是大局，它不可能把画面中每个不足的地方一一照顾到。因此，还需要对不理想的区域通过先建立选区、然后再用相应的工具或命令调整的方法，耐心地描画出来。
- 为场景添加配景：配景素材一般包括植物、装饰品、户外风景等，如果场景已经够丰富了，这一步可以省略。
- 为场景中的灯具制作光影效果：有的特殊光效效果在3ds Max软件中很难表现或是表现起来也非常麻烦，这时就可以用Photoshop软件中的相应工具或命令来完成。

## 9.2.1 调整图像整体效果

客厅效果图整体色调的调整分3步完成。首先打开要处理的图像文件，并将它的通道文件也调入到场景中；其次运用菜单栏中的【曲线】命令调整场景的大体色调；最后运用菜单栏中的【亮度/对比度】和【色彩平衡】命令调整图片的亮度和对比度以及整个图像的色彩分布，从而完成整体色调的调整。

## 动手操作——欧式客厅效果图整体色调调整

Step01 启动Photoshop CS6软件。

Step02 选择菜单栏中的【文件】|【打开】命令，打开随书配套光盘中的“调用图片\第9章\客厅.tga”和“客厅通道.tga”文件，如图9-2所示。

Step03 选择工具箱中的【移动工具】，然后按住键盘中的Shift键，将【客厅通道.tga】拖拽到【客厅.tga】图像中，在【图层】面板中将通道图层【图层1】关闭。回到背景层，然后复制一个背景图层进行修改，效果如图9-3所示。

图9-2 打开渲染的两幅图

**注 意**

在将图像调入到另一个场景中时，按住Shift键拖动，可以将调入的图像居中放置。但前提条件是这两个图像的尺寸必须完全一致，否则调入的图像将不会与被调入图像的场景完全对齐。

从图9-3可以看出，直接渲染输出的场景效果显得有些灰暗，画面的明暗关系不是很明朗，细节也不够丰富，场景效果给人的感觉是比较沉闷、压抑。这些问题将在下面的操作中一一解决。首先来调整画面的明暗对比不明朗的问题。

Step04 在【图层】面板中将【背景】图层复制一层，得到【背景副本】图层。

本步的目的是为了防止在操作中出现失误而返回不到最初状态，从而造成不必要的麻烦。下面的所有操作都将在【背景副本】图层上进行。

图9-3 关闭通道图层

Step 05 按Ctrl＋L快捷键，打开【色阶】窗口，调整图像的亮度与对比度，如图9-4所示。

Step 06 按Ctrl＋M快捷键，打开【曲线】对话框，对图像再进行调整，如图9-5所示。

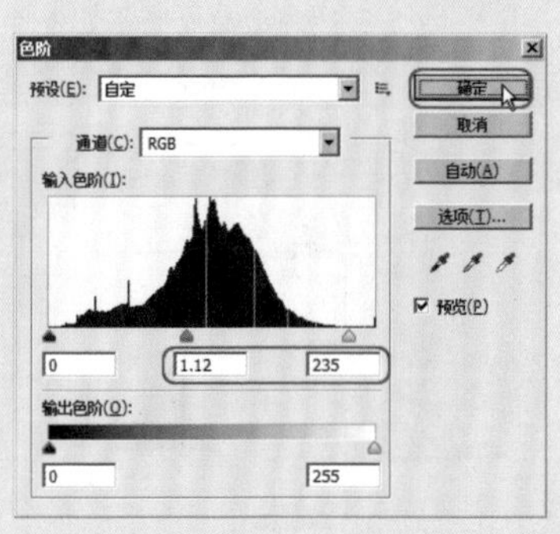

图9-4 使用【色阶】调整图像的亮度

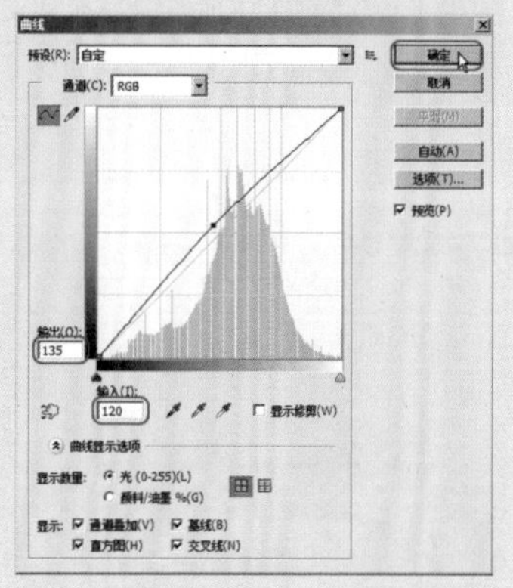

图9-5 使用【曲线】调整图像的亮度

Step 07 复制一个调整后的图层，设置混合模式为【柔光】，调整【不透明度】为50%，目的是让画面更有层次感，效果如图9-6所示。

Step 08 将调整后的两个图层合并，调节后的效果如图9-7所示。

图9-6 使用柔光效果

图9-7 初步调节后的效果

通过上面的几步操作发现，所渲染图像整体的对比度和明暗程度都比较令人满意了，但是局部的细节地方还是没有变化，接下来进行细部的处理。

## 9.2.2 客厅效果图的局部刻画

前面对客厅效果图的整体色调做了大体的调整，已经把画面的大环境把握住了。接下来将一一刻画场景中不理想的局部，以使画面达到最佳效果。

### 动手操作——局部刻画

Step 01 接着上一节的操作，下面就可以对场景中每一局部进行调整。

Step 02 确认当前图层在【通道】层上，选择工具箱中的【魔棒工具】（或按W键），在图像中单击白油材质，此时的白油材质全部处于选择状态，如图9-8所示。

Step 03 在【图层】面板中回到【背景副本】图层，按Ctrl＋J快捷键，把选区单独复制为一个图层，然后对白油使用【色阶】命令调整亮度，如图9-9所示。

图9-8　在通道中选择白油

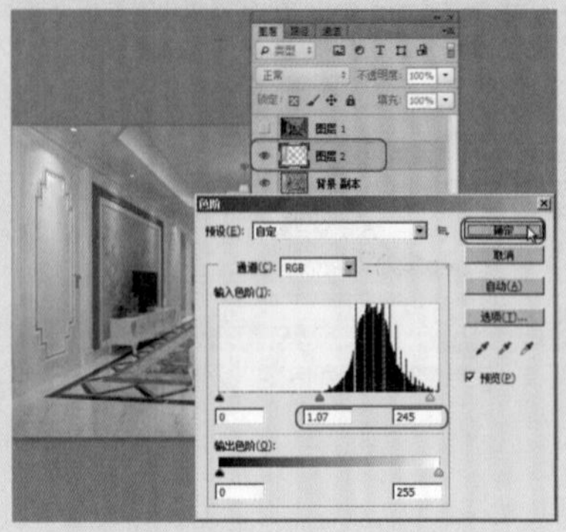
图9-9　对白油调整一下亮度

Step 04 用同样的方法对白乳胶漆调整亮度及色调，如图9-10所示。

调整前的效果

调整后的效果

图9-10　白乳胶漆调整前后的效果

如果感觉不理想，还可以用工具栏中的工具进行局部调整。用同样的方法将不太理想的部分单独复制为一个图层，进行【亮度/对比度】、【色彩平衡】调整，最后还要仔细调整明暗变化，直到满意为止。

## 9.2.3 为客厅效果图添加配景

室内效果图的配景素材一般包括植物、装饰品、户外风景等，在这里将为场景中添加上两盏壁灯。

### 动手操作——添加配景

Step 01 接着上一节的操作。

Step 02 选择菜单栏中的【文件】|【打开】命令，打开随书配套光盘中的“调用图片\第9章\客厅软装.psd”文件，如图9-11所示。

Step 03 选择工具箱中的【移动工具】，将瓶子拖入到正在处理的客厅效果图中，调整瓶子的大小和位置，效果如图9-12所示。

Step 04 按Ctrl+U快捷键，打开【色相/饱和度】对话框，设置【饱和度】为-20，如图9-13所示。

图9-11　打开的客厅软装图像文件

图9-12　调整瓶子的位置

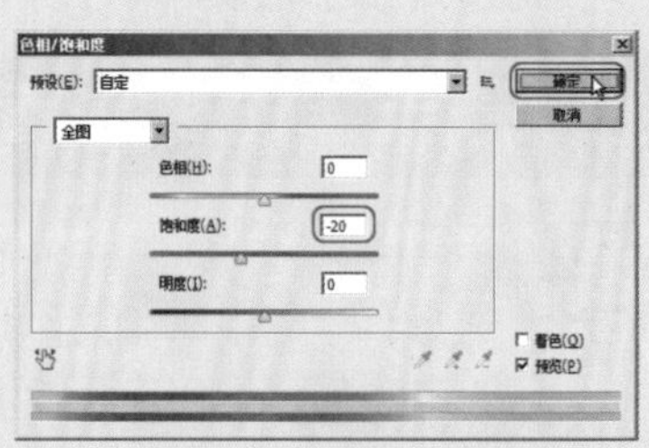


图9-13　调整饱和度

Step 05 选择工具箱中的【移动工具】，将欧式花拖入到正在处理的客厅效果图中，位置如图9-14所示。

Step 06 选择工具箱中的【移动工具】，将花瓶拖入到正在处理的客厅效果图中，位置如图9-15所示。

Step 07 按Ctrl+U快捷键，打开【色相/饱和度】对话框，设置【饱和度】为-35，如图9-16所示。

图9-14　调整欧式花的位置

图9-15　调整花瓶的位置

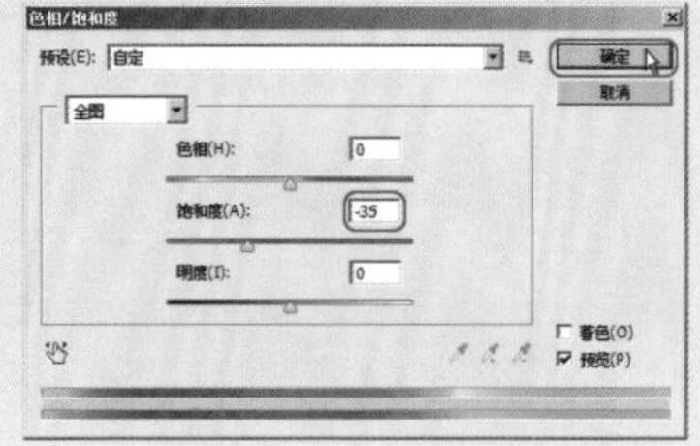


图9-16　调整饱和度

如果感觉色调不好，可以按Alt+B快捷键，使用【色彩平衡】命令调整，直到满意为止。

Step 08 最后为花瓶添加一个倒影及很虚化的阴影，如图9-17所示。

Step 09 选择工具箱中的【移动工具】，将搭布拖入到茶几上面，大小及色调稍做调整，再为搭布制作影子，如图9-18所示。

Step 10 整体观察场景，效果如图9-19所示。

图9-17　花瓶调整后的效果

图9-18　为茶几添加搭布

图9-19　添加上配景后的效果

至此，客厅效果图的简单配景就添加好了，接下来为场景制作特殊光效。

## 9.2.4 为客厅效果图添加特殊光效

为场景中添加光效，既可以用工具箱中的【画笔工具】绘制，也可以直接调用现成的光效文件。

### 动手操作——添加特殊光效

Step01 接着上一节的操作。

Step02 选择菜单栏中的【文件】|【打开】命令，打开随书配套光盘中的“调用图片\第9章\光晕.psd”文件，如图9-20所示。

图9-20 打开的图像文件

Step03 选择工具箱中的【移动工具】，将光晕拖入到正在处理的欧式客厅效果图中，调整它的大小后将其移动放置在如图9-21所示的位置。

Step04 将光晕移动复制多个，分别放置在所有光源的位置，从而得到图像的最终效果，如图9-22所示。

图9-21 调入光晕效果

图9-22 图像最终效果

**注 意**

**在复制光效时，一定要根据实际情况随时调整光效的大小。**

到这里，客厅的后期处理就全部完成了。

Step05 选择菜单栏中的【文件】|【存储为】命令，将处理后的文件另存为【客厅后期.psd】。可以在随书配套光盘“效果文件\第9章”文件夹中找到该文件。

## 9.3 小结

本章系统地介绍了客厅效果图后期处理的方法和技巧。通过本章知识的学习，希望大家能够对家装空间的后期处理有一个大体的认识和了解，并且能够举一反三，轻松制作出类似的效果图后期效果。

Chapter 10

# 第10章 欧式大堂效果图后期处理

## 本章内容

- 欧式大堂效果图后期处理的要点
- 欧式大堂效果图后期处理的方法
- 小结

在第9章中已经学习了客厅效果图的后期处理，本章中将学习制作一幅工装欧式大厅效果图的后期处理。工装不同于家装，它们所要表现的环境氛围是不一样的，尤其是大场景、复杂的欧式大堂，需要表现出富丽堂皇的奢华效果，如果在前期没有达到预期的效果，就要借助后期处理，为场景调整整体的色调、亮度和饱和度，同时再根据需要添加可以烘托气氛的装饰品，从而实现整体的华丽效果。

渲染的效果图处理前和处理后的效果如图10-1所示。

处理前的效果

处理后的效果

图10-1　用Photoshop处理前后效果对比



## 10.1 欧式大堂效果图后期处理的要点

欧式大堂作为一个敞开式的公共空间，应该给人一种恢弘、大气的气度及宽畅、亮堂的感觉。一般该类空间比较宽大、结构比较复杂，所以其效果图后期处理相对于客厅、卧室等家装类的空间来说要复杂一些。

同家装客厅、卧室场景一样，要对欧式大堂效果图进行后期处理，需要注意以下几点。

- 效果图的全局性和美观性：一幅成功的室内装饰效果图作品，要考虑到各个方面的协调性，既要美观有创意，又要具有逼真的效果。
- 配景的选择：在实际操作中，应该选择那些适合表现设计思想、能够和周围环境溶为一体，或选择能活跃室内气氛、能平衡整体色彩画面的配景和素材。
- 配景的比例与位置：比例是一个很重要的原则问题。为场景所添加的人物、植物以及其他配景的尺寸、透视、比例关系等一定要正确，否则让人一眼看上去就感觉是假的。配景的位置也不应该忽视，应考虑到在构图和实际场景中的需要。
- 配景色彩的调整：在添加配景时，应考虑到整个场景的色调对配景的影响。—般情况下，应该对配景的颜色进行调整，目的是让配景的色调、亮度等各个力面与场景协调起来。
- 配景的倒影与阴影：根据设计需要，给添加进来的配景加上阴影和倒影，可以使人们从视觉上感到更加真实。对于那些光滑并具有反射效果的地面(如水磨石地、大理石、花岗岩、成品地板等)，需要认真仔细地表现配景所产生的阴影和倒影效果。

## 10.2 欧式大堂效果图后期处理的方法

用3ds Max软件完成了对场景的渲染后，得到的仅仅是一幅初步的渲染效果图。这时的效果图从主体结构到色彩运用等各方面都不可能尽善尽美，还需要用Photoshop软件对渲染后的效果图做许多调整。

欧式大堂效果图的后期处理一般由以下几步组成。

- 对图像整体色调的调整：在为效果图添加配景之前，一般要先用Photoshop软件中相应的色彩调整命令对画面的整体色调和明暗对比度进行调整，以使画面更加符合场景要求。
- 进行场景细部刻画：细部刻画说的就是效果图场景中局部色调、明暗对比度的调整。一般采用的是先为不理想的区域建立选区，然后再用相应的工具或命令对选区内的内容进行细致的调整。
- 为场景中添加上一些合适的配景：这个配景素材一般包括人物、装饰品等，但是要注意，所添加的配景要与室内效果图的环境风格一致。

## 10.2.1 调整图像整体色调

用3ds Max渲染的最终效果往往会与预期的效果有些差别，例如明暗、色彩上都会有所欠缺，这时可以用Photoshop对渲染图片中的不足之处进行进一步调整。

### 动手操作——欧式大堂整体色调的调整

Step 01 启动Photoshop CS6软件。

Step 02 选择菜单栏中的【文件】|【打开】命令，打开随书配套光盘中的“调用图片\第10章\欧式大堂.tga”和“欧式大堂通道.tga”文件，如图10-2所示。

图10-2 打开的两幅图

Step 03 选择工具箱中的【移动工具】，然后按住键盘中的Shift键，将【欧式大堂通道.tga】拖拽到【欧式大堂.tga】图像中，在【图层】面板中将通道图层【图层1】关闭。回到【背景】层，然后复制一个背景图层进行修改，效果如图10-3所示。

观察和分析渲染的欧式大堂效果图，可以看出直接渲染输出的图像显得稍微有些灰暗，画面的素描关系不是很明确，细节也不够丰富。这些问题将在下面的操作中一一解决。首先来调整画面的色调问题。

Step 04 确认【背景副本】图层处于当前层，按Ctrl＋M快捷键，打开【曲线】对话框，对图像的亮度进行调整，如图10-4所示。

图10-3 复制图层

**Step 05** 按Ctrl＋L快捷键，打开【色阶】对话框，调整图像的亮度与对比度，如图10-5所示。

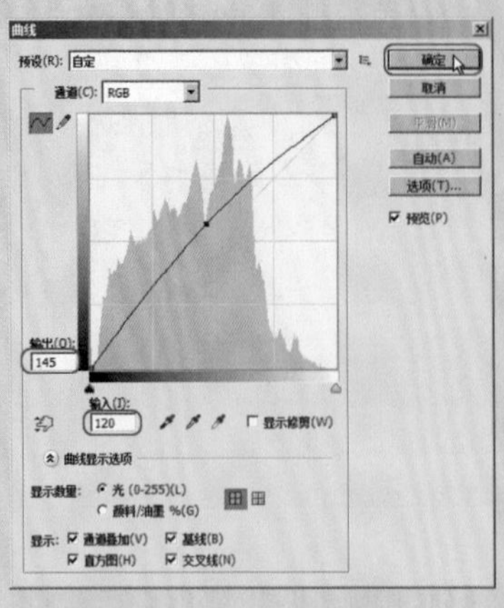

图10-4 使用【曲线】调整亮度

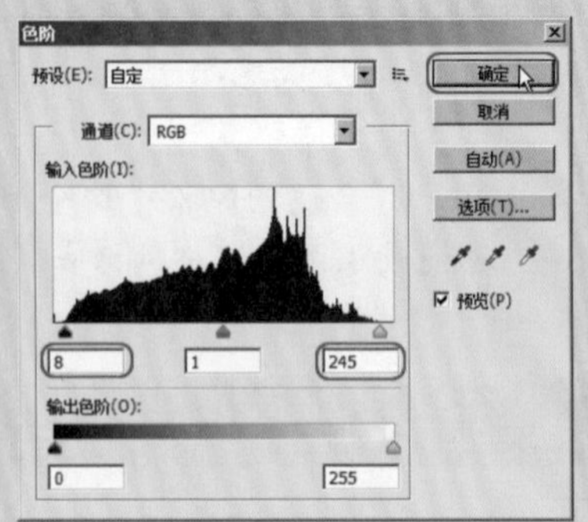

图10-5 使用【色阶】调整图像的亮度

通过上面的操作发现，所渲染图像整体的对比度和明暗程度都比较令人满意了，但局部的细节地方还是没有变化，例如天花、背景墙、白油等，都需要单独调整。

## 10.2.2 欧式大堂细部的刻画

上节已经完成了欧式大堂效果图整体效果的调整，本节将对场景中不理想的细部进行一一刻画，以使画面效果达到最佳。

## 动手操作——欧式大堂细部的刻画

**Step 01** 确认【图层1】图层为当前图层，选择工具箱中的【魔棒工具】，在图像中单击代表所有白油部位的蓝色区域，如图10-6所示。

**Step 02** 在【图层】面板中返回到【背景副本】图层，按Ctrl+J快捷键把选区从图像中单独复制为一个图层。按Ctrl＋U快捷键，打开【色相/饱和度】对话框，将白油材质的饱和度降低，如图10-7所示。

**Step 03** 按Ctrl＋L快捷键，打开【色阶】对话框，调整图像的亮度与对比度，如图10-8所示。

图10-6 在通道中选择蓝色区域

**Step 04** 用同样的方法对白色乳胶漆进行亮度及色调的调整，效果如图10-9所示。

**Step 05** 用同样的方法将不太理想的部分进行亮度及色调的调整，效果如图10-10所示。

**Step 06** 将局部处理后的图层和下面的图层进行合并，这样可以方便在后面操作。

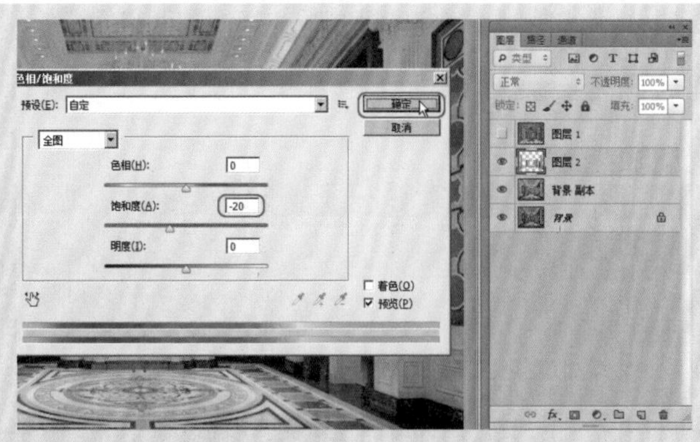


图10-7 调整图像的饱和度

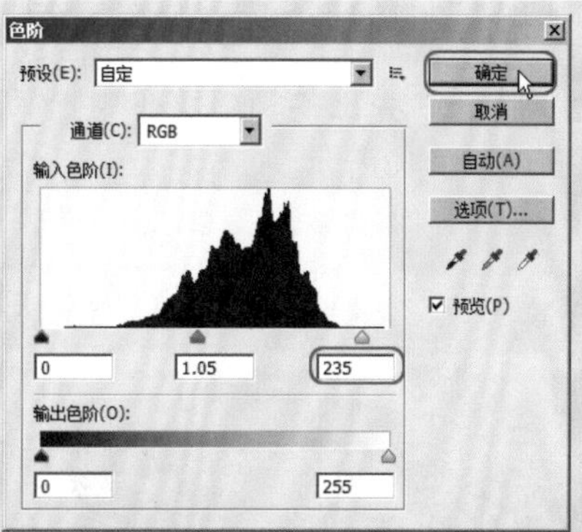


图10-8 【色阶】对话框

图10-9 单独调整白乳胶漆材质

图10-10 调整玻璃的亮度及颜色

至此，画面的细部刻画也处理好了。接下来为场景调入几个合适的配景素材。

## 10.2.3 为欧式大堂效果图添加配景

在本例中添加的配景素材包括植物素材和光效素材。其中为场景添加植物素材是这类工装效果图后期处理中一个不可或缺的环节，因为场景中添加了植物配景后，不仅丰富了画面内容，增加了场景的透视感与空间感，而且还使画面更加贴近生活，更加富有生活气息；同时，添加的植物还为场景提供了一个直观的空间尺度。另外，为了增强画面的空间感、层次感，一般还要在场景中添加部分近景素材。

## 动手操作——欧式大堂配景素材的添加

Step 01 选择菜单栏中的【文件】|【打开】命令，打开随书配套光盘中的“调用图片\第10章\欧式大堂软装.psd”文件，如图10-11所示。

Step 02 选择工具箱中的【移动工具】，将雕塑及花拖入到正在处理的欧式大堂效果图中，调整大小及位置，效果如图10-12所示。

由于地面都是大理石的材质，所以地面上应该有倒影，下面就为雕塑及花制作出来倒影效果。

Step 03 将雕塑及花所在图层复制一层，并将复制后的图像调整到原雕塑及花图层的下方。

Step 04 确认复制后的雕塑及花图层为当前层，按Ctrl+T快捷键，弹出自由变换框。单击鼠标右键，在弹出的快捷菜单中选择【垂直翻转】命令，合适后按Enter键确认变换操作，如图10-13所示。

图10-11 打开的欧式大堂软装文件

图10-12 雕塑及花的位置

图10-13 将图像垂直翻转

Step 05 继续按Ctrl+T快捷键，按住键盘上Ctrl键，调整一下透视，效果如图10-14所示。

Step 06 在【图层】面板中将倒置雕塑及花图层的【不透明度】改为20%，下面的部分可以用橡皮擦除一些，此时图像效果如图10-15所示。

Step 07 将【欧式大堂软装.psd】文件中的狮子头、花瓶及花柱放在大堂吧台的位置，如图10-16所示。

图10-14 调整透视

图10-15 制作的倒影

图10-16 添加花瓶及花柱

Step 08 最后再将半花放在欧式大堂的右下角，如图10-17所示。

Step 09 打开随书配套光盘中的“调用图片\第10章\光晕.psd”文件，将光晕拖入到正在处理的欧式大堂效果图中，调整大小后将其移至合适位置，然后进行复制，如图10-18所示。

图10-17 添加的欧式花

图10-18 添加光晕后的效果

Step 10 在【图层】面板的下方单击 按钮，在弹出的菜单中选择【亮度/对比度】，设置【亮度/对比度】的参数，如图10-19所示。

图10-19 选择【亮度/对比度】选项

Step 11 用同样的方法在为其添加一个【色彩平衡】，调整一下整体的色调，如图10-20所示。

Step 12 选择菜单栏中的【文件】|【存储为】命令，将处理后的文件另存为【欧式大堂后期.psd】。用户可以在本书配套光盘“效果文件\第10章”文件夹中找到该文件。

图10-20 选择【色彩平衡】选项

## 10.3 小结

本章系统讲解了工装欧式大堂效果图后期处理的方法和技巧。通过本章知识的学习，希望大家能够对该类工装功能空间的后期处理有深入的认识和了解。效果图后期处理主要靠的是设计师较高的审美能力，对色彩的把握以及整体细节的处理，所以大家一定要注意多培养自己这方面的能力。平时可以多看、多想身边类似的建筑空间，从而丰富自己的阅历。

Chapter 11

# 第11章

# 制作室内彩平图

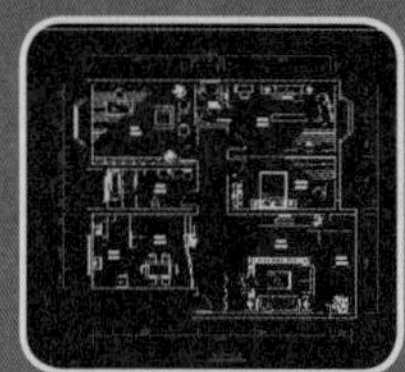

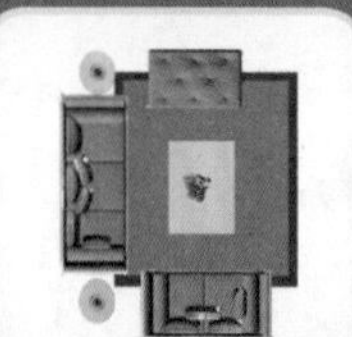

**本章内容**

- 使用AutoCAD软件输出位图
- 素材模块的制作
- 用Photoshop绘制彩平图
- 小结

本章主要讲解室内彩平图的表现。其实这也是效果图的一部分，有时为了更直观地给客户展示，需要制作室内彩平图。有了彩平效果图，在给客户介绍户型的时候，就可以很清楚地将每个房间的功能和摆设展现出来，一般房地产或者装饰公司都会做一些这样的图。

本章制作的室内彩平效果图如图11-1所示。

图11-1 套三错层的彩平效果图

# 11.1 使用AutoCAD软件输出位图

在制作该类效果图之前，必须将先前用AutoCAD绘制的图纸输出到Photoshop中。一般使用AutoCAD软件输出位图的方法有两种：一种是直接运用菜单栏中的【输出】命令输出；另一种是采用虚拟打印的方式输出。

## 11.1.1 使用【输出】命令输出位图

这种输出方法的弊端就是输出的位图图像尺寸偏小，而且不能自定义图像的输出尺寸，不利于图像的精细处理。

### 动手操作——使用【输出】命令输出位图

Step01 启动AutoCAD 2013软件。

Step02 选择菜单栏中的【文件】|【打开】命令，打开随书配套光盘中的“调用图片\第11章\套三厅错层彩平.dwg”文件，如图11-2所示。

接下来就介绍如何用菜单栏中的【输出】命令将平面图输出。

Step03 单击界面左上角的按钮，在其下拉菜单中选择【输出】|【其他格式】命令，如图11-3所示。

Step04 在随后弹出的【输出数据】对话栏中设置文件的路径，单击保存(S)按钮，如图11-4所示。

Step05 这时光标变成一个小方框，然后在画面中拖曳鼠标框选出需要输出的平面图，如图11-5所示。

执行上述操作后，所有的图线就变成虚线了，图像效果如图11-6所示。

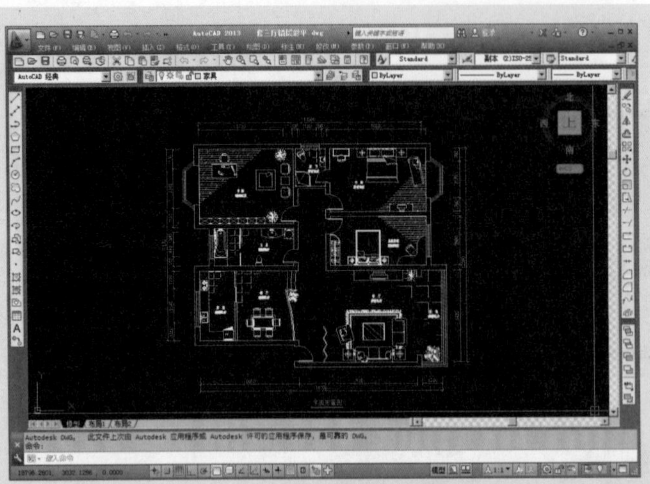

图11-2 打开的CAD平面图纸

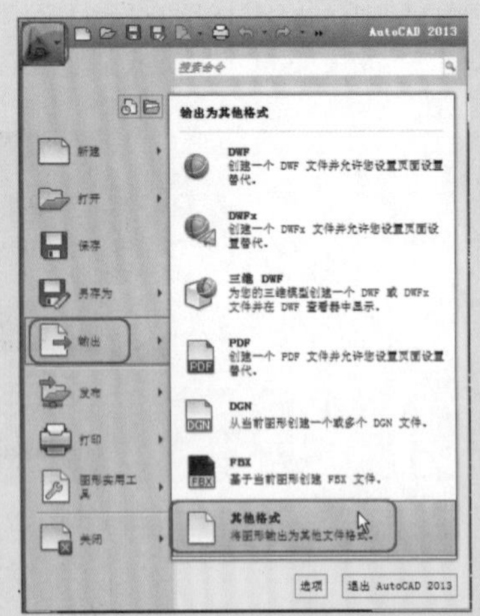

图11-3 选择【打印】命令

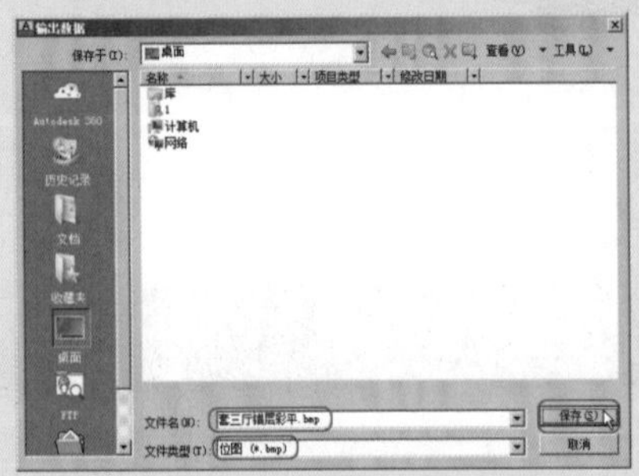

图11-4 【输出数据】对话框

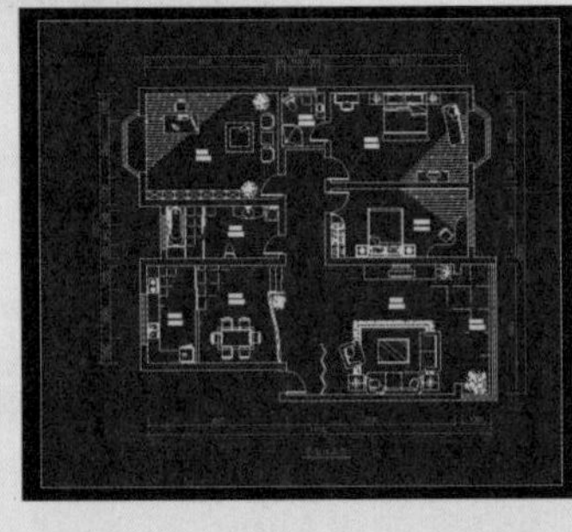

图11-5 框选输出的平面图

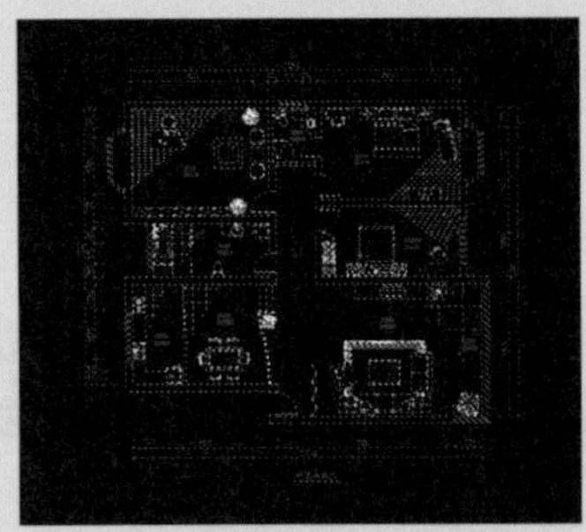

图11-6 框选后的效果

Step 06 按Enter键确认输出操作完成。

Step 07 在Photoshop CS6软件中打开刚才输出的【套三厅错层彩平.bmp】文件，如图11-7所示。

由图11-9可以看出，采用直接输出后得到的图纸尺寸对于用户来说不是很适用，还需要进一步调整调整图纸的尺寸。

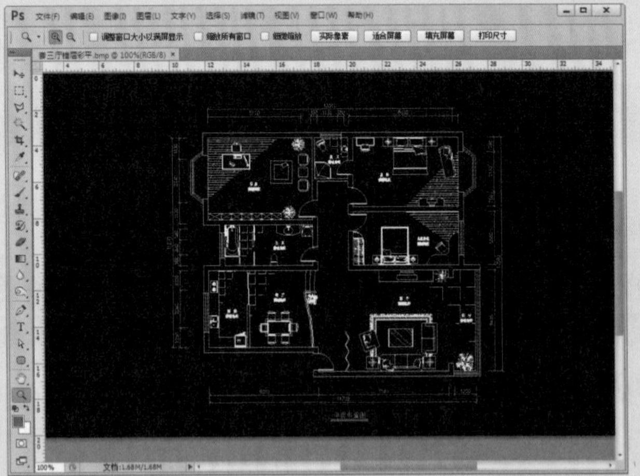

图11-7 输出的位图文件

## 11.1.2 使用【打印到文件】方式输出位图

这种输出方法的优点是可以根据用户需要自定义位图的图像大小，从而得到合适的像素数目，以便于对图像进行细部的刻画，制作出更加精美的户型图。这种方法非常实用，建议用户一定要下功夫掌握好。在实际工作中，主要用【打印到文件】方法输出位图。

## 动手操作——用【打印到文件】方式输出位图

Step01 返回到AutoCAD 2013软件中。

Step02 单击界面左上角的按钮，在其下拉菜单中选择【打印】|【打印】命令，如图11-8所示。

Step03 在随后弹出的【打印-模型】对话框中选择【打印机】的名称为【PublishToWeb PNG.pc3】，然后单击 特性(R)... 按钮，如图11-9所示。

Step04 在随后弹出的【绘图仪配置编辑器】对话框中选择【自定义图纸尺寸】，然后单击 添加(A)... 按钮，如图11-10所示。

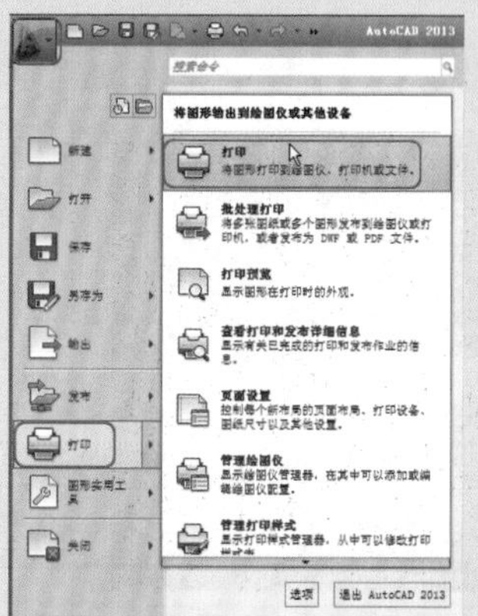

图11-8 选择【打印】命令

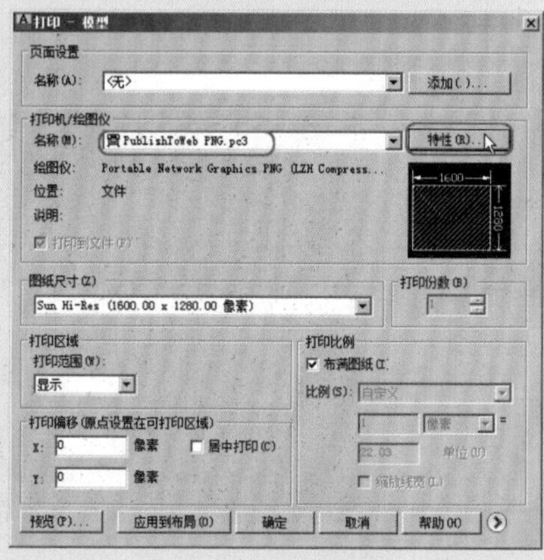

图11-9 选择打印机

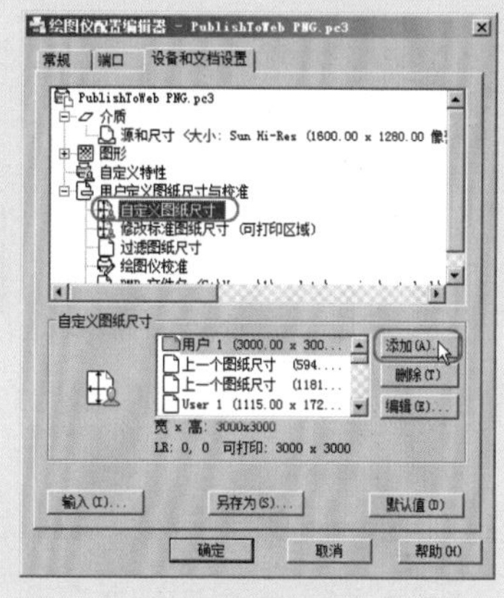

图11-10 绘图仪配置编辑器窗口

Step05 此时弹出【自定义图纸尺寸-开始】对话框，单击 下一步(N) > 按钮，如图11-11所示。

Step06 在弹出的【自定义图纸尺寸—介质边界】对话框中，将【宽度】设置为3000，【高度】设置为2250，单击 下一步(N) > 按钮，如图11-12所示。

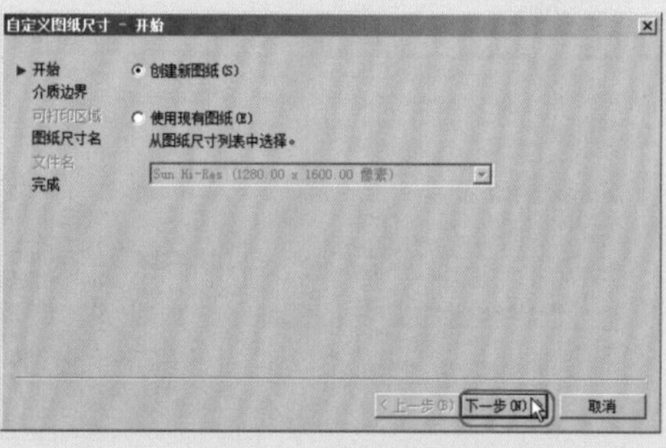


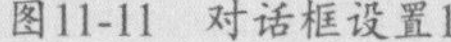

图11-11 对话框设置1

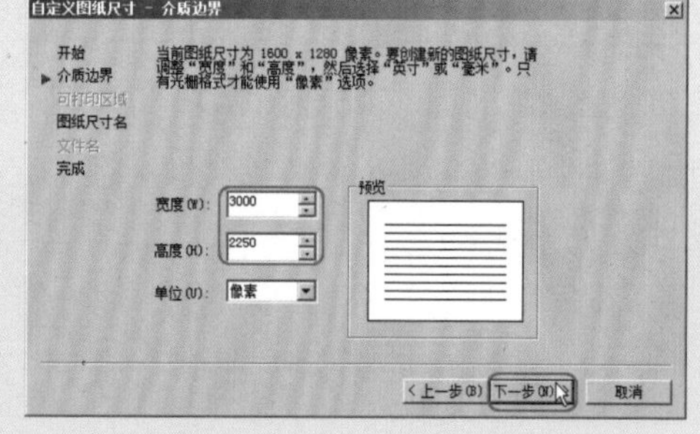


图11-12 对话框设置2

Step07 在【自定义图纸尺寸—图纸尺寸名】对话框中单击 下一步(N) > 按钮，如图11-13所示。

Step08 在【自定义图纸尺寸—完成】对话框中单击 完成(F) 按钮，如图11-14所示。

Step09 返回到【绘图仪配置编辑器】对话框中，单击 确定 按钮，在【打印-模型】对话框【图纸尺寸】下方的下拉列表中选择【用户1（3000×2250像素）】图纸，然后勾选【居中打印】复选框，如图11-15所示。

Step10 在【打印-模型】对话框【打印范围】下拉列表框中选择【窗口】选项，然后在AutoCAD的绘图区中拖曳鼠标将要输出的图形框选，如图11-16所示。

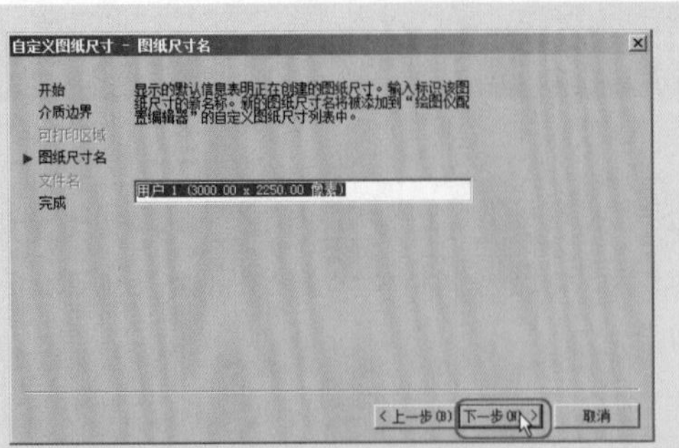

图11-13　对话框设置3

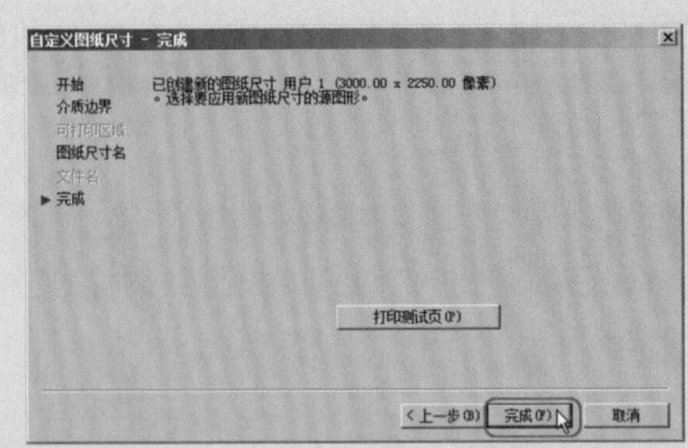

图11-14　对话框设置4

图11-15　【自定义图纸尺寸】对话框

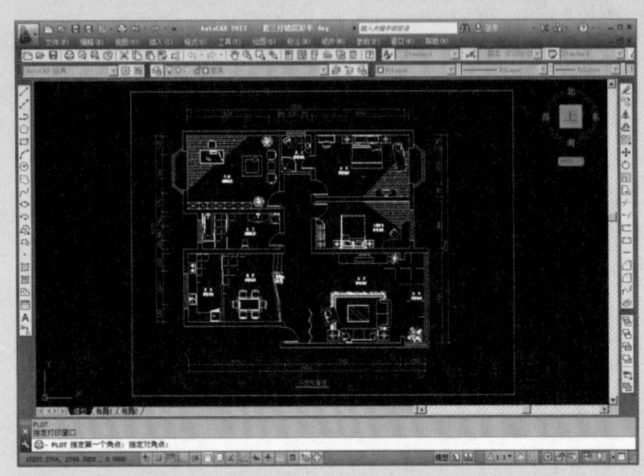

图11-16　框选输出图像

Step 11 返回到【打印-模型】对话框中，单击 确定 按钮，弹出【浏览打印文件】对话框，选择好文件的路径，单击 保存(S) 按钮，如图11-17所示。

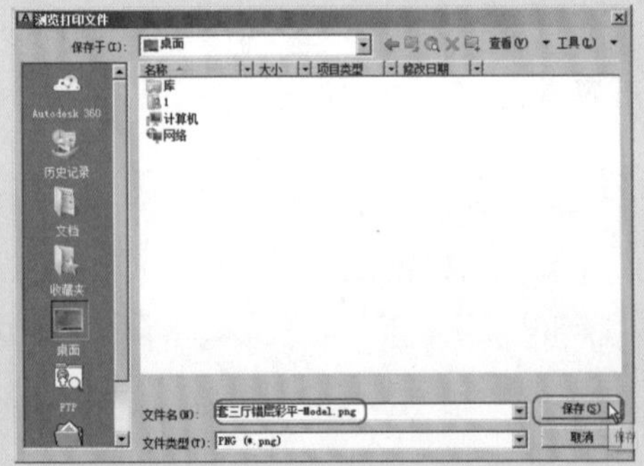

图11-17　【浏览打印文件】对话框

此时的CAD平面图就打印输出为一张3000×2250的位图图片，接下来就可以使用Photoshop进行修改了。

## 11.2 素材模块的制作

在以前的室内户型图制作过程中，运用填充单色的方法来制作家具、植物等模块，这种绘制方法比较粗糙，效果也不是很真实。随着家庭装饰行业的兴起和房地产业的不断发展，市场竞争日趋激烈，客户的要求不断提高。为了更好地表达设计师的设计理念，让客户对方案能有一个直观的认识，绘图者在室内平面图中引入了更多的渲染元素，如形态逼真的花草、器皿、家具等。素材模块的制作有一种很好的方法，那就是运用三维软件（如3ds Max等）中的顶视图来渲染素材模块。

## 动手操作——素材模块的制作

Step 01 运行3ds Max 2013软件。

Step 02 选择菜单栏中的【文件】|【打开】命令，打开随书配套光盘中的“调用图片\第11章\沙发.max”文件，如图11-18所示。

Step 03 选择菜单栏中的【渲染】|【环境】命令，在弹出的【环境】对话框中将环境色设置为白色，如图11-19所示。

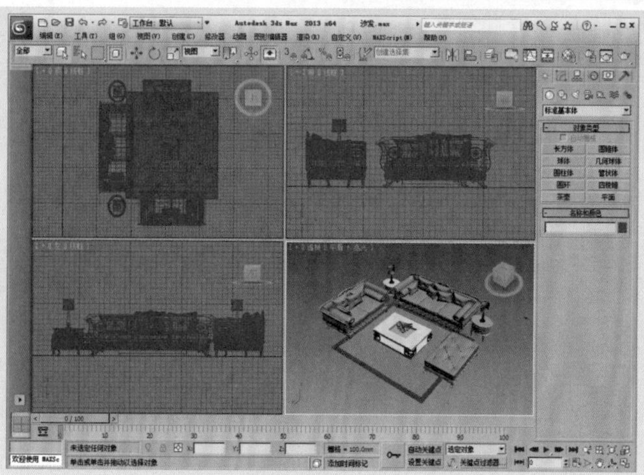

图11-18 打开的【沙发.max】文件

### 注 意

设置背景色是为了方便在Photoshop软件中对图像进行提取，所以设置的背景色与图像色彩的对比要大些。

Step 04 激活顶视图，确认其为当前视图。

Step 05 单击（渲染场景对话框）按钮，在弹出的对话框中设置【输出大小】栏中的【宽度】为640、【高度】为480，如图11-20所示。

Step 06 单击【渲染场景】对话框中的按钮，图像开始渲染输出，效果如图11-21所示。

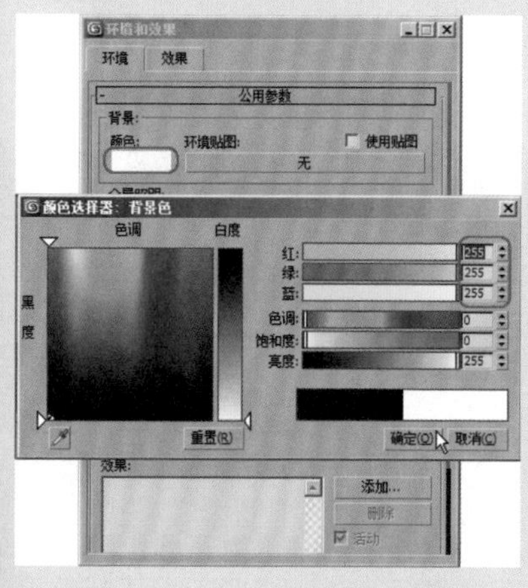

图11-19 【环境】对话框设置

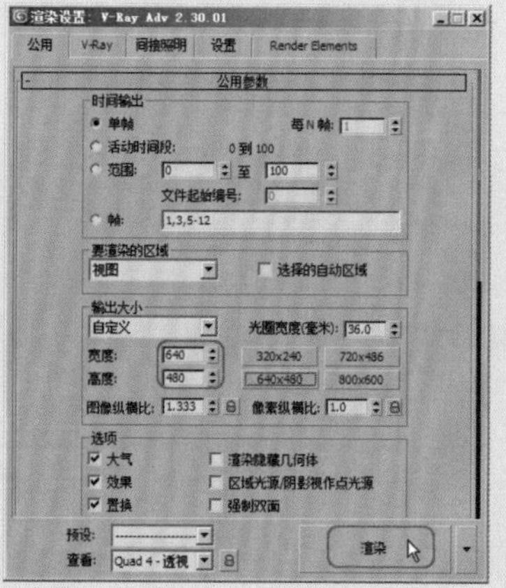

图11-20 参数设置

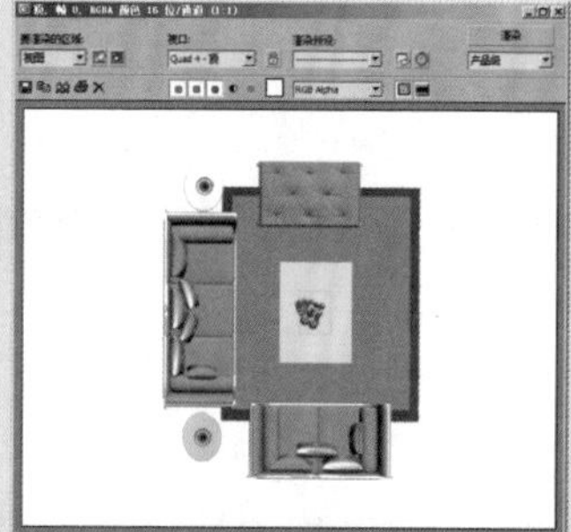

图11-21 渲染效果

Step 07 在渲染窗口中单击上方的（保存）按钮，在弹出的【保存图像】对话框中为渲染图像设置一个合适的保存路径以及文件名，如图11-22所示。

Step 08 单击 保存(S) 按钮，在弹出的【TIF图像控制】对话框中单击【存储Alpha通道】单选按钮，如图11-23所示。

Step 09 单击【TIF图像控制】对话框中的 确定 按钮，将其渲染的图像保存。

Step 10 运行Photoshop CS6软件，打开刚才保存的【沙发.tif】图像文件，如图11-24所示。

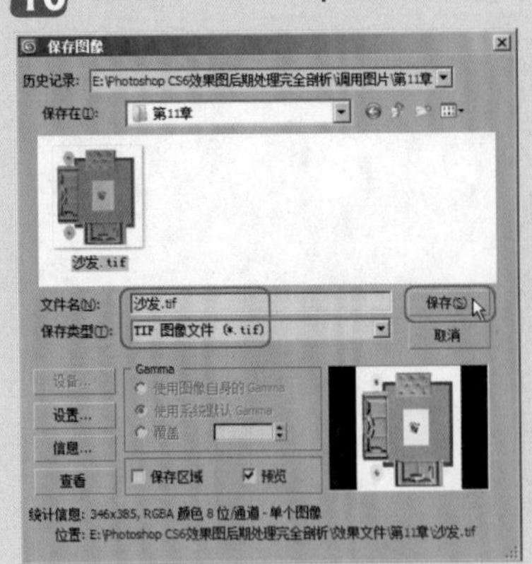

图11-22 对话框设置

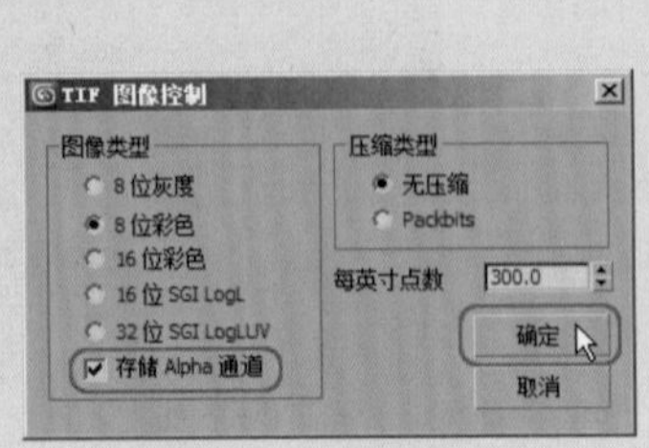

图11-23 对话框设置

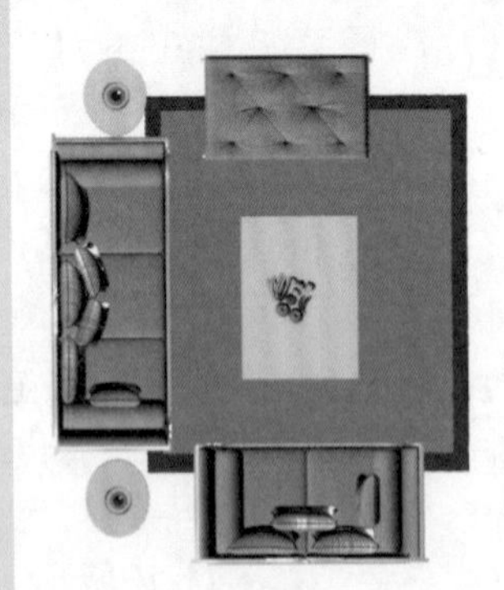

图11-24 打开的图像文件

Step 11 在【图层】面板中快速双击【背景】图层，在弹出的【新建图层】对话框中设置各项参数，如图11-25所示。

Step 12 单击【新建图层】对话框中的 确定 按钮，则【背景】图层被转换为【图层0】。

Step 13 在【通道】面板中按住Ctrl键的同时单击【Alpha1】通道，调出图像选区，如图11-26所示。

Step 14 按Ctrl+Shift+I快捷键将选区反选，按Delete键将白色背景删除，最后再按Ctrl+D快捷键将选区取消，此时的图像效果如图11-27所示。

图11-25 【新建图层】对话框

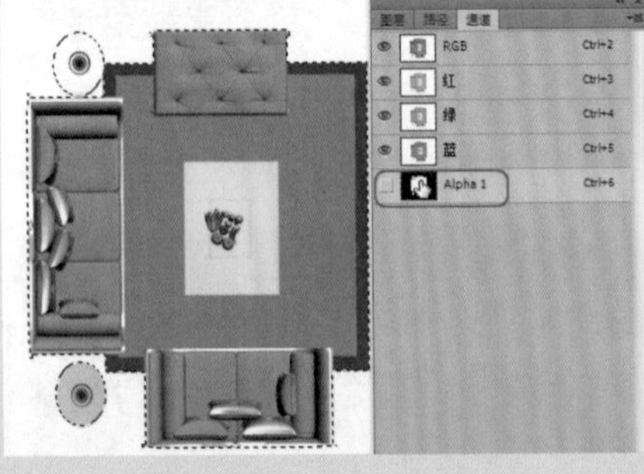

图11-26 调出图像选区

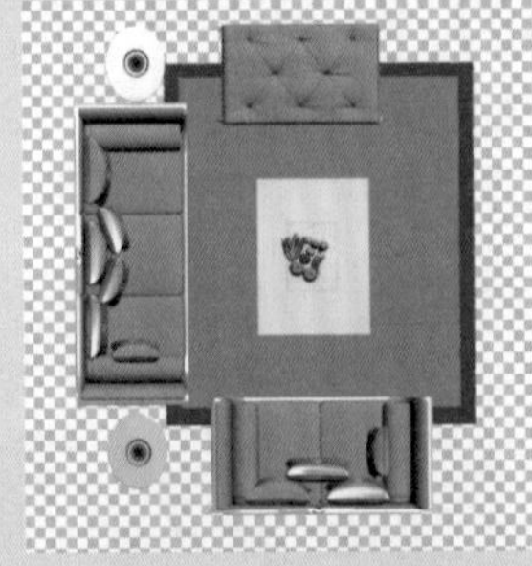

图11-27 删除背景后的图像效果

Step 15 选择【文件】|【存储为】命令，将处理后的图像存储为【沙发.psd】文件。本文件可在随书配套光盘“效果文件\第11章”文件夹下找到。

至此就完成了沙发模块的制作。用户可以运用相同的方法，制作出各种素材模块，来满足自己的需要。

## 11.3 用Photoshop绘制室内彩平图

本节将开始室内彩平效果图的制作。在进行制作之前，先对打印输出的图纸进行调整，以满足需要。

## 11.3.1 调整输出的图纸

由于从AutoCAD中输出的图纸是一个位图，为了便于后面的操作，一般要先将图纸处理下，包括将线条处理成单独的一层、调整图纸的亮度对比度，使图纸更利于创建选区等操作。

接下来了解如何调整输出后的图纸。首先，先将图纸的线条处理成单独的一层。

### 动手操作——调整输出的图纸

Step01 启动Photoshop CS6中文版软件。

Step02 打开刚才打印输出的【套三厅错层彩平-Model.png】文件。

Step03 选择【选择】|【色彩范围】命令，在弹出的【色彩范围】窗口中设置【颜色容差】为100，将吸管放在白色上点一下，单击 确定 按钮，如图11-28所示。

Step04 此时白颜色全部被选中，按Ctrl＋Shift＋I快捷键反选，按Ctrl＋J快捷键复制一个新的图层。将【背景】层（图层0）填充为白色，如图11-29所示。

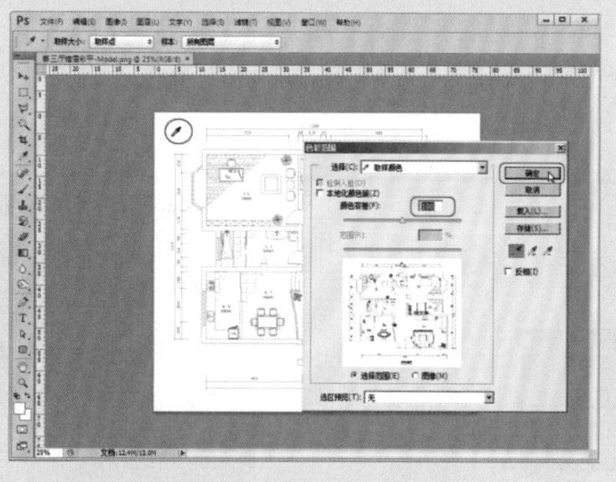

图11-29 将背景层填充为白色

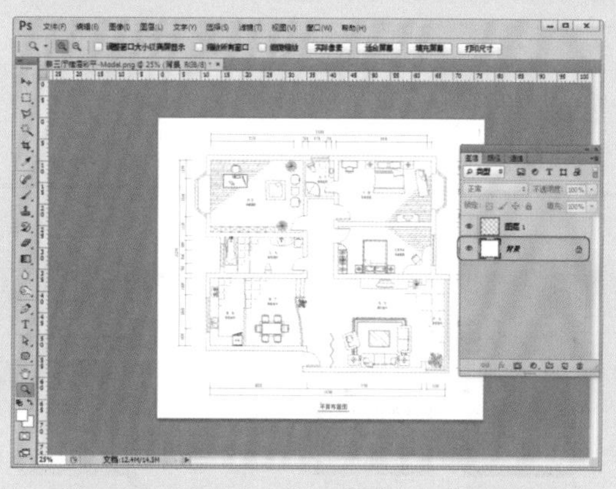

图11-28 【色彩范围】对话框

Step05 在【图层】面板上回到【图层1】图层，选择【魔棒工具】，单击（添加到选区）按钮，勾选【连续】选项，在窗口中连续单击墙体，将所有的墙体全部选中，如图11-30所示。

Step06 按D键，将前景色转换为黑色。再按Alt+Delete快捷键，用前景色填充，此时墙体被填充为黑色，如图11-31所示。

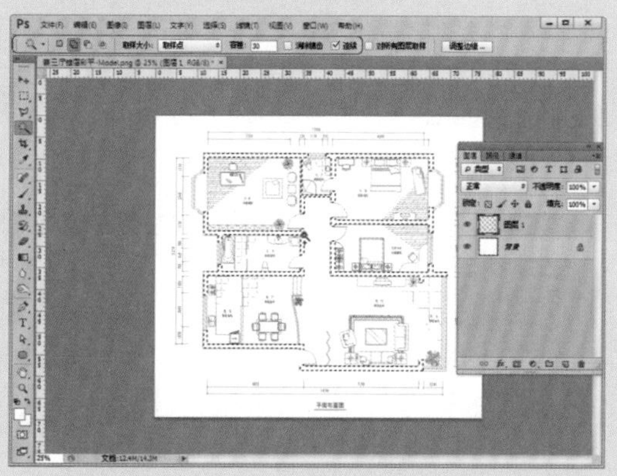

图11-30 选择墙体

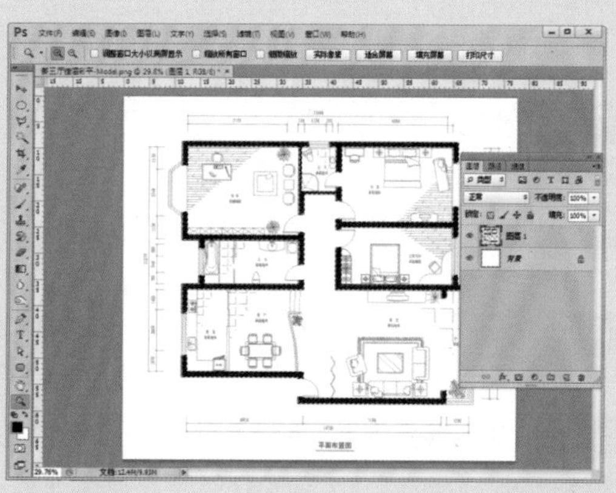

图11-31 将墙体填充为黑色

Step 07 按Ctrl+D快捷键取消选区。

## 11.3.2 制作地面

### 动手操作——制作地面

Step 01 继续上面的操作。

Step 02 选择【文件】|【打开】命令，打开随书配套光盘中的“调用图片\第11章\地板.jpg”文件。

Step 03 选择【移动工具】，将打开的【彩平地板.jpg】文件拖到场景中，作为书房的地板。如果感觉颜色及纹理不理想，可以对其进行调整，效果如图11-32所示。

Step 04 将拖入的地板复制两个，放在主卧室和儿童卧室里面，再将多余的删除掉，效果如图11-33所示。

Step 05 用同样的方法将【色丽石.jpg】文件拖到场景中，放在窗台的位置。为了便于观察，在【图层】面板中将平面图放在上方，将多余的部分删除，效果如图11-34所示。

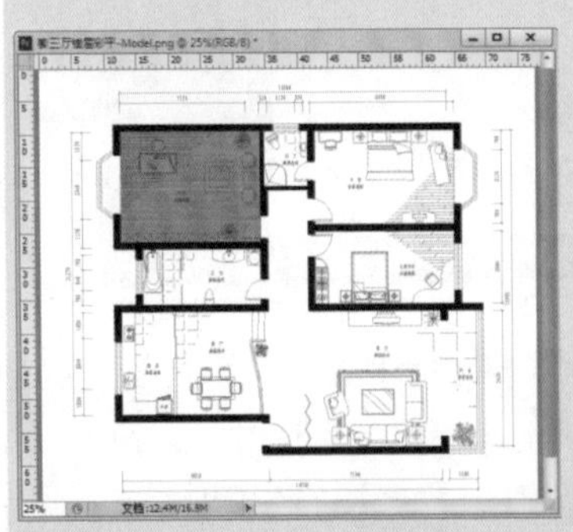

图11-32 为书房铺地板

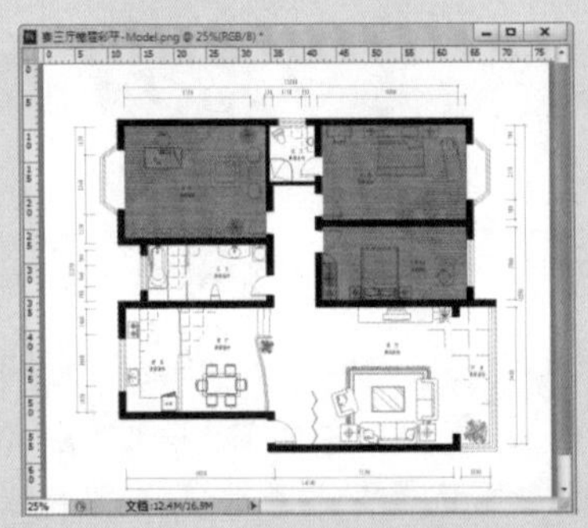

图11-33 为卧室铺地板

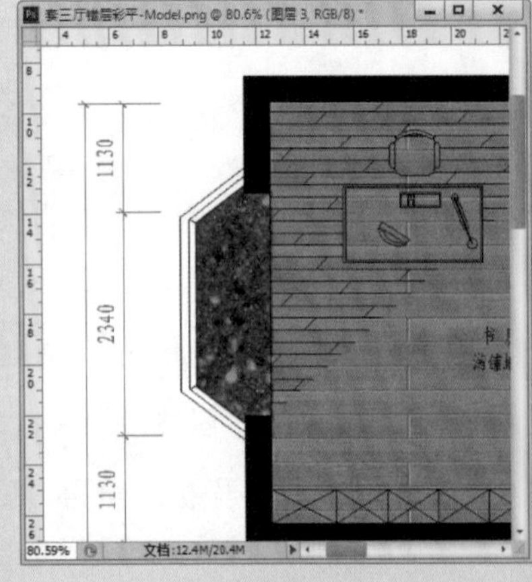


图11-34 色丽石的位置图

Step 06 在【图层】面板中单击 (添加图层样式）按钮，在弹出的菜单中选择【投影】选项，如图11-35所示。

Step 07 在弹出的【图层样式】对话框中，设置【斜面和浮雕】选项的各项参数，然后单击 确定 按钮，如图11-36所示。

Step 08 将制作好的窗台复制一个，放在主卧的位置，使用自由变形操作进行水平翻转。过门石及厨房的橱柜也是色丽石材质的。

Step 09 用同样的方法将【卫生间地砖.jpg】文件打开，放在卫生间的位置，然后复制一个放在主卫生间里面，将多余的部分删除。

Step 10 将【地砖.jpg】文件打开，作为客厅、餐厅、厨房、走廊的地面，效果如图11-37所示。

Step 11 选择【文件】|【保存】命令，将文件命名为【套三厅错层彩平.psd】文件。

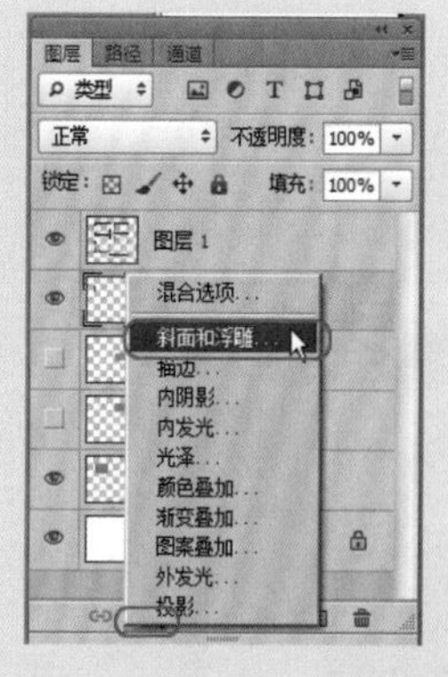
图11-35 为图层添加斜面和浮雕

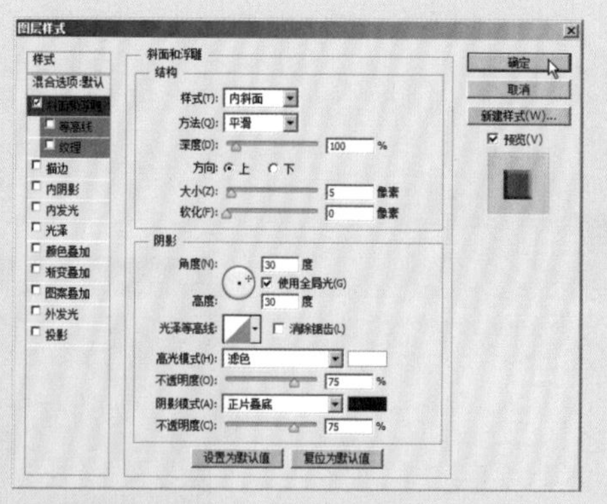
图11-36 为窗台添加斜面和浮雕效果

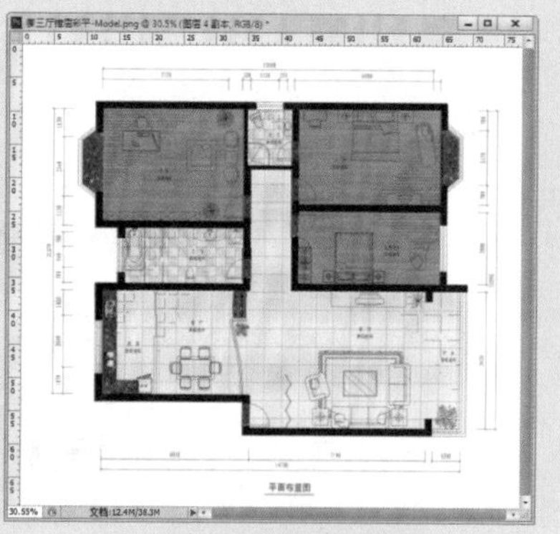
图11-37 制作的地面

## 11.3.3 摆放家具

### 动手操作——摆放家具

Step01 继续上面的操作。

Step02 双击Photoshop的灰色操作界面，打开随书配套光盘中的“调用图片\第11章\彩平图块.psd”文件。

Step03 在【彩平图块.jpg】文件中选择书房桌子，然后将其移动到书房中，位置参照平面图，如果大小不合适，可以使用自由变形调整，如图11-38所示。

Step04 在【图层】面板中将书房桌子复制一个，按住Ctrl键单击复制的图层，此时出现一个选区，然后按D键，将前景色转换为黑色，按Alt+Delete快捷键，将选区填充为黑色。

Step05 在【图层】面板中将复制的【书房桌子副本】图层放在【书房桌子】的下方。按Ctrl＋T快捷键，执行自由变换命令，将【书房桌子副本】放大，在图层面板中设置【不透明度】为70，如图11-39所示。

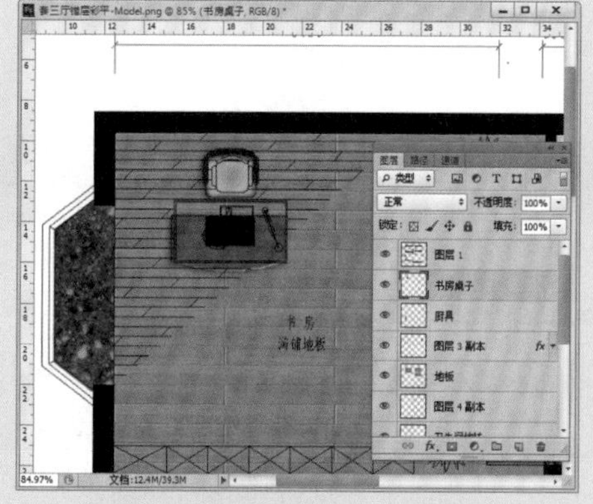
图11-38 书房桌子的位置

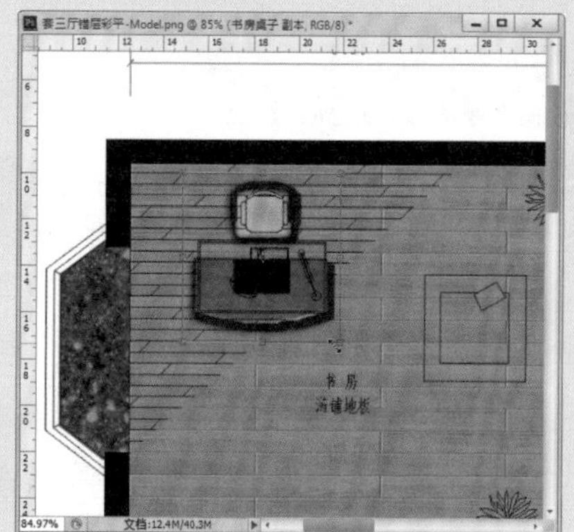
图11-39 调整书房桌子副本的形态

Step06 选择【滤镜】|【模糊】|【高斯模糊】命令，调整【半径】为3像素，让阴影的边缘模糊一

点，如图11-40所示。

Step 07 用同样的方法将书房中的沙发、书厨、植物拖到场景中，位置及效果如图11-41所示。

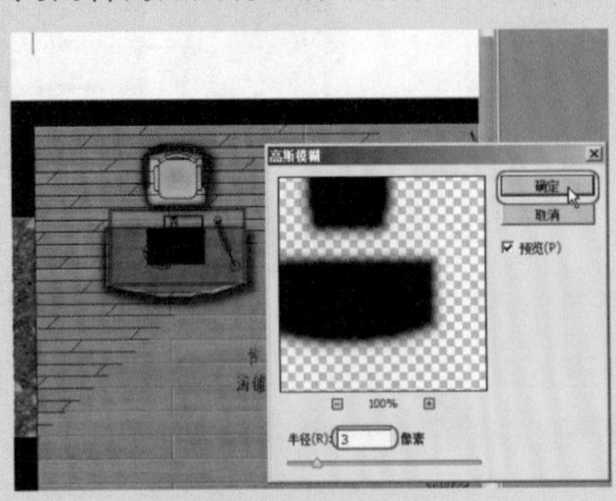

图11-40 调整高斯模糊

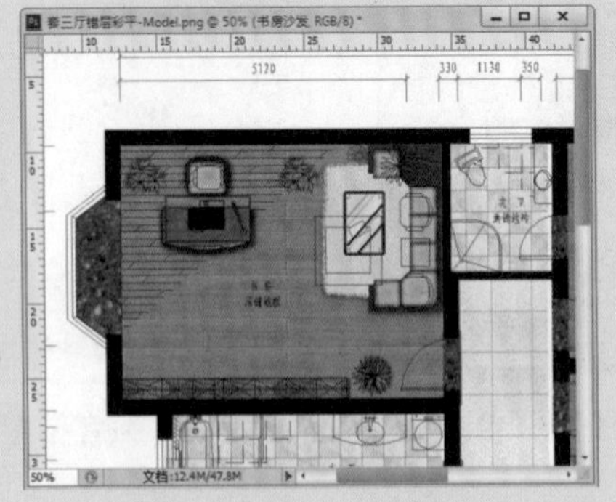

图11-41 为书房添加家具的效果

Step 08 在【图层】面板中选择平面图所在图层，将书房里面的线形删除，如图11-42所示。

Step 09 其他的房间用同样的方法全部加上家具及植物，然后删除平面图上多余的线形，将门、楼体保留，效果如图11-43所示。

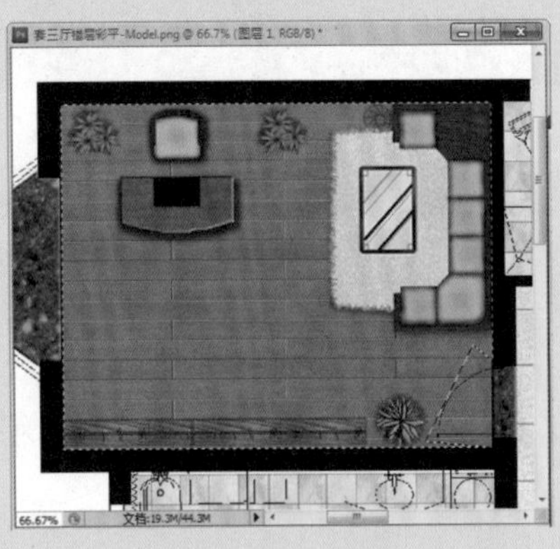

图11-42 删除线形

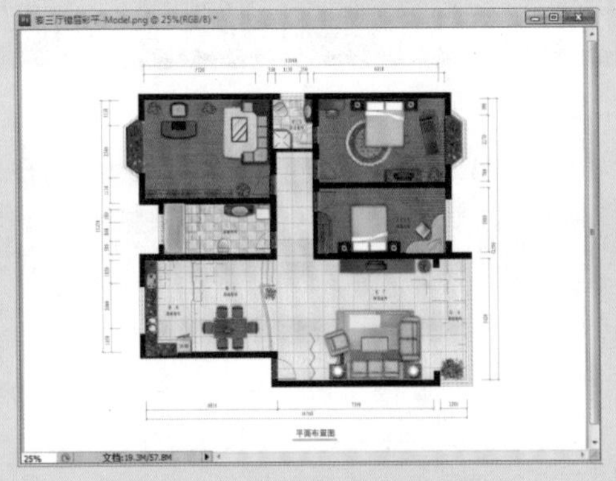

图11-43 加入家具和植物的效果

Step 10 按Ctrl＋S快捷键，将文件快速保存。

## 11.3.4 处理细节

### 动手操作——处理细节

Step 01 继续上面的操作。

Step 02 在【图层】面板中激活【图层1】（平面图）图层，用【魔棒工具】选择门、楼体扶手、隔断，为它们填充暗红色（与填充墙体的方法一样），效果如图11-44所示。

Step 03 将厨具或者窗台上面的材质复制，放在楼体的位置，然后进行修饰，最终效果如图11-45所示。

Step 04 选择【横排文字工具】，在书房位置输入【书房满铺地板】，效果如图11-46所示。

Step 05 将文字在每一个房间里面复制一个，然后修改房间及材料，最后将尺寸标注再进行修改，最终效果如图11-47所示。

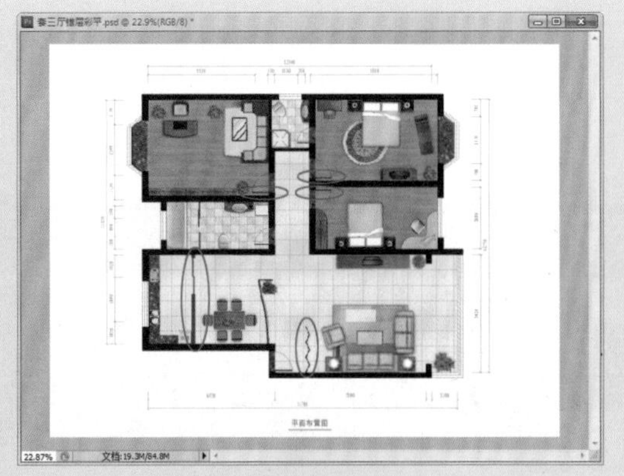
图11-44　为门、楼体扶手、隔断填充颜色

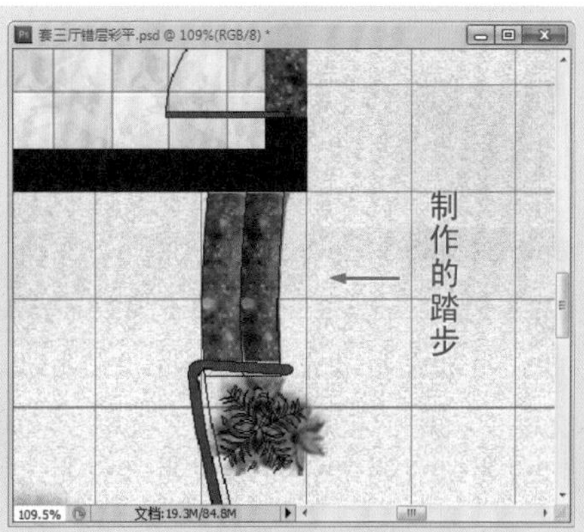

图11-45　制作的楼体

图11-46　输入的文字

图11-47　输入的文字

Step 06 按Ctrl＋S快捷键，将文件快速保存。

## 11.4 小结

本章介绍了用Photoshop制作室内彩色户型平面图的方法和技巧，重点介绍用AutoCAD输出位图和用Photoshop完成整个室内户型平面图的绘制。

制作该类图像的方法很多，用户不一定拘泥于本章介绍的方法，完全可以根据个人习惯和需要大胆创新，只要做出来的效果好，任何方法都可以使用。甚至可以在三维软件中创建完场景后，渲染其顶视图，直接获取真实的户型平面图，读者可以尝试一下。

Chapter 12

# 第12章

# 单体建筑效果图后期处理

**本章内容**

- 单体建筑效果图后期处理要点
- 调整建筑
- 添加天空背景
- 添加远景及中景配景
- 添加人物配景
- 添加近景配景
- 整体调整
- 小结

前面的章节主要介绍了效果图后期处理的基本知识，然后使用这些基本知识处理了几个室内效果图。从本章开始将进入室外建筑效果图后期处理的实战阶段，将陆续介绍单体建筑、住宅小区建筑、室外夜景建筑、鸟瞰建筑以及平面规划等效果图的后期处理过程。

本章将对一幅单体建筑效果图进行后期制作。通过本例的制作过程，主要学习室外单体建筑效果图背景的添加、建筑细部的刻画以及各种配景的添加等方面的知识。

本章制作的单体建筑效果图的处理前后效果对比如图12-1所示。

图12-1 单体建筑效果图处理前后效果对比

## 12.1 单体建筑效果图后期处理要点

在3ds Max软件中进行室外效果图的后期处理，不仅难度大，而且还不真实。所以为了正确地表现效果图的环境气氛，衬托主体建筑，通常在Photoshop软件中对效果图进行后期制作。一般都会采用为效果图场景中添加配景的方法，使效果图体现出真实自然的感觉。这些配景一般包括天空、草地、辅助建筑、人物、建筑配套设施等，它们的存在将直接影响到整幅效果图的最终表现效果，可以让整个画面内容更加丰富。可以这么说，一幅好的效果图是主体建筑本身与周围环境完美结合的产物，周围环境处理的好坏将直接关系到效果图的成败。

室外单体建筑效果图后期处理的流程一般包括以下几个方面。

- 对渲染图片的调整：从3ds Max软件中输出的图片多少都会有一些不尽人意的地方，如果重新返回到3ds Max中再渲染一次，不仅浪费时间，也很难保证重新输出的就是想要的效果。这时一般在Photoshop中运用相应的工具或命令对不理想的地方进行修改，这样既可以保证效果又节省了时间。
- 为场景添加大的环境背景：大的环境背景一般是为场景添加一幅合适的天空背景。在天空背景方面，既可以填充一个合适的渐变颜色作为背景，又可以直接调用一幅合适的、真实的天空配景图片作为背景，一般采用后者的处理方法。在选择天空背景素材时，要注意所添加天空图片的分辨率要与建筑图片的分辨率基本相当，否则将影响到图像的精度与效果。另外，还要为场景添加合适的草地配景。在添加草地配景时，要注意所选择草地的色调、透视关系要与场景相协调。
- 为场景添加辅助建筑：适当地添加辅助建筑会增强画面的空间感，渲染出建筑群体的环境气氛。在添加时要注意辅助建筑的透视和风格要与场景中表现的主体建筑风格相近，而且辅助建筑的形式与结构要相对简单一些，这样才能既保持风格的统一，又能突出建筑主体。
- 为场景添加植物配景：适当地为场景中添加一些植物配景，不仅可以增加场景的空间感，还可以展现场景的自然气息。在添加这些植物配景时，要注意植物配景的形状及种类要与画面环境相一致，以免引起画面的混乱。
- 为场景添加人物配景：在添加人物配景时，注意所添加人物的形象要与建筑类型相一致；不同位置的人物的明暗程度也会不同，要进行单个的适当调整；人物所处位置要尽量靠近建筑的主入口部位，以突出建筑入口；要处理好人物与建筑的透视关系、比例关系等。

- 为场景添加其他配景：不同类型的建筑添加的配景也不一样，适当地为场景中添加一些路旗、户外广告、路灯等配景，可使画面更加生动、真实。

## 12.2 调整建筑

在3ds Max软件中输出的图片经常会显得发灰，玻璃及建筑墙面的质感不是很理想，这就需要使用Photoshop软件中的选择工具或命令选择所要调整的区域并进行调整，直到满意为止。

### 动手操作——调整建筑

Step 01 选择菜单栏中的【文件】|【打开】命令，打开随书配套光盘中的"调用图片\第12章\单体建筑渲染.tif"文件，如图12-2所示。

首先将建筑图像与背景分离。

Step 02 在【图层】面板中快速双击【背景】图层，在弹出的【新建图层】对话框中将图层命名为【建筑】，然后单击 确定 按钮。

执行上述操作后，【背景】图层被转换为普通层。

Step 03 在【通道】面板中按住Ctrl键的同时单击【Alpha 1】通道，调出图像的选区，然后按Ctrl+Shift+I快捷键将选区反选，选择黑色背景。

Step 04 按Delete键将黑色背景删除，然后按Ctrl+D快捷键将选区取消，此时图像效果如图12-3所示。

图12-2 打开的单体建筑渲染图像文件

图12-3 删除背景后的效果

Step 05 选择菜单栏中的【文件】|【打开】命令，打开随书配套光盘中的"调用图片\第12章\单体建筑选区.tif"文件，如图12-4所示。

图12-4 打开的单体建筑选区图像文件

Step 06 使用同样的方法，调出建筑的选区，然后按住Shift键的同时将选区的内容拖入到【单体建筑渲染】场景中，并将刚调入的图像所在图层命名为【通道】，最后将该图层隐藏，如图12-5所示。

**技巧**

**在调入配景时按住Shift键，可以将调入后的图像居中放置。**

注意，【通道】图层在不用的时候，要将其隐藏。

至此，单体建筑从背景中被分离出来。下面调整主体建筑的色调，首先调整一下建筑的整体色调。

Step 07 选择【建筑】图层，选择菜单栏中的【图像】|【调整】|【亮度/对比度】命令，在弹出的【亮度/对比度】对话框中设置各项参数，如图12-6所示。

图12-5 调入图像后的效果

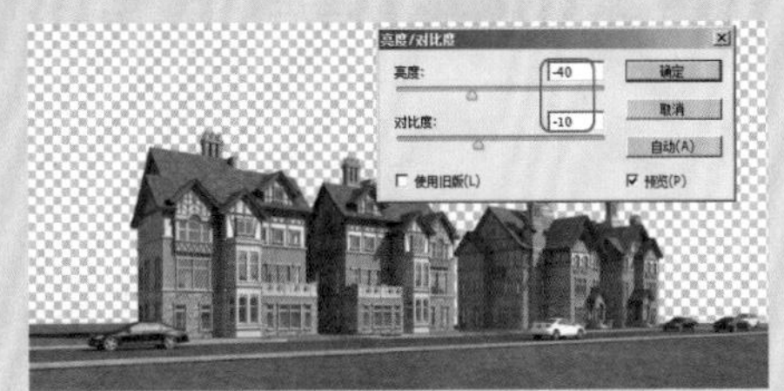

图12-6 【亮度/对比度】参数设置及图像效果

Step 08 显示【通道】图层，使用工具箱中的【魔棒工具】将代表底部石墙的红色区域部分选中，如图12-7所示。

在【通道】图层中的选区

在【建筑】图层中的选区

图12-7 创建的选区

Step 09 将【通道】图层隐藏，回到【建筑】图层，然后按Ctrl+J快捷键将选区内容复制为单独的一层，命名为【文化石】。

执行上述操作后，选区内的内容被复制为一层，然后调整它的色调。

Step 10 选择菜单栏中的【图像】|【调整】|【亮度/对比度】命令，在弹出的【亮度/对比度】对话框中设置各项参数，如图12-8所示。

Step 11 选择菜单栏中的【图像】|【调整】|【色相/饱和度】命令，在弹出的【色相/饱和度】对话框中设置各项参数，如图12-9所示。

由图12-9看出，调整饱和度后的墙体看起来偏红，下面再使用【色彩平衡】命令将颜色处理得协调些。

Step 12 选择菜单栏中的【图像】|【调整】|【色彩

图12-8 【亮度/对比度】参数设置及图像效果

平衡】命令，在弹出的【色彩平衡】对话框中设置各项参数，如图12-10所示。

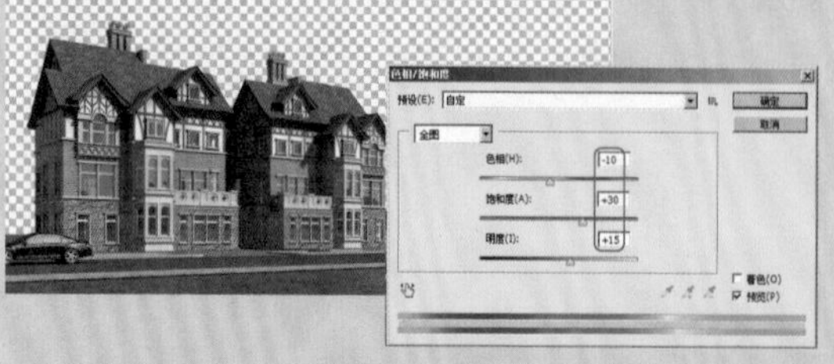

图12-9 【色相/饱和度】参数设置及图像效果

图12-10 【色彩平衡】参数设置及图像效果

Step 13 显示【通道】图层，使用工具箱中的【魔棒工具】选择代表红色砖墙部分的蓝色区域，得到如图12-11所示的选区。

在【通道】图层中的选区

在【建筑】图层中的选区

图12-11 创建的选区

Step 14 在【建筑】图层中按Ctrl+J快捷键将选区内容复制为单独一层，命名为【红砖墙】。

Step 15 选择菜单栏中的【图像】|【调整】|【曲线】命令，在弹出的【曲线】对话框中设置各项参数，如图12-12所示。

Step 16 选择菜单栏中的【图像】|【调整】|【色彩平衡】命令，在弹出的【色彩平衡】对话框中设置各项参数，如图12-13所示。

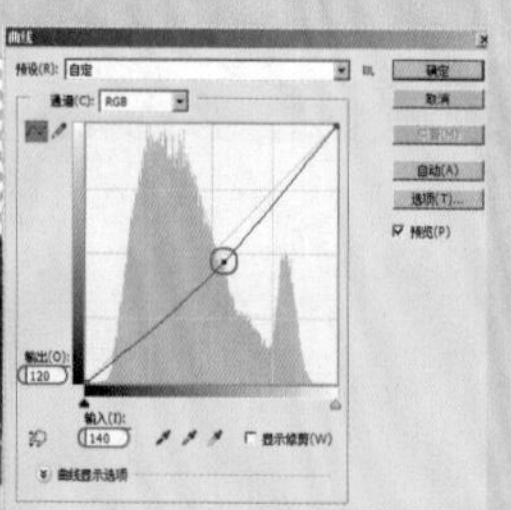

图12-12 【曲线】参数设置及图像效果

图12-13 【色彩平衡】参数设置及图像效果

Step 17 显示【通道】图层，使用工具箱中的【魔棒工具】将代表建筑浅色墙体部分的米色区域选择，如图12-14所示。

在【通道】图层中的选区

在【建筑】图层中的选区

图12-14 创建的选区

Step18 在【建筑】图层中按Ctrl+J快捷键将选区内容复制为单独一层，命名为【浅色墙体】。

Step19 选择菜单栏中的【图像】|【调整】|【曲线】命令，在弹出的【曲线】对话框中设置各项参数，如图12-15所示。

Step20 选择菜单栏中的【图像】|【调整】|【色彩平衡】命令，在弹出的【色彩平衡】对话框中设置各项参数，如图12-16所示。

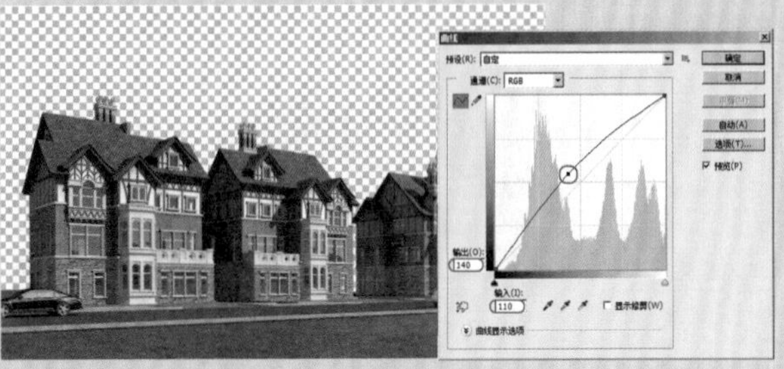

图12-15 【曲线】参数设置及图像效果

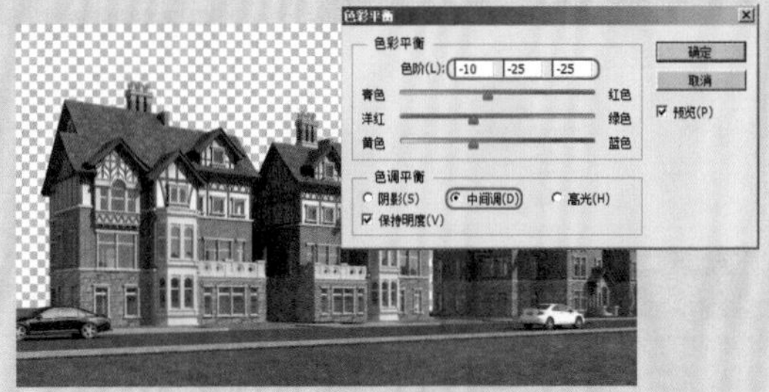

图12-16 【色彩平衡】参数设置及图像效果

Step21 显示【通道】图层，使用工具箱中的【魔棒工具】将建筑的白色墙体部分选中，如图12-17所示。

在【通道】图层中的选区

在【建筑】图层中的选区

图12-17 创建的选区

Step22 在【建筑】图层中按Ctrl+J快捷键将选区内容复制为单独一层，命名为【白色墙体】。

Step23 选择菜单栏中的【图像】|【调整】|【亮度/对比度】命令，在弹出的【亮度/对比度】对话框中设置各项参数，如图12-18所示。

图12-18 【亮度/对比度】参数设置及图像效果

Step24 显示【通道】图层，使用工具箱中的【魔棒工具】将建筑的蓝色屋瓦部分选中，如图12-19所示。

在【通道】图层中的选区

在【建筑】图层中的选区

图12-19 创建的选区

Step25 在【建筑】图层中按Ctrl+J快捷键将选区内容复制为单独一层，命名为【蓝瓦】。

Step26 选择菜单栏中的【图像】|【调整】|【色相/饱和度】命令，在弹出的【色相/饱和度】对话框中设置各项参数，如图12-20所示。

Step27 选择菜单栏中的【图像】|【调整】|【亮度/对比度】命令，在弹出的【亮度/对比度】对话框中设置各项参数，如图12-21所示。

图12-20 【色相/饱和度】参数设置及图像效果

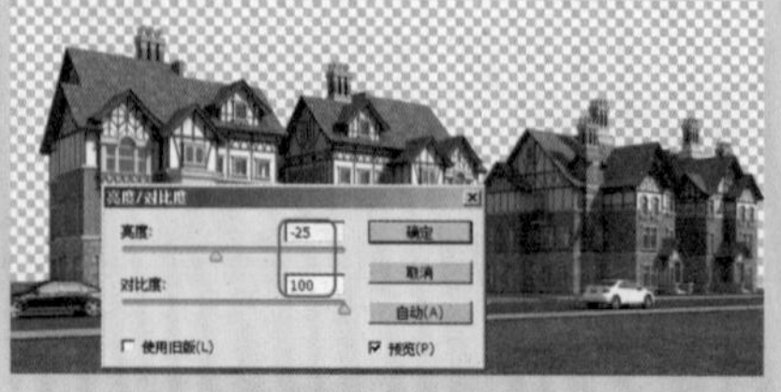

图12-21 【亮度/对比度】参数设置及图像效果

下面处理建筑的玻璃部分。在室外建筑效果图中，玻璃效果处理的好坏对一幅效果图的成功与否有着不可忽视的作用。建筑物的玻璃就好比是人的眼睛，如果建筑的玻璃通透感不强、反射不真实，其他部分处理得再好，整个效果图也会缺乏一种灵气。

Step28 显示【通道】图层，使用工具箱中的【魔棒工具】将建筑的玻璃部分选中，如图12-22所示。

在【通道】图层中的选区

在【建筑】图层中的选区

图12-22 创建的选区

Step29 在【建筑】图层中按Ctrl+J快捷键将选区内容复制为单独一层，命名为【玻璃】。

Step30 选择菜单栏中的【图像】|【调整】|【色相/饱和度】命令，在弹出的【色相/饱和度】对话框中设置各项参数，如图12-23所示。

在现实中，玻璃的底部是反射周围的景物，上半部分因为天空反射的原因，一般会较底部亮。由图12-23看出，玻璃的上半部分和底部的偏差不是很明显，下面来处理这个问题。

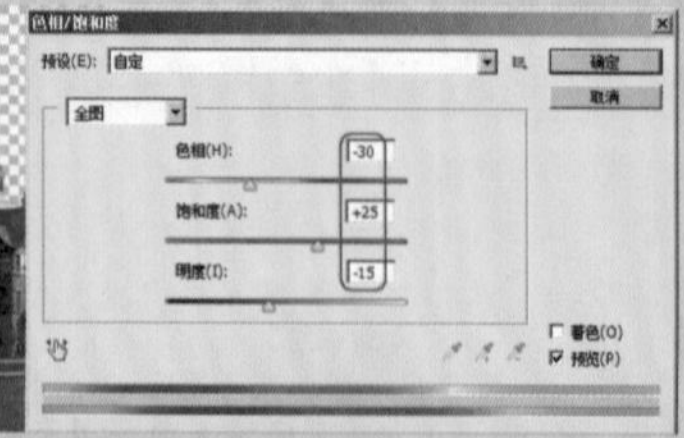

图12-23 【色相/饱和度】参数设置及图像效果

Step31 按住Ctrl键的同时单击【玻璃】图层缩略图，调出【玻璃】的选区。

Step32 在【通道】面板中新建一个【Alpha 2】通道，选择工具箱中的【渐变工具】，然后在选区中执行一个【黑，白渐变】，如图12-24所示。

执行上述操作后，图像效果如图12-25所示。

Step 33 按住Ctrl键的同时单击【Alpha 2】图层缩略图，调出白色区域的选区。

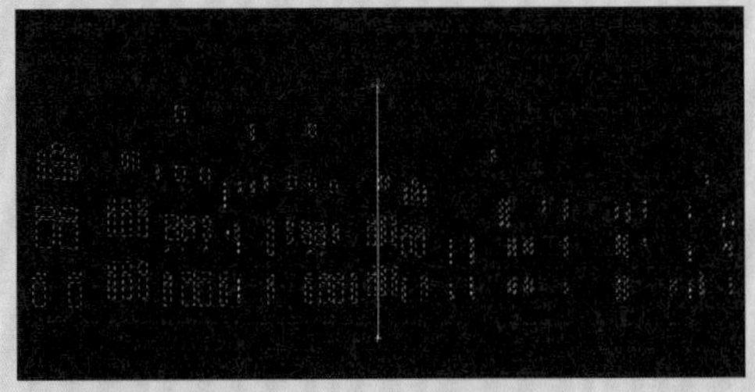

图12-24 执行渐变操作

图12-25 渐变后的效果

Step 34 回到【图层】面板，选择菜单栏中的【图像】|【调整】|【亮度/对比度】命令，在弹出的【亮度/对比度】对话框中设置各项参数，如图12-26所示。

Step 35 按Ctrl+Shift+I快捷键将选区反选，选择菜单栏中的【图像】|【调整】|【亮度/对比度】命令，在弹出的【亮度/对比度】对话框中设置各项参数，如图12-27所示。

图12-26 【亮度/对比度】参数设置及图像效果

图12-27 【亮度/对比度】参数设置及图像效果

Step 36 按Ctrl+D快捷键将选区取消。

下面处理路面的色调。

Step 37 显示【通道】图层，使用工具箱中的【魔棒工具】将灰色路面部分选中，如图12-28所示。

在【通道】图层中的选区

在【建筑】图层中的选区

图12-28 创建的选区

Step 38 在【建筑】图层中按Ctrl+J快捷键将选区内容复制为单独一层，命名为【灰色路面】。

Step 39 选择菜单栏中的【图像】|【调整】|【亮度/对比度】命令，在弹出的【亮度/对比度】对话框中设置各项参数，如图12-29所示。

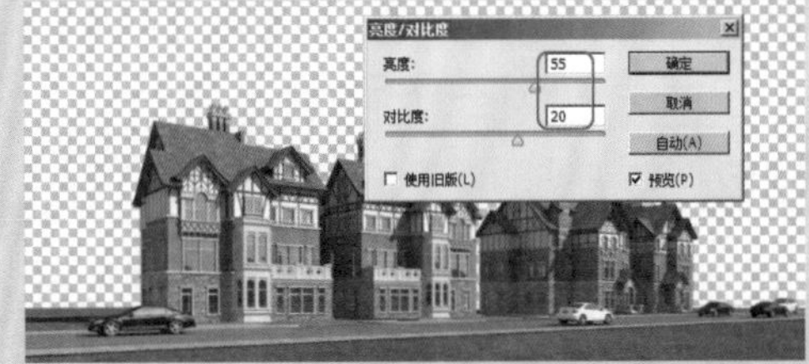

图12-29 【亮度/对比度】参数设置及图像效果

Step 40 显示【通道】图层，使用工具箱中的【魔棒工具】将路沿部分选中，如图12-30所示。

在【通道】图层中的选区

在【建筑】图层中的选区

图12-30 创建的选区

Step 41 在【建筑】图层中按Ctrl+J快捷键将选区内容复制为单独一层，命名为【路沿】。

Step 42 选择菜单栏中的【图像】|【调整】|【曲线】命令，在弹出的【曲线】对话框中设置各项参数，如图12-31所示。

Step 43 选择菜单栏中的【图像】|【调整】|【色彩平衡】命令，在弹出的【色彩平衡】对话框中设置各项参数，如图12-32所示。

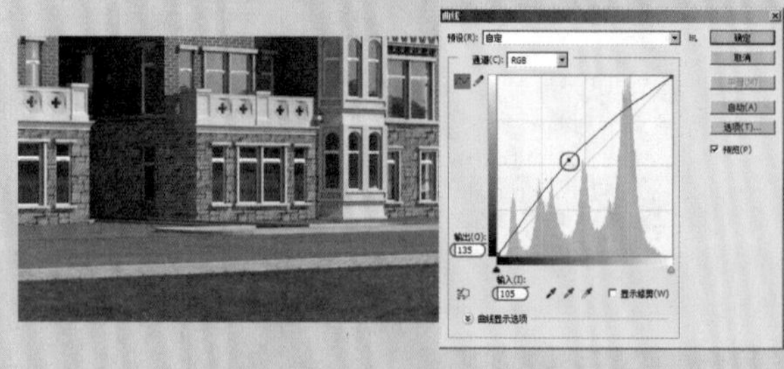
图12-31 【曲线】参数设置及图像效果

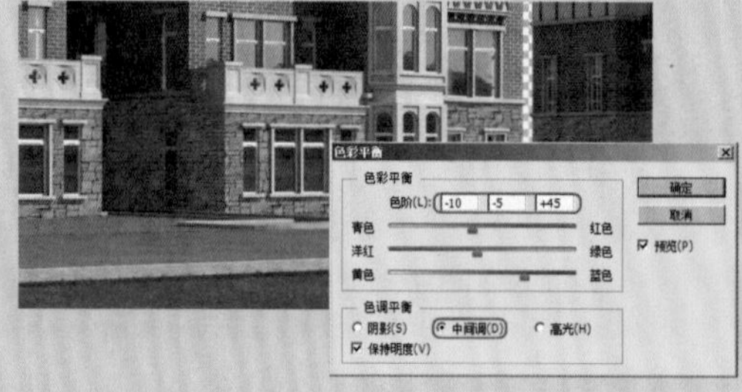

图12-32 【色彩平衡】参数设置及图像效果

Step 44 显示【通道】图层，使用工具箱中的【魔棒工具】将草地部分选中，如图12-33所示。

在【通道】图层中的选区

在【建筑】图层中的选区

图12-33 创建的选区

Step 45 在【建筑】图层中按Ctrl+J快捷键将选区内容复制为单独一层，命名为【草地】。

Step 46 选择菜单栏中的【图像】|【调整】|【曲线】命令，在弹出的【曲线】对话框中设置各项参数，如图12-34所示。

Step 47 选择菜单栏中的【图像】|【调整】|【色彩平衡】命令，在弹出的【色彩平衡】对话框中设置各项参数，如图12-35所示。

至此主体建筑的色调调整完毕，下面将为场景添加合适的配景。添加配景需要按照背景、远景、中景、近景的作图习惯进行操作。

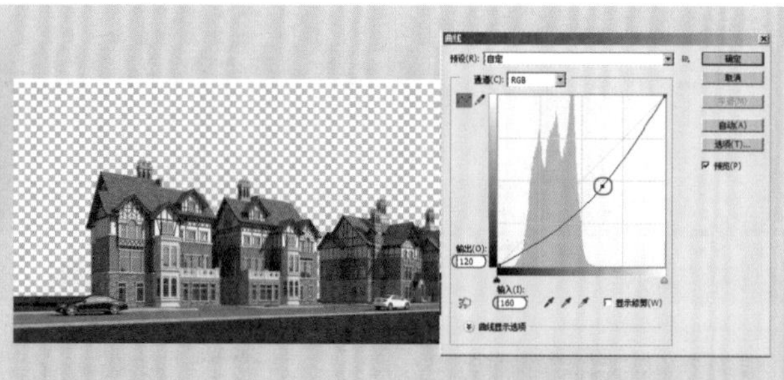
图12-34 【曲线】参数设置及图像效果

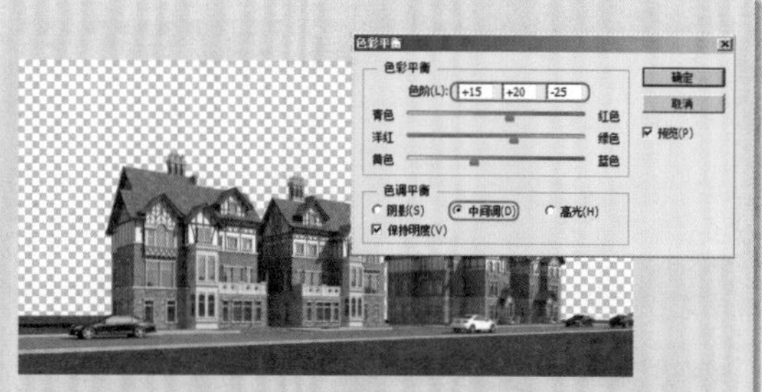
图12-35 【色彩平衡】参数设置及图像效果

## 12.3 添加天空背景

在制作室外效果图的天空背景时，一般是直接调用现成的图片，因为这样看起来画面会显得更加真实、自然。在添加时，如果天空的色调与主体建筑所要表达的色调不协调，可以运用Photoshop软件中的色彩调整命令对天空配景进行调整。另外需要注意的是，在添加配景时，配景与配景之间要衔接得自然，不能太生硬。

### 动手操作——添加天空背景

Step 01 继续上一节的操作。

Step 02 选择菜单栏中的【文件】|【打开】命令，打开随书配套光盘中的“调用图片\第12章\天空.jpg”文件，如图12-36所示。

Step 03 使用工具箱中的【移动工具】将天空背景拖入到单体建筑场景中，将其调整到铺满整个画面，并将其所在图层命名为【天空】，然后调整该图层到【建筑】图层的下方，如图12-37所示。

图12-36 打开的天空图像文件

图12-37 调入天空后的效果

由图12-37看出，现在添加进去的天空对于场景来说有些亮，进深感不是很强，下面使用色彩调整命令对天空进行调整。

Step 04 选择菜单栏中的【图像】|【调整】|【色相/饱和度】命令，在弹出的【色相/饱和度】对话框中设置各项参数，如图12-38所示。

Step 05 选择菜单栏中的【图像】|【调整】|【亮度/对比度】命令，在弹出的【亮度/对比度】对话框中设置各项参数，如图12-39所示。

至此，单体建筑效果图场景的天空背景添加完毕。

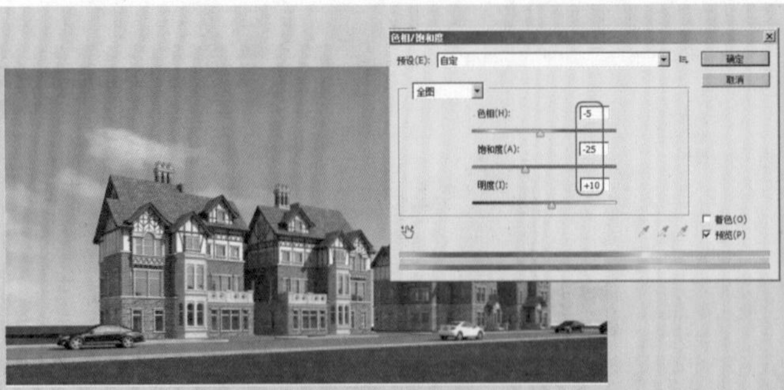

图12-38 【色相/饱和度】参数设置及图像效果

图12-39 【亮度/对比度】参数设置及图像效果

## 12.4 添加远景及中景配景

配景按在效果图场景中的距离划分为远景、中景和近景。按照观察习惯，远景因为距离观察者较远，可以处理得稍微模糊些、粗糙些，中景则次之，近景最清晰。

远景和中景配景一般包括高大的辅助建筑、树木、低矮的灌木丛等。在添加这些配景时，需要分层次地处理好这些配景的透视关系，要特别注意把握好它们之间的透视关系与空间关系的变化。另外，如果有的配景本身没有阴影，还要为其制作上阴影效果。在制作阴影效果时，要注意处理好配景的受光面与阴影的关系，注意阴影要与场景的光照方向相一致，要有透明感。



### 动手操作——远景及中景的添加

Step 01 继续上一节的操作。

Step 02 选择菜单栏中的【文件】|【打开】命令，打开随书配套光盘中的“调用图片\第12章\远景树1.psd”文件，如图12-40所示。

图12-40 打开的远景树1图像文件

Step 03 使用工具箱中的【移动工具】将远景树1配景拖入到场景中，调整它的大小和位置，如图12-41所示。

Step 04 将其所在图层命名为【远景树1】，更改其【不透明度】为90%，然后再将其移动复制2个，放置在如图12-42所示的位置。

图12-41 添加远景树1配景的效果

图12-42 复制远景树1配景的效果

**注 意**

在添加配景素材时，一定要密切观察各图层在场景中的顺序，否则就会出现配景之间互相遮挡的情况。

Step 05 选择菜单栏中的【文件】|【打开】命令，打开随书配套光盘中的“调用图片\第12章\远景树2.psd”文件，如图12-43所示。

Step 06 使用工具箱中的【移动工具】将远景树2配景拖入到场景中，调整它的大小和位置，如图12-44所示。

Step 07 将远景树2所在图层命名为【远景树 2】，然后将该层复制一层，调整图像的大小和位置，如图12-45所示。

图12-43 打开的远景树2图像文件

图12-44 调入远景树2配景的效果

图12-45 复制远景树2配景的大小和位置

由图12-45看出，复制的远景树2配景颜色偏暗，下面使用【亮度/对比度】色彩调整命令将其稍微提亮。

Step 08 选择菜单栏中的【图像】|【调整】|【亮度/对比度】命令，在弹出的【亮度/对比度】对话框中设置各项参数，如图12-46所示。

Step 09 选择菜单栏中的【文件】|【打开】命令，打开随书配套光盘中的“调用图片\第12章\远景树3.psd”文件，如图12-47所示。

Step 10 使用工具箱中的【移动工具】将远景树3配景拖入到场景中，调整它的大小和位置，如图12-48所示。

图12-46 【亮度/对比度】参数设置及图像效果

图12-47 打开的远景树3图像文件

图12-48 调入远景树3配景的效果

Step 11 使用工具箱中的选择工具将远景树3配景的左半部分选择，按Delete键将选区内容删除。最后按Ctrl+D快捷键将选区取消，图像效果如图12-49所示。

Step 12 选择菜单栏中的【文件】|【打开】命令，打开随书配套光盘中的“调用图片\第12章\远景

树4.psd”文件，如图12-50所示。

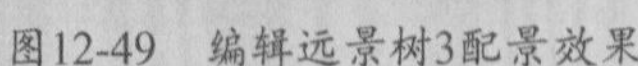

图12-49　编辑远景树3配景效果

图12-50　打开的远景树4图像文件

Step 13 使用工具箱中的【移动工具】将远景树4配景拖入到场景中，调整它的大小和位置，如图12-51所示。

由图12-51发现，远景树4配景饱和度偏低，下面使用【色相/饱和度】色彩调整命令将其饱和度提高。

Step 14 选择菜单栏中的【图像】|【调整】|【色相/饱和度】命令，在弹出的【色相/饱和度】对话框中设置各项参数，如图12-52所示。

图12-51　调入远景树4配景的效果

图12-52　【色相/饱和度】参数设置及图像效果

Step 15 将远景树4配景复制一个，调整它的大小和位置，如图12-53所示，

Step 16 选择菜单栏中的【文件】|【打开】命令，打开随书配套光盘中的“调用图片\第12章\松树.psd”文件，如图12-54所示。

图12-53　复制配景的大小和位置

图12-54　打开的松树图像文件

Step 17 使用工具箱中的【移动工具】将松树配景拖入到场景中，并将其移动复制4个，分别调整它们的大小和位置，如图12-55所示。

由图12-55发现，添加松树配景后，有的松树站在了汽车上，如图12-56所示，这显然是不合常理的。下面对这个问题进行处理。

图12-55 调入并复制松树配景的效果

图12-56 不合理的位置

Step 18 确认松树所在图层为当前操作图层，单击【图层】面板底部的按钮，为该图层添加图层蒙版。

Step 19 设置前景色为黑色，选择工具箱中的【画笔工具】，选择一个实边的笔头，然后在不合理的位置轻轻拖曳鼠标将多余的元素擦除，效果如图12-57所示。

Step 20 选择菜单栏中的【文件】|【打开】命令，打开随书配套光盘中的“调用图片\第12章\灌木1.psd”文件，如图12-58所示。

图12-57 编辑松树效果

图12-58 打开的灌木1图像文件

Step 21 使用工具箱中的【移动工具】将灌木1配景拖入到场景中，并将其移动复制3个，如图12-59所示。

Step 22 为灌木1配景所在图层添加图层蒙版，然后使用前面的方法对不合理的进行位置进行处理。编辑后的效果如图12-60所示。

图12-59 调入并复制灌木1配景的效果

图12-60 编辑灌木1配景的效果

Step 23 选择菜单栏中的【文件】|【打开】命令，打开随书配套光盘中的“调用图片\第12章\矮树.psd”文件，如图12-61所示。

Step 24 使用工具箱中的【移动工具】将矮树配景拖入到场景中，并将其移动复制2个，放置在如图12-62所示的位置。

图12-61　打开的矮树图像文件

图12-62　调入并复制矮树配景的效果

Step 25 选择菜单栏中的【文件】|【打开】命令，打开随书配套光盘中的“调用图片\第12章\灌木2.psd”文件，如图12-63所示。

Step 26 使用工具箱中的【移动工具】将灌木2配景拖入到场景中，调整它的大小和位置，如图12-64所示。

图12-63　打开的灌木2图像文件

图12-64　调入灌木2配景的效果

至此，单体建筑效果图中远景及中景配景就全部添加完毕。

## 12.5 添加人物配景

一切建筑都是为人服务的，如果没有人，建筑也就显得没有生活的气息。添加人物，不仅可以很好地烘托主体建筑、丰富画面气氛，还显得画面更加贴近生活。

### 动手操作——人物的添加

Step 01 继续上一节的操作。

Step 02 选择菜单栏中的【文件】|【打开】命令，打开随书配套光盘中的“调用图片\第12章\人物1.psd”文件，如图12-65所示。

Step 03 使用工具箱中的【移动工具】将其拖入到场景中，将其所在图层命名为【人物1】，并调整它的位置，如图12-66所示。

下面为人物制作投影效果。

Step 04 在【图层】面板中将【人物1】图层复制一层，生成【人物1副本】图层，并将该图层拖到【人物1】图层的下方。

Step 05 按Ctrl+T快捷键，弹出自由变换框，然后按住Ctrl键的同时用鼠标拖曳变换框四角上的控制点，将图像调整成如图12-67所示的形态。

图12-65 打开的人物1图像文件

图12-66 调入图像的位置

图12-67 执行自由变换

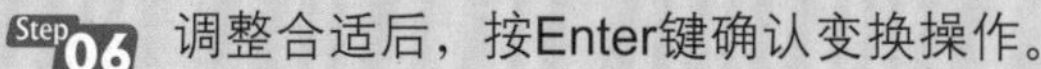

Step 06 调整合适后，按Enter键确认变换操作。

Step 07 按住Ctrl键，单击【人物1副本】图层缩略图，调出其选区。

Step 08 设置前景色为黑色，然后按Alt+Delete快捷键将选区以黑色填充，效果如图12-68所示。

图12-68 填充黑色后的效果

Step 09 按Ctrl+D快捷键将选区取消。

Step 10 选择菜单栏中的【滤镜】|【模糊】|【高斯模糊】命令，在弹出的【高斯模糊】对话框中设置各项参数，如图12-69所示。

Step 11 在【图层】面板中将【人物1副本】图层的【不透明度】改为60%，效果如图12-70所示。

图12-69 【高斯模糊】参数设置及图像效果

图12-70 制作的人物投影效果

Step 12 选择菜单栏中的【文件】|【打开】命令，打开随书配套光盘中的“调用图片\第12章\人物.psd”文件，如图12-71所示。

Step 13 使用工具箱中的【移动工具】将打开的人物配景素材一一拖入到场景中，并分别调整它们的位置，如图12-72所示。

图12-71 打开的人物图像文件

图12-72 调入人物配景效果

至此，单体建筑效果图的人物配景添加完毕。

## 12.6 添加近景配景

近景在效果图场景中的作用也同样不可忽视。近景一般包括小型灌木、枝叶等配景，它们可以使画面的空间感和景深感更强，还可以使画面的构图更加均衡。但是近景的数量要适度，过多则太杂，过少则显得单调。

### 动手操作——近景配景的添加

Step 01 继续上一节的操作。

Step 02 打开随书配套光盘中的“调用图片\第12章\灌木3.psd”文件，如图12-73所示。

Step 03 使用工具箱中的【移动工具】将灌木3配景素材拖入到场景中，调整它的大小和位置，如图12-74所示。

图12-73　打开的灌木3图像文件

图12-74　调入灌木3配景的位置

由图12-74看出，刚调入的灌木3配景饱和度过高，其色调与场景的主色调不协调。下面使用色彩调整命令处理。

Step 04 选择菜单栏中的【图像】|【调整】|【色相/饱和度】命令，在弹出的【色相/饱和度】对话框中设置各项参数，如图12-75所示。

Step 05 打开随书配套光盘中的“调用图片\第12章\盆景.psd”文件，如图12-76所示。

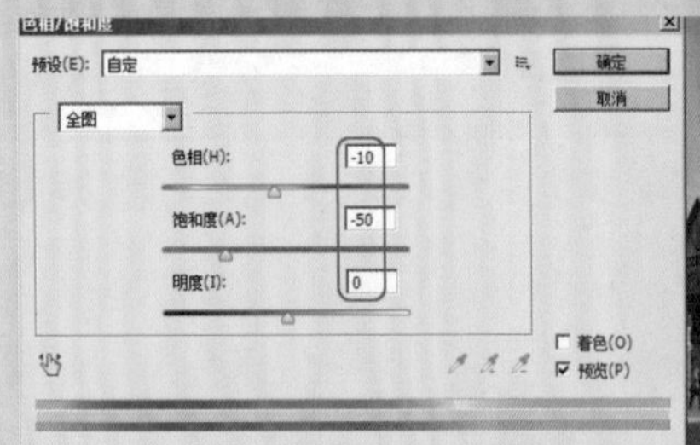

图12-75　【色相/饱和度】参数设置及图像效果

图12-76　打开的盆景图像文件

Step 06 使用工具箱中的【移动工具】将盆景配景素材拖入到场景中，调整它的大小和位置，如图12-77所示。

Step 07 打开随书配套光盘中的“调用图片\第12章\近景树1.psd”文件，如图12-78所示。

Step 08 使用工具箱中的【移动工具】将近景树1配景素材拖入到场景中，调整它的大小和位置，如图12-79所示。

图12-77 调入盆景配景的位置

图12-78 打开的近景树1图像文件

图12-79 调入近景树1配景的位置

Step 09 打开随书配套光盘中的“调用图片\第12章\近景灌木.psd”文件，如图12-80所示。

Step 10 使用工具箱中的【移动工具】将近景灌木配景素材拖入到场景中，调整它的大小和位置，如图12-81所示。

由图12-81看出，刚调入的近景灌木配景饱和度颜色偏冷，与场景色调不是很协调。下面使用色彩调整命令处理。

图12-80 打开的近景灌木图像文件

图12-81 调入近景灌木配景的位置

Step 11 选择菜单栏中的【图像】|【调整】|【色彩平衡】命令，在弹出的【色彩平衡】对话框中设置各项参数，如图12-82所示。

Step 12 打开随书配套光盘中的“调用图片\第12章\阴影.psd”文件，如图12-83所示。

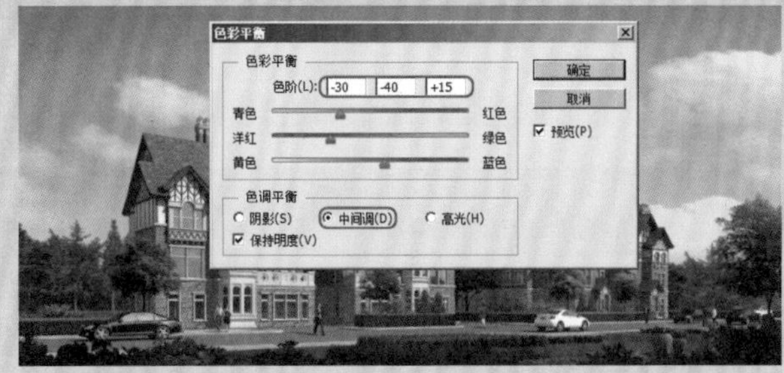


图12-82 【色彩平衡】参数设置及图像效果

图12-83 打开的阴影图像文件

下面为场景的前面调入一个阴影配景，使场景层次看起来更加丰富。

Step 13 使用工具箱中的【移动工具】将阴影配景素材拖入到场景中，调整它的大小和位置，如图12-84所示。

Step 14 在【图层】面板中将阴影所在图层的混合模式更改为【正片叠底】、【不透明度】为

70%，图像效果如图12-85所示。

图12-84　调入阴影配景的位置

图12-85　编辑阴影配景效果

由图12-85发现，场景前面显得比较空。下面再为场景添加压角枝配景，使场景丰满起来。

Step 15 打开随书配套光盘中的“调用图片\第12章\压角枝.psd”文件，如图12-86所示。

Step 16 使用工具箱中的【移动工具】将压角枝配景素材一一调入到场景中，并分别调整它们的大小和位置，如图12-87所示。

图12-86　打开的压角枝图像文件

图12-87　调入压角枝配景的位置

至此，单体建筑效果图后期处理已经接近尾声了。从场景的效果来看，基本的气氛已经营造出来了，但现在看来整个场景效果还不是很明亮。

## 12.7 整体调整

一般情况下，添加完配景后，需要最终统一调整一下，也就是使配景和建筑感觉是一个整体。

### 动手操作——整体调整

Step 01 继续上一节的操作。

Step 02 在【图层】面板中创建一个新图层，命名为【亮色】。

Step 03 设置前景色为黄色（R=255、G=220、B=90），选择工具箱中的【画笔工具】，选择一个虚边的笔头，设置笔头大小为400像素，然后在场景中由左至右拖曳鼠标，绘制如图12-88所示的色块。

Step 04 在【图层】面板中，将【亮色】图层的混合模式改为【颜色减淡（添加）】、【不透明度】改为10%，效果如图12-89所示。

图12-88 绘制色块效果

图12-89 编辑色块效果

Step 05 选择菜单栏中的【图层】|【新建调整图层】|【照片滤镜】命令，在弹出的【新建图层】对话框中单击 确定 按钮，在随后弹出的面板中设置各项参数，如图12-90所示。

执行上述操作后，图像效果如图12-91所示。

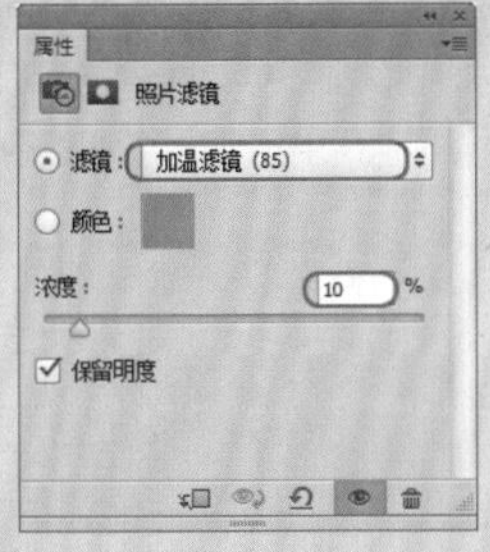

图12-90 参数设置

图12-91 编辑图像效果

Step 06 选择菜单栏中的【图层】|【新建调整图层】|【亮度/对比度】命令，在弹出的【新建图层】对话框中单击 确定 按钮，在随后弹出的面板中设置各项参数，如图12-92所示。

执行上述操作后，得到图像的最终效果，如图12-93所示。

图12-92 参数设置

图12-93 图像最终效果

Step 07 选择菜单栏中的【文件】|【存储为】命令，将图像另存为【单体建筑后期.psd】。可以在随书配套光盘“效果文件\第12章”文件夹下找到该文件。

## 12.8 小结

建筑在画面中的主体地位是不可动摇的，但是单靠它自己又远远达不到想要的那种自然、真实的环境氛围，这时往往会为场景添加一些其他的元素，以此来烘托环境气氛、突出主体建筑。这些其他元素就是配景，配景一般包括天空、树木、草地、建筑小品、人物等。它们在场景中除了烘托主体建筑外，还能够起到活跃画面气氛、均衡构图的作用。

Chapter 13

# 第13章

# 住宅小区效果图后期处理

## 本章内容

- 住宅小区建筑效果图后期处理要点
- 营造住宅建筑环境
- 修饰住宅建筑主体
- 小结

本章将制作一幅住宅小区设计方案效果图，在这里要表达的是住宅的外部环境，强调环境与建筑的对称与协调，两者相辅相成、相映成趣，通过主体建筑、环境氛围营造以及配景添加等诸多方面的结合，体现出建筑环境的整体性，色调统一、环境优雅。环境因建筑而更加迷人，建筑也因环境更具持久的生命。

本章制作的住宅小区建筑效果图的前后效果如图13-1所示。

图13-1 住宅小区效果图前后效果对比

## 13.1 住宅小区建筑效果图后期处理要点

在进行效果图后期处理时，为了表现环境、衬托主体建筑，往往会为场景添加一些增强画面生活气息的天空背景、植物、路灯、小区配套设施、人物等配景素材，这些配景虽然不是效果图场景的主体部分，但是它们对画面整体效果的最终表现起到了陪衬的作用。可以这么说，一幅完整的效果图，是建筑主体与周围环境完美结合的结果。

在效果图后期处理方面，多少会有一些规律可循。这里总结了一部分关于住宅建筑环境氛围营造方面的处理要点供用户参考。

- 住宅环境的整体布局方面：所谓整体布局，是指场景中各个配景的摆放位置、色彩的搭配等。首先从构图角度来讲，要求场景的构图要在统一中求变化、在变化中求统一。同时，应根据场景所要反映的节气及时间进行色彩的搭配、配景素材的选择等，因为不同的节气、时间所要求的配景种类和配景色彩都是不一样的。另外，在制作时要时刻注意配景在画面中所占的比重，既不能使某个区域挤得太满，也不能使某区域显得太过空旷。把握好这些方面，就能把握好场景的整体布局。
- 环境配景素材的处理：考虑到画面中环境的真实性，所添加的配景素材不能粗制滥造。另外，不管配景素材多么完美无缺，它都是为烘托主体建筑而设的，所以所添加的配景素材在画面中不能太过突出，要充分考虑配景素材与画面氛围的和谐统一。在使用配景素材时，注意不要对配景素材进行毫无节制的复制、粘贴。这虽然省事，但容易使画面显得太过统一、缺少变化。另外，场景中配景素材的种类也不宜过多，如果种类过多，画面就会产生混乱。由此可见，每幅建筑效果图中配景的选择、添加都要用心去推敲，以确保画面的整体感。
- 环境的整体调整：在所有的配景素材都各就各位后，最后的工作就是对小区环境进行整体调整了。做这一步的目的是为了使画面效果显得更加清澈透明。

## 13.2 修饰住宅建筑主体

对于一幅建筑效果图来说，因为建筑是主体，所以一定要拿出精力对建筑进行调整，主要调整它的明暗、色调、虚实变化等，必要的话还要调整细部，以免影响后期建筑效果表现。

## 动手操作——修饰住宅建筑主体

**Step 01** 选择菜单栏中的【文件】|【打开】命令，打开随书配套光盘中的“调用图片\第13章\住宅小区.tif”文件，如图13-2所示。

首先将图像与背景分离。

**Step 02** 在【图层】面板中双击【背景】图层，在弹出的【新建图层】对话框中将图层命名为【建筑】，然后单击 确定 按钮，如图13-3所示。

图13-2 打开的住宅小区图像文件

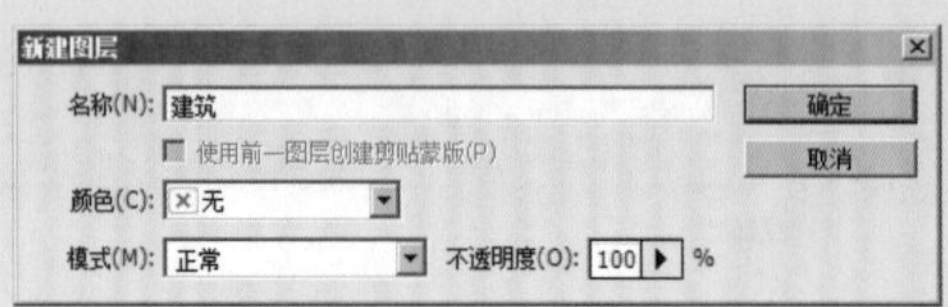


图13-3 【新建图层】对话框

执行上述操作后，【背景】图层被转换为普通层。

**Step 03** 在【通道】面板中按住Ctrl键的同时单击【Alpha 1】通道，选择建筑图像的选区，然后按Ctrl+Shift+I快捷键将选区反选，选择黑色背景。

**Step 04** 按Delete键将黑色背景删除，然后按Ctrl+D快捷键将选区取消，此时图像效果如图13-4所示。

**Step 05** 选择菜单栏中的【文件】|【打开】命令，打开随书配套光盘中的“调用图片\第13章\住宅小区选区.tif”文件，如图13-5所示。

图13-4 删除背景后的效果

图13-5 打开的住宅小区选区图像文件

**Step 06** 使用同样的方法，调出建筑的选区，然后按住Shift键的同时将选区内的内容拖入到【住宅小区】场景中，并将该图层命名为【通道】，如图13-6所示。

**Step 07** 在【图层】面板中将【通道】图层隐藏，如图13-7所示。

至此，住宅小区建筑渲染中的主体建筑就从背景中被分离出来了。下面调整主体建

图13-6 调入【通道】图像后的效果

筑的色调，只有主体建筑的色调确定好了，营造建筑环境时才能有的放矢。

Step 08 确认【建筑】图层为当前操作图层。选择菜单栏中的【图像】|【调整】|【亮度/对比度】命令，在弹出的【亮度/对比度】对话框中设置各项参数，如图13-8所示。

图13-7 隐藏【通道】图层效果

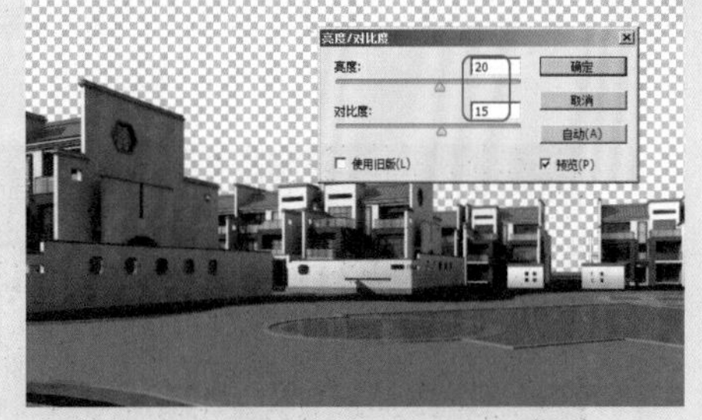

图13-8 【亮度/对比度】参数设置及图像效果

Step 09 显示【通道】图层，使用工具箱中的【魔棒工具】将建筑的白色墙体部分选中，如图13-9所示。

在【通道】图层中的选区　在【建筑】图层中的选区

图13-9 创建的选区

Step 10 返回【建筑】图层，按Ctrl+J快捷键将选区内容复制为一个单独的图层，命名为【白墙体】。

执行上述操作后，选区内的内容被复制为一个单独的图层，然后调整它的色调。

Step 11 选择菜单栏中的【图像】|【调整】|【曲线】命令，在弹出的【曲线】对话框中设置各项参数，如图13-10所示。

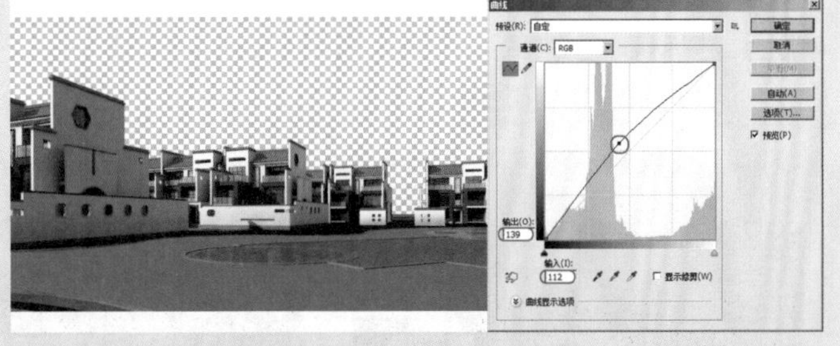

图13-10 【曲线】参数设置及图像效果

下面将建筑底部的颜色进行加深处理。

Step 12 按Ctrl键的同时单击【白墙体】图层，调出白色墙体的选区。

Step 13 在【通道】面板中新建一个【Alpha 2】通道，选择工具箱中的【渐变工具】，然后在选区中执行一个【黑，白渐变】，如图13-11所示。

Step 14 按住Ctrl键的同时单击【Alpha 2】通道，调出白色区域的选区，然后回到【图层】面板。

Step 15 选择菜单栏中的【图像】|【调整】|【亮度/对比度】命令，在弹出的【亮度/对比度】对话框中设置各项参数，如图13-12所示。

Step 16 按Ctrl+D快捷键将选区取消。

Step17 显示【通道】图层，使用工具箱中的【魔棒工具】将建筑墙体下方的深色地基部分选中，如图13-13所示。

Step18 返回【建筑】图层，按Ctrl+J快捷键将选区内容复制为一个单独的图层，命名为【地基】。

Step19 选择菜单栏中的【图像】|【调整】|【亮度/对比度】命令，在弹出的【亮度/对比度】对话框中设置各项参数，如图13-14所示。

图13-11　执行渐变操作

图13-12　【亮度/对比度】参数设置及图像效果

图13-13　选择地基部分

图13-14　【亮度/对比度】参数设置及图像效果

Step20 显示【通道】图层，使用工具箱中的【魔棒工具】将建筑的屋顶部分选中，如图13-15所示。

Step21 返回【建筑】图层，按Ctrl+J快捷键将选区内容复制为一个单独的图层，命名为【屋顶】。

Step22 选择菜单栏中的【图像】|【调整】|【色阶】命令，在弹出的【色阶】对话框中设置各项参数，如图13-16所示。

图13-15　选择屋顶部分

图13-16　【色阶】参数设置及图像效果

Step23 显示【通道】图层，使用工具箱中的【魔棒工具】将建筑的蓝色墙瓦部分选中，如图13-17所示。

Step24 返回【建筑】图层，按Ctrl+J快捷键将选区内容复制为一个单独的图层，命名为【墙瓦】。

Step25 选择菜单栏中的【图像】|【调整】|【曲线】命令，在弹出的【曲线】对话框中设置各项参数如图13-18所示。

在【通道】图层中的选区　　在【建筑】图层中的选区

图13-17　创建的选区

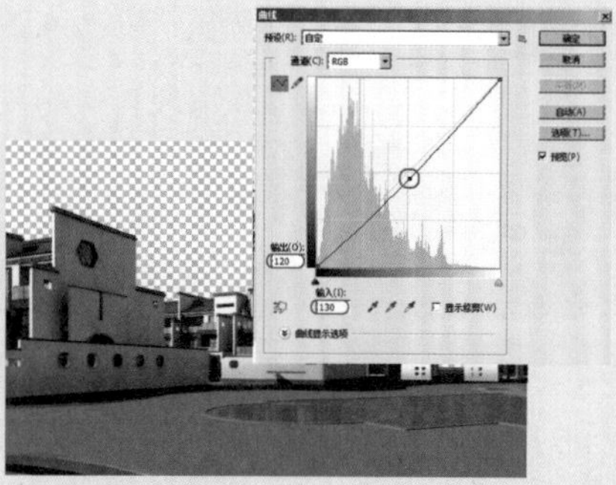

图13-18　【曲线】参数设置及图像效果

下面处理玻璃的色调。玻璃在建筑效果图中占的比重很大，它是点睛之笔，玻璃处理好了，效果图才有神采。

**Step 26** 显示【通道】图层，使用工具箱中的【魔棒工具】将建筑的玻璃部分选中，如图13-19所示。

在【通道】图层中的选区　　在【建筑】图层中的选区

图13-19　创建的选区

**Step 27** 返回【建筑】图层，按Ctrl+J快捷键将选区内容复制为一个单独的图层，命名为【玻璃】。

**Step 28** 选择菜单栏中的【图像】|【调整】|【曲线】命令，在弹出的【曲线】对话框中设置各项参数，如图13-20所示。

此时观察图像，发现玻璃的色调不是很好，下面使用色彩调整命令调整玻璃的色调。

**Step 29** 选择菜单栏中的【图像】|【调整】|【色相/饱和度】命令，在弹出的【色相/饱和度】对话框中设置各项参数，如图13-21所示。

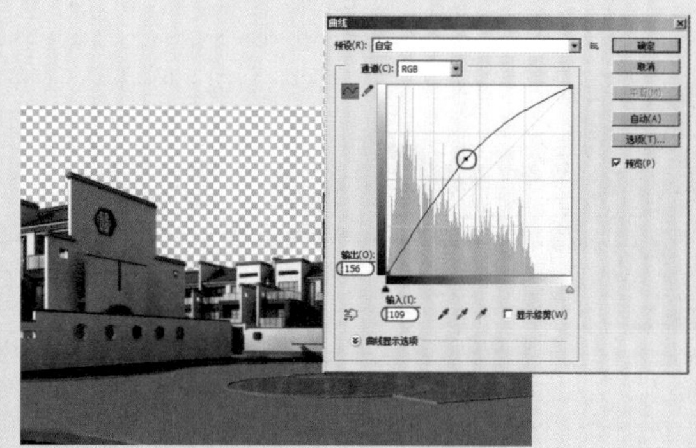


图13-20　【曲线】参数设置及图像效果

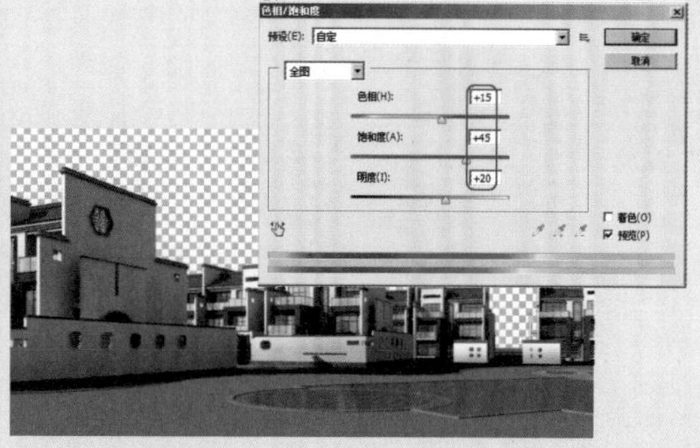


图13-21　【色相/饱和度】参数设置及图像效果

下面再处理灰色砖墙的色调。

**Step 30** 显示【通道】图层，使用工具箱中的【魔棒工具】将建筑的灰色砖墙部分选中，如图13-22所示。

Step 31 返回【建筑】图层，按Ctrl+J快捷键将选区内容复制为一个单独的图层，命名为【灰墙砖】。

在【通道】图层中的选区

在【建筑】图层中的选区

图13-22　创建的选区

Step 32 选择菜单栏中的【图像】|【调整】|【亮度/对比度】命令，在弹出的【亮度/对比度】对话框中设置各项参数，如图13-23所示。

Step 33 选择菜单栏中的【图像】|【调整】|【色彩平衡】命令，在弹出的【色彩平衡】对话框中设置各项参数，如图13-24所示。

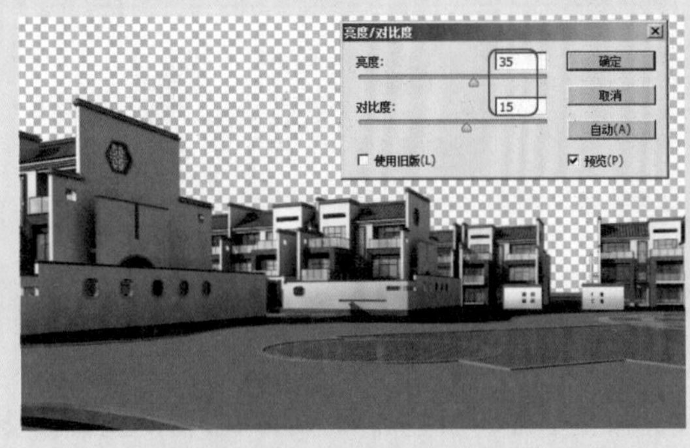

图13-23　【亮度/对比度】参数设置及图像效果

图13-24　【色彩平衡】参数设置及图像效果

至此建筑部分基本调整完毕，下面再调整地面部分的色调。

Step 34 显示【通道】图层，使用工具箱中的【魔棒工具】将建筑地面部分的所有地砖区域选中，如图13-25所示。

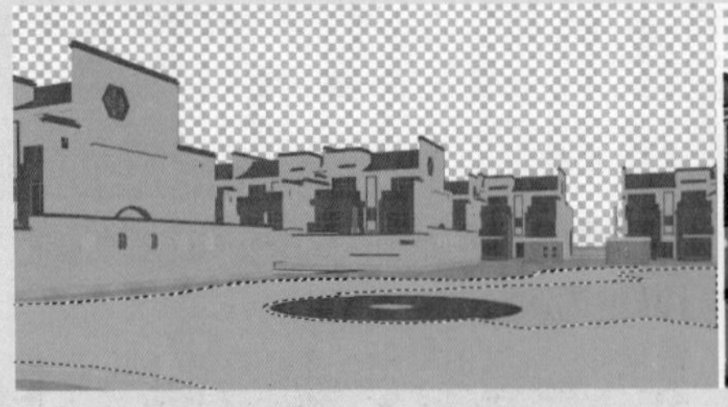

在【通道】图层中的选区

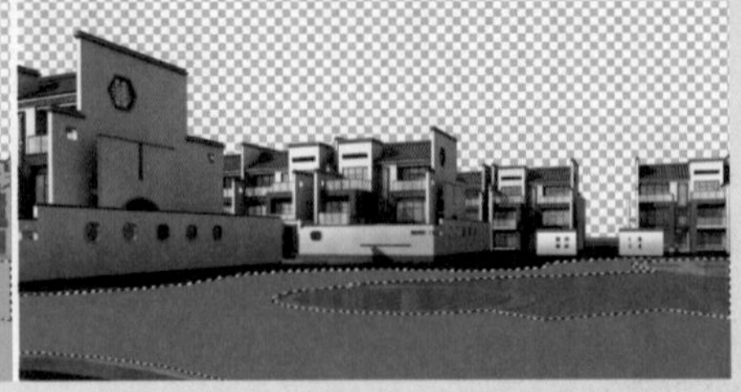

在【建筑】图层中的选区

图13-25　创建的选区

Step 35 返回【建筑】图层，按Ctrl+J快捷键将选区内容复制为一个单独的图层，命名为【地面】。

Step 36 选择菜单栏中的【图像】|【调整】|【曲线】命令，在弹出的【曲线】对话框中设置各项参数，如图13-26所示。

Step 37 在【通道】图层中选择地面区域，如图13-27所示的红色部分。

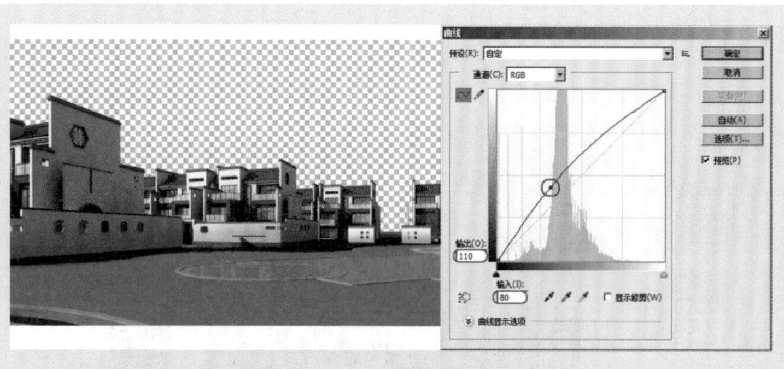

图13-26 【曲线】参数设置及图像效果　　图13-27 创建的选区

Step38 回到【地面】图层，选择菜单栏中的【图像】|【调整】|【亮度/对比度】命令，在弹出的【亮度/对比度】对话框中设置各项参数，如图13-28所示。

Step39 按Ctrl+D快捷键将选区取消。

至此建筑主体修饰完毕，整体观察场景效果如图13-29所示。

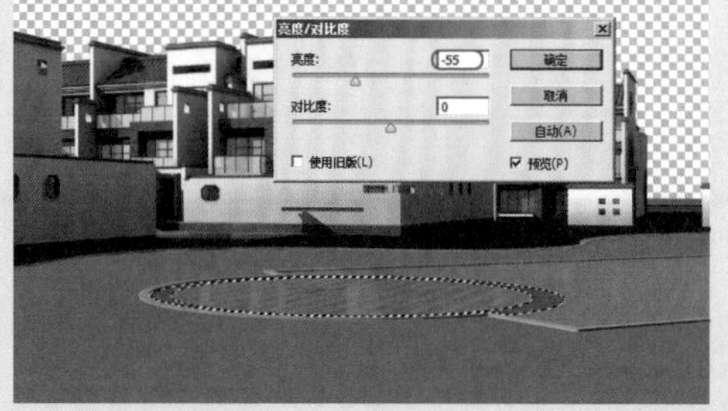

图13-28 【亮度/对比度】参数设置及图像效果　　图13-29 修饰建筑后的场景效果

# 13.3 营造住宅建筑环境

对一幅效果图来说，建筑环境的营造是一个很重要的环节。因为建筑环境是为建筑主体服务的，它不仅要反映建筑所处的时间、季节，还要烘托画面的主体气氛。

## 13.3.1 天空及路面的添加

在处理天空时，一般最先考虑的是为场景添加一幅真实的天空背景图片，而且天空的色彩要与主体建筑的色调相协调。一般结构比较复杂的建筑，其背景天空应该以简单、干净为主；而结构比较简洁的建筑，其背景应该丰富一些，这样会增加画面的视觉冲击力。

下面为场景添加合适的背景，这里为场景添加一幅天空背景图片。

### 动手操作——天空及草地的添加

Step01 继续上一节的操作。

Step02 选择菜单栏中的【文件】|【打开】命令，打开随书配套光盘中的“调用图片\第13章\天

空.jpg”文件，如图13-30所示。

Step 03 使用工具箱中的【移动工具】将天空背景拖入到住宅小区建筑场景中，将其所在图层调整到【建筑】图层的下方，然后将其调整到如图13-31所示的位置。

图13-30 打开的天空图像文件

图13-31 调入天空后的效果

由图13-31发现，添加的天空对于场景来说感觉有些偏暗，因此需要调整天空的色调。

Step 04 选择菜单栏中的【图像】|【调整】|【曲线】命令，在弹出的【曲线】对话框中设置各项参数，如图13-32所示。

下面为场景添加草地配景。在实际制作中，草地的处理方法一般有3种，即用颜色表示、合成法、直接调用法。这里采用直接调用草地图片的方法。

Step 05 选择菜单栏中的【文件】|【打开】命令，打开随书配套光盘中的“调用图片\第13章\草地.jpg”文件，如图13-33所示。

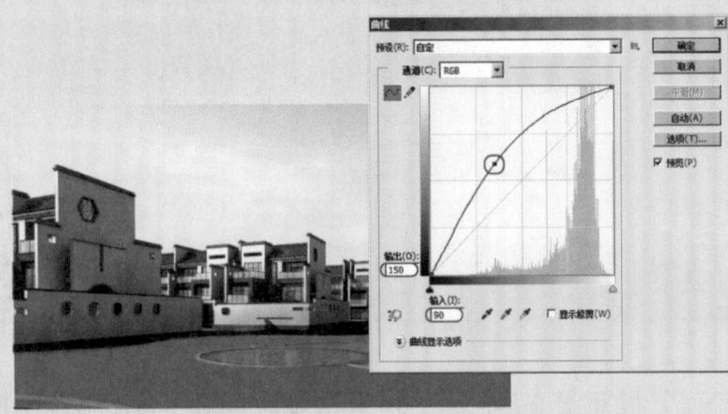

图13-32 【曲线】参数设置及图像效果

图13-33 打开的草地图像文件

Step 06 按Ctrl+A快捷键将草地全选，按Ctrl+C快捷键将选区内容复制。

Step 07 回到住宅小区场景中，调出绿色草地的选区，如图13-34所示。

Step 08 选择菜单栏中的【编辑】|【选择性粘贴】|【贴入】命令，如图13-35所示，将复制的草地配景贴入到选区中，并调整它的大小和位置，如图13-36所示。

图13-34 绿色草地的选区

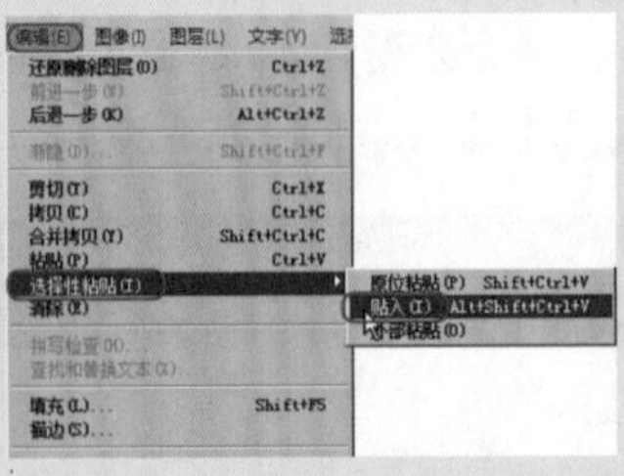

图13-35 【贴入】命令

图13-36 调入绿色效果

Step 09 选择菜单栏中的【图像】|【调整】|【色彩平衡】命令，在弹出的【色彩平衡】对话框中设置各项参数，如图13-37所示。

Step 10 选择菜单栏中的【图像】|【调整】|【色相/饱和度】命令，在弹出的【色相/饱和度】对话框中设置各项参数，如图13-38所示。

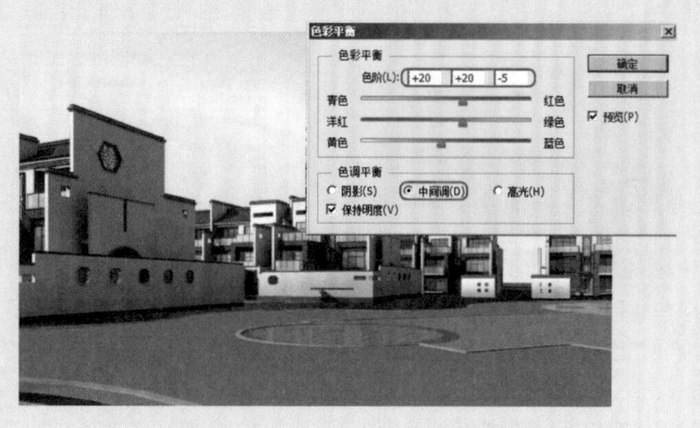

图13-37 【色彩平衡】参数设置及图像效果

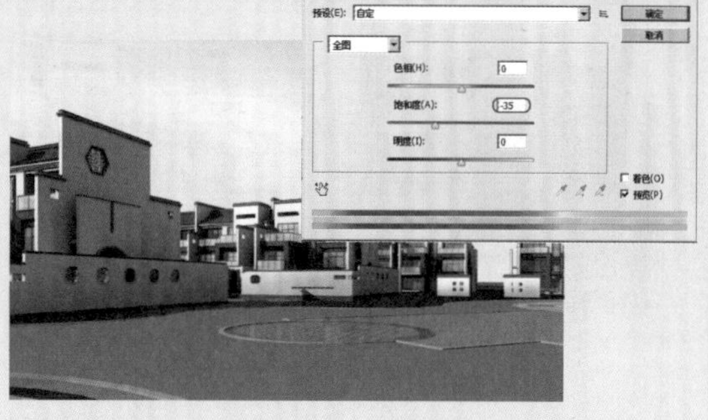

图13-38 【色相/饱和度】参数设置及图像效果

至此，住宅小区建筑效果图的天空和地面就处理完毕了。

## 13.3.2 添加远景及中景配景

在进行室外效果图后期处理的过程中，为场景添加一些合适的植物配景是必不可少的一个步骤，因为有了植物配景，画面气氛就【活】了起来，场景的空间感也会马上显现出来，建筑和自然环境就轻松地融合在一起了。

需要添加的植物配景一般包括树木、灌木等，在添加这些配景时，需要分层次地处理好这些配景的透视关系。要特别注意由近到远的透视关系与空间关系。透视关系主要表现为近大远小、近实远虚，空间关系主要表现为色彩的明暗和对比度的变化。另外，如果植物配景本身没有阴影，还要为其制作阴影效果。在制作阴影效果时，要注意处理好植物的受光面与阴影的关系，注意阴影要与场景的光照方向相一致，要有透明感。

### 动手操作——远景及中景配景的添加

Step 01 将【建筑】图层和前面所有调整的建筑局部图层链接合并为一个图层，命名为【建筑】。

Step 02 确认【建筑】图层为当前操作图层。使用工具箱中的【多边形套索工具】，将远处的建筑选中，如图13-39所示。

Step 03 单击鼠标右键，在弹出的快捷菜单中选择【通过剪切的图层】命令，将远处的建筑剪切为一个单独的图层，命名为【远景建筑】。然后将该图层的【不透明度】更改为60%，图像效果如图13-40所示。

下面添加远景配景素材。

Step 04 选择菜单栏中的【文件】|【打开】命令，打开随书配套光盘中的“调用图片\第13章\远山.psd”文件，如图13-41所示。

Step 05 使用【移动工具】将远山配景调入到场景中，并调整它的大小和位置。然后将远山所在图层的【不透明度】更改为44%，图像效果如图13-42所示。

Step 06 选择菜单栏中的【文件】|【打开】命令，打开随书配套光盘中的“调用图片\第13章\远景树1.psd”文件，如图13-43所示。

图13-39 创建的选区

图13-40 调整【不透明度】效果

图13-41 打开的远山图像文件

图13-42 调入远山配景的效果

图13-43 打开的远景树1图像文件

Step 07 使用【移动工具】将远景树1配景调入到场景中，并调整它的大小和位置，图像效果如图13-44所示。

Step 08 选择菜单栏中的【文件】|【打开】命令，打开随书配套光盘中的“调用图片\第13章\远景树2.psd”文件，如图13-45所示。

Step 09 使用【移动工具】将远景树2配景调入到场景中，并调整它的大小和位置，图像效果如图13-46所示。

图13-44 调入远景树1配景的效果

图13-45 打开的远景树2图像文件

图13-46 调入远景树2配景的效果

由图13-46发现，刚调入的远景树2配景颜色饱和度过高，需要使用色彩调整命令进行调整。

Step 10 选择菜单栏中的【图像】|【调整】|【色相/饱和度】命令，在弹出的【色相/饱和度】对话框中设置各项参数，如图13-47所示。

Step 11 选择菜单栏中的【文件】|【打开】命令，打开随书配套光盘中的“调用图片\第13章\竹子.psd”文件，如图13-48所示。

Step 12 使用【移动工具】将竹子配景调入到场景中，并调整它的大小和位置，图像效果如图13-49所示。

Step 13 选择菜单栏中的【文件】|【打开】命令，打开随书配套光盘中的“调用图片\第13章\远景树3.psd”文件，如图13-50所示。

Step 14 使用【移动工具】将远景树3配景调入到场景中，并调整它的大小和位置，图像效果如图13-51所示。

Step 15 选择菜单栏中的【文件】|【打开】命令，打开随书配套光盘中的“调用图片\第13章\中式隔断.psd”文件，如图13-52所示。

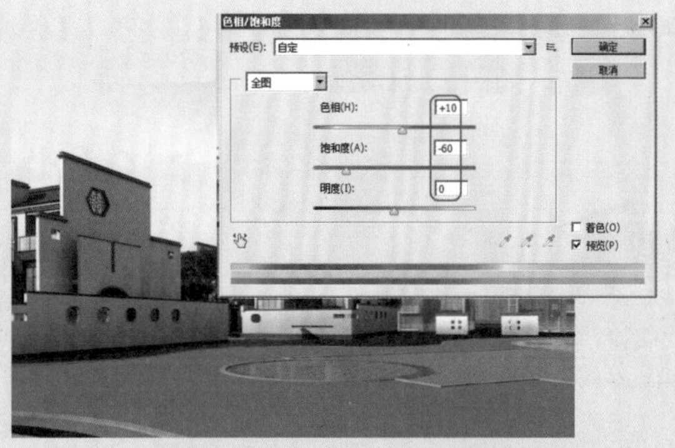


图13-47 【色相/饱和度】参数设置及图像效果

图13-48 打开的竹子图像文件

Step 16 使用【移动工具】将中式隔断配景调入到场景中，并调整它的大小和位置，图像效果如图13-53所示。

Step 17 选择菜单栏中的【文件】|【打开】命令，打开随书配套光盘中的“调用图片\第13章\水面.psd”文件，如图13-54所示。

图13-49 调入竹子配景的效果

图13-50 打开的远景树3图像文件

图13-51 调入远景树3配景的效果

图13-52 打开的中式隔断图像文件

图13-53 调入中式隔断配景的效果

图13-54 打开的水面图像文件

Step 18 按住Ctrl键的同时单击水面所在图层调出其选区，然后按Ctrl+C快捷键将选区内容复制。

Step 19 回到住宅小区场景中，调出水面选区。选择菜单栏中的【编辑】|【选择性粘贴】|【贴入】命令，将复制的水面配景贴入到选区中，并调整它的大小和位置，如图13-55所示。

下面调整水面的色调。

Step 20 选择菜单栏中的【图像】|【调整】|【曲线】命令，在弹出的【曲线】对话框中设置各项参数，如图13-56所示。

图13-55 调入水面配景的效果

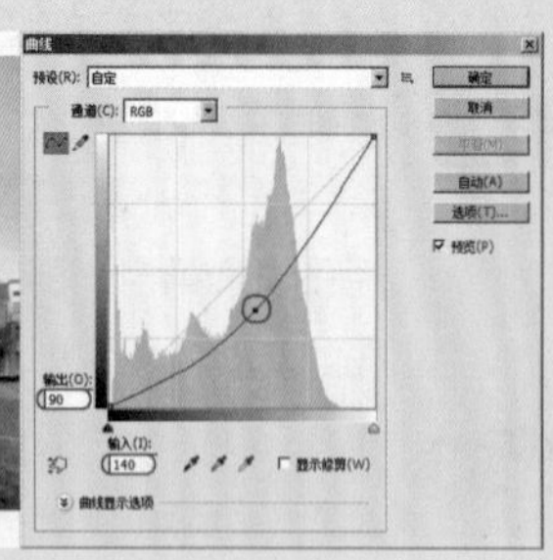

图13-56 【曲线】参数设置及图像效果

Step 21 选择菜单栏中的【文件】|【打开】命令，打开随书配套光盘中的“调用图片\第13章\远景树4.psd”文件，如图13-57所示。

Step 22 使用【移动工具】将远景树4配景调入到场景中，并调整它的大小和位置，图像效果如图13-58所示。

Step 23 选择菜单栏中的【文件】|【打开】命令，打开随书配套光盘中的“调用图片\第13章\灌木.psd”文件，如图13-59所示。

图13-57 打开的远景树4图像文件

图13-58 调入远景树4配景的效果

图13-59 打开的灌木图像文件

Step 24 使用【移动工具】将灌木配景调入到场景中，然后沿着水面的边缘移动复制3个，并分别调整它们的大小和位置，图像效果如图13-60所示。

Step 25 选择菜单栏中的【文件】|【打开】命令，打开随书配套光盘中的“调用图片\第13章\石头1.psd”文件，如图13-61所示。

Step 26 使用【移动工具】将石头1配景调入到场景中，然后沿着水面的边缘移动复制2个，并分别调整它们的大小和位置，图像效果如图13-62所示。

图13-60 调入并复制灌木配景效果

图13-61 打开的石头1图像文件

图13-62 调入并复制石头1配景效果

Step 27 选择菜单栏中的【文件】|【打开】命令，打开随书配套光盘中的“调用图片\第13章\假山

1.psd”文件，如图13-63所示。

Step28 使用【移动工具】将假山1配景调入到场景中，并调整它的大小和位置，图像效果如图13-64所示。

下面为假山1配景制作倒影效果。

Step29 将假山1所在图层命名为【假山1】，然后将该图层复制一层，生成【假山1 副本】图层。

Step30 按Ctrl+T快捷键，弹出自由变换框，单击鼠标右键，在弹出的快捷菜单中选择【垂直翻转】命令，将图像垂直翻转，然后调整它的位置和形态，如图13-65所示。

图13-63 打开的假山1图像文件

图13-64 调入假山1配景效果

图13-65 假山的形态

Step31 调整合适后按Enter键确认变形操作。

Step32 选择菜单栏中的【图像】|【调整】|【亮度/对比度】命令，在弹出的【亮度/对比度】对话框中设置各项参数，如图13-66所示。

Step33 选择菜单栏中的【滤镜】|【模糊】|【动感模糊】命令，在弹出的【动感模糊】对话框中设置各项参数，如图13-67所示。

图13-66 【亮度/对比度】参数设置及图像效果

图13-67 【动感模糊】参数设置及图像效果

Step34 使用同样的方法，为其他配景也制作倒影效果。制作倒影后的图像效果如图13-68所示。

下面对水面局部进行加深处理。

Step35 使用工具箱中的选择工具在场景中创建如图13-69所示的选区。

图13-68 制作配景倒影效果

图13-69 创建的选区

**Step 36** 在【图层】面板中新建一个图层，命名为【局部加深】。

**Step 37** 设置前景色为黑色，按Alter+Delete快捷键将选区以黑色填充，然后将该图层的【不透明度】更改为50%，最后按Ctrl+D快捷键将选区取消，图像效果如图13-70所示。

至此，住宅小区远景及中景配景添加完毕，整体观察场景效果如图13-71所示。

图13-70 局部加深效果

图13-71 添加远景及中景配景效果

## 13.3.3 近景配景的添加

在效果图的场景中，近景的作用同样不可忽视。近景一般可用灌木、树木、树叶、人物等配景。

### 动手操作——近景配景的添加

**Step 01** 继续上一节的操作。

**Step 02** 选择菜单栏中的【文件】|【打开】命令，打开随书配套光盘中的“调用图片\第13章\假山2.psd”文件，如图13-72所示。

**Step 03** 使用【移动工具】将假山2配景调入到场景中，并调整它的大小和位置，图像效果如图13-73所示。

图13-72 打开的假山2图像文件

图13-73 调入假山2配景效果

**Step 04** 选择菜单栏中的【文件】|【打开】命令，打开随书配套光盘中的“调用图片\第13章\灌木1.psd”文件，如图13-74所示。

**Step 05** 使用【移动工具】将灌木1配景调入到场景中，并调整它的大小和位置，图像效果如图13-75所示。

**Step 06** 选择菜单栏中的【文件】|【打开】命令，打开随书配套光盘中的“调用图片\第13章\假山3.psd”文件，如图13-76所示。

图13-74 打开的灌木1图像文件 图13-75 调入灌木1配景效果 图13-76 打开的假山3图像文件

Step 07 使用【移动工具】将假山3配景调入到场景中，并调整它的大小和位置，图像效果如图13-77所示。

Step 08 选择菜单栏中的【文件】|【打开】命令，打开随书配套光盘中的“调用图片\第13章\阴影.psd”文件，如图13-78所示。

Step 09 使用【移动工具】将阴影配景调入到场景中，并调整它的大小和位置。最后将其所在图层的【不透明度】更改为50%，此时图像效果如图13-79所示。

图13-77 调入假山3配景效果 图13-78 打开的阴影图像文件 图13-79 阴影配景效果

Step 10 选择菜单栏中的【文件】|【打开】命令，打开随书配套光盘中的“调用图片\第13章\近景灌木.psd”文件，如图13-80所示。

Step 11 使用【移动工具】将近景灌木配景调入到场景中，并调整它的大小和位置，如图13-81所示。

图13-80 打开的近景灌木图像文件 图13-81 调入近景灌木配景效果

由图13-81看出，刚调入的近景灌木在场景中亮度过高，需要使用色彩调整命令进行调整。

Step 12 选择菜单栏中的【图像】|【调整】|【曲线】命令，在弹出的【曲线】对话框中设置各项参数，如图13-82所示。

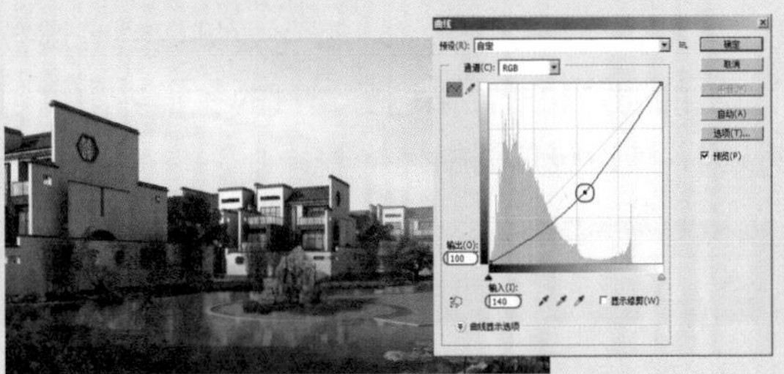

图13-82 【曲线】参数设置及图像效果

Step 13 选择菜单栏中的【文件】|【打开】命令，打开随书配套光盘中的“调用图片\第13章\近景竹子1.psd”和【近景竹子2.psd】文件，如图13-83所示。

Step 14 使用【移动工具】将它们一一调入到场景中，并分别调整它们的大小和位置，如图13-84所示。

最后再为场景添加几个人物配景。不管是进行室内效果图后期处理还是室外效果图后期处理，适当地为场景添加一些人物配景是必不可少的重要步骤。因为添加了人物后，不仅可以很好地烘托画面的气氛、丰富画面的内容，还可以很好地增加画面的人文气息。

Step 15 选择菜单栏中的【文件】|【打开】命令，打开随书配套光盘中的“调用图片\第13章\人物.psd”文件，如图13-85所示。

图13-83 打开的配景素材

图13-84 调入近景配景效果

图13-85 打开的人物图像文件

Step 16 使用【移动工具】将它们一一调入到场景中，并分别调整它们的大小和位置，如图13-86所示。

**注 意**

在添加人物配景时要注意以下几点：①所添加人物的形象要与主体建筑风格相协调；②人物的阴影要与场景的光照方向一致；③人物的穿着要与场景表现的季节相符合；④人物与建筑的透视比例关系要正确。

图13-86 调入人物配景效果

至此，住宅小区建筑效果图的近景配景就添加完毕了。添加了近景之后，近大远小的层次关系较之前更为明显，空间感得到加强，达到平衡构图的目的。

## 13.3.4 最后调整

在添加完大量的素材之后，效果图的制作和处理进入了最后的调整阶段，即进行构图、建筑色彩的统一调整。调整构图是为了强化效果图的景深效果，同时也起到平衡构图的作用；建筑调整主要针对建筑的明暗和对比来调整，目的在于突出显示建筑本身；而光线和色彩的调整主要是为了统一色彩氛围，使冷暖色调相得益彰。

### 动手操作——最后调整

Step 01 在【图层】面板中新建一个图层，命名为【提亮1】，使其位于【图层】面板的最上方

(【通道】图层除外)。

Step02 设置前景色为灰色(R=147、G=147、B=147),选择工具箱中的【渐变工具】,在属性栏中设置【不透明度】数值为50%,然后在图像中由左下角至右上角执行一个【前景色到透明渐变】,如图13-87所示。

执行渐变后的图像效果如图13-88所示。

图13-87 执行渐变操作

图13-88 渐变效果

Step03 在【图层】面板中将【提亮1】图层的混合模式更改为【柔光】,图像效果如图13-89所示。

Step04 在【图层】面板中新建一个图层,命名为【提亮2】。

Step05 设置前景色为米白色(R=235、G=230、B=215),选择工具箱中的【画笔工具】,选择一个虚边的笔刷,在属性栏中设置【不透明度】数值为50%,然后在图像中拖动鼠标绘制如图13-90所示的颜色。

图13-89 编辑提亮1效果

图13-90 绘制提亮2颜色效果

Step06 在【图层】面板中将【提亮2】图层的混合模式更改为【叠加】、【不透明度】为55%,图像效果如图13-91所示。

Step07 在【图层】面板中新建一个图层,命名为【提亮3】。

Step08 设置前景色为黄色(R=255、G=215、B=125),选择工具箱中的【画笔工具】,选择一个虚边的笔刷,在属性栏中设置【不透明度】数值为50%,然后在图像中拖动鼠标绘制如图13-92所示的颜色。

Step09 在【图层】面板中将【提亮3】图层的混合模式更改为【颜色减淡】、【不透明度】为20%,图像效果如图13-93所示。

Step10 选择菜单栏中的【文件】|【打开】命令,打开随书配套光盘中的“调用图片\第13章\字.psd”文件,如图13-94所示。

Step11 使用【移动工具】将字配景素材调入到场景中,调整它的大小和位置,如图13-95所示。

**Step 12** 单击【图层】面板下方的 按钮，在弹出的菜单中选择【亮度/对比度】命令，调整对比度为10，从而得到住宅小区场景的最终效果，如图13-96所示。

图13-91 编辑提亮2效果

图13-92 绘制提亮3颜色效果

图13-93 编辑提亮3效果

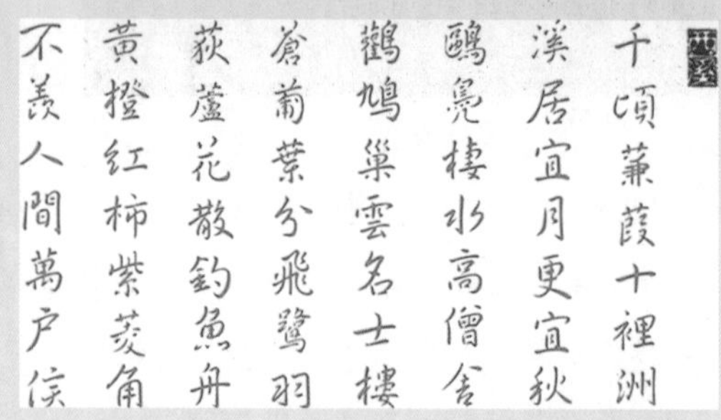


图13-94 打开的字图像文件

图13-95 调入字配景效果

图13-96 最终效果

**Step 13** 选择菜单栏中的【文件】|【存储为】命令，将图像存储为【住宅小区.psd】。可以在随书配套光盘“效果文件\第13章”文件夹下找到该文件。

## 13.4 小结

本章对住宅小区建筑环境氛围的营造过程做了一个详尽的介绍，相信在学习完本章的范例后读者会有不少收获。

建筑效果图是现代社会精彩瞬间的缩影，一幅好的效果图，不仅有良好的实用价值，还有很高的艺术价值。因此，好的效果图的要求也是很高的，要求设计师既要具有丰富的空间想象能力，又要有对结构、透视、色彩、材质、灯光等方面的综合运用能力。虽然这些都不是短期就能够拥有的能力，但只要多做练习，就会制作出完美细腻的效果图作品。

Chapter 14

# 第14章

# 室外夜景效果图后期处理

**本章内容**

- 处理的要点及流程
- 修饰建筑
- 制作建筑环境
- 小结

本章将对一幅夜景别墅效果图进行后期效果的处理。通过本例的制作过程，主要学习室外夜景建筑效果图色调的处理、背景的添加、路面的细部处理以及玻璃的处理等方面的知识。需要特别注意的是夜景光效的处理方法，夜景的光效处理好了，将会为夜景效果图增色不少。

本章制作的室外夜景效果图前后效果对比如图14-1所示。

图14-1　夜景建筑效果图前后效果对比

## 14.1 处理的要点及流程

夜景效果图和日景效果图的后期处理方法及流程相差不多，不同的就是时间和氛围不一样。日景主要表现的是一种非常阳光的氛围，而夜景因为时间的关系，在表现上有些难度。它既要让读者看清建筑的结构、细部，又要充分表现出现实中夜晚建筑、路面的的感觉。

同样，夜景效果图场景也需要添加配景，而添加的配景无外乎就是天空、草地、辅助建筑、人物、建筑配套设施等，它们与日景的区别就是色调、明暗程度。配景的色调调整好了，将会为场景的整体效果起到添砖加瓦的作用。

室外夜景建筑效果图后期处理的流程一般包括以下几方面。

- 对渲染图片的调整：在对效果图进行正式的后期处理之前，一般都会对从3ds Max软件中直接渲染输出的夜景效果图进行色调、构图方面的调整。特别是夜景下建筑玻璃和室内环境的处理，这是需要设计师特别注意的两个方面。
- 为场景添加大的环境背景：在处理日景效果时，大的环境背景一般就是为场景添加一幅合适的天空背景。而在处理夜景效果时，既可以添加一个适合夜景效果的天空背景，也可以为背景填充一个合适的渐变颜色。不过，渐变色颜色的设置是至关重要的，一定要根据建筑的风格、季节来设置渐变色，否则将影响到效果图的最终表现。另外，还要为场景中添加上合适的草地配景。
- 为场景添加远景及中景配景：因为是夜晚的原因，远处的景物比起日景将会更加模糊不清，所以一般都会把添加进的辅助建筑、远景树木等配景的不透明度适当调低，这样场景效果会看起来更加真实些。同时，那些中景配景应该比远景配景清晰一些，这更加符合现实的透视原理。
- 为场景添加近景、人物等配景：所谓的近景只是相对于远景和中景配景来说的，因为它们离观者的距离更近，因此也就更需要处理得精细些。人物在室外场景中是必不可少的一个重要配景，不同位置的人物的明暗程度也会不同，一定要根据实际情况处理。

## 14.2 修饰建筑

建筑是一幅效果图的中心和主题，在进行夜景表现之前，首先要将建筑与背景分离，并对其色调、明暗进行调整。

## 动手操作——修饰建筑

Step 01 选择菜单栏中的【文件】|【打开】命令，打开随书配套光盘中的“调用图片\第14章\夜景渲染.tif”文件，如图14-2所示。

图14-2 打开的夜景渲染图像文件

Step 02 在【图层】面板中快速双击【背景】图层，在弹出的【新建图层】对话框中将图层名称命名为【建筑】，然后单击 确定 按钮，如图14-3所示。

执行上述操作后，【背景】图层被转换为普通层。

Step 03 在【通道】面板中按住Ctrl键的同时单击【Alpha 1】通道，调出图像的选区，然后按Ctrl+Shift+I快捷键将选区反选，选择背景。

Step 04 按Delete键将背景删除，然后按Ctrl+D快捷键将选区取消，效果如图14-4所示。

Step 05 选择菜单栏中的【文件】|【打开】命令，打开随书配套光盘中的“调用图片\第14章\夜景选区.tif”文件，如图14-5所示。

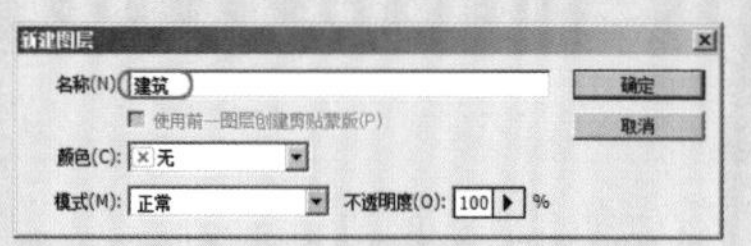

新建图层
名称(N): 建筑 确定
使用前一图层创建剪贴蒙版(P) 取消
颜色(C): 无
模式(M): 正常 不透明度(O): 100 %

图14-3 【新建图层】对话框

图14-4 删除背景后的效果

图14-5 打开的图像文件

Step 06 运用同样的方法调出建筑的选区，然后按住Shift键的同时将选区内的内容拖入到【夜景渲染】场景中，如图14-6所示。

**技 巧**

**在调入配景时按住Shift键，可以将调入后的图像居中放置。**

Step 07 将刚调入选区生成的图层命名为【通道】，然后将该图层隐藏。

至此，室外夜景建筑就从背景中被分离出来了。下面调整主体建筑的基本色调。

Step 08 在【图层】面板中显示【通道】图层，然后使用工具箱中的【魔棒工具】单击该图层的红色区域部分，得到如图14-7所示的选区。

图14-6 调入图像后的效果

Step 09 将【通道】图层隐藏，返回到【建筑】图层，然后在该图层上单击鼠标右键，在弹出的快捷菜单中选择【通过拷贝的图层】命令，将选区内容复制为单独的一层，如图14-8所示。

执行上述操作后，选区内的内容被拷贝为一层，然后调整它的色调。

Step 10 将复制后的图像所在图层命名为【台檐】，然后选择菜单栏中的【图像】|【调整】|【色相/饱和度】命令，在弹出的【色相/饱和度】对话框中设置各项参数，如图14-9所示。

在【通道】图层中的选区　　在【建筑】图层中的选区

图14-7　创建的选区

图14-8　将选区内容拷贝为一层

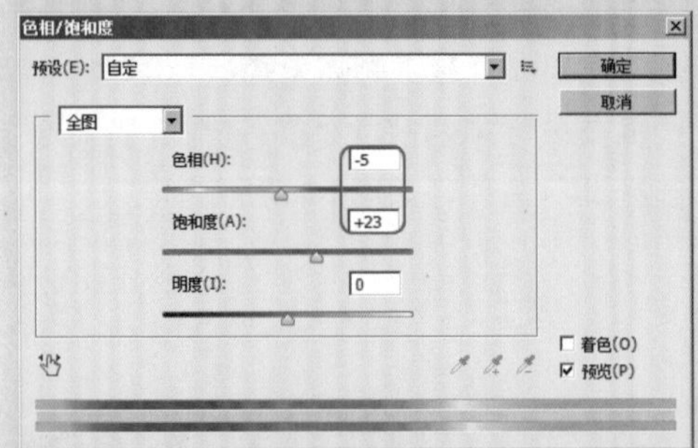


图14-9　【色相/饱和度】参数设置

执行上述操作后，图像效果如图14-10所示。

Step 11 再次调出【台檐】图层的选区，然后将一部分选区减选掉，效果如图14-11所示。

图14-10　编辑图像效果

图14-11　减选掉部分选区后的效果

Step 12 选择菜单栏中的【图像】|【调整】|【色彩平衡】命令，在弹出的【色彩平衡】对话框中设置参数，如图14-12所示。最后再按Ctrl+D快捷键将选区取消。

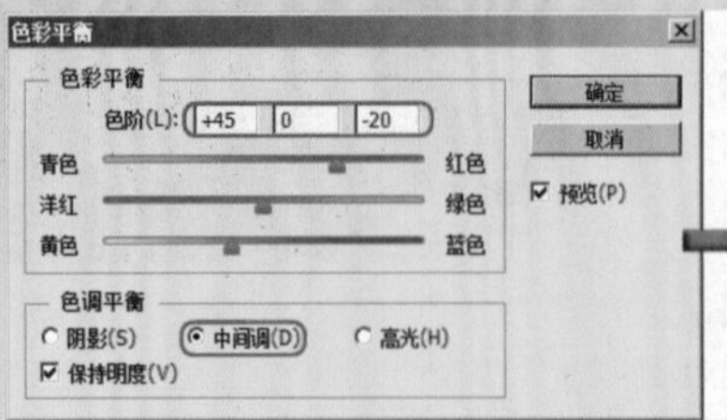

图14-12　【色彩平衡】参数设置及图像效果

Step 13 选择菜单栏中的【图像】|【调整】|【色阶】命令，在弹出的【色阶】对话框中设置参数，如图14-13所示。

图14-13 【色阶】参数设置及图像效果

下面处理主体墙体的色调。

Step 14 在【图层】面板中显示【通道】图层，然后使用工具箱中的【魔棒工具】单击该图层的深绿色区域部分，得到如图14-14所示的选区。

在【通道】图层中的选区　　在【建筑】图层中的选区

图14-14 创建的选区

Step 15 将【通道】图层隐藏，返回到【建筑】图层，按Ctrl+J快捷键将选区内容复制为一个单独的图层，命名为【墙体】。

Step 16 选择菜单栏中的【图像】|【调整】|【亮度/对比度】命令，在弹出的【亮度/对比度】对话框中设置各项参数，如图14-15所示。

Step 17 在【图层】面板中显示【通道】图层，然后使用工具箱中的【魔棒工具】单击该图层的紫色区域部分，得到如图14-16所示的选区。

图14-15 【亮度/对比度】参数设置及图像效果

图14-16 创建的选区

Step 18 将【通道】图层隐藏，返回到【建筑】图层，按Ctrl+J快捷键将选区内容复制为一个单独的图层，命名为【墙体1】。

Step 19 选择菜单栏中的【图像】|【调整】|【色彩平衡】命令，在弹出的【色彩平衡】对话框中设

置参数，如图14-17所示。

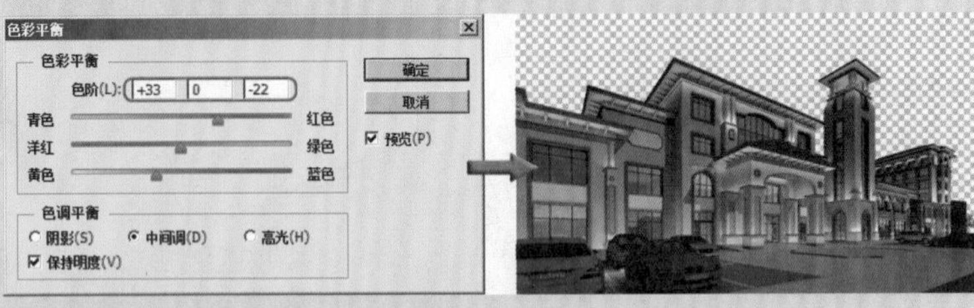


图14-17 【色彩平衡】参数设置及图像效果

下面对主体建筑进行细部刻画。

Step 20 使用工具箱中的【套索工具】在场景中绘制一个不规则选区，然后按Shift+F6快捷键，弹出【羽化选区】对话框，设置【羽化半径】数值为30像素。

Step 21 在【图层】面板中新建一个名为【提亮】的图层。

Step 22 设置前景色为黄色（R=185、G=120、B=65），然后按Alt+Delete快捷键将选区以前景色填充，效果如图14-18所示。

Step 23 在【图层】面板中将【提亮】图层的混合模式更改为【颜色减淡】、【不透明度】数值调整为30%，最后按Ctrl+D快捷键将选区取消。图像效果如图14-19所示。

下面再为主体建筑添加几个发光点。

Step 24 选择菜单栏中的【文件】|【打开】命令，打开随书配套光盘中的“调用图片\第14章\光晕1.psd”文件，如图14-20所示。

图14-18 填充效果

图14-19 编辑图像效果

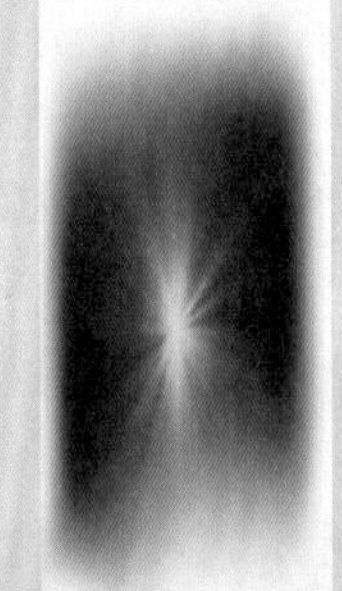

图14-20 打开的光晕1图像文件

Step 25 使用工具箱中的【移动工具】将其调入到场景中，然后再将其移动复制8个，分别调整它们的大小和位置，如图14-21所示。

Step 26 在【图层】面板中，将所有的光晕1图层链接合并为一层，命名为【光晕】。然后将该图层的混合模式更改为【颜色减淡】、【不透明度】数值为34%，图像效果如图14-22所示。

Step 27 选择菜单栏中的【文件】|【打开】命令，打开随书配套光盘中的“调用图片\第14章\墙饰.jpg”文件，如图14-23所示。

Step 28 使用工具箱中的【移动工具】将其调入到场景中，调整它的大小和位置，如图14-24所示。

Step 29 将【墙饰】所在图层命名为【墙饰】，在该图层上按住Ctrl键的同时单击【墙体1】图层调出其选区，然后单击【图层】面板底部的按钮，为其添加图层蒙版，将多余的部分隐藏起来，效果如图14-25所示。

Step 30 单击【墙饰】图层的图层缩略图，选择菜单栏中的【图像】|【调整】|【亮度/对比度】命令，在弹出的【亮度/对比度】对话框中设置各项参数，如图14-26所示。

图14-21 调入并复制光晕1的效果

图14-22 编辑图像效果

图14-23 打开的墙饰图像文件

图14-24 调入配景的位置

图14-25 编辑墙饰效果

图14-26 降低墙饰亮度效果

下面处理建筑的玻璃部分。夜景建筑玻璃的处理也是很重要的，它们同样也是场景效果表现的关键所在。

Step 31 显示【通道】图层，然后使用同样的方法将【通道】图层中代表玻璃的黄色部分选中。回到【建筑】图层，按Ctrl+J快捷键将选区内容拷贝为一层，命名为【玻璃】，如图14-27所示。

在【通道】图层中的选区

在【建筑】图层中的选区

图14-27 创建的选区效果

Step 32 按Ctrl键的同时单击【玻璃】图层，调出该图层的选区，进入【通道】面板，创建一个新通道【Alpha 2】，然后在通道中由右下角至左上角执行【黑，白渐变】操作，如图14-28所示。

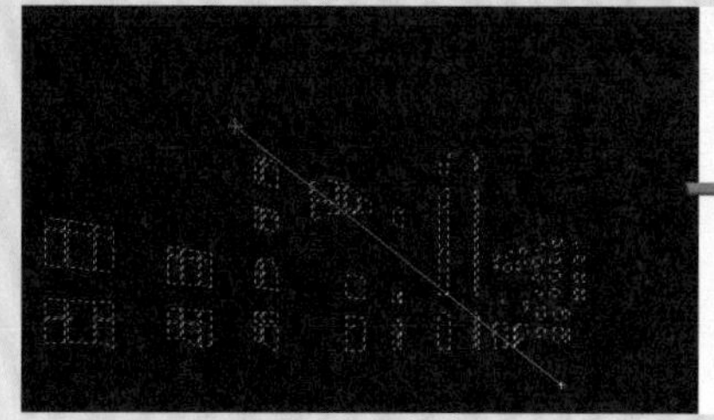
执行渐变操作

渐变后的效果

图14-28 渐变操作

Step 33 在【通道】面板中按住Ctrl键的同时单击【Alpha 2】通道的缩略图，调出白色区域的选区，然后回到【图层】面板。

Step 34 确认【玻璃】图层为当前层，选择菜单栏中的【图像】|【调整】|【曲线】命令，在弹出的【曲线】对话框中设置各项参数，如图14-29所示。

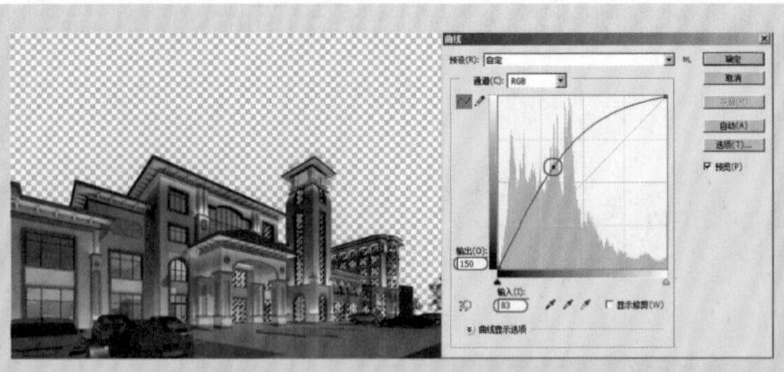

图14-29 【曲线】参数设置及图像效果

执行上述操作后，按Ctrl+D快捷键将选区取消。

Step 35 按Ctrl键的同时单击【玻璃】图层，调出该图层的选区。

Step 36 在【图层】面板中新建一个名为【玻璃提亮】的新图层，设置前景色为黄色（R=250、G=230、B=95），然后在选区内由下而上执行一个【前景色到透明渐变】，如图14-30所示。

执行渐变操作

渐变后的效果

图14-30 渐变操作

Step 37 按Ctrl+D快捷键将选区取消。在【图层】面板中将【玻璃提亮】图层的混合模式更改为【叠加】、【不透明度】为80%，图像效果如图14-31所示。

至此，别墅主体建筑的色调基本调整完毕。下面处理场景的地面部分。

Step 38 显示【通道】图层，然后使用同样的方法将【通道】图层中部分地面区域选中，如图14-32所示。

图14-31 编辑图像效果

图14-32 在【通道】图层中的选区

Step 39 回到【建筑】图层，按Ctrl+J快捷键将选区内容拷贝为一层，命名为【地面】。

Step 40 确认【地面】图层为当前层，选择菜单栏中的【图像】|【调整】|【色阶】命令，在弹出的【色阶】对话框中设置各项参数，如图14-33所示。

Step 41 选择菜单栏中的【图像】|【调整】|【色彩平衡】命令，在弹出的【色彩平衡】对话框中设置各项参数，如图14-34所示。

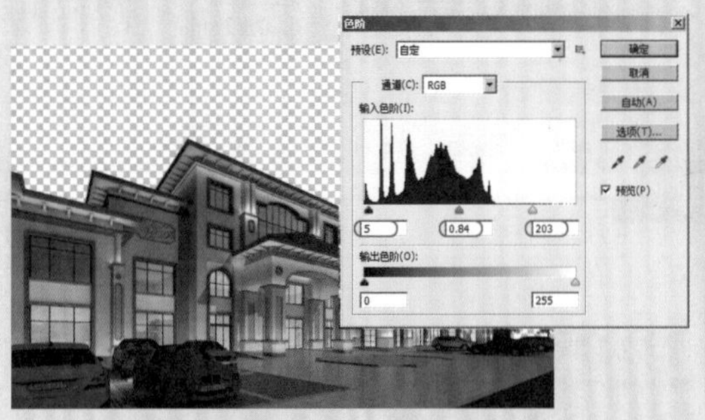


图14-33　【色阶】参数设置及图像效果

图14-34　【色彩平衡】参数设置及图像效果

Step 42 选择菜单栏中的【图像】|【调整】|【亮度/对比度】命令，在弹出的【亮度/对比度】对话框中设置各项参数，如图14-35所示。

Step 43 使用工具箱中的【加深工具】和【减淡工具】对地面进行局部加深和提亮，编辑后的地面效果如图14-36所示。

图14-35　【亮度/对比度】参数设置及图像效果

图14-36　编辑地面明暗效果

Step 44 显示【通道】图层，然后使用同样的方法将【通道】图层中马路沿部分选中，如图14-37所示。

在【通道】图层中的选区

在【建筑】图层中的选区

图14-37　创建的选区

Step 45 回到【建筑】图层，按Ctrl+J快捷键将选区内容拷贝为一层，命名为【马路沿】，并使其位于【地面】图层的上方。

Step 46 选择菜单栏中的【图像】|【调整】|【色彩平衡】命令，在弹出的【色彩平衡】对话框中设置各项参数，如图14-38所示。

图14-38 【色彩平衡】参数设置及图像效果

至此主体建筑修饰完成。

## 14.3 制作建筑环境

本节将开始为建筑营造环境，室外建筑的环境一般包括天空背景、辅助楼体、树木、灌木、室内空间以及环境设施等。

### 14.3.1 天空的添加

天空背景既可以使用渐变色，也可以调用现成的图片。本建筑环境的天空背景采用的是直接调用现成图片的方式，然后再根据环境需要调整下图片的色调。

#### 动手操作——添加天空背景

Step 01 继续上面的操作。

Step 02 选择菜单栏中的【文件】|【打开】命令，打开随书配套光盘中的“调用图片\第14章\天空.jpg”文件，如图14-39所示。

Step 03 使用工具箱中的【移动工具】将天空图片拖入到场景中，将其所在图层命名为【天空】，并将它调整到【建筑】图层的下方，如图14-40所示。

由图14-40看出，加入的天空背景明度过亮，下面将对其降低明度。

Step 04 选择菜单栏中的【图像】|【调整】|【亮度/对比度】命令，在弹出的【亮度/对比度】对话框中设置各项参数，如图14-41所示。

图14-39 打开的天空图像文件

图14-40 调入天空配景后的效果

图14-41 【亮度/对比度】参数设置及图像效果

Step 05 在【图层】面板中新建一个名为【天空加深】的新图层，使其位于【天空】图层的上方。

Step 06 设置前景色为灰色（R=132、G=132、B=132），选择工具箱中的【渐变工具】，在场景中由左上角至右下角执行一个【前景色到透明渐变】，如图14-42所示。

执行上述操作后，图像效果如图14-43所示。

Step 07 在【图层】面板中，将【天空加深】图层的混合模式更改为【正片叠底】、【不透明度】为56%，图像效果如图14-44所示。

图14-42 执行渐变操作

图14-43 执行渐变效果

图14-44 编辑渐变效果

至此，天空背景处理完成。在下一节中将为场景添加远景及中景配景。

## 14.3.2 远景及中景配景的添加

远景和中景配景包括高大的辅助建筑、树木、低矮的灌木丛等。在一个场景中，配景都是为了烘托主体建筑而存在的，因此各个配景不能太过突出。

树木丛林作为建筑效果图的主要配景之一，起到充实与丰富画面的作用。树木的组合要自然，或相连、或孤立、或交错。

## 动手操作——远景及中景配景的添加

Step 01 继续上面的操作。

Step 02 选择菜单栏中的【文件】|【打开】命令，打开随书配套光盘中的“调用图片\第14章\远景树1.psd”文件，如图14-45所示。

Step 03 使用工具箱中的【移动工具】将远景树1配景拖入到场景中，放置在画面的右侧，【建筑】图层的下方。将其所在图层命名为【远景树1】，效果如图14-46所示。

图14-45 打开的远景树1图像文件

图14-46 添加远景树1配景的效果

**注意**

在添加配景素材时，一定要密切观察各图层在场景中的顺序，否则就会出现配景之间互相遮挡的情况。

由图14-46可以看出，树木一部分被【建筑】图层上的其他场景遮住了，下面对其进行处理。

Step 04 确认【建筑】图层为当前工作图层。单击【图层】面板底部的按钮，为其添加图层蒙版。

Step 05 设置前景色为黑色，选择工具箱中的【画笔工具】，在遮挡区域拖曳鼠标轻轻擦除，如图14-47所示。

处理前的效果

处理后的效果

图14-47　编辑远景树1配景的效果

此时发现调入的远景树1配景的色调与场景氛围不协调，下面使用色彩调整命令处理。

Step 06 回到【远景树1】图层。选择菜单栏中的【图像】|【调整】|【亮度/对比度】命令，在弹出的【亮度/对比度】对话框中设置各项参数，如图14-48所示。

在夜景效果图中，由于室内光照的原因，树木靠近室内的一侧多少会呈现室内光线的颜色。

Step 07 使用工具箱中的【套索工具】，在场景中创建如图14-49所示的选区。

图14-48　【亮度/对比度】参数设置及图像效果

图14-49　创建的选区

Step 08 按Shift+F6快捷键，弹出【羽化选区】对话框，设置【羽化半径】为25像素。

Step 09 选择菜单栏中的【图像】|【调整】|【色相/饱和度】命令，在弹出的【色相/饱和度】对话框中设置各项参数，如图14-50所示。

下面再为场景添加中景树配景。

Step 10 选择菜单栏中的【文件】|【打开】命令，打开随书配套光盘中的“调用图片\第14章\中景树.psd”文件，如图14-51所示。

Step 11 使用工具箱中的【移动工具】将中景树配景拖入到场景中，调整它的大小和位置。最后再将其移动复制2个，分别放置在如图14-52所示的位置。

图14-50 【色相/饱和度】参数设置及图像效果

图14-51 打开的中景树图像文件

图14-52 调入并复制中景树配景效果

**Step 12** 将所有中景树所在图层链接合并为一个图层，命名为【中景树】。

**Step 13** 选择菜单栏中的【图像】|【调整】|【亮度/对比度】命令，在弹出的【亮度/对比度】对话框中设置各项参数，如图14-53所示。

图14-53 加上远景及中景的整体效果

将图像放大，发现中景树有一部分落在了汽车上，如图14-54所示，这显然不合常理。下面就处理这个问题。

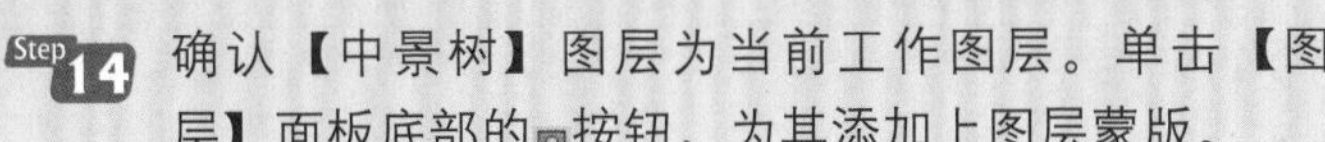

**Step 14** 确认【中景树】图层为当前工作图层。单击【图层】面板底部的按钮，为其添加上图层蒙版。

**Step 15** 设置前景色为黑色，选择工具箱中的【画笔工具】，在遮挡区域拖曳鼠标轻轻擦除，如图14-55所示。

至此，夜景建筑效果图中远景及中景配景全部添加完毕。整体看一下此时的场景效果，如图14-56所示。

图14-54 配景有问题位置

图14-55 编辑中景树配景效果

图14-56 加上远景及中景的整体效果

## 14.3.3 添加室内空间

下面为建筑物添加室内景观，使场景效果看起来更加真实、繁华。

## 动手操作——添加室内空间

Step 01 继续上面的操作。

Step 02 选择菜单栏中的【文件】|【打开】命令，打开随书配套光盘中的“调用图片\第14章\室内1.jpg”文件，如图14-57所示。

Step 03 使用【移动工具】将【室内1.jpg】图像拖入到场景中，并再将其移动复制3个，放置在如图14-58所示的位置。

图14-57 打开的室内1图像文件

图14-58 调入及复制图像的效果

Step 04 在【图层】面板中将室内1所在的图层命名为【室内1】，按住Ctrl键的同时单击【玻璃】图层调出其选区。

Step 05 确认【室内1】图层为当前图层，单击面板底部的按钮，为其添加上图层蒙版，将选区以外的图像隐藏，效果如图14-59所示。

Step 06 将【室内1】图层的混合模式更改为【叠加】，图像效果如图14-60所示。

Step 07 打开随书配套光盘中的“调用图片\第14章\室内2.psd”文件，如图14-61所示。

图14-59 添加蒙版效果

图14-60 编辑图像效果

图14-61 打开的室内2图像文件

Step 08 运用同样的方法将其调入到场景中，并移动复制多个。然后为其添加图层蒙版，将【玻璃】选区外的部分隐藏。最后将该图层的混合模式更改为【颜色减淡】，效果如图14-62所示。

Step 09 打开随书配套光盘中的“调用图片\第14章\室内3.psd”文件，如图14-63所示。

Step 10 运用同样的方法将其调入到场景中，并调整它的位置。然后为其添加上图层蒙版，将【玻璃】选区外的部分隐藏。最后将该图层的混合模式更改为【变亮】、【不透明度】更改为78%，效果如图14-64所示。

图14-62 编辑室内2图像效果

图14-63 打开的室内2图像文件

图14-64 编辑室内3图像效果

Step 11 打开随书配套光盘中的“调用图片\第14章\室内4.jpg”文件，如图14-65所示。

Step 12 运用同样的方法将其调入到场景中，并移动复制2个，放置在顶楼的房间。然后为其添加图层蒙版，将【玻璃】选区外的部分隐藏。最后将该图层的混合模式更改为【颜色减淡】，效果如图14-66所示。

至此室内景观全部添加完毕，整体观察效果如图14-67所示。

图14-65 打开的室内4图像文件

图14-66 编辑室内4图像效果

图14-67 添加室内景观后的效果

## 14.3.4 近景及人物配景的添加

近景一般包括小型灌木、草坪、花圃、枝叶等配景，它们可以使环境幽雅宁静，大多铺设在路边或广场中。在表现时只作一般装饰，不要过分刻画，以免冲淡建筑物的造型与色彩的主体感染力。

有一点要记住，近景的数量要适度，不可过度的添加。

另外，为场景添加几个合适的人物配景，不仅可以很好地烘托主体建筑、丰富画面气氛，还显得画面更加贴近生活、更加有生机。

### 动手操作——添加近景及人物配景

Step 01 继续上面的操作。

Step 02 打开随书配套光盘中的“调用图片\第14章\近景树.psd”文件，如图14-68所示。

Step 03 使用工具箱中的【移动工具】将近景树配景拖入到场景中，并调整它的大小与位置，如图14-69所示。

图14-68 打开的近景树图像文件

图14-69 调入近景树的位置

此时观察画面效果发现，所添加的近景树颜色过于鲜艳，下面对其进行调整。

Step 04 选择菜单栏中的【图像】|【调整】|【色相/饱和度】命令，在弹出的【色相/饱和度】对话框中设置各项参数，如图14-70所示。

下面再为场景添加人物配景。

Step 05 打开随书配套光盘中的“调用图片\第14章\人物1.psd”文件，如图14-71所示。

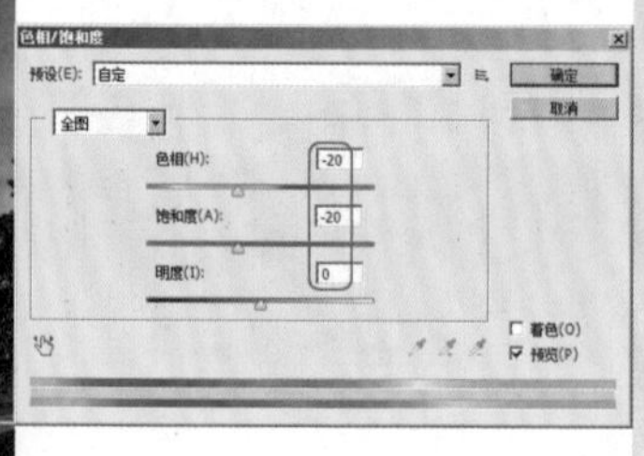


图14-70 【色相/饱和度】参数设置及图像效果

图14-71 打开的人物1图像文件

Step 06 使用工具箱中的【移动工具】将人物1拖入到场景中，并调整它的大小与位置。然后将其所在图层的【不透明度】改为80%，效果14-72所示。

Step 07 打开随书配套光盘中的“调用图片\第14章\人物2.psd”文件，如图14-73所示。

Step 08 使用工具箱中的【移动工具】将人物2拖入到场景中，并调整它的大小与位置。然后将其所在图层的【不透明度】改为80%，效果如图14-74所示。

图14-72 调入人物1配景的位置

图14-73 打开的人物2图像文件

图14-74 调入人物2配景的位置

Step 09 打开随书配套光盘中的“调用图片\第14章\人群.psd”文件，如图14-75所示。

Step 10 使用工具箱中的【移动工具】将人物2拖入到场景中，并调整它的大小与位置。然后将其所在图层的【不透明度】改为80%，效果如图14-76所示。

图14-75 打开的人物2图像文件

图14-76 调入人群配景的位置

至此近景和人物配景添加完毕。

## 14.3.5 添加小区配套设施

下面为场景添加小区配套设施。

### 动手操作——添加小区配套设施

Step 01 继续上面的操作。

Step 02 显示【通道】图层，然后使用同样的方法将【通道】图层中水池区域选中，如图14-77所示。

Step 03 打开随书配套光盘中的“调用图片\第14章\水面.jpg”文件，如图14-78所示。

Step 04 按Ctrl+A快捷键将水面图像全选，再按Ctrl+C快捷键将选区内容复制。

Step 05 回到处理的效果图场景中，将【通道】图层隐藏，回到【建筑】图层，选择菜单栏中的【编辑】|【选择性粘贴】|【贴入】命令，将复制的内容粘贴到选区中，并将其所在图层调整到【地面】图层的上方，然后调整它的位置，如图14-79所示。

图14-77 在【通道】图层中的选区

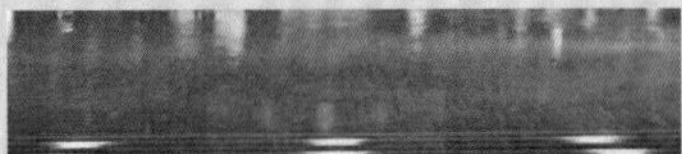

图14-78 打开的水面图像文件

图14-79 水面配景的位置

Step 06 将【水面】所在图层的混合模式修改为【颜色减淡】，图像效果如图14-80所示。

Step 07 打开随书配套光盘中的“调用图片\第14章\喷泉.psd”文件，如图14-81所示。

Step 08 使用工具箱中的【移动工具】将其调入到场景中，调整它的大小和位置，如图14-82所示。

图14-80　编辑水面图像效果

图14-81　打开的喷泉图像文件

图14-82　调入喷泉配景的位置

下面调整前面汽车的色调。

Step 09 显示【通道】图层，然后使用同样的方法将【通道】图层中汽车区域的绿色部分选中，如图14-83所示。

图14-83　创建的选区

Step 10 回到【建筑】图层，按Ctrl+J快捷键将选区内容拷贝为一层，命名为【汽车】，并使其位于图层的最上方。

Step 11 选择菜单栏中的【图像】|【调整】|【亮度/对比度】命令，在弹出的【亮度/对比度】对话框中设置各项参数，如图14-84所示。

Step 12 选择菜单栏中的【图像】|【调整】|【色彩平衡】命令，在弹出的【色彩平衡】对话框中设置各项参数，如图14-85所示。

Step 13 将汽车的前挡风玻璃复制为一个单独的图层，选择菜单栏中的【图像】|【调整】|【色相/饱和度】命令，在弹出的【色相/饱和度】对话框中设置各项参数，如图14-86所示。

图14-84　【亮度/对比度】参数设置及图像效果

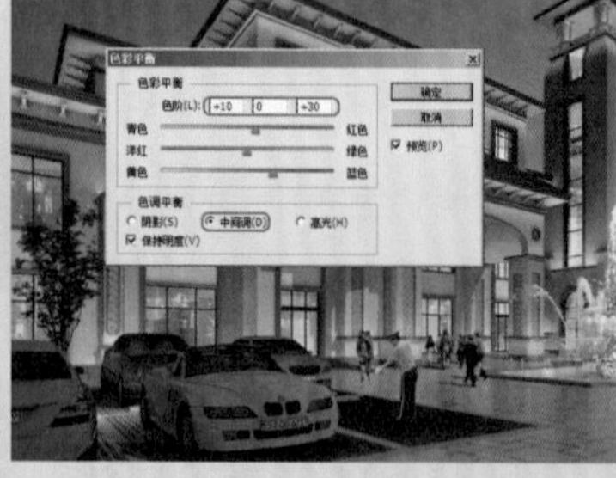

图14-85　【色彩平衡】参数设置及图像效果

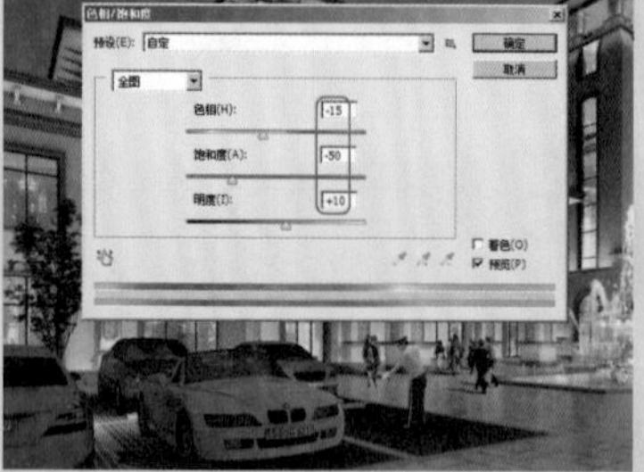

图14-86　【色相/饱和度】参数设置及图像效果

## 14.3.6 制作特殊光效

下面为场景制作发光效果。适当为场景制作局部光感效果，可以很好地烘托夜晚的氛围。

### 动手操作——制作特殊光效

Step 01 继续上面的操作。

Step 02 新建一个图层，命名为【发光1】。

Step 03 设置前景色为黄色（R=225、G=160、B=90），选择工具箱中的【画笔工具】，选择一个虚边的笔头，在场景中拖动鼠标，绘制如图14-87所示的效果。

Step 04 将【发光1】图层的混合模式更改为【叠加】、【不透明度】更改为40%，图像效果如图14-88所示。

Step 05 新建一个图层，命名为【发光2】。

Step 06 设置前景色为黄色（R=185、G=120、B=65），选择工具箱中的【画笔工具】，选择一个虚边的笔头，在场景中拖动鼠标，绘制如图14-89所示的效果。

图14-87　绘制颜色效果

图14-88　编辑发光1效果

图14-89　绘制颜色效果

Step 07 将【发光2】图层的混合模式更改为【颜色减淡】、【不透明度】更改为35%，图像效果如图14-90所示。

Step 08 新建一个图层，命名为【发光3】。

Step 09 设置前景色为黄色（R=255、G=95、B=10），选择工具箱中的【画笔工具】，选择一个虚边的笔头，在场景中拖动鼠标，绘制如图14-91所示的效果。

Step 10 将【发光3】图层的混合模式更改为【叠加】、【不透明度】更改为30%，图像效果如图14-92所示。

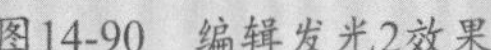

图14-90　编辑发光2效果

图14-91　绘制颜色效果

图14-92　编辑发光3效果

Step 11 选择菜单栏中的【文件】|【打开】命令，打开随书配套光盘中的“调用图片\第14章\光晕1.psd”文件。

Step 12 使用工具箱中的【移动工具】将其调入到场景中，然后再将其移动复制7个，分别调整它们的大小、形态和位置，如图14-93所示。

Step 13 在【图层】面板中，将所有的光晕1图层链接合并为一层，命名为【发光】。然后将该图层的混合模式更改为【颜色减淡】，图像效果如图14-94所示。

至此，别墅夜景效果图场景的特殊光效制作完毕。

图14-93 调入并复制光晕1的效果

图14-94 编辑图像效果

## 14.3.7 整体调整

从场景的效果来看，基本的气氛已经营造出来了，但整个场景的体积感还不是很强。下面对场景的色调进行最后的调整，使画面看起来更加鲜亮、真实。

### 动手操作——画面整体效果调整

Step 01 继续上面的操作，首先调整构图。

Step 02 使用工具箱中的【矩形选框工具】在场景中绘制如图14-95所示的选区。

Step 03 新建一个名为【压边】的图层，将该图层以黑色填充，然后按Ctrl+D快捷键将选区取消，效果如图14-96所示。

Step 04 选择菜单栏中的【文件】|【打开】命令，打开随书配套光盘中的“调用图片\第14章\压角枝.psd”文件，如图14-97所示。

图14-95 创建的选区

图14-96 填充黑色效果

图14-97 打开的压角枝图像文件

Step 05 使用工具箱中的【移动工具】将其调入到场景中，调整它的大小和位置，如图14-98所示。

Step 06 在【图层】面板中回到最顶层（【通道】层除外），选择菜单栏中的【图层】|【新建调整图层】|【色阶】命令，在弹出的【新建图层】对话框中单击 确定 按钮，在随后弹出的面板中设置各项参数，如图14-99所示。

Step 07 选择菜单栏中的【图层】|【新建调整图层】|【照片滤镜】命令，在弹出的【新建图层】对话框中单击 确定 按钮，在随后弹出的面板中设置各项参数，如图14-100所示。

Step 08 按Ctrl+Alt+Shift+E快捷键盖印图层，将该图层命名为【盖印1】，然后将其混合模式更改为【柔光】、【不透明度】为20%，图像效果如图14-101所示。

图14-98 调入压角枝的位置

图14-99 参数设置及图像效果

图14-100 参数设置及图像效果

图14-101 编辑图像效果

Step 09 将【盖印1】图层复制一层，生成【盖印1 副本】图层。选择菜单栏中的【图像】|【调整】|【色相/饱和度】命令，在弹出的【色相/饱和度】对话框中设置各项参数，如图14-102所示。

执行上述操作后，图像效果如图14-103所示。

Step 10 将【盖印1 副本】图层的混合模式更改为【叠加】、【不透明度】为10%，完成别墅夜景场景的最终效果，如图14-104所示。

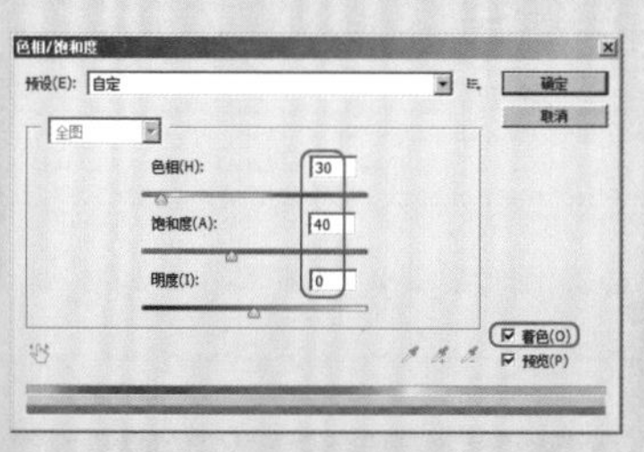

图14-102 【色相/饱和度】参数设置

图14-103 调整图像色调

图14-104 最终效果

Step 11 选择菜单栏中的【文件】|【存储为】命令，将图像另存为【别墅夜景效果.psd】。可以在随书配套光盘“效果文件\第14章”文件夹下找到该文件。

## 14.4 小结

本章系统地介绍了室外夜景效果图后期处理的方法和技巧。夜景和日景效果图的处理过程都是一样的，该有的步骤一步也不能少，所不同的就是表现的时间和氛围，从而导致了表现手法稍微有些差别。日景通常要表现的是阳光普照的气氛，而夜景所要表现的是华灯初上、星光璀璨的氛围。在处理日景和夜景时，一定要把握好氛围的不同，具体情况具体分析，只有这样，才能制作出质量上乘的效果图作品。

Chapter 15

# 第15章

# 鸟瞰效果图后期处理

## 本章内容

- 鸟瞰效果图处理知识必备
- 鸟瞰效果图的特点及作用
- 鸟瞰效果图处理注意事项
- 鸟瞰效果图处理流程
- 鸟瞰效果的体现
- 小结

近年来，随着我国经济的持续发展，城市的规划与建设也迈上了一个更高的台阶，房地产业又掀起了新一轮的热潮，各个城市都开发了大量风格迥异的居住小区和商品住宅等。房地产业的兴隆势必会带动效果图制作业的繁荣，因此，作为室外效果图的一种重要表现形式——鸟瞰效果图也显得越来越重要了。

本章以一个小区规划的鸟瞰图为例，详细介绍小区规划鸟瞰图后期处理的制作方法，力求以最简洁、快速的方式展示如何制作出高水平的室外鸟瞰效果。

本章制作的小区鸟瞰效果图的前后效果对比如图15-1所示。

图15-1 鸟瞰效果图前后效果对比

## 15.1 鸟瞰效果图处理知识必备

从3ds Max软件中渲染输出的室外鸟瞰效果图只是将各个建筑、道路等造型拼凑在一起，与现实中的生活小区、办公建筑群等实体建筑有着很大的差距。只有运用相应的软件对其进行后期处理，才能展现出真实的建筑鸟瞰效果。

在进行室外鸟瞰效果图的后期处理时，制作者不仅要考虑所添加配景的类型，还要考虑整个场景中各个造型之间布局的合理性。只有各方面都照顾到了，最后制作出来的效果图画面才能正确体现其整体与局部的变化与统一，也才能重点突出现代建筑造型本身的特点。

通常情况下，为了能够准确表现环境氛围，衬托建筑主体，首先必须为场景设置一个周围环境，使效果图最大限度地表现出真实、自然的效果，以增强画面的生活气息；其次要为场景添加一些合适的配景，室外鸟瞰效果图的配景一般包括汽车、植物、人物等。周围环境与各种配景在画面中的相互协调与搭配，对整幅效果图的最终效果体现将起着举足轻重的作用，它们可以使整个画面显得更加丰富、自然。

## 15.2 鸟瞰效果图的特点及作用

鸟瞰效果图是一种用高视点透视法从高处某一点俯视地面起伏绘制成的立体图，其特点为近大远小、近明远暗。

从高处鸟瞰制图，比平面图更有真实感。视线与水平线有一个俯角，图上各要素一般都根据透视投影规则来描绘，体现一个或多个物体的形状、结构、空间、材质、色彩、环境以及物体间的各种关系。

因为鸟瞰画面表现的场景一般较大，所以画面颜色的丰富就显得尤为重要，否则很容易让人觉得单调。画面颜色的丰富并不是指要将各种颜色都用在同一个画面上，而是指颜色关系是否有变化，既使只有两三种基本颜色，只要协调、有对比、有空间的层次，也能够产生丰富的颜色感觉。

鸟瞰效果图作为一种常见的效果图类型，多用于表现园区环境、规划方案、建筑布局等内容。与单体效果图不同，鸟瞰效果图的作用主要有以下几点：

- 表现园林景观设计的理想方式。
- 能让设计者直观推敲和加深理解设计构思。
- 能提高同对方交流与沟通的效率。
- 能为工程项目招投标提供基础平台。

## 15.3 鸟瞰效果图处理注意事项

在进行室外鸟瞰效果图后期处理时，需要特别注意各配景与画面透视关系的处理。处理好了，就是一幅成功的效果图，反之画面就会显得混乱。

以下总结了一些在进行室外鸟瞰效果图后期处理时的注意事项，供用户参考。

- 构图问题：优秀作品的构图必然是变化统一的结构。变化和统一是作品构图中不可缺少的两个重要要素，没有变化，画面就会缺乏生动感；没有统一，画面就会显得杂乱无章。一般情况下，构图分为对称构图和均衡构图两种。均衡构图可以使画面看起来更加活泼、生动；而对称构图则显得相对沉稳，但缺点是画面缺乏生气。因此，在实际工作中均衡构图方式被大量运用。另外，视点的高低也会对画面产生影响。视点低，画面呈现的是仰视效果，画面主体形象高大庄严，背景常以天空为主，其他景物下缩，这样主体突出；视点高，画面呈现俯视效果，画面场景大，广阔而深远，较适宜表现地广人多、场面复杂的画面。鸟瞰效果图就是高视点，但是在为该类视点的场景添加配景时，一定要注意各配景的透视点与灭点要与原画面的透视关系保持一致。
- 配景素材的添加：不管配景素材多么完美，归根结底都是为烘托主体建筑服务的，所以配景素材的添加绝对不能喧宾夺主，要力求既要做到各种配景的风格与建筑氛围相统一，又要注意配景素材的种类不宜过多。另外，一定要注意各配景素材之间的透视关系，因为鸟瞰效果图不是一般的效果图，它的视点是与众不同的。
- 整体的调整：最后要运用相应的命令和工具从整体上对画面进行一些基本的调整，使画面更加清新自然。

## 15.4 鸟瞰效果图处理流程

不管是室内效果图还是室外效果图，它们的后期处理过程都没有既定的法则。建筑性质不同，所采用的制作方法和步骤也会有所不同。因此，应该根据建筑本身的实际情况具体分析对待。所以，这里介绍的鸟瞰效果图后期处理的流程仅仅是就一般情况而言的，并不能代表全部。

- 为场景添加周围环境：在添加周围环境时，可以通过画笔工具、渐变工具等为场景制作变化多端的背景。另外，还可以为场景选择一张合适的位图图片，并将其添加到场景中。在添加图片时要注意以下几点。
    - ◆ 将背景图层转换为普通图层。

- ◆ 将渲染输出的建筑主体与背景分离，不过在分离时要注意，不要让建筑的四周留下杂边。所添加环境位图图片的分辨率要与建筑的分辨率基本相同，否则会影响到图像的精度和效果。
- ◆ 适当调配周围环境图片的色彩和亮度，使配景自然融入到整个画面环境中，达到增强空间感的目的。
- ◆ 适当调整周围环境图片的明暗关系，防止在场景中太“跳”，破坏了画面的统一性。

- 为场景添加树木、灌木、花卉、人物：为了增加场景的真实感与生活气息，可以为场景中添加一些合适的植物、人物等配景。在添加这类配景时要注意以下几点。
  - ◆ 配景的位置不同，其明暗程度也会不同，因此要分清是添加在什么位置，要相应地调整其亮度和对比度。
  - ◆ 所添加的植物配景的色调要与画面整体色调相协调。
  - ◆ 所添加植物配景的形状与种类要与画面环境相一致，避免引起画面的混乱。
  - ◆ 要随时为调入的配景制作阴影效果，而且要注意阴影的方向要与建筑阴影的方向相一致，阴影还要有透明感。
  - ◆ 要处理好配景与画面的透视关系、比例关系等。
- 为场景添加其他配景：不同性质的建筑所添加的配景也不同，例如表现居住小区的环境，就要注重表现画面的生活感，可以添加一些路灯、长廊、喷泉等配景；表现商业街的场景，则要注重表现其繁华效果，可以添加一些广告牌、人流等配景，这样才能使画面更加真实、自然。

## 15.5 鸟瞰效果的表现

鸟瞰效果图在进行后期处理时也和其他类型的效果图一样，首先要对图像的构图色调进行调整，进行大环境的铺设，确定整个场景的色调，然后为场景添加各种适合鸟瞰效果的配景，最后对场景的整体色调进行调整。

### 15.5.1 准备工作

图像的准备工作一般包括将图像转换成可以进行任何操作的普通层、将图像的渲染通道画面与渲染图像对齐，便于后面创建选区时用。总之，所谓的准备工作就是为后面的实际操作做准备。

#### 动手操作——调整图像

**Step 01** 选择菜单栏中的【文件】|【打开】命令，打开随书配套光盘中的“调用图片\第15章\鸟瞰渲染.tif”文件，如图15-2所示。

首先将图像与背景分离。

**Step 02** 在【图层】面板中双击【背景】图层，在弹出的【新建图层】对话框中将图层命名为【建筑】，然后单击 确定 按钮，如图15-3所示。

执行上述操作后，【背景】图层被转换为普通图层。

**Step 03** 在【通道】面板中按住Ctrl键的同时单击【Alpha 1】通道，调出图像的选区，然后按Ctrl+Shift+I快捷键将选区反选，选择黑色背景。

图15-2　打开的鸟瞰渲染图像文件

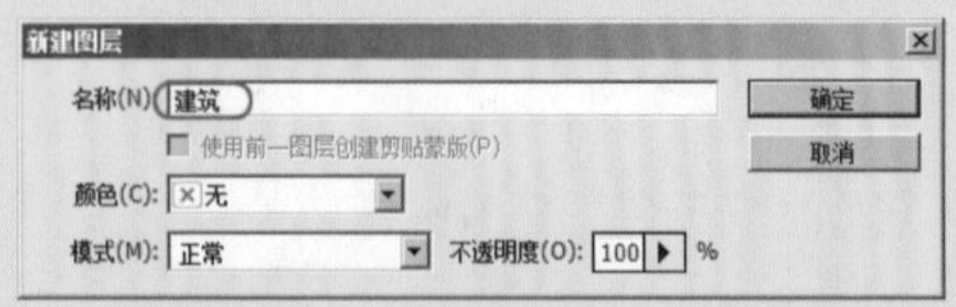


图15-3　【新建图层】对话框

Step 04 按Delete键将黑色背景删除，然后按Ctrl+D快捷键将选区取消，效果如图15-4所示。

Step 05 选择菜单栏中的【文件】|【打开】命令，打开随书配套光盘中的“调用图片\第15章\鸟瞰选区.tif”文件，如图15-5所示。

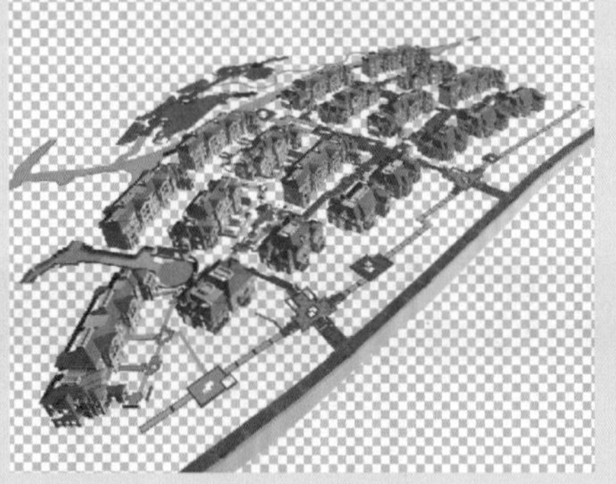

图15-4　删除背景后的效果

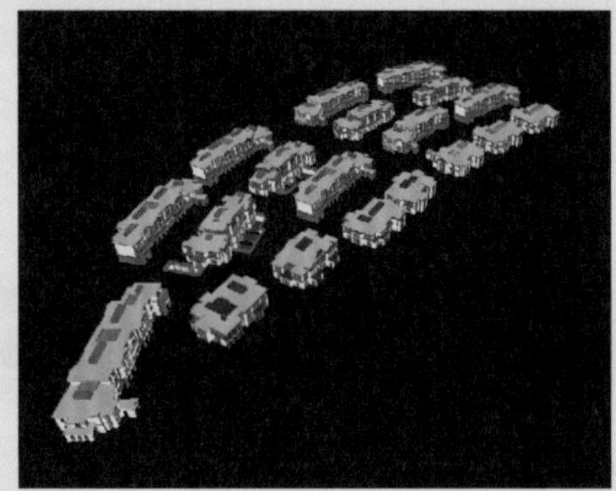

图15-5　打开的鸟瞰选区图像文件

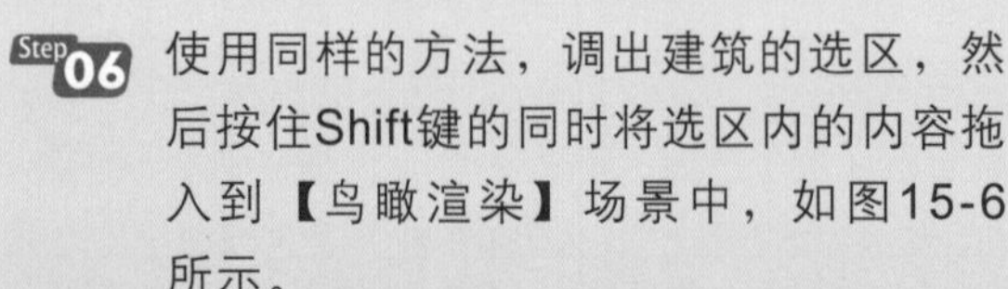

Step 06 使用同样的方法，调出建筑的选区，然后按住Shift键的同时将选区内的内容拖入到【鸟瞰渲染】场景中，如图15-6所示。

Step 07 将刚调入的图像所在图层命名为【通道】，然后将该图层隐藏。

至此，鸟瞰效果图场景处理前的准备工作就结束了。

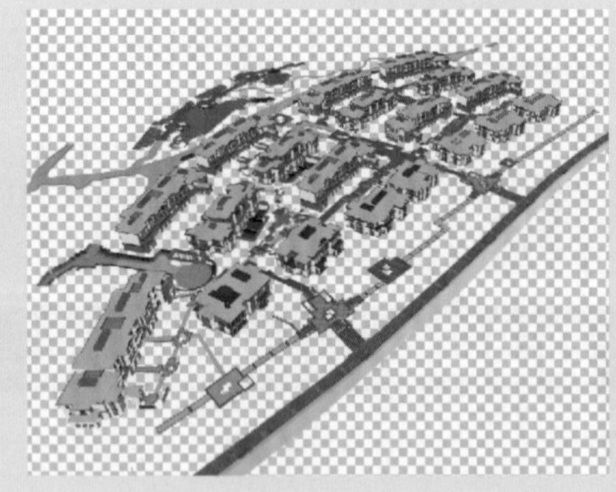

图15-6　调入图像后的效果

## 15.5.2 背景的制作

背景是为更好地突出建筑主体而制作的，背景添加的好坏将影响到鸟瞰效果图作品的最终展示效果，背景处理好了，场景的氛围就出来了。

## 动手操作——制作背景

Step01 继续上一节的操作，首先为场景制作一个底色。

Step02 在【图层】面板中新建一个图层，命名为【底色】，并将其调整到【建筑】图层的下方。

Step03 设置前景色为橄榄绿色（R=81、G=91、B=63），然后按Alt+Delete快捷键将【底色】图层以前景色填充，效果如图15-7所示。

Step04 选择菜单栏中的【文件】|【打开】命令，打开随书配套光盘中的“调用图片\第15章\草地.jpg”文件，如图15-8所示。

图15-7 制作底色效果

图15-8 打开的草地图像文件

Step05 使用工具箱中的【移动工具】将其拖入到【鸟瞰渲染】图像中，效果如图15-9所示。

Step06 选择菜单栏中的【文件】|【打开】命令，打开随书配套光盘中的“调用图片\第15章\背景.psd”文件，如图15-10所示。

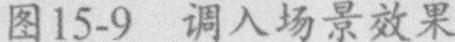

图15-9 调入场景效果

图15-10 打开的背景图像文件

Step07 使用工具箱中的【移动工具】将其拖入到【鸟瞰渲染】图像中，效果如图15-11所示。

此时添加的背景感觉有些太绿了，与场景所要表达的气氛明显不协调。下面调整背景的色调。

Step08 选择菜单栏中的【图像】|【调整】|【色相/饱和度】命令，在弹出的对话框中设置各项参数，如图15-12所示。

至此，鸟瞰效果图的大环境已经基本确定，下面进行分类处理。

图15-11　调入背景效果

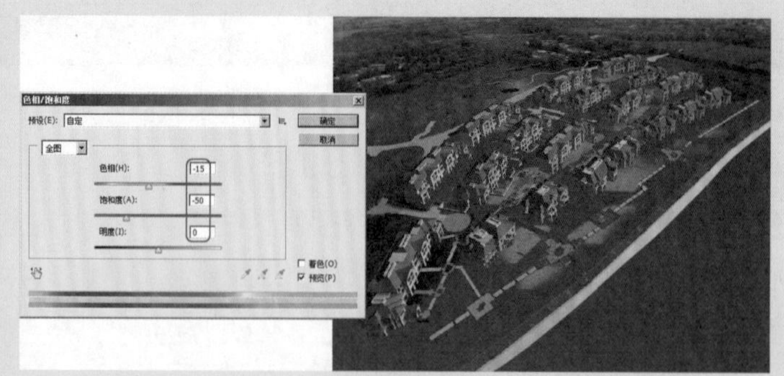


图15-12　【色相/饱和度】参数设置及图像效果

## 15.5.3 主体建筑的调整

直接从三维软件中渲染输出的图像一般都会发灰、对比度不明显，在进行后期处理时一般会对主体建筑进行一些简单的调整，其中包括整体色调的调整，玻璃、外墙等方面的调整。

## 动手操作——调整主体建筑

Step 01 继续上一节的操作。

Step 02 在【图层】面板中确认【建筑】图层为当前图层，按住Ctrl键的同时单击【通道】图层，调出建筑物的选区。

Step 03 按Ctrl+J快捷键，将选区内容复制为一个图层，命名为【建筑调整】。选择菜单栏中的【图像】|【调整】|【色彩平衡】命令，在弹出的【色彩平衡】对话框中设置各项参数，如图15-13所示。

下面调整路面色调。

Step 04 在【图层】面板中确认【建筑】图层为当前图层，按住Ctrl键的同时单击【通道】图层，调出建筑物的选区。

Step 05 按Ctrl+Shift+I快捷键将选区反选，再按Ctrl+J快捷键将选区内容复制为一个图层，命名为【路面】。

Step 06 使用工具箱中的【套索工具】在场景中创建如图15-14所示的选区。

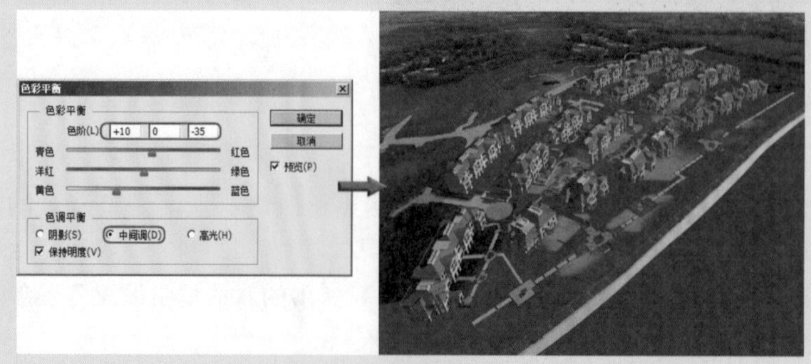


图15-13　【色彩平衡】参数设置及图像效果

图15-14　选区效果

Step 07 按Ctrl+→快捷键，选区变为如图15-15所示的效果。

Step 08 选择菜单栏中的【图像】|【调整】|【亮度/对比度】命令，在弹出的【亮度/对比度】对话框中设置各项参数，如图15-16所示。

图15-15 选区效果

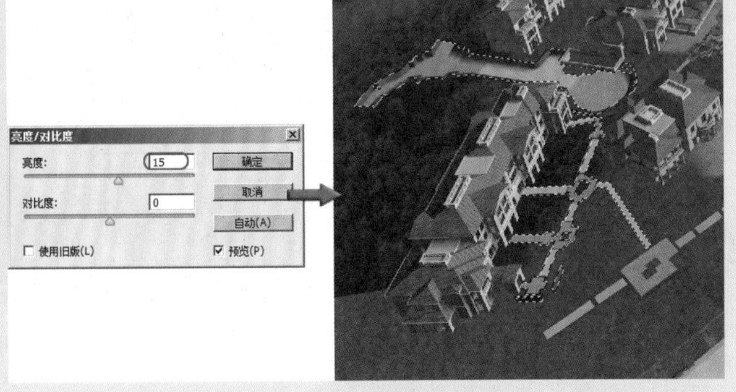


图15-16 【亮度/对比度】参数设置及图像效果

Step 09 按Ctrl+D快捷键将选区取消。

Step 10 使用同样的方法选择远处的浅色路面，如图15-17所示。

图15-17 创建的选区效果

Step 11 选择菜单栏中的【图像】|【调整】|【色相/饱和度】命令，在弹出的【色相/饱和度】对话框中设置各项参数，如图15-18所示，最后按Ctrl+D快捷键将选区取消。

图15-18 【色相/饱和度】参数设置及图像效果

此时纵观全图，发现建筑像是飘在空中似的（没有在地面上扎根），这是建筑的影子不明显造成的，下面就为建筑添加影子。

Step 12 选择菜单栏中的【文件】|【打开】命令，打开随书配套光盘中的“调用图片\第15章\影子.psd”文件，如图15-19所示。

Step 13 使用工具箱中的【移动工具】将其拖入到【鸟瞰渲染】图像中，并将其所在图层命名为【影子】，效果如图15-20所示。

Step 14 在【图层】面板中将【影子】图层的【不透明度】改为77%，效果如图15-21所示。

图15-19 打开的影子图像文件

图15-20 调入影子配景效果

图15-21 编辑图像效果

至此，鸟瞰场景中主体建筑的色调调整完毕。

## 15.5.4 水面的添加

在效果图后期处理中，水面效果处理会经常遇到，一般直接在水面位置调入一张合适的水面图片即可，有时候还需要根据实际情况为水面制作倒影效果。

### 动手操作——水面的添加

Step 01 继续上一节的操作。

Step 02 在【建筑】图层中将水面所在的区域选中，如图15-22所示。

Step 03 打开随书配套光盘中的“调用图片\第15章\水面.jpg”文件，如图15-23所示。

图15-22 创建的选区

图15-23 打开的水面图像文件

Step 04 按Ctrl+A快捷键选择水面图像，再按Ctrl+C快捷键将选区内容复制到系统剪贴板中。

Step 05 返回到【鸟瞰渲染】场景中，选择菜单栏中的【编辑】|【选择性粘贴】|【贴入】命令，将复制的图像粘贴到创建的选区中。然后按Ctrl+T快捷键，弹出自由变换框，按住Shift键的同时调整图像的大小。

Step 06 形态合适后按Enter键确认变形操作，然后调整它的位置，如图15-24所示。

Step 07 将贴入水面图像所在的图层命名为【水面】。

Step 08 打开随书配套光盘中的“调用图片\第15章\水面倒影.jpg”文件，如图15-25所示。

Step 09 按Ctrl+A快捷键选择水面倒影图像，再按Ctrl+C快捷键将选区内容复制到系统剪贴板中。

Step 10 返回到【鸟瞰渲染】场景中，按住Ctrl键的同时单击【水面】图层的图层蒙版缩览图，如图15-26所示，调出水面的选区。

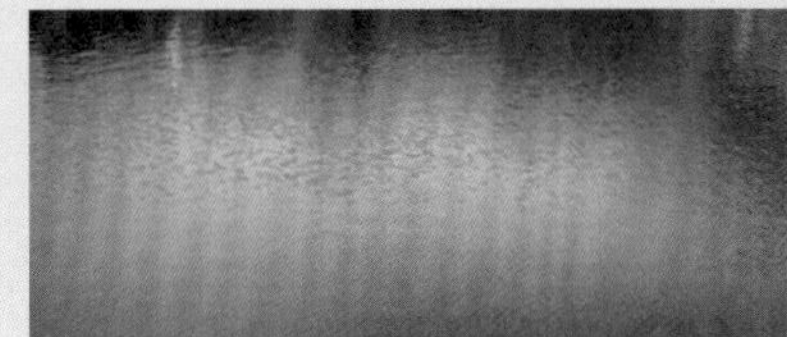

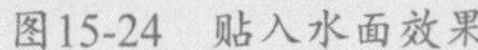

图15-24 贴入水面效果　　图15-25 打开的水面倒影图像文件　　图15-26 【图层】面板

Step 11 选择菜单栏中的【编辑】|【选择性粘贴】|【贴入】命令，将复制的图像粘贴到创建的选区中。

Step 12 按Ctrl+T快捷键，弹出自由变换框，然后调整图像的大小和位置，效果如图15-27所示。

Step 13 形态合适后按Enter键确认变形操作，并将其所在图层命名为【倒影】。

Step 14 打开随书配套光盘中的“调用图片\第15章\反射.jpg”文件，如图15-28所示。

图15-27 贴入图像的位置

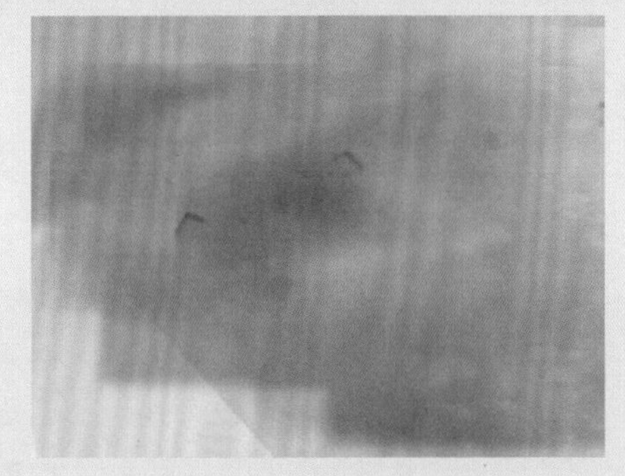

图15-28 打开的反射图像文件

Step 15 按Ctrl+A快捷键选择图像，再按Ctrl+C快捷键将选区内容复制到系统剪贴板中。

Step 16 返回到【鸟瞰渲染】场景中，再次调出【水面】图层的选区，选择菜单栏中的【编辑】|【选择性粘贴】|【贴入】命令，将复制的图像粘贴到创建的选区中。

Step 17 按Ctrl+T快捷键，弹出自由变换框，按住Shift键的同时拖动变换框角上的控制点调整图像的大小。

Step 18 形态合适后按Enter键确认变形操作，然后将图像调整到如图15-29所示的位置。

Step 19 在【图层】面板中将其所在图层命名为【天空反射】，然后将该图层的混合模式改为【叠加】、【不透明度】改为77%，效果如图15-30所示。

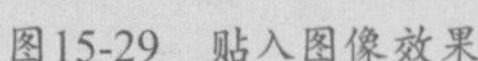

图15-29　贴入图像效果

图15-30　编辑图像效果

下面制作岸边的浪花效果。

Step 20 打开随书配套光盘中的“调用图片\第15章\沙滩.jpg”文件，如图15-31所示。

Step 21 使用工具箱中的移动工具、将其拖入到【鸟瞰渲染】场景中，将其所在图层命名为【浪花】。

Step 22 按Ctrl+T组快捷键，弹出自由变换框，调整浪花图片形态，如图15-32所示。

图15-31　打开的沙滩图像文件

图15-32　调整图像形态

Step 23 形态调整合适后按Enter键确认变形操作。

Step 24 选择工具箱中的【橡皮擦工具】，其属性栏参数设置如图15-33所示。

Step 25 使用【橡皮擦工具】在图像中轻轻拖曳鼠标，擦除多余部分图像，效果如图15-34所示。

图15-33　【橡皮擦工具】属性栏设置

Step 26 选择【移动工具】，按住Alt键的同时拖动鼠标，将【浪花】移动复制4个，分别调整它们的大小、形态及位置，效果如图15-35所示。

Step 27 在【图层】面板中将【浪花】图层与它的副本图层链接合并为一个图层。

至此，鸟瞰效果图的水面处理完毕。

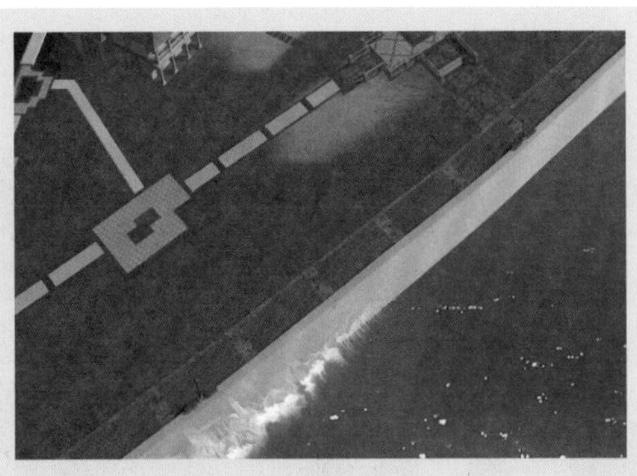
图15-34 编辑图像效果

图15-35 移动复制浪花效果

## 15.5.5 植物及其他配景的添加

添加植物配景的其目的就是为了活跃画面气氛，增强场景的空间感。需要添加的植物配景一般包括人行道树、灌木等。在添加这些配景时，要注意所添加的植物配景素材的色调要与画面整体色调相一致，还要注意配景的形状、种类一定要与周围环境相协调，避免引起画面的混乱。

### 动手操作——添加植物及其他配景

Step 01 继续上一节的操作。

Step 02 选择菜单栏中的【文件】|【打开】命令，打开随书配套光盘中的“调用图片\第15章\树1.psd”文件，如图15-36所示。

Step 03 使用工具箱中的【移动工具】将树1图像拖入到场景中，调整它的位置，如图15-37所示。

Step 04 在【图层】面板中将添加的树1所在的图层命名为【树1】。

Step 05 打开随书配套光盘中的“调用图片\第15章\树2.psd”文件，如图15-38所示。

图15-36 打开的树1图像文件

图15-37 调入树1的位置

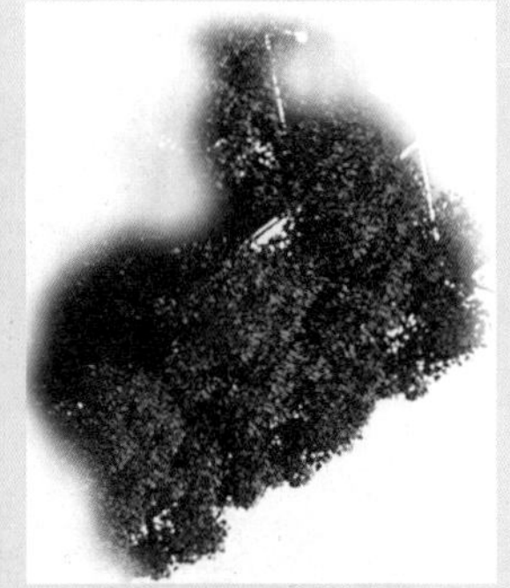
图15-38 打开的树2图像文件

Step 06 使用工具箱中的【移动工具）将树2图像拖入到场景中，调整它的位置，如图15-39所示。

Step 07 在【图层】面板中将其所在图层命名为【树2】。

Step 08 打开随书配套光盘中的“调用图片\第15章\树3.psd”、“树4.psd”文件，如图15-40所示。

Step 09 使用工具箱中的【移动工具】将树3、树4图像拖入到场景中，分别调整它们的位置，如图15-41所示。

图15-39 调入树2的位置

图15-40 打开的配景素材文件

图15-41 调入配景后的效果

Step 10 将树3配景复制一个，将其稍微放大一些。选择菜单栏中的【图像】|【调整】|【亮度/对比度】命令，在弹出的【亮度/对比度】对话框中设置各项参数，如图15-42所示。

Step 11 打开随书配套光盘中的“调用图片\第15章\树5.psd”文件，如图15-43所示。

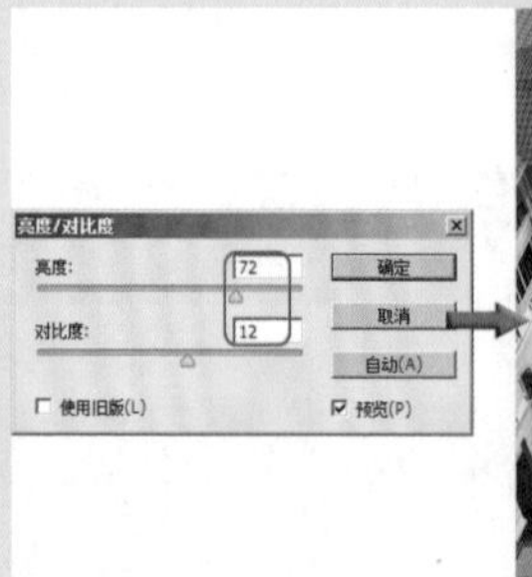

图15-42 【亮度/对比度】参数设置及图像效果

图15-43 打开的树5图像文件

Step 12 使用工具箱中的【移动工具】将树5图像拖入到场景中，调整它的位置。然后将其再移动复制一个，位置如图15-44所示。

Step 13 打开随书配套光盘中的“调用图片\第15章\路边灌木.psd”文件，如图15-45所示。

图15-44 调入配景的位置

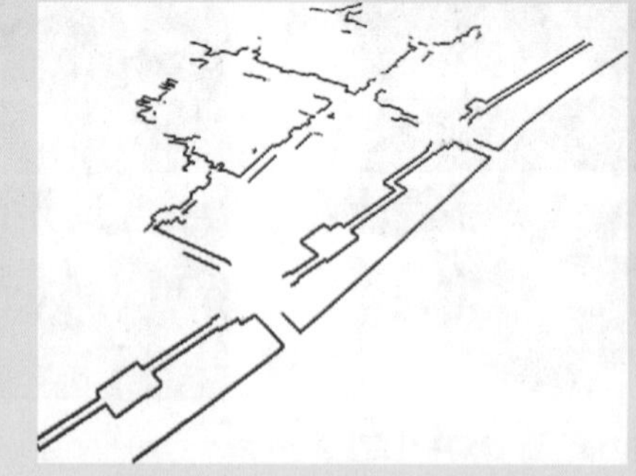
图15-45 打开的路边灌木图像文件

Step 14 使用工具箱中的【移动工具】将该图像拖入到场景中，将其所在图层命名为【路边灌木】，调整它的位置，如图15-46所示。

Step 15 在【图层】面板中将【路边灌木】图层复制一层，生成【路边灌木副本】图层，并将其调整到【路边灌木】图层的下方。

**Step 16** 按住Ctrl键的同时单击【路边灌木副本】图层调出其选区，选择菜单栏中的【选择】|【修改】|【扩展】命令，在弹出的【扩展选区】对话框中设置【扩展量】为5像素，效果如图15-47所示。

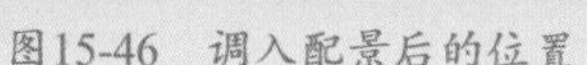

图15-46 调入配景后的位置

图15-47 参数设置及图像效果

**Step 17** 设置前景色为黑色，按Alt+Delete快捷键将选区以前景色填充，再按Ctrl+D快捷键将选区取消，效果如图15-48所示。

**Step 18** 在【图层】面板中将【路边灌木副本】图层的【不透明度】改为40%，然后分别按↑和←的箭头各3下，效果如图15-49所示。

**Step 19** 打开随书配套光盘中的“调用图片\第15章\松树.psd”文件，如图15-50所示。

图15-48 填充效果

图15-49 降低不透明度效果

图15-50 打开的松树图像文件

**Step 20** 使用工具箱中的【移动工具】将松树图像拖入到场景中，然后将其移动复制多个。

执行上述操作后，图像效果如图15-51所示。

此时仔细观察加入的松树配景，发现因为图层顺序的原因，有的松树在屋顶上，如图15-52所示。下面对其进行处理。

**Step 21** 在【图层】面板中将所有松树图层合并为一层，命名为【松树】。

**Step 22** 单击面板底部的【添加图层蒙版】按钮，为该图层添加上蒙版。

**Step 23** 设置前景色为黑色，选择工具箱中的【画笔工具】，设置一个合适的画笔大小，然后在图像多

图15-51 调入及移动复制后的效果

余的位置拖曳鼠标将其擦除，效果如图15-53所示。

图15-52　不正确位置

图15-53　编辑图像效果

Step 24 使用同样的方法，将松树其他不理想处依次擦掉。

Step 25 打开随书配套光盘中的“调用图片\第15章\树6.psd”文件，如图15-54所示。

Step 26 使用工具箱中的【移动工具】将树6图像拖入到场景中，然后调整其位置，如图15-55所示。

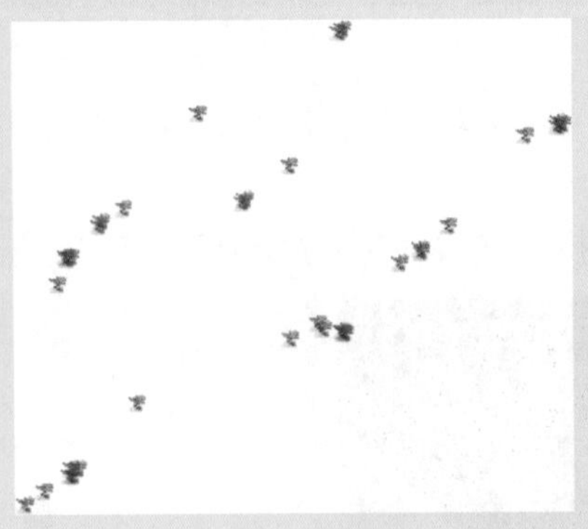
图15-54　打开的树6图像文件

图15-55　编辑图像效果

Step 27 打开随书配套光盘中的“调用图片\第15章\树7.psd”、“树8.psd”、“树9.psd”和“树10.pad”文件，如图15-56所示。

Step 28 使用工具箱中的【移动工具】将它们分别拖入到场景中，并将它们分别移动复制多个，放置在合适的位置。

执行上述操作后，图像效果如图15-57所示。

图15-56　打开的素材图像文件

图15-57　编辑图像效果

Step 29 打开随书配套光盘中的“调用图片\第15章\灌木.psd”文件，如图15-58所示。

Step 30 使用工具箱中的【移动工具】将它们分别拖入到场景中，并分别调整它们的位置，效果如图15-59所示。

Step 31 打开随书配套光盘中的“调用图片\第15章\配景树.psd”文件，如图15-60所示。

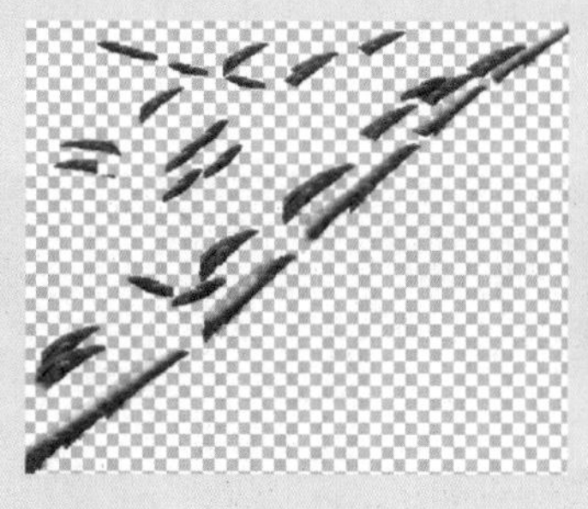

图15-58 打开的灌木图像文件

图15-59 编辑图像效果

图15-60 打开的配景树图像文件

Step 32 使用工具箱中的【移动工具】将它们分别拖入到场景中，并分别调整它们的位置，效果如图15-61所示。

Step 33 打开随书配套光盘中的“调用图片\第15章\鸽子.psd”文件，如图15-62所示。

Step 34 使用工具箱中的【移动工具】将其拖入到场景中，并调整它的位置，效果如图15-63所示。

图15-61 编辑图像效果

图15-62 打开的鸽子图像文件

图15-63 调入配景效果

**注 意**

在调入配景素材时，一定要时刻注意观察配景的大小、位置、色调及明暗程度，要使它们与效果图场景中的色调相协调；另外，配景的大小与视角也要与主体建筑所表现的透视关系保持一致。同时，在添加配景时还要注意调整图层的顺序。

至此，场景中的植物及其他配景就添加好了。下面对场景进行最终调整。

## 15.5.6 最终调整

最终调整包括为画面添加云雾效果以及对画面进行整体色调的调整等。

### 动手操作——最终调整

Step 01 继续上一节的操作。

Step 02 回到【图层】面板最顶层（【通道】图层除外），按Ctrl+Alt+Shift+E快捷键盖印可见图层。这时【图层】面板中多了一个图层，并且是刚刚做好效果的图片，将该图层命名为【盖印】，如图15-64所示。

Step 03 使用工具箱中的选择工具在场景中创建如图15-65所示的选区。

Step 04 按Shift+F6快捷键，弹出【羽化选区】对话框，在对话框中设置其【羽化半径】为80像素，如图15-66所示。

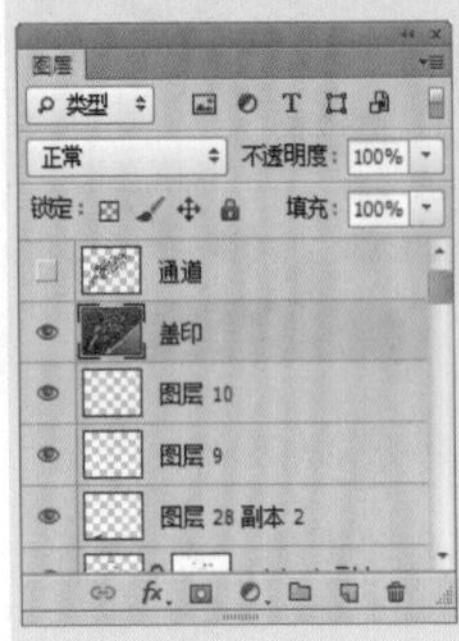

图15-64 【图层】面板

图15-65 创建的选区

图15-66 【羽化选区】参数设置及图像效果

Step 05 在【通道】面板中单击底部的【创建新通道】按钮，新建一个【Alpha 2】通道，并将选区以白色填充，效果如图15-67所示。

Step 06 返回到【图层】面板，按住Ctrl键的同时单击【建筑调整】图层调出建筑的选区，然后在【Alpha 2】通道中将其以黑色填充，效果如图15-68所示。

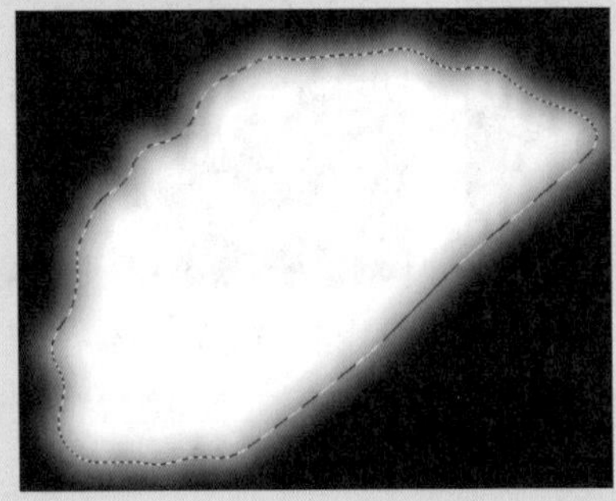

图15-67 填充选区效果

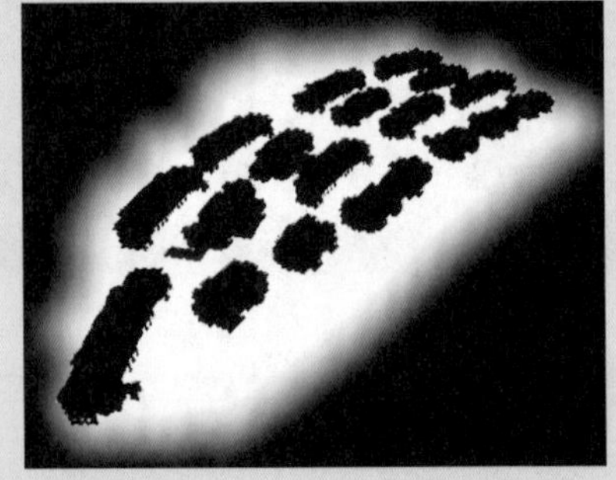

图15-68 填充选区效果

Step 07 在【通道】面板中按住Ctrl键的同时单击【Alpha 2】通道调出图像选区，返回到【图层】面板并回到【盖印】图层。

Step 08 单击【图层】面板底部的按钮，在弹出的菜单中选择【色相/饱和度】命令，在弹出的面板中设置各项参数，如图15-69所示。

图15-69 参数设置及图像效果

Step 09 按住Ctrl键的同时单击【色相/

饱和度 1】图层的蒙版缩览图调出其选区，单击【图层】面板底部的 按钮，在弹出的菜单中选择【亮度/对比度】命令，在弹出的面板中设置各项参数，如图15-70所示。

图15-70 参数设置及图像效果

Step 10 按住Ctrl键的同时单击【亮度/对比度1】图层的蒙板缩览图调出其选区，单击【图层】面板底部的 按钮，在弹出的菜单中选择【色彩平衡】命令，在弹出的面板中设置各项参数，如图15-71所示。

图15-71 参数设置及图像效果

Step 11 在【图层】面板中新建一个图层，命名为【光1】。

Step 12 设置前景色为黄色（R=251、G=168、B=8），然后使用【画笔工具】在场景中绘制如图15-72所示的色块。

Step 13 在【图层】面板中将该图层的混合模式改为【颜色减淡】、【不透明度】改为25%，效果如图15-73所示。

图15-72 绘制色块效果

图15-73 编辑图像效果

Step 14 在【图层】面板中新建一个图层，命名为【光2】。

Step 15 设置前景色为淡黄色（R=255、G=249、B=224）、背景色为灰色（R=58、G=57、B=74），再选择工具箱中的【渐变工具】，设置渐变方式为线性渐变、渐变类型为【前景色到背景色渐变】，然后在场景中由上而下拖曳鼠标执行渐变操作，效果如图15-74所示。

图15-74　施加渐变操作效果

Step 16 选择工具箱中的【橡皮擦工具】，其属性栏各项参数设置如图15-75所示。

Step 17 使用【橡皮擦工具】将上面施加的渐变效果擦成如图15-76所示的效果。

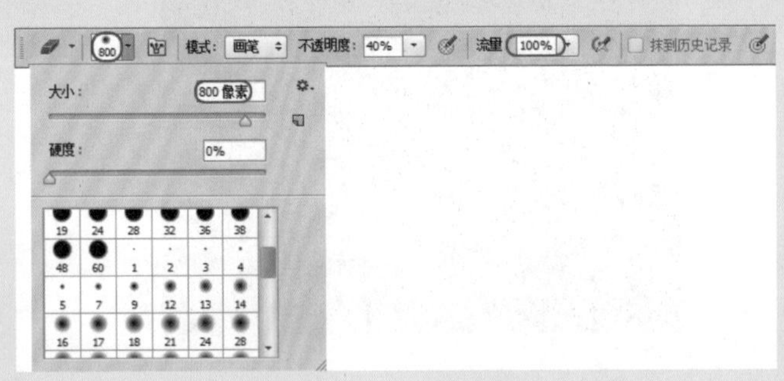


图15-75　【橡皮擦工具】属性栏设置

图15-76　擦除图像效果

Step 18 打开随书配套光盘中的“调用图片\第15章\云1.psd”和“云2.psd”文件，如图15-77所示。

Step 19 使用【移动工具】分别将它们拖入到场景中，并调整它们的大小和位置。

Step 20 在【图层】面板中将【云1】所在图层命名为【云1】，并将其混合模式改为【滤色】、【不透明度】改为90%，图像效果如图15-78所示。

图15-77　打开的素材图像文件

图15-78　编辑图像效果

Step 21 在【图层】面板中新建一个图层，命名为【光3】。

Step 22 设置前景色为黄色（R=251、G=168、B=8），然后使用【渐变工具】在场景的右上角执行一个【前景色到透明渐变】的线性渐变操作，如图15-79所示。

Step 23 在【图层】面板中将该图层的混合模式改为【颜色减淡】、【不透明度】改为35%，效果如图15-80所示。

Step 24 按Ctrl+Alt+Shift+E快捷键再次盖印可见图层，将生成的图层命名为【调整】，并将该图层的混合模式更改为【柔光】、【不透明度】改为30%。

执行上述操作后，得到鸟瞰建筑效果图后期处理的最终效果，如图15-81所示。

图15-79 渐变操作效果

Step 25 选择菜单栏中的【文件】|【存储为】命令，将图像另存为【鸟瞰后期.psd】。可在随书配套光盘“效果文件\第15章”文件夹下找到该文件。

图15-80 编辑图像效果

图15-81 图像最终效果

## 15.6 小结

本章通过室外鸟瞰效果图的后期处理制作过程，系统地介绍了鸟瞰效果图后期处理的基本方法和技巧。需要提醒的是，因为鸟瞰效果图的视角是俯视的，所以在使用Photoshop软件对鸟瞰效果图进行后期处理时，一定要注意所添加配景的透视要与原画面的透视关系保持一致，且各配景在画面中的位置、大小、色调要合适。

另外，后期处理对效果图最终效果的体现是很重要的，因为【建筑是不能脱离环境而独立存在的】，而后期处理的过程就是给建筑营造一个理想的环境，让建筑更加真实、自然。因此，平时要多注意观察不同时期、不同性质的建筑所处环境的氛围、色调，只有这样，才能制作出生动的效果图作品。

Chapter 16

# 第16章

# 建筑立面图制作

**本章内容**

- 整理图纸
- 背景制作
- 建筑立面调整
- 配景添加
- 小结

建筑立面图是现在建筑表现常用的手段之一，因为它具有制作快速与效果明显两大特点。在建筑立面渲染图中包含的元素很多，如真实的建筑材质、配景素材与逼真的光线投影等。

如图16-1所示为着色后的建筑立面图。目前建筑立面渲染图的制作方法大致分为两种，一种是和第11章介绍的室内彩平图的制作方法极为相似，通过AutoCAD将图纸打印输出成位图，然后再进行建立选区、填色等操作。另一种方法也是当下最流行的方法，就是直接从3ds Max中将需要制作的立面图和它的颜色通道图全部渲染输出，然后在Photoshop中进行调整颜色处理，最后再加上一些合适的真实配景，这样制作出来的立面渲染图效果更加真实。

本章制作的建筑立面图最终效果如图16-2所示。

图16-1　进行着色后的建筑立面图

图16-2　建筑立面图效果

## 16.1 整理图纸

建筑立面渲染输出后，下面将开始使用Photoshop对输出的图纸进行二维渲染图的绘制。首先进行图纸的调整，其中包括图片的色调、明度以及亮度、对比度等方面的调整。

### 动手操作——整理图纸

Step 01 选择菜单栏中的【文件】|【打开】命令，打开随书配套光盘中的“调用图片\第16章\主立面.tga”文件，如图16-3所示。

首先将图像与背景分离。

Step 02 双击【背景】图层，在弹出的【新建图层】对话框中将【名称】命名为【建筑】，如图16-4所示。

图16-3　打开的立面图像文件

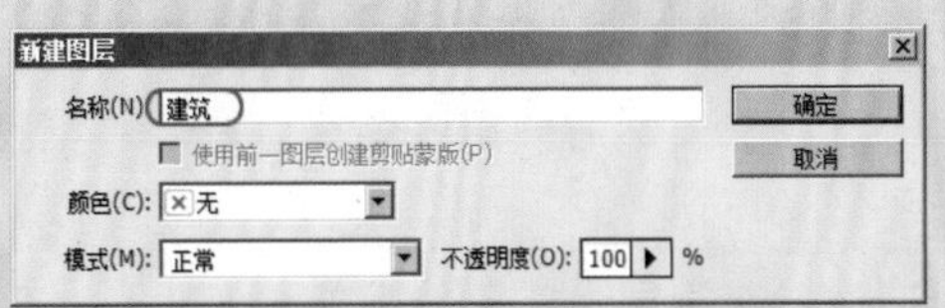


图16-4　【新建图层】对话框设置

执行上述操作后，【背景】图层被转换为普通图层。

Step 03 在【通道】面板中按住Ctrl键的同时单击【Alpha 1】通道，调出图像的选区，然后按Ctrl+Shift+I快捷键将选区反选，再按Delete键将背景删除，最后按Ctrl+D快捷键将选区取消，此时图像效果如图16-5所示。

Step 04 打开随书配套光盘中的“调用图片\第16章\立面t.tga”文件，如图16-6所示。

图16-5　删除背景后的效果

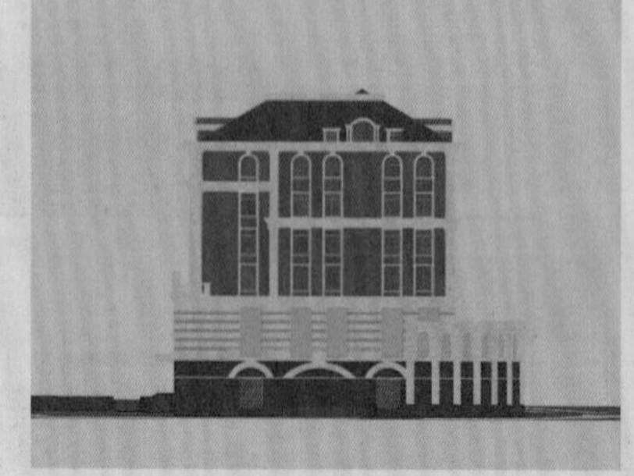

图16-6　打开的立面t图像文件

Step 05 使用同样的方法调出颜色通道的选区，然后按住Shift键的同时将选区内的内容拖入到【主立面】场景中，将其所在图层命名为【通道】，并使其位于图层的最顶端，如图16-7所示。

需要注意的是，【通道】图层在不使用的情况下要隐藏起来；另外，如果需要建立选区，都要在【通道】图层中进行。

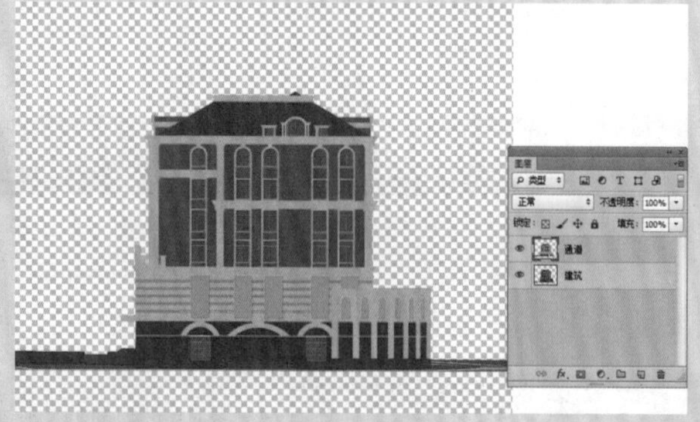

图16-7　调入文件效果

## 16.2 背景和路面制作

下面为立面图制作渐变背景和路面效果。

### 动手操作——背景和路面制作

Step 01 继续上一节的操作。

Step 02 新建一个图层，命名为【背景】，使其位于【图层】面板的最底端。

Step 03 设置前景色为浅黄色（R=165、G=155、B=125）、背景色为米白色（R=235、G=230、B=220）。然后使用【渐变工具】在【图层1】上执行一个由上而下的线性渐变，效果如图16-8所示。

Step 04 新建一个图层，在图像下方绘制一个矩形选区，然后为其填充一个【黑色到白色】的线性渐变，如图16-9所示。

图16-8 制作渐变背景效果

图16-9 线性渐变

Step05 选择菜单栏中的【滤镜】|【杂色】|【添加杂色】命令，在弹出的对话框中设置参数，如图16-10所示。

执行上述操作后，将选区取消。至此，建筑立面图的背景和路面部分制作完毕。

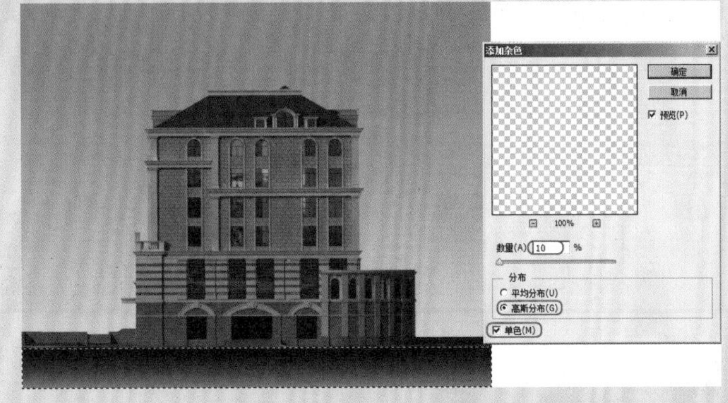

图16-10 【添加杂色】参数设置及图像效果

## 16.3 建筑立面调整

本节将调整建筑的立面颜色。

### 动手操作——建筑立面颜色调整

Step01 继续上一节的操作。

Step02 选择【建筑】图层，选择菜单栏中的【图像】|【调整】|【曲线】命令，在弹出的对话框中设置参数，如图16-11所示。

Step03 显示【通道】图层，使用【魔棒工具】将立面的屋顶部分选中，如图16-12所示。

图16-11 【曲线】参数设置及图像效果

图16-12　创建选区

**Step 04** 在【建筑】图层中按Ctrl+J快捷键将选区内容复制为一个单独的图层，命名为【屋顶】。

**Step 05** 选择菜单栏中的【图像】|【调整】|【色相/饱和度】命令，在弹出的对话框中设置各项参数，如图16-13所示。

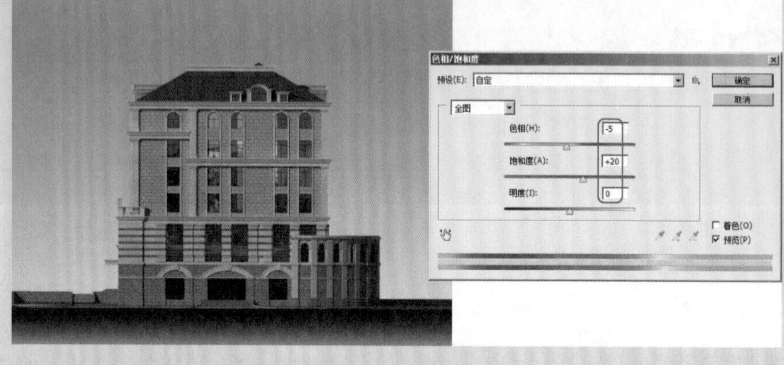


图16-13　【色相/饱和度】参数设置及图像效果

**Step 06** 显示【通道】图层，使用【魔棒工具】将立面的玻璃部分选中，如图16-14所示。

图16-14　创建玻璃选区

**Step 07** 在【建筑】图层中按Ctrl+J快捷键将选区内容复制为一个单独的图层，命名为【玻璃1】。

**Step 08** 选择菜单栏中的【图像】|【调整】|【色彩平衡】命令，在弹出的对话框中设置各项参数，如图16-15所示。

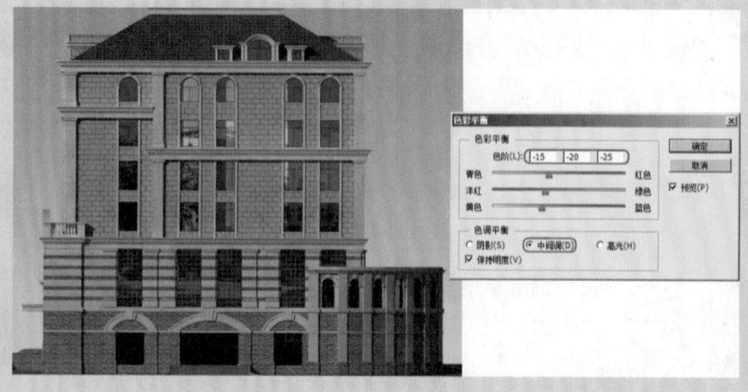


图16-15　【色彩平衡】参数设置及图像效果

**Step 09** 选择菜单栏中的【图像】|【调整】|【色相/饱和度】命令，在弹出的对话框中设置各项参数，如图16-16所示。

**Step 10** 显示【通道】图层，使用【魔棒工具】将立面的如图16-17所示的玻璃部分选中。

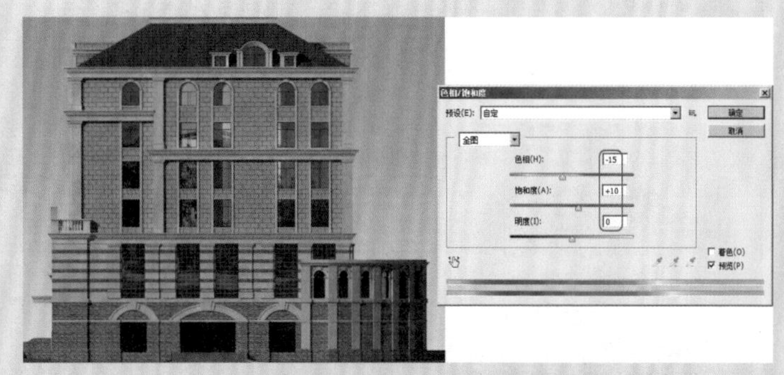

图16-16 【色相/饱和度】参数设置及图像效果

图16-17 创建玻璃选区

**Step 11** 在【建筑】图层中按Ctrl+J快捷键，将选区内容复制为一个单独的图层，命名为【玻璃2】。

**Step 12** 选择菜单栏中的【图像】|【调整】|【色相/饱和度】命令，在弹出的对话框中设置各项参数，如图16-18所示。

下面处理墙面色调。

**Step 13** 显示【通道】图层，使用【魔棒工具】将墙面部分选中，如图16-19所示。

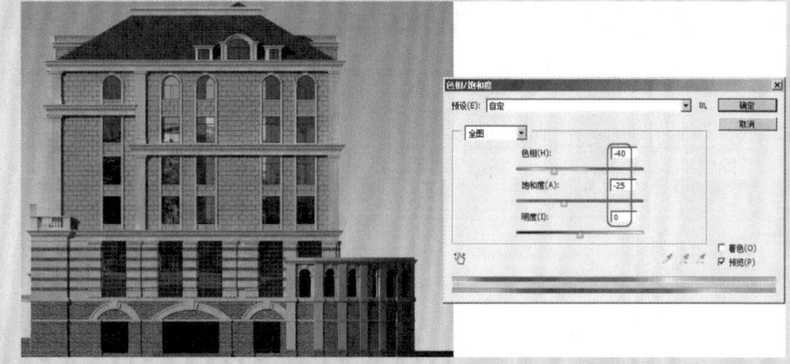

图16-18 【色相/饱和度】参数设置及图像效果

图16-19 创建墙面选区

**Step 14** 在【建筑】图层中按Ctrl+J快捷键将选区内容复制为一个单独的图层，命名为【墙面】。

**Step 15** 选择菜单栏中的【图像】|【调整】|【色相/饱和度】命令，在弹出的对话框中设置各项参

数，如图16-20所示。

至此，建筑立面的色调调整完毕。整体图像效果如图16-21所示。

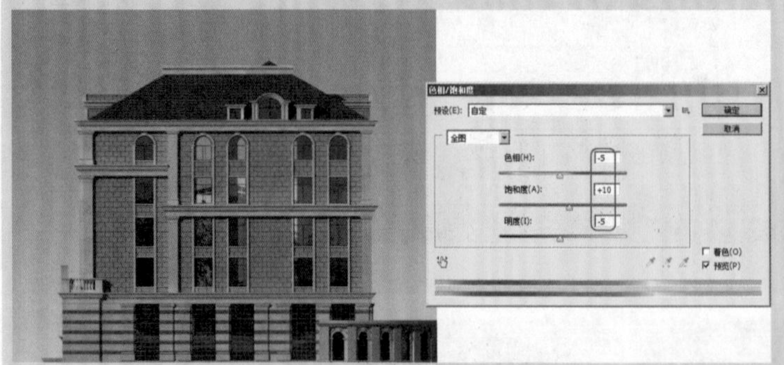

图16-20 【色相/饱和度】参数设置及图像效果

图16-21 调整建筑立面效果

## 16.4 配景添加

下面为场景添加配景素材。建筑立面效果图的配景不是很多，一般处理成剪影的形式，以烘托画面气氛。

### 动手操作——添加配景

Step 01 继续上一节的操作。

Step 02 打开随书配套光盘中的“调用图片\第16章\山形.psd”文件，如图16-22所示。

Step 03 使用【移动工具】将山形素材调入到场景中，并调整它的大小和位置，如图16-23所示。

Step 04 打开随书配套光盘中的“调用图片\第16章\云彩和月亮.psd”文件，如图16-24所示。

图16-22 打开的山形图像文件

图16-23 调入山形效果

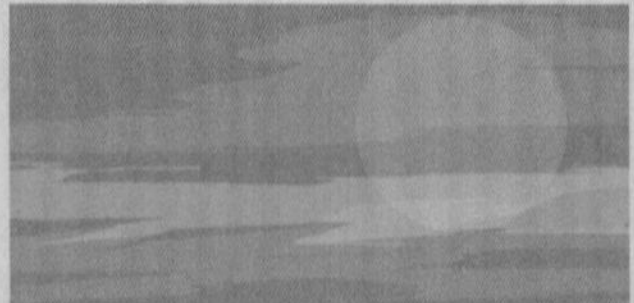

图16-24 打开的云彩和月亮图像文件

Step 05 使用【移动工具】将它们调入到场景中，并调整它们的大小和位置，如图16-25所示。

Step 06 打开随书配套光盘中的“调用图片\第16章\立面树.psd”文件，如图16-26所示。

Step 07 使用【移动工具】将它们调入到场景中，并调整它们的大小和位置，如图16-27所示。

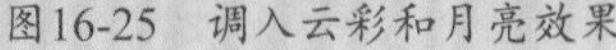
图16-25 调入云彩和月亮效果

图16-26 打开的立面树图像文件

图16-27 调入立面树效果

最后调整场景的整体色调。

**Step 08** 选择菜单栏中的【图层】|【新建调整图层】|【照片滤镜】命令，在弹出的【新建图层】对话框中单击 确定 按钮，在随后弹出的面板中设置参数，如图16-28所示。

执行上述操作后，图像效果如图16-29所示。

**Step 09** 选择菜单栏中的【图层】|【新建调整图层】|【亮度/对比度】命令，在弹出的【新建图层】对话框中单击 确定 按钮，在随后弹出的面板中设置参数，如图16-30所示。

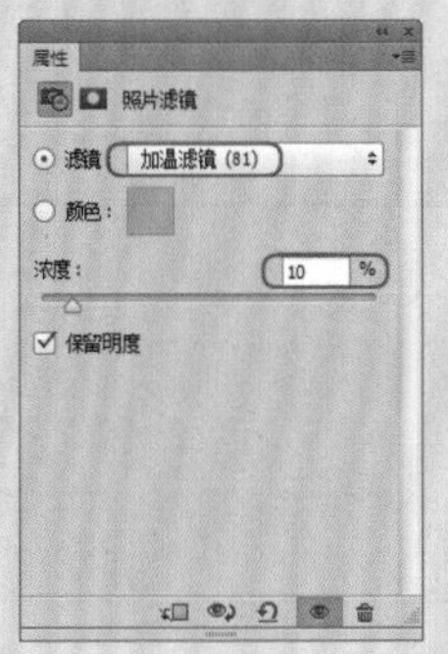

图16-28 【照片滤镜】参数设置

图16-29 编辑图像效果

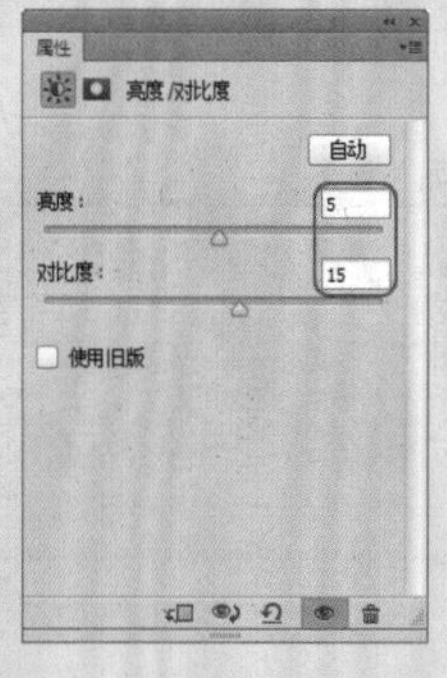

图16-30 【亮度/对比度】参数设置

执行上述操作后，得到建筑立面图的最终效果，如图16-31所示。

**Step 10** 选择菜单栏中的【文件】|【存储为】命令，将制作的建筑立面效果图保存为【立面效果.psd】。可以在本书配套光盘“效果文件\第16章”文件夹下找到该文件。

图16-31 最终效果

## 16.5 小结

本章介绍了用Photoshop软件制作建筑立面图的方法。通过本章的学习，应掌握用Photoshop软件绘制二维渲染图的方法与技巧。制作二维渲染图的方法多种多样，可以根据自己的绘图习惯和需要大胆创新、大胆尝试。只要制作出的图像效果好，任何方法都可以使用。

Chapter 17

# 第17章 平面规划图的制作与表现

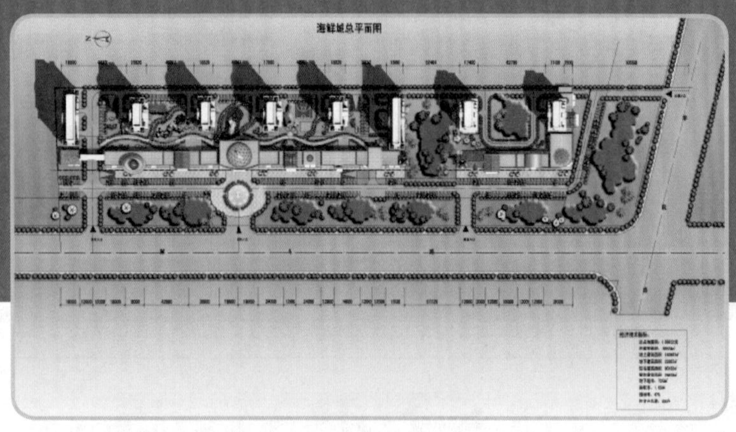


**本章内容**

- 调整CAD图纸
- 通过打印的方式输出png文件
- 大环境及路面的处理
- 主体配景的添加与制作
- 主体绿化带的制作
- 素材模块的制作
- 植被的添加
- 平面规划图的细部处理与修饰
- 图像的整体调整
- 小结

本章将以一个海鲜城总平面图为例，详细介绍平面规划图的制作方法，力求以最简洁、最快速的方式展示如何快速地制作出高水平的平面规划图。

在建筑装饰业，二维渲染图常常用来展示大型规划与新开发的楼盘等项目，通常又称为渲染图。最初二维渲染图的制作工艺是比较粗糙的，设计师只是用简单的画笔将渲染图绘制在图纸上，而不做任何艺术处理，看起来有些类似于单色素描，如图17-1所示。后来由于业主要求的不断升级、绘图业的强烈竞争、设计师制图水平的提高以及绘图仪器的更新换代等因素的影响，水彩、水粉、喷笔等更多的表现手法随之也出现在二维渲染图上，如图17-2所示。

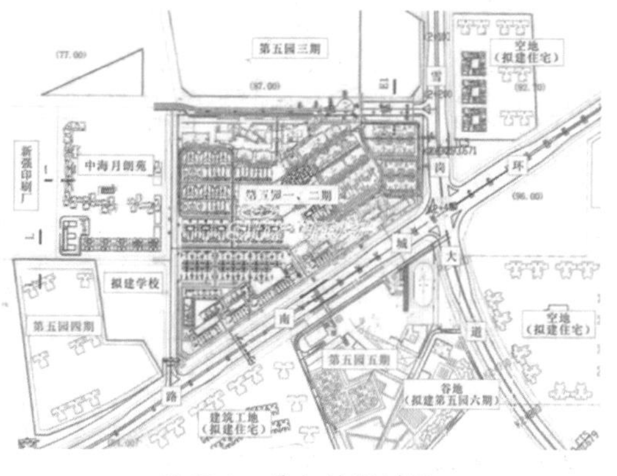


图17-1 最初的规划图

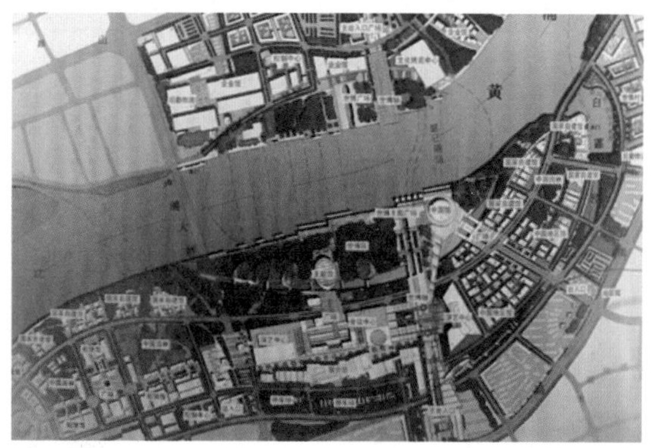

图17-2 进行简单着色后的规划图

现在为了更好地展示设计师的方案和意图，绘图者在二维渲染图中加入了全新的渲染原色，例如真实的【草地】、【水面】与【树木】等，如图17-3所示。

另外，绘图者在制作时还十分重视各种植物的种植位置以及阳光照射后的投影方向等问题。同时，还有一部分模块的处理仍是使用早期的表现手段，例如马路和建筑仍然使用单色进行处理。

本章制作的平面规划图最终效果如图17-4所示。

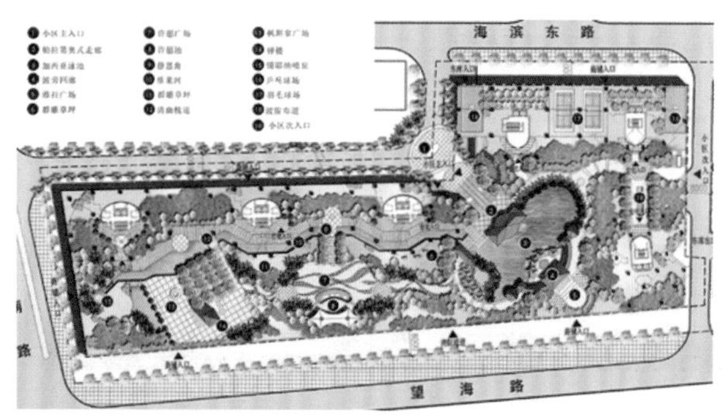


图17-3 现在的规划图

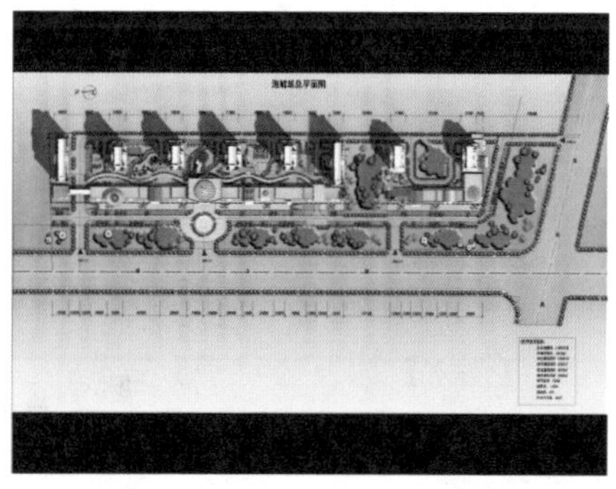

图17-4 平面规划图效果

# 17.1 调整CAD图纸

制作平面规划图也和制作室内彩平图一样，需要将平面图从AutoCAD软件中输出，然后才能进行制作。

## 动手操作——调整CAD图纸

Step 01 启动AutoCAD 2010软件。

Step 02 选择菜单栏中的【文件】|【打开】命令，打开随书配套光盘中的“调用图片\第17章\总平面.dwg”文件，如图17-5所示。

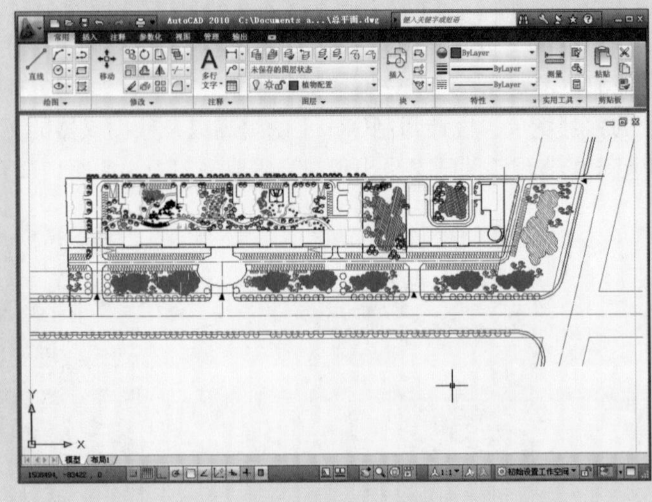

图17-5　打开的总平面图像文件

这是一个集餐饮、娱乐、购物、住宅为一体的大型的规划图，下面将从本图开始学习城市规划平面图的制作方法。因为图纸上有一些不需要的图层，所以在输出之前需要先将图纸进行处理，把不必要的图层冻结，便于后面使用。

Step 03 在【常用】选项卡下找到【图层】选项，然后在其下拉列表中依次将【TREE】、【小灌木】、【植物配置】、【灌木】以及【竹子】等5个图层冻结，如图17-6所示。

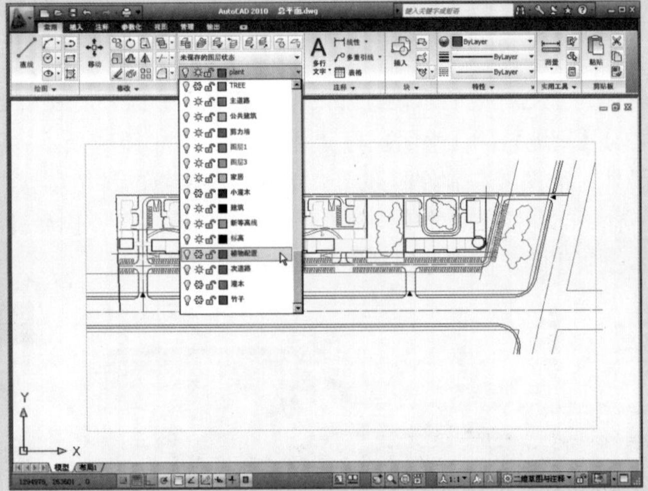

图17-6　冻结不必要的图层

执行上述操作后，图纸效果如图17-7所示。

这样，CAD图纸就调整好了，下面将图纸从AutoCAD软件中输出成png格式的位图文件。

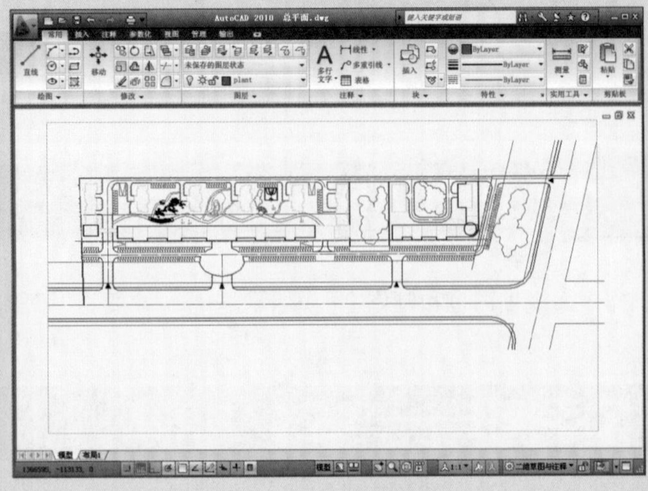

图17-7　冻结图层后的效果

# 17.2 通过打印的方式输出png文件

在上一节中已经将CAD图纸调整好了，接下来就将图纸输出成位图。

## 动手操作——输出png文件

Step 01 继续上一节的操作。

Step 02 单击界面左上角的按钮，在其下拉菜单中选择【打印】|【打印】命令，如图17-8所示。

Step 03 在随后弹出的【打印-模型】对话框中选择【打印机】的名称为【PublishToWeb PNG.pc3】，然后单击 特性(R)... 按钮，如图17-9所示。

Step 04 在随后弹出的【绘图仪配置编辑器】对话框中选择【自定义图纸尺寸】，然后单击 添加(A)... 按钮，如图17-10所示。

Step 05 此时弹出【自定义图纸尺寸-开始】对话框，单击 下一步(N) > 按钮，如图17-11所示。

Step 06 在弹出的【自定义图纸尺寸—介质边界】对话框中，将【宽度】设置为3000，【高度】设置为2250，单击 下一步(N) > 按钮，如图17-12所示。

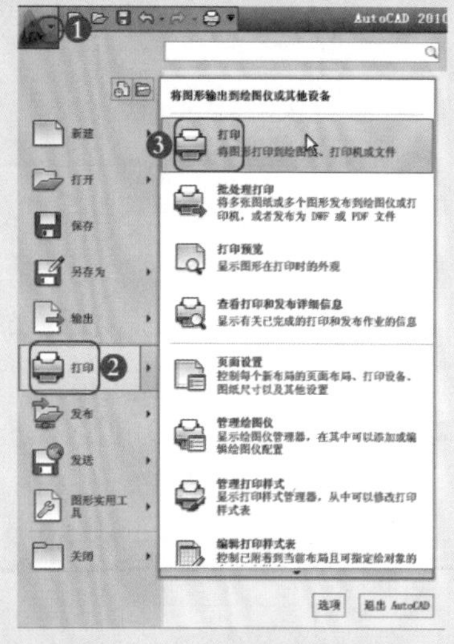

图17-8 选择【打印】命令

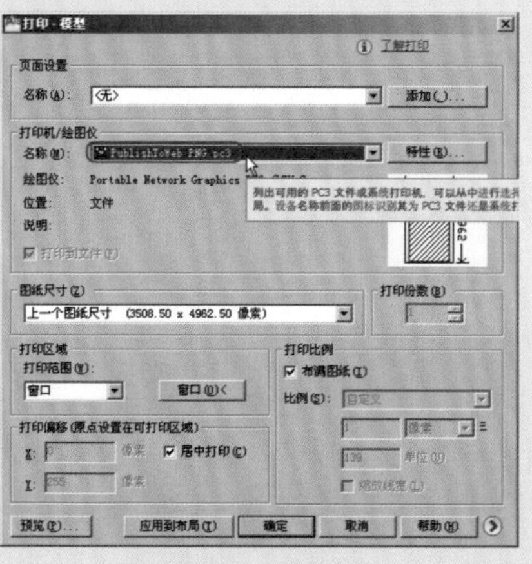

图17-9 选择打印机

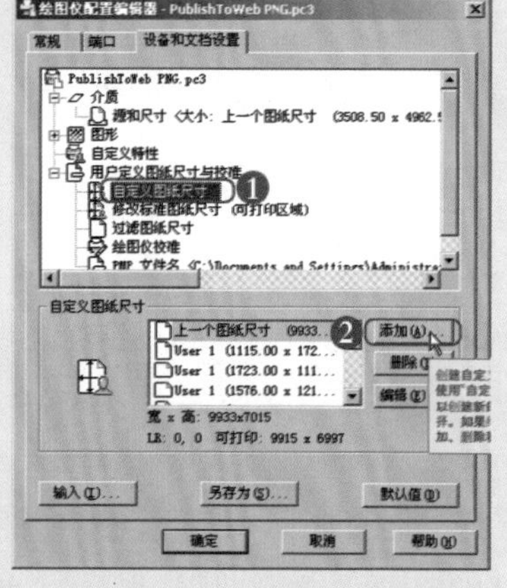

图17-10 绘图仪配置编辑器

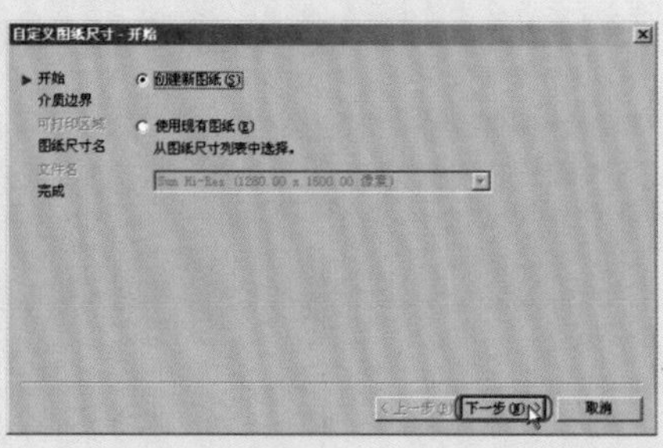

图17-11 【自定义图纸尺寸】对话框

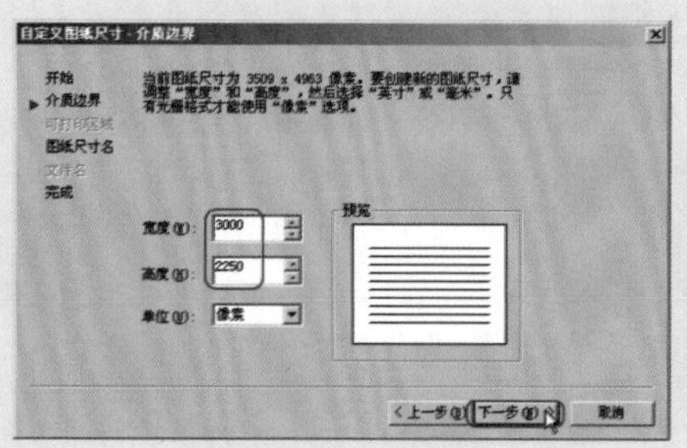

图17-12 定义图纸尺寸

Step 07 在【自定义图纸尺寸—图纸尺寸名】对话框中单击下一步(N) >按钮，如图17-13所示。

Step 08 在【自定义图纸尺寸—完成】对话框中单击完成(F)按钮，如图17-14所示。

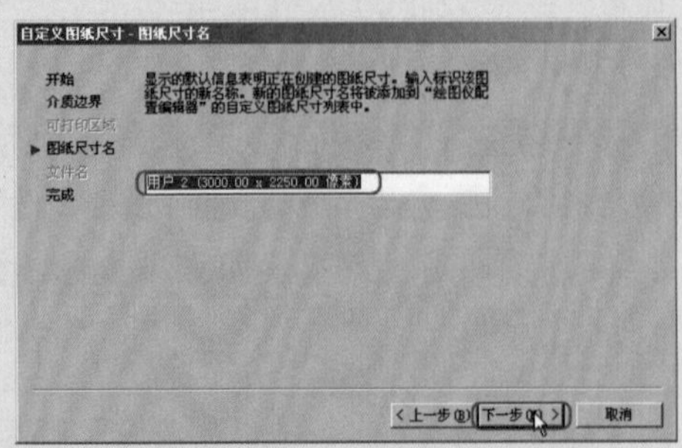

图17-13 【自定义图纸尺寸】对话框

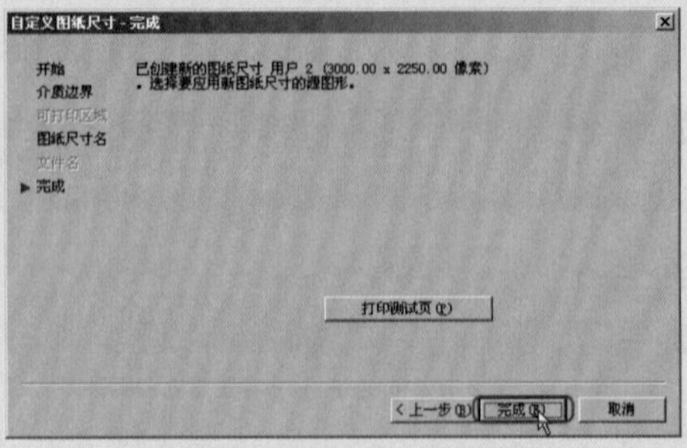

图17-14 定义图纸尺寸

Step 09 返回到【绘图仪配置编辑器】对话框中，单击确定按钮，在【打印-模型】对话框【图纸尺寸】下方的下拉列表中选择【用户2（3000×2250像素）】图纸，然后勾选【居中打印】复选框，如图17-15所示。

Step 10 在【打印-模型】对话框的【打印范围】下拉列表框中选择【窗口】选项，然后在AutoCAD的绘图区拖曳鼠标将要输出的图形框选出来，如图17-16所示。

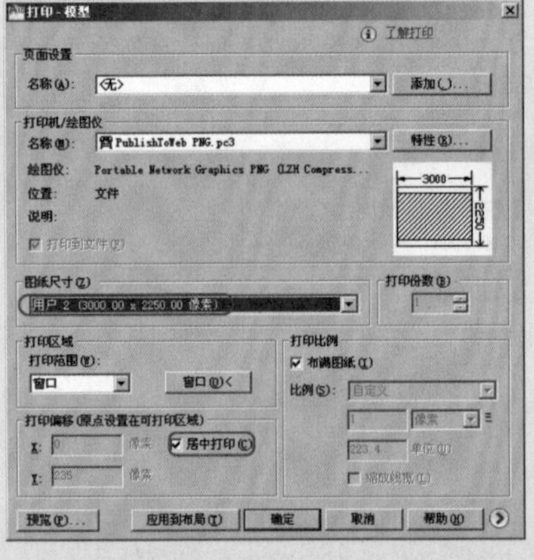

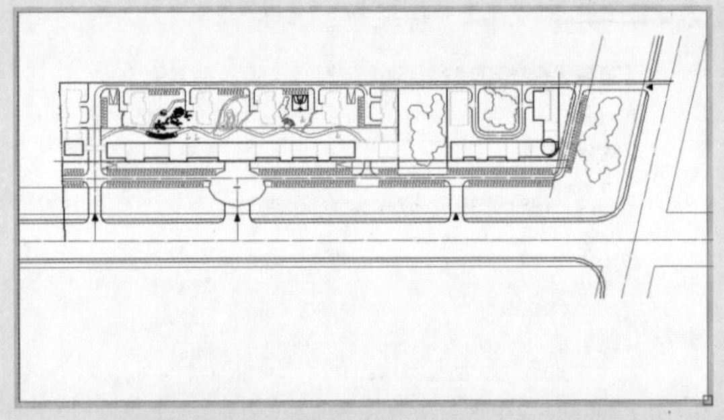

图17-15 【自定义图纸尺寸】对话框

图17-16 拖曳矩形框

Step 11 返回到【打印-模型】对话框中，单击确定按钮，此时弹出【浏览打印文件】窗口，选择好文件的路径，单击保存(S)按钮，如图17-17所示。

此时的CAD平面图就打印输出一张3000×2250的位图图片，如图17-18所示。

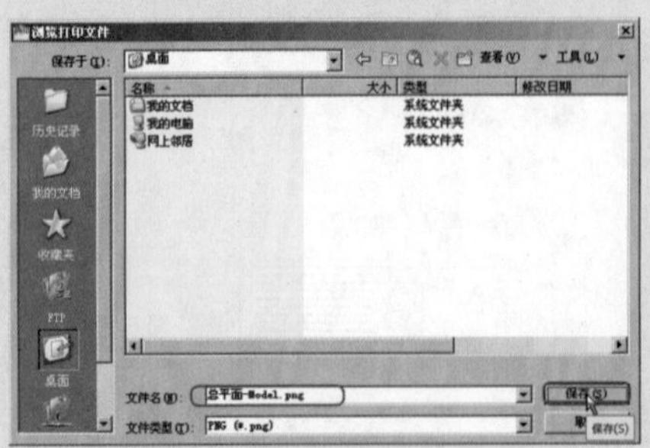

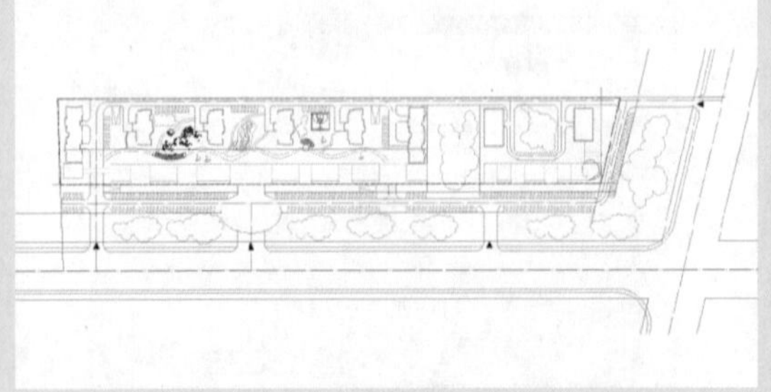

图17-17 【浏览打印文件】对话框

图17-18 输出的位图图片

## 17.3 调整输出图纸

图纸输出出来后，接下来将开始使用Photoshop对输出的图纸进行二维渲染图的绘制。首先进行图纸的调整，其中包括图片的色调、明度以及亮度、对比度等方面的调整。

### 动手操作——调整输出图纸

Step 01 启动Photoshop CS 6软件。

Step 02 打开刚才打印输出的【总平图-Model.png】文件。

Step 03 选择菜单栏中的【图像】|【调整】|【色相/饱和度】命令，在弹出的【色相/饱和度】命令对话框中设置【饱和度】为-100，如图17-19所示。

执行上述操作后，得到如图17-20所示的单色图纸效果。

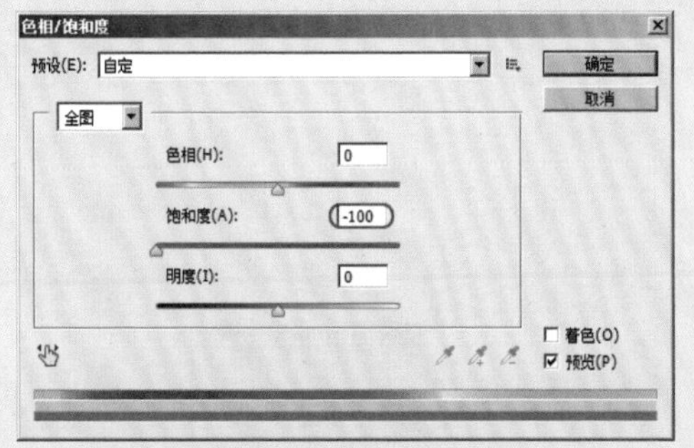


图17-19 【色相/饱和度】参数设置

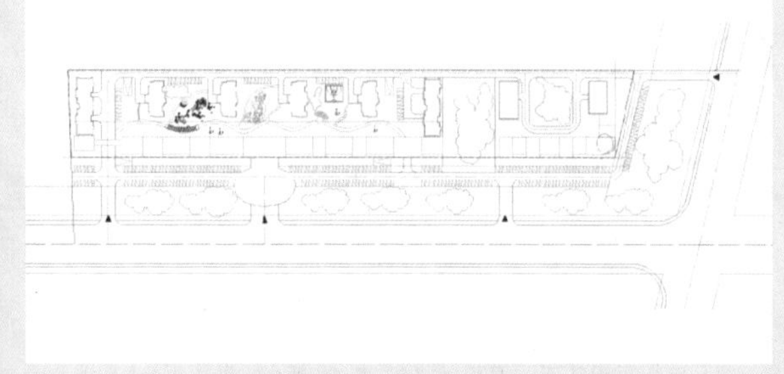

图17-20 降低饱和度后的图纸效果

由图17-20可以看出，此时图纸中的黑色线条效果并不是很明显，下面调整图纸的亮度和对比度。

Step 04 选择菜单栏中的【图像】|【调整】|【亮度/对比度】命令，在弹出的【亮度/对比度】对话框中设置各项参数，如图17-21所示。

执行上述操作后，图纸的对比度明显加大了，效果如图17-22所示。

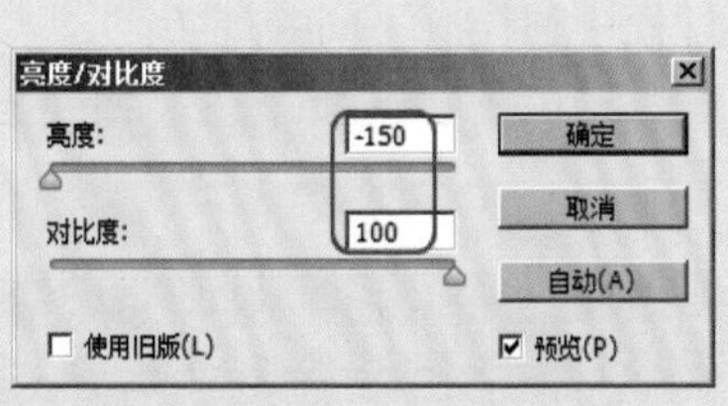


图17-21 【亮度/对比度】参数设置

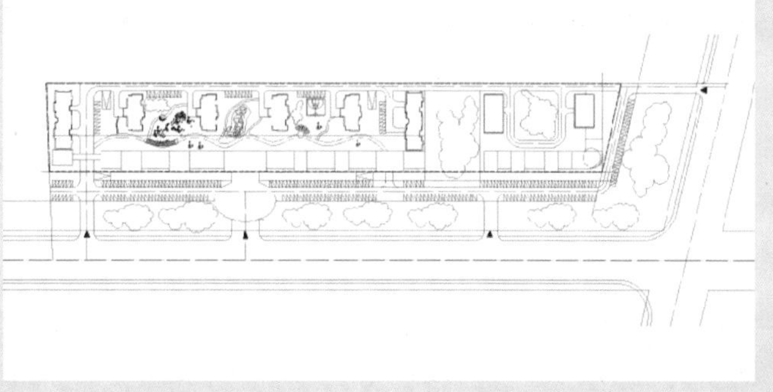

图17-22 调整图纸亮度和对比度后的效果

图纸调整完毕。下面将图纸上的黑色线条部分处理成单独的一层，方便后面操作。

Step 05 选择菜单栏中的【选择】|【色彩范围】命令，在弹出的【色彩范围】对话框中设置【颜色容差】为100，将吸管放在白色上单击一下，单击 确定 按钮，如图17-23所示。

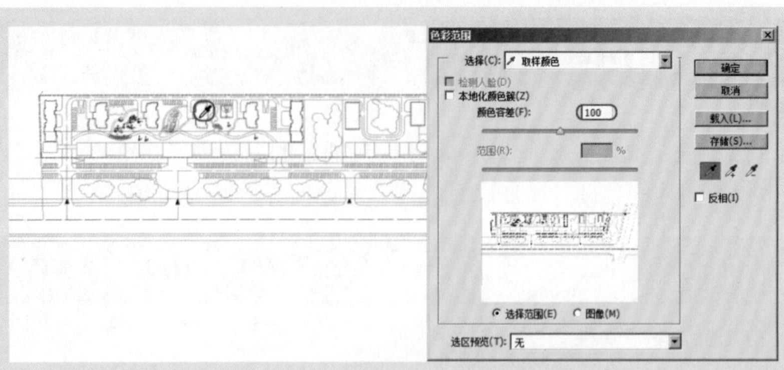

图17-23 【色彩范围】对话框设置

此时图纸上的白颜色部分被全部选中。

Step 06 按Ctrl+Shift+I快捷键将选区反选，再按Ctrl+C快捷键将选区内的内容复制，最后按Ctrl+V快捷键将复制的内容粘贴到系统剪贴板中，则【图层】面板中就出现了一个复制的新图层，将新图层重命名为【底线】，如图17-24所示。

Step 07 在【图层】面板中将【背景】图层填充为白色，如图17-25所示。

图17-24 【图层】面板

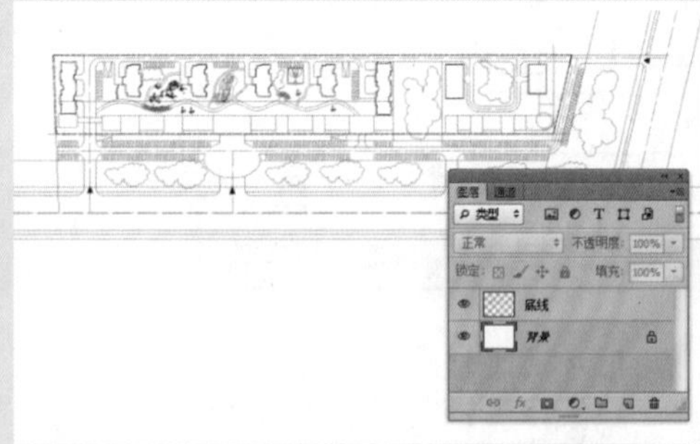

图17-25 将【背景】图层填充为白色

## 17.4 大环境及路面的处理

下面将对规划图进行大环境及路面的处理。二维渲染图的绘制方法其实很简单，整个绘制过程无非就是反复地使用几个操作命令，但是在这些看似枯燥的操作过程中往往有不同的技巧。

在制作之前，如果有的线条还没有完全封闭，一定要使用工具箱中的【铅笔工具】将它们封闭起来，以便于后面的正常选择。

### 动手操作——大环境及路面的处理

Step 01 继续上一节的操作。

Step 02 使用工具箱中的【抓手工具】将图像局部放大，然后设置前景色为黑色。选择工具箱中的【铅笔工具】，将图纸中没有封闭的线条封闭，以便在后面工作中进行选择，如图17-26所示。

Step 03 使用同样的方法，将图纸中所有未封闭的线条封闭。

下面为场景制作一个底色。

Step 04 在【图层】面板中创建一个新的图层，命名为【底色】，并使其位于【底线】图层的下方。

Step 05 选择工具箱中的【渐变工具】，单击其属性栏中的按钮，在弹出的【渐变编辑器】对话框中设置各项参数，如图17-27所示。

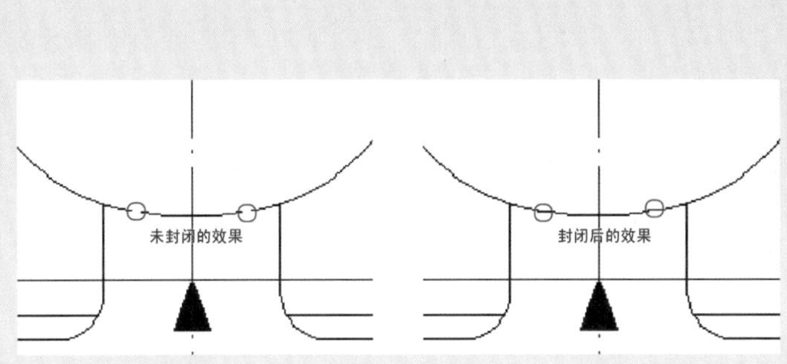


图17-26 封闭线条

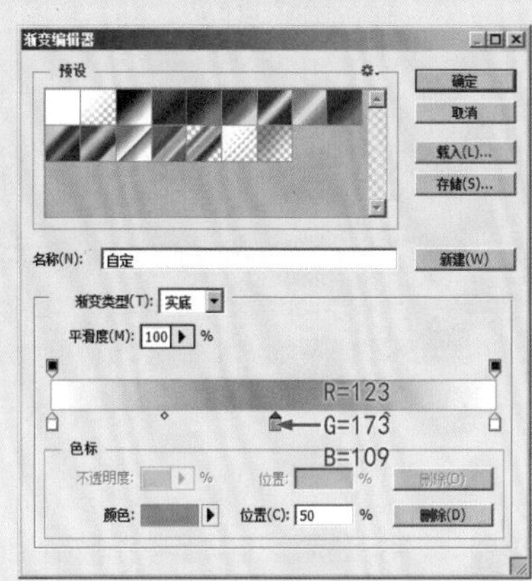


图17-27 【渐变编辑器】参数设置

Step 06 设置渐变方式为【线性渐变】，然后在图像中由下而上拉一个渐变操作，效果如图17-28所示。

下面制作场景中的路面和地面铺设等。

Step 07 选择工具箱中的【魔棒工具】，选择图纸中的马路部分，如图17-29所示。

图17-28 渐变操作后的效果

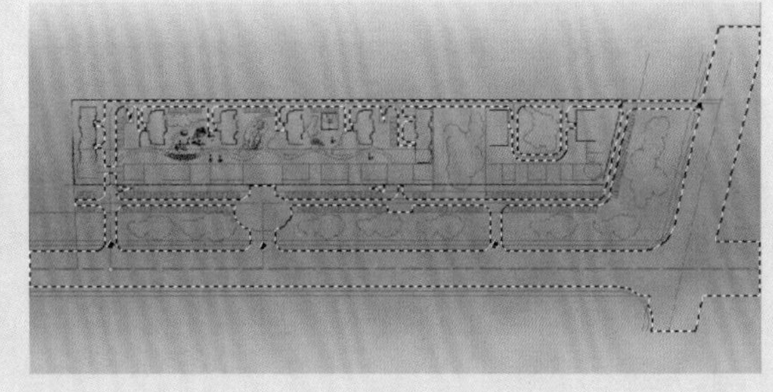

图17-29 使用【魔棒工具】选择路面

**技 巧**

选取时可以配合Shift键进行连续选择。必要时，可以配合【多边形套索工具】进行选择。另外，在选取路面时不要将黑色线条选择，否则会影响最终的效果。

Step 08 在【图层】面板中新建一个图层，命名为【路面】，使其位于【底线】图层的下方。

Step 09 设置前景色为灰色（R=169、G=181、B=181），然后按Alt+Delete快捷键将选区以前景色填充，效果如图17-30所示。

**技 巧**

在后面的操作过程中要养成为图层命名的好习惯，这样会大大提高工作效率。另外，每次在选择不同元素时，都要返回到【底线】图层。

Step 10 确认【路面】图层为当前层，选择工具箱中的【减淡工具】，设置其属性栏中各项参数，如图17-31所示。

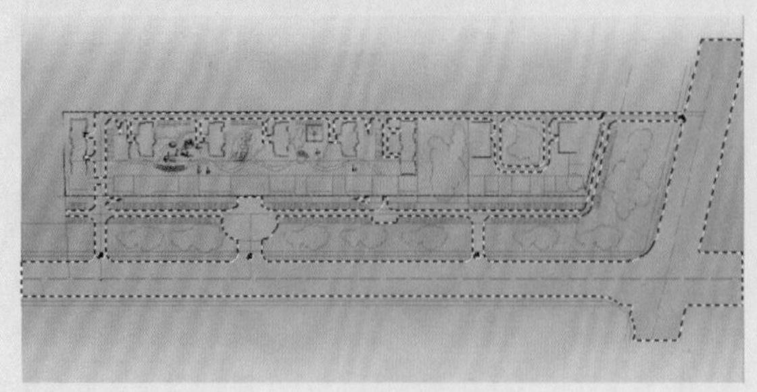

图17-30 填充路面效果

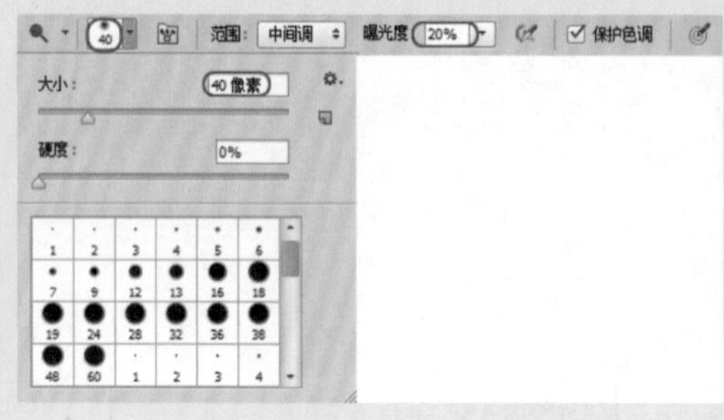


图17-31 【减淡工具】属性栏设置

Step 11 使用【减淡工具】将马路中间进行局部提亮，制作出路面的立体感。

Step 12 将所有路面提亮后，按Ctrl+D快捷键将选区取消，效果如图17-32所示。

Step 13 使用【魔棒工具】在场景中创建如图17-33所示的选区。

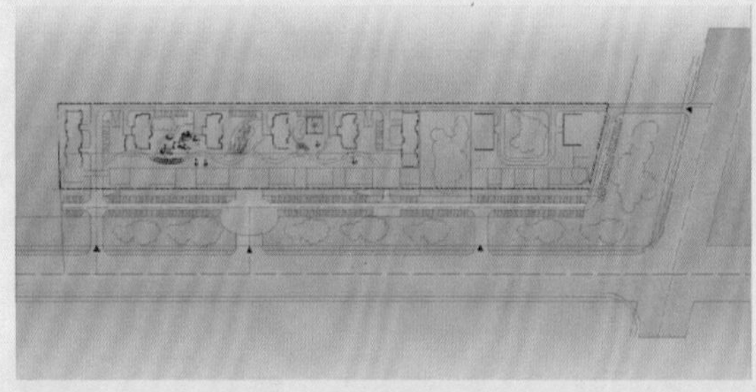

图17-32 提亮路面部分

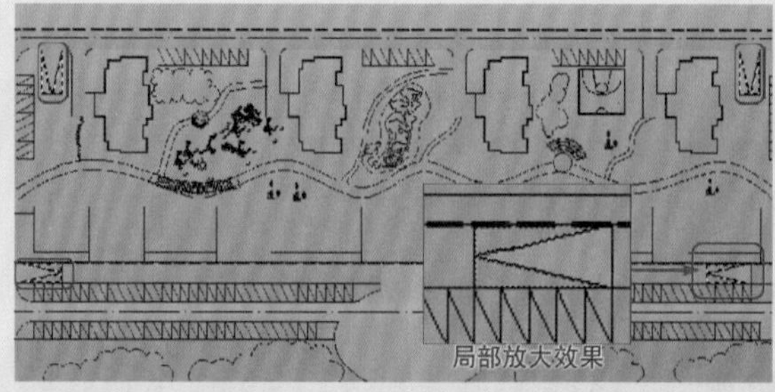


图17-33 创建的选区效果

Step 14 在【图层】面板中新建一个图层，命名为【路面01】，使其位于【底线】图层的下方。

Step 15 设置前景色为灰色（R=99、G=106、B=106），然后按Alt+Delete快捷键将选区以前景色填充。再按Ctrl+D快捷键将选区取消，效果如图17-34所示。

Step 16 使用【魔棒工具】将平面图中的所有停车位选择出来，如图17-35所示。

图17-34 填充路面01效果

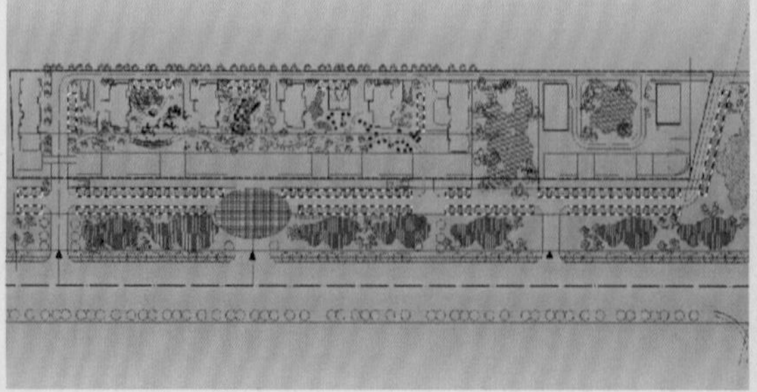

图17-35 选择停车位

Step17 选择菜单栏中的【文件】|【打开】命令，打开随书配套光盘中的“调用图片\第17章\车位.jpg”文件，如图17-36所示。

Step18 选择菜单栏中的【编辑】|【定义图案】命令，在弹出的【图案名称】对话框中设置【名称】为【车位.jpg】，如图17-37所示。

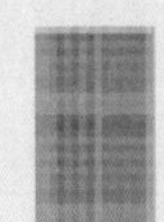

图17-36 打开的车位图像文件

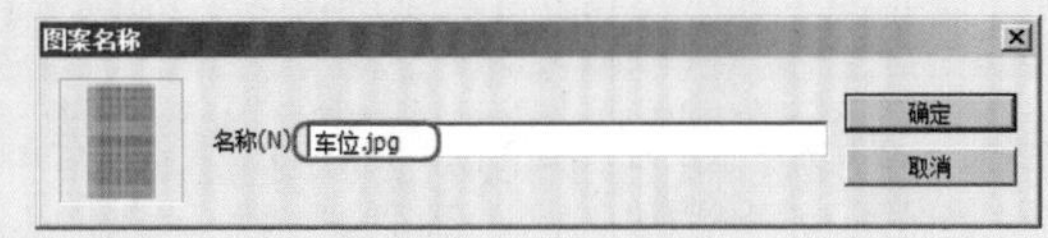


图17-37 【图案名称】对话框设置

关闭【车位.jpg】文件，回到平面规划图文件中。

Step19 在【图层】面板中新建一个图层，命名为【停车位】，并使其位于【底线】图层的下方。

Step20 选择菜单栏中的【编辑】|【填充】命令，在弹出的【填充】对话框中选择新定义的【车位】图案，如图17-38所示。

Step21 单击 确定 按钮后，选择的区域将被定义的车位图案填充，如图17-39所示。

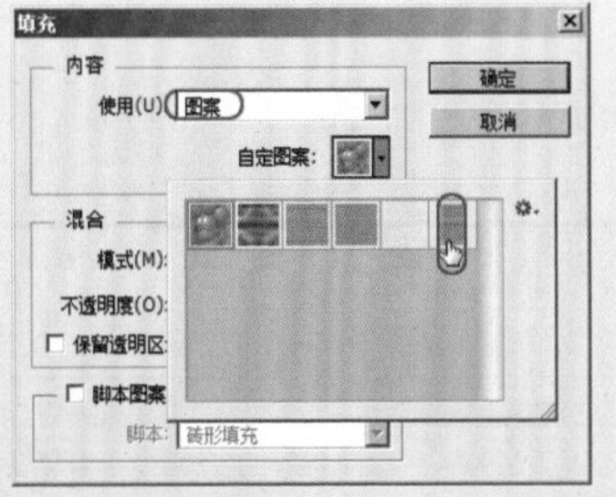


图17-38 【填充】对话框设置

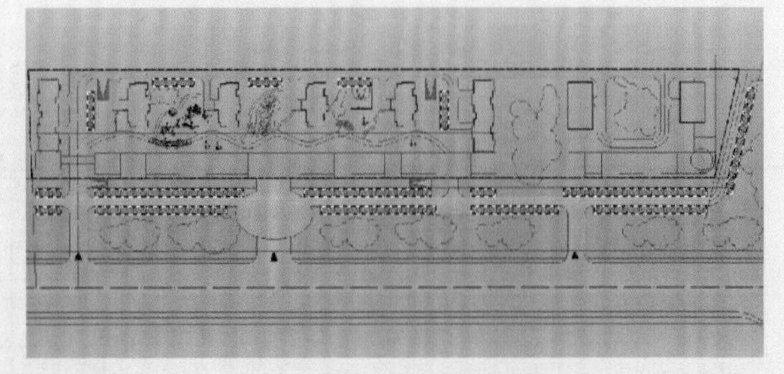

图17-39 填充图案后的效果

Step22 按Ctrl+D快捷键将选区取消。

Step23 使用【魔棒工具】和其他选框工具（如【矩形选框工具】）在画面中创建如图17-40所示的选区。

Step24 选择菜单栏中的【文件】|【打开】命令，打开随书配套光盘中的“调用图片\第17章\地砖.jpg”文件，如图17-41所示。

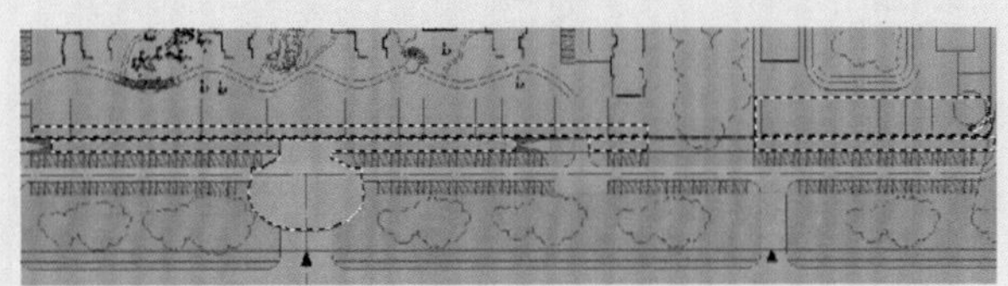

图17-40 创建的选区效果

图17-41 打开的地砖图像文件

Step25 使用前面的方法，将【地砖】定义为图案。

Step26 在【图层】面板中新建一个图层，命名为【地砖】。然后将刚才定义的地砖图案填充到刚才创建的选区中。

执行上述操作后，图像效果如图17-42所示。

图17-42 填充后的效果

Step 27 使用同样的方法，将马路的两侧也填充上【地砖】图案，效果如图17-43所示。

Step 28 在画面中创建如图17-44所示的选区，将场景中的小路选中。

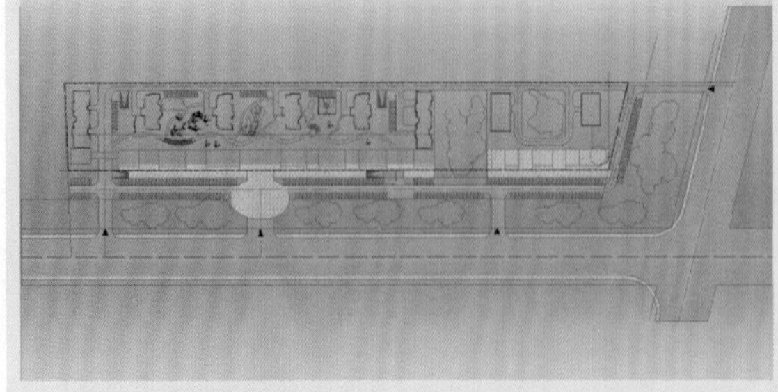
图17-43　在马路边填充地砖后的效果

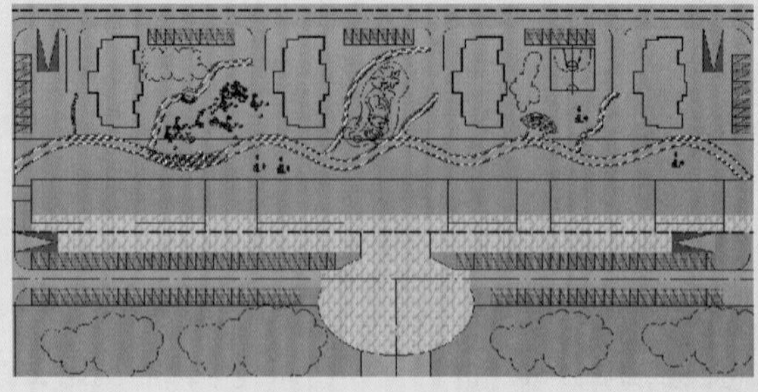
图17-44　创建的选区

**注 意**

**因为选取的范围太大，选区看不清楚，所以在此以红色线条将选区标注出来。**

Step 29 在【图层】面板中新建一个图层，命名为【小路】，并使其位于【底线】图的上方。

Step 30 设置前景色为黄色（R=233、G=210、B=150），然后按Alt+Delete快捷键将选区以前景色填充，再按Ctrl+D快捷键将选区取消，效果如图17-45所示。

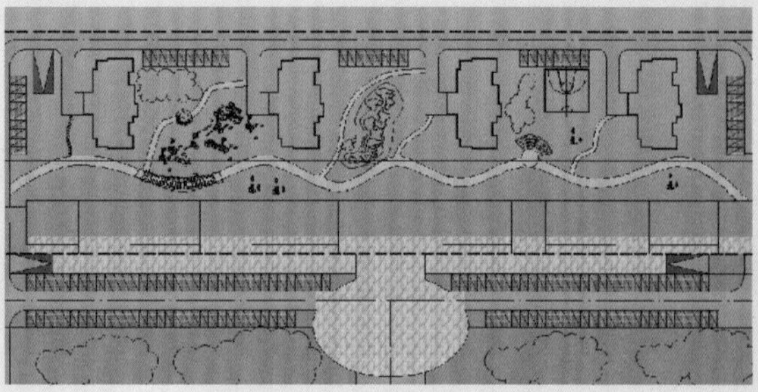

图17-45　填充后的效果

Step 31 选择菜单栏中的【滤镜】|【滤镜库】命令，在弹出的对话框中选择【纹理】类下的【龟裂缝】命令，设置各项参数，如图17-46所示。

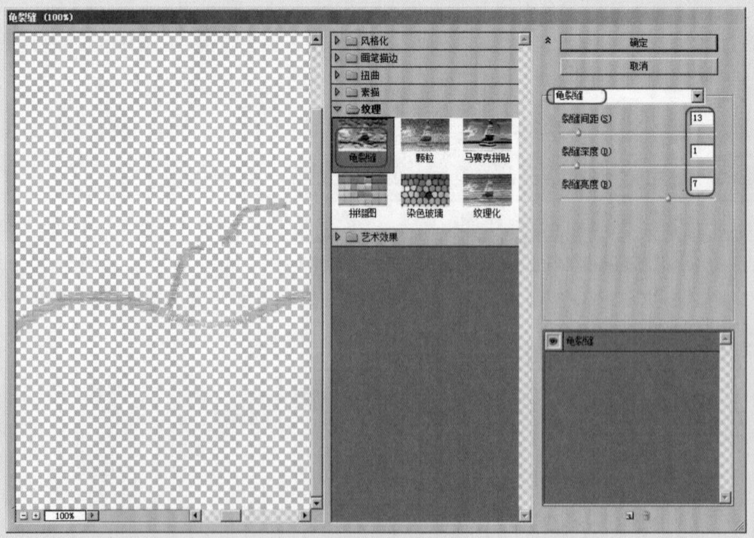

图17-46　【龟裂缝】参数设置

执行上述操作后，图像效果如图17-47所示。

Step32 在图像中创建如图17-48所示的选区（中间的小石子部分）。

Step33 在【图层】面板中新建一个图层，命名为【鹅卵石】，使其位于【底线】图层的下方。

Step34 设置前景色为灰色（R=154、G=144、B=127），然后按Alt+Delete快捷键将选区以前景色填充，再按Ctrl+D快捷键将选区取消，效果如图17-49所示。

图17-47 【龟裂缝】滤镜效果

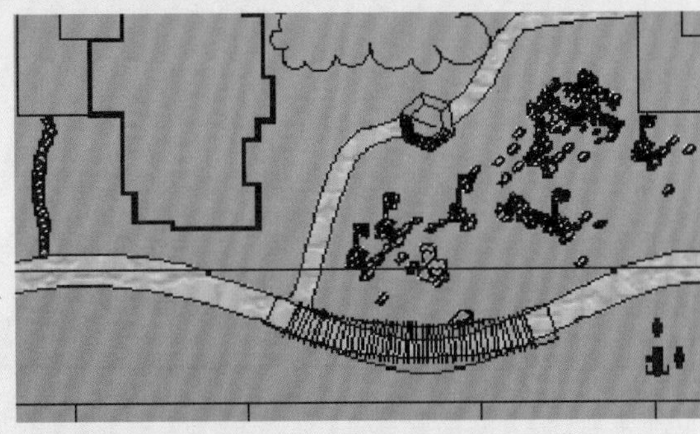

图17-48 创建的选区效果

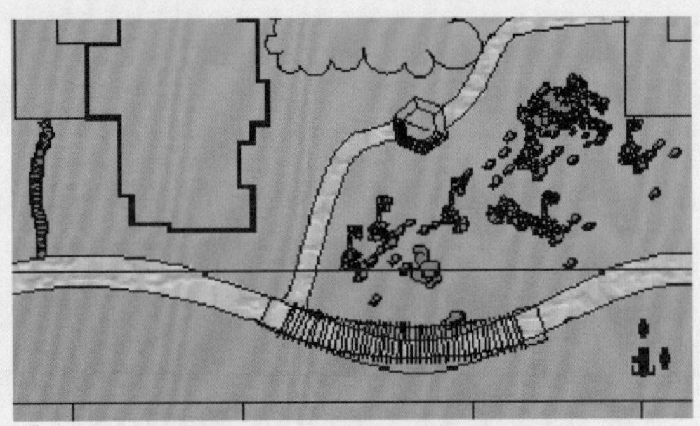

图17-49 填充效果

至此，路面部分全部完成。

## 17.5 主体配景的添加与制作

下面为场景添加并制作一些主体配景素材。先为场景添加主体建筑造型，为了节约时间，本章的建筑造型已经做好，只需调入进来即可。

### 动手操作——主体配景的添加及制作

Step01 继续上一节的操作。

Step02 选择菜单栏中的【文件】|【打开】命令，打开随书配套光盘中的“调用图片\第17章\建筑.psd”文件，如图17-50所示。

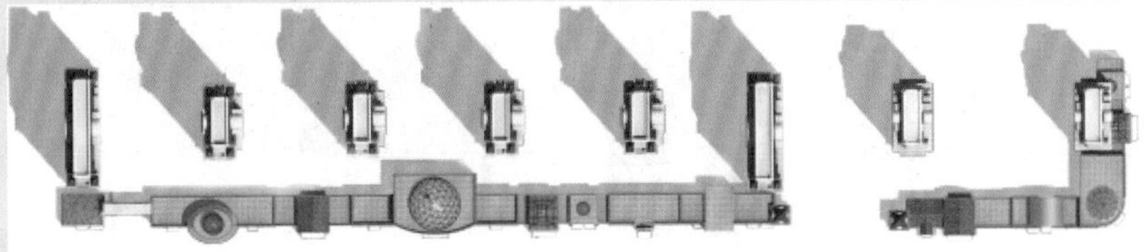

图17-50 打开的建筑图像文件

Step 03 使用工具箱中的【移动工具】，将打开的建筑文件调入到场景中，调整好它的位置，使其所在图层位于【底线】图层的上方，效果如图17-51所示。

Step 04 在画面中创建如图17-52所示的选区（图中红线标注处）。

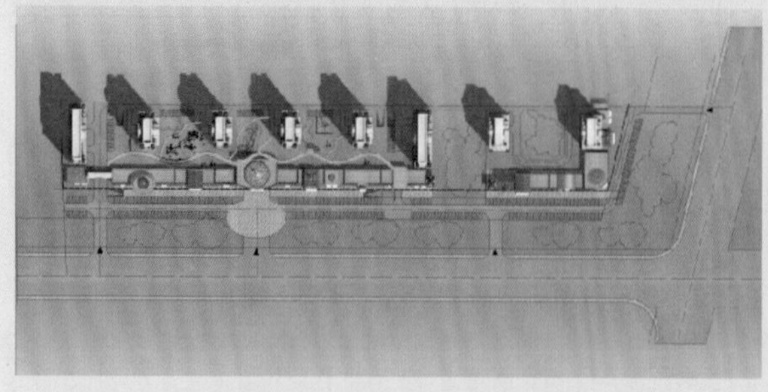

图17-51 调入建筑后的效果

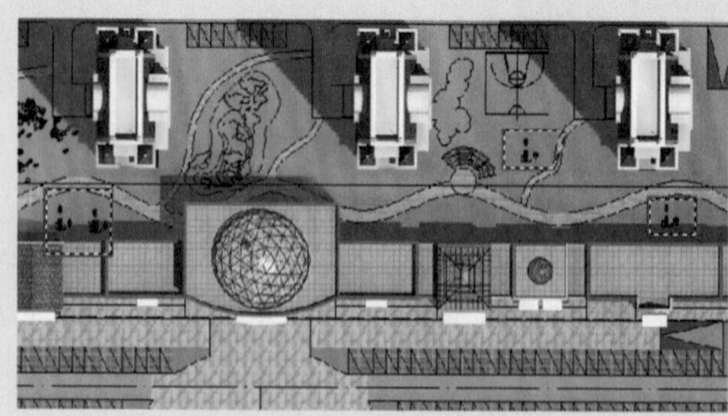

图17-52 创建的选区效果

Step 05 在【图层】面板中新建一个名为【辅助建筑】的图层，并使其位于【小路】和【建筑】图层的下方。

Step 06 选择菜单栏中的【文件】|【打开】命令，打开随书配套光盘中的“调用图片\第17章\顶.jpg”文件，然后使用前面的方法将【顶】定义为图案，并将其填充到【辅助建筑】选区中。

Step 07 设置前景色为黑色，选择菜单栏中的【编辑】|【描边】命令，在弹出的【描边】对话框中设置各项参数，如图17-53所示。

执行上述操作后，按Ctrl+D快捷键将选区取消，效果如图17-54所示。

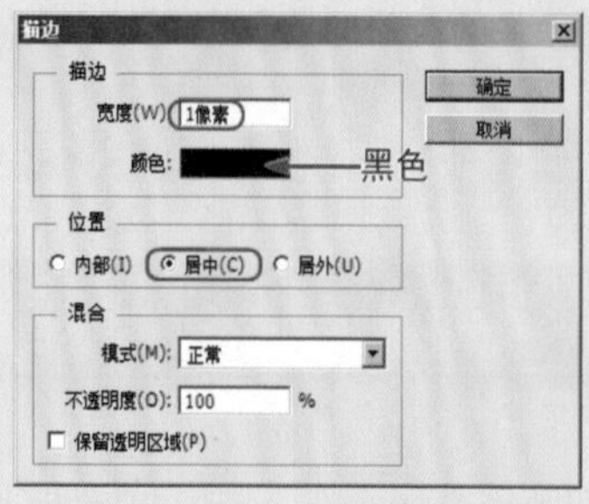


图17-53 【描边】对话框设置

图17-54 编辑效果

下面制作场景中的球场造型。

Step 08 在【图层】面板中新建一个图层，命名为【球场】。

Step 09 在场景中创建一个矩形选区，然后将其以红色（R=166、G=76、B=77）填充，效果如图17-55所示。

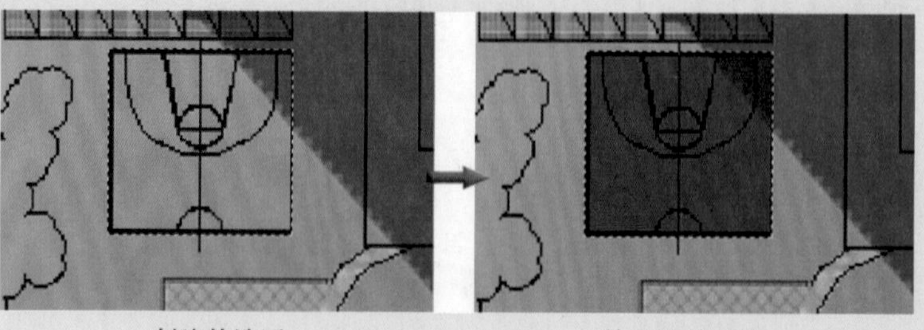

创建的选区　　填充后的效果

图17-55 图像效果

Step 10 在场景中再创建一个矩形选区，并将其以绿色（R=87、G=128、B=94）填充，效果如图17-56所示。

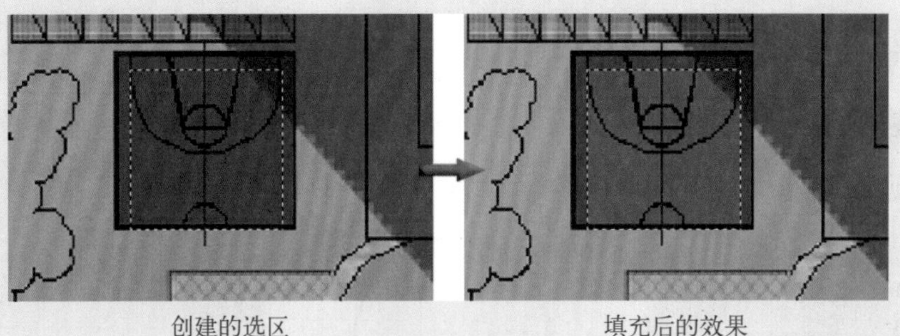

创建的选区　　填充后的效果

图17-56　图像效果

Step 11 选择菜单栏中的【编辑】|【描边】命令，在弹出的【描边】对话框中设置各项参数，然后单击 确定 按钮，最后按Ctrl+D快捷键将选区取消，效果如图17-57所示。

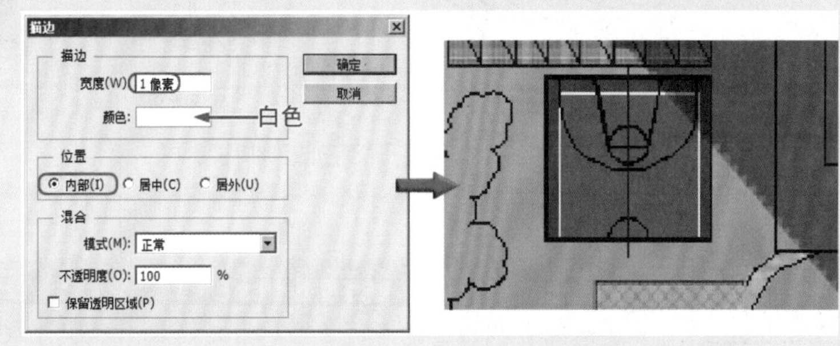


图17-57　【描边】参数设置及图像效果

Step 12 使用同样的方法，在球场的区域创建选区，然后将其以先前的红色填充，如图17-58所示。

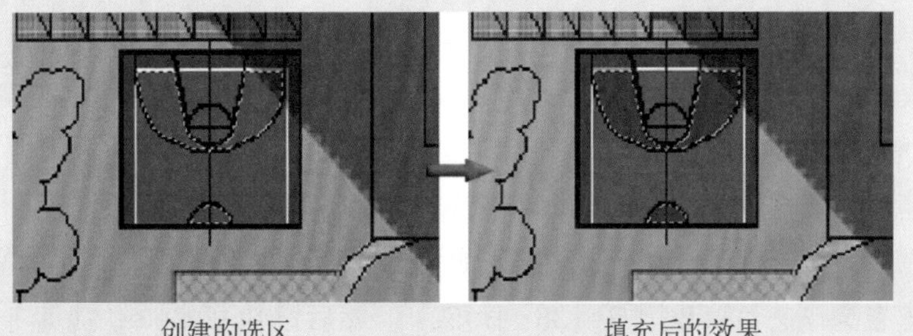

创建的选区　　填充后的效果

图17-58　创建并填充选区效果

Step 13 选择菜单栏中的【编辑】|【描边】命令，在弹出的【描边】对话框中设置各项参数，单击 确定 按钮。最后按Ctrl+D快捷键将选区取消，效果如图17-59所示。

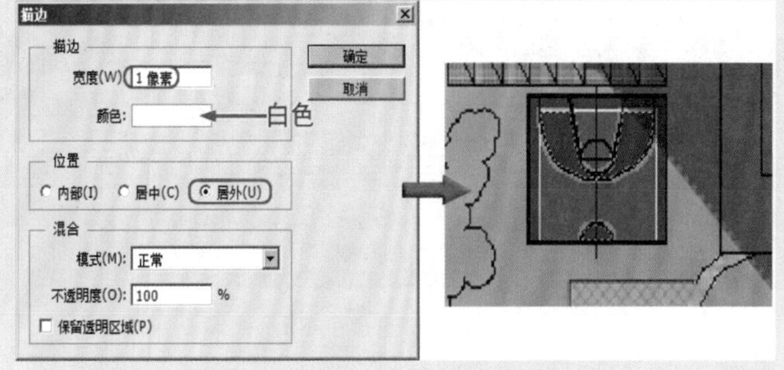


图17-59　【描边】参数设置及效果

Step 14 设置前景色为白色，使用工具箱中的【铅笔工具】为球场上面的圆画上一个白色的边。然后将【球场】图层调整到【底线】图层的上方，效果如图17-60所示。

Step 15 选择菜单栏中的【文件】|【打开】命令，打开随书配套光盘中的“调用图片\第17章\水池.psd”文件，如图17-61所示。

Step 16 使用工具箱中的【移动工具】将打开的水池文件调入到场景中，调整好它的位置，使其所在图层位于【底线】图层的上方，效果如图17-62所示。

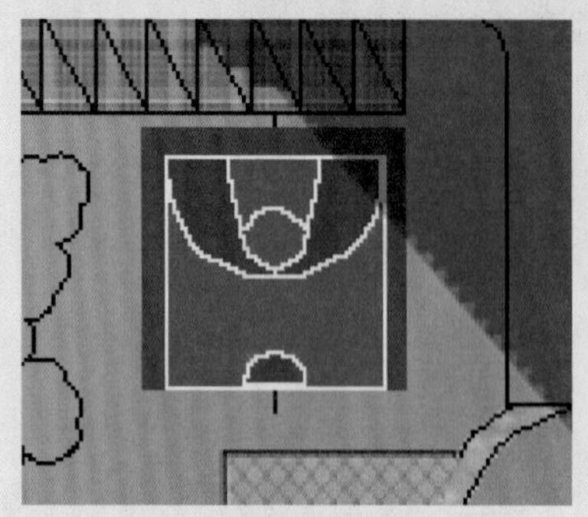

图17-60　制作的球场效果

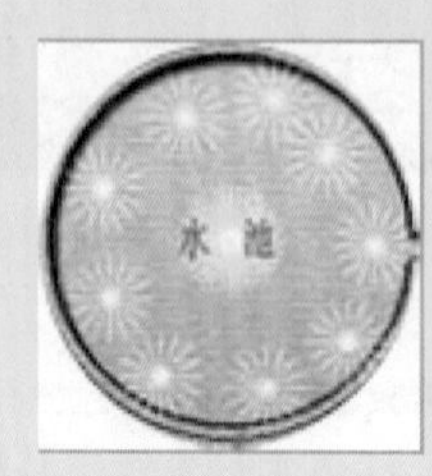


图17-61　打开的水池图像文件

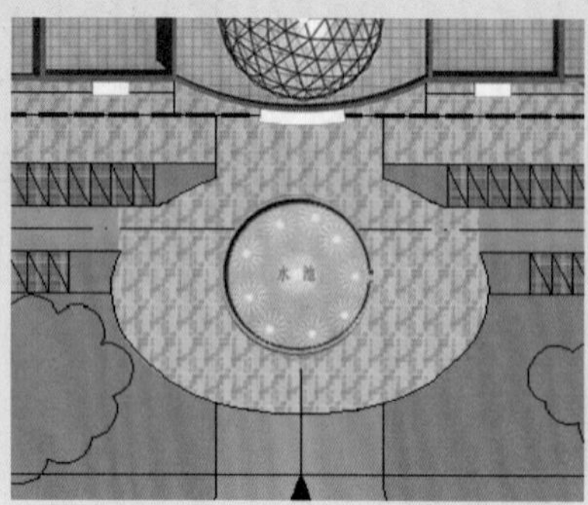

图17-62　调入水池配景的位置

至此，平面规划场景的主体配景添加及制作完毕。

## 17.6 主体绿化带的制作

绿化带的制作也是先创建选区后填充颜色，所不同的是需要为绿化带添加上图层样式，以使效果更有立体感。

### 动手操作——主体绿化带的制作

Step 01 继续上一节的操作。

Step 02 使用工具箱中的【魔棒工具】在图像中创建如图17-63所示的选区。

Step 03 在【图层】面板中新建一个图层，并将其命名为【植被】。

Step 04 设置前景色为绿色（R=86、G=138、B=52），然后按Alt+Delete快捷键将选区以前景色填充，再按Ctrl+D快捷键将选区取消，效果如图17-64所示。

图17-63　创建的图像选区

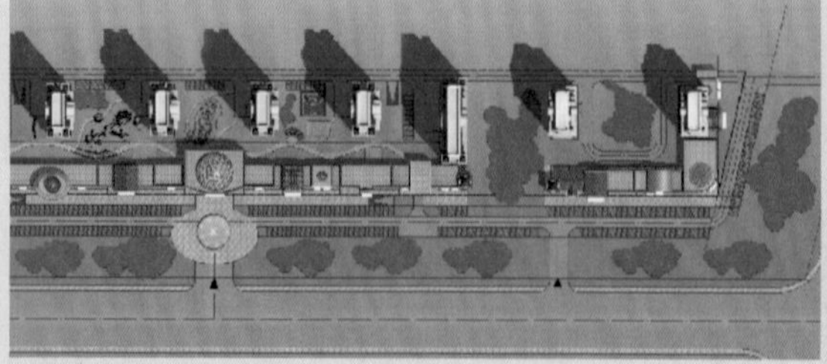

图17-64　填充绿色效果

Step 05 在【图层】面板中单击底部的【添加图层样式】按钮fx，在弹出的【图层样式】对话框中设置各项参数，如图17-65所示。

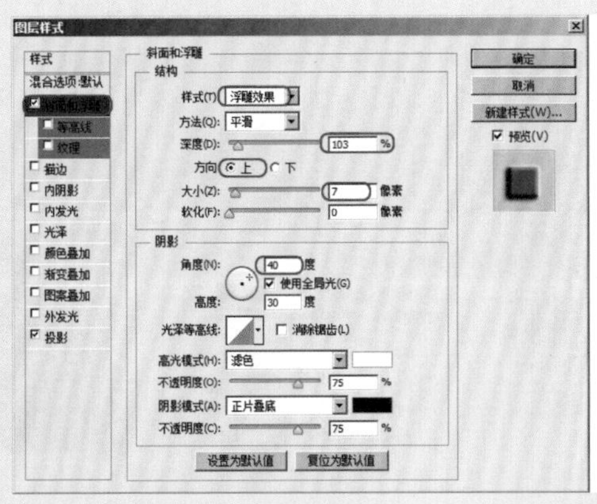
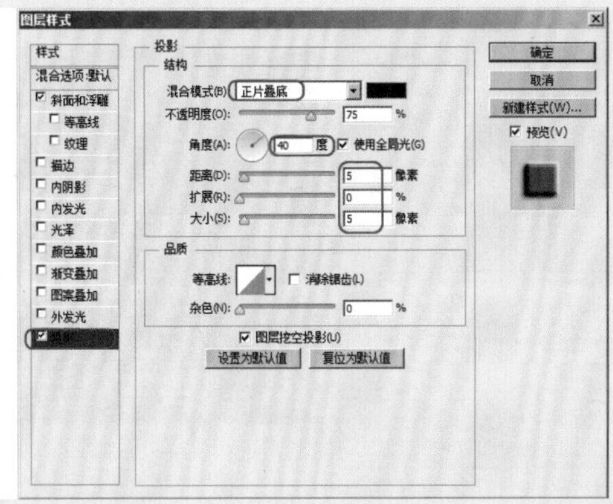

图17-65 【图层样式】参数设置

执行上述操作后，图像效果如图17-66所示。

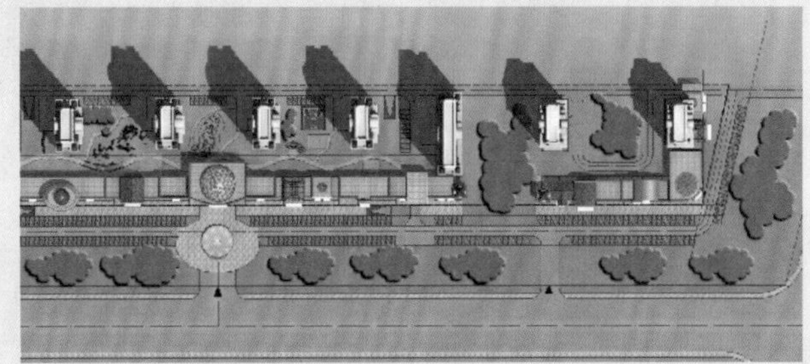

图17-66 添加图层样式后的效果

下面为场景绘制等高线造型。

Step 06 在【图层】面板中新建一个名为【等高线1】的图层。

Step 07 使用工具箱中的选择工具在【底线】图层上创建一个选区，然后将其以绿色（R=74、G=111、B=45）填充，效果如图17-67所示。

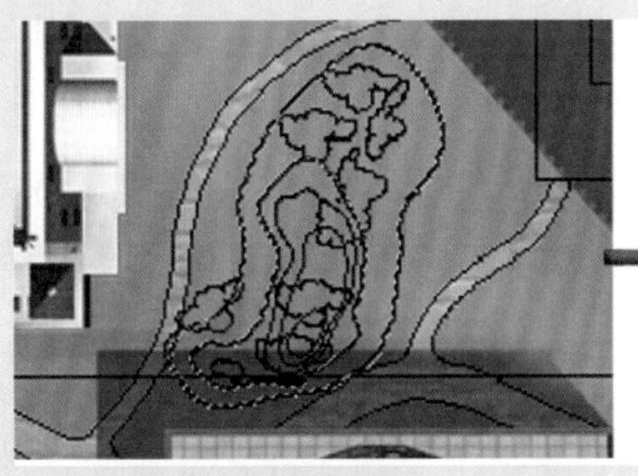

创建的选区

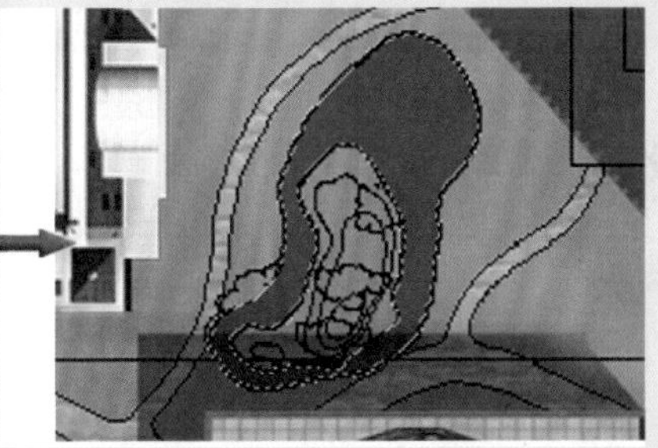

填充后的效果

图17-67 创建并填充选区效果

Step 08 按Ctrl+D快捷键将选区取消。

Step 09 选择菜单栏中的【滤镜】|【杂色】|【添加杂色】命令，在弹出的【添加杂色】对话框中设置各项参数，如图17-68所示。

Step 10 在【图层】面板中单击底部的【添加图层样式】按钮 fx，在弹出的【图层样式】对话框中设置各项参数，如图17-69所示。

Step 11 在【图层】面板中新建一个名为【等高线2】的图层。

Step 12 在场景中再创建一个选区，并将选区以绿色（R=102、G=156、B=63）填充，然后为图层添加上与如图17-69所示相同的图层样式，如图17-70所示。

Step 13 使用同样的方法，分别制作其他等高线，编辑后的效果如图17-71所示。

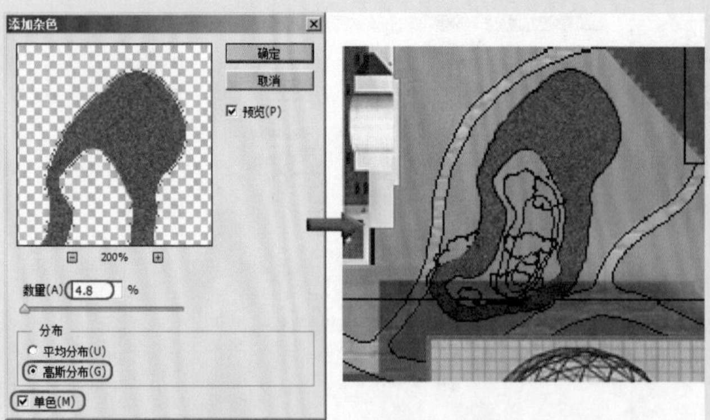

图17-68 【添加杂色】参数设置及图像效果

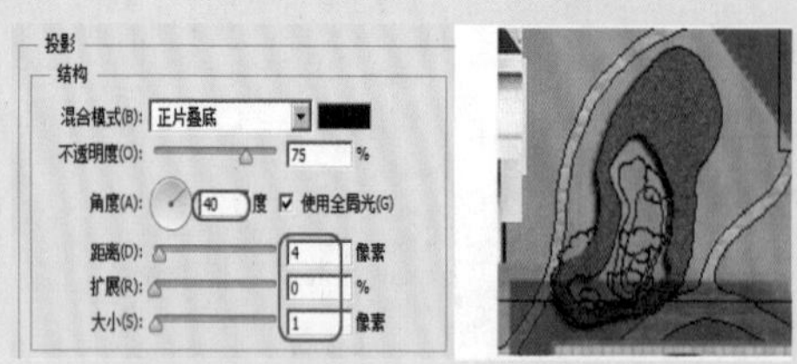

图17-69 【图层样式】参数设置及图像效果

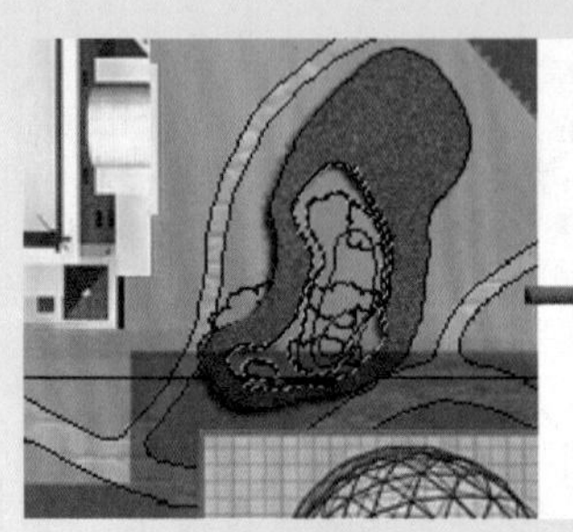

创建的选区

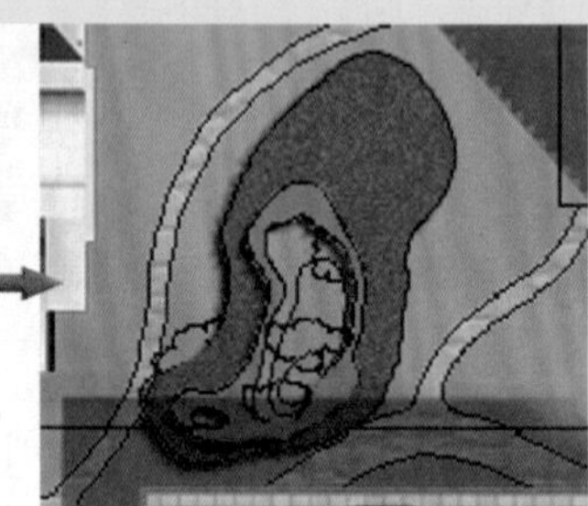

编辑后的图像效果

图17-70 创建等高线效果

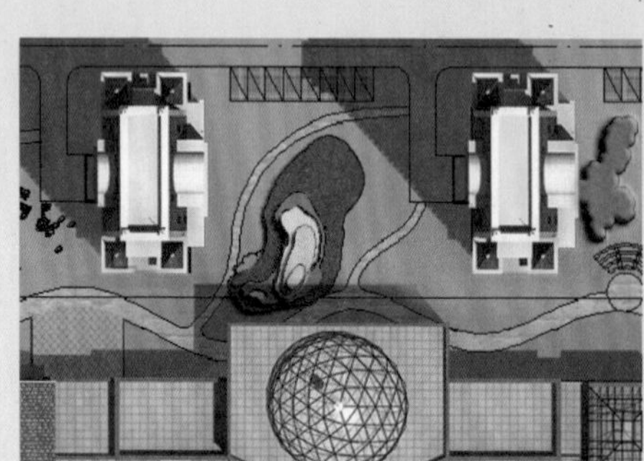

图17-71 编辑其他等高线效果

至此，主体绿化带制作完毕。

## 17.7 素材模块的制作

适当地应用树木等植物模块，可以增加整体画面的生动性和真实性。前面学习了在3ds Max中制作模块的方法，下面介绍另外一种制作配景素材的方法，即使用AutoCAD和Photoshop软件相结合制作配景模块。

### 动手操作——素材模块的制作

Step 01 启动AutoCAD 2010软件。

Step 02 打开随书配套光盘中的“调用图片\第17章\树.dwg”文件，如图17-72所示。

Step 03 使用前面介绍的方法进行位图的输出，输出后的位图效果如图17-73所示。

Step 04 选择菜单栏中的【滤镜】|【其它】|【最小值】命令，在弹出的【最小值】对话框中将【半径】设置为4像素，效果如图17-74所示。

Step 05 在【图层】面板中创建一个名为【树冠】的新图层，然后使用工具箱中的【椭圆选框工具】在图像中画出树冠的外部轮廓，如图17-75所示。

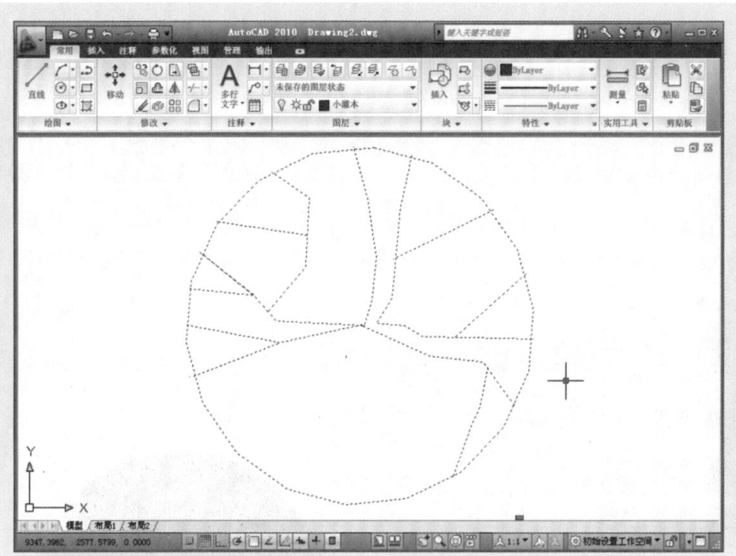

图17-72 打开的树素材文件

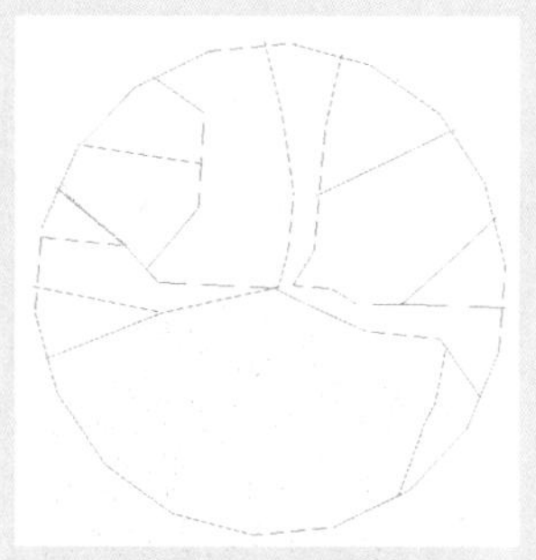

图17-73 输出的位图

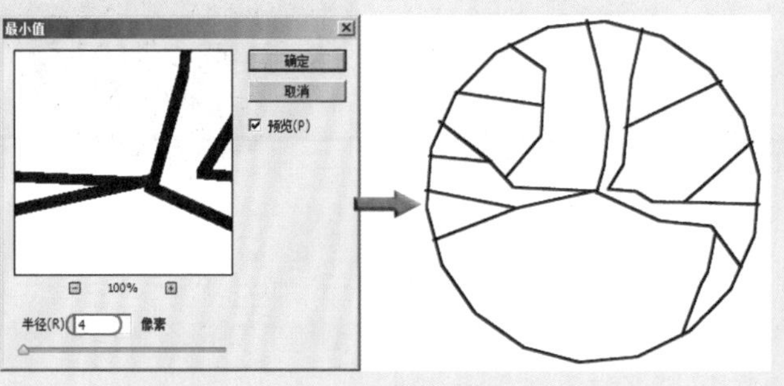

图17-74 【最小值】参数设置及图像效果

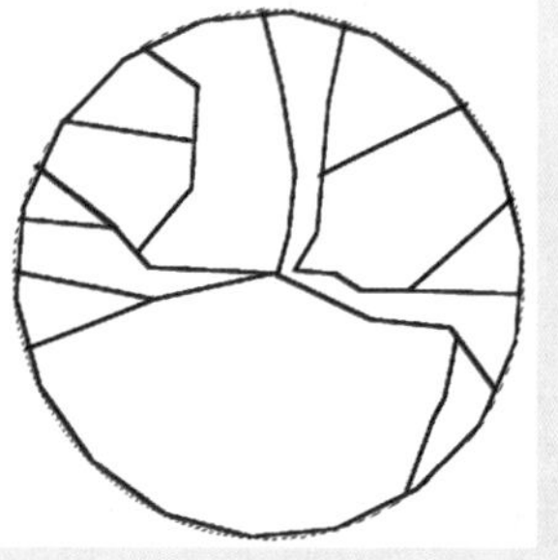

图17-75 选择树冠轮廓

Step 06 选择工具箱中的【渐变工具】，单击其属性栏中的▇▇▇，在弹出的【渐变编辑器】对话框中设置各项参数，如图17-76所示。

Step 07 设置好渐变色后，在选择出的树冠轮廓内执行渐变操作，得到如图17-77所示的渐变效果。

Step 08 选择菜单栏中的【滤镜】|【杂色】|【添加杂色】命令，在弹出的【添加杂色】对话框中将【数量】设置为25%，效果如图17-78所示。

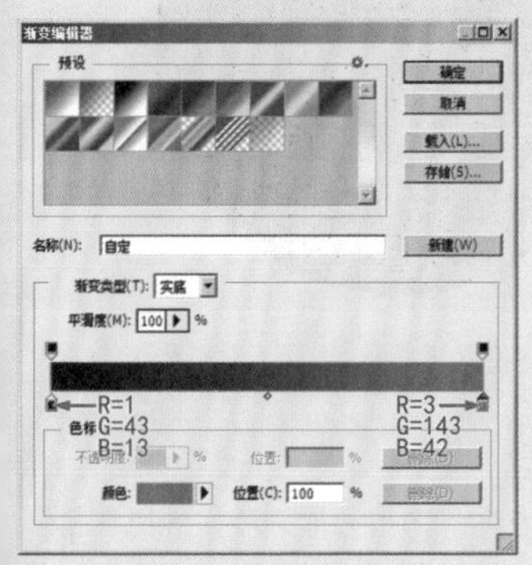


图17-76 【渐变编辑器】参数设置

图17-77 渐变操作后的效果

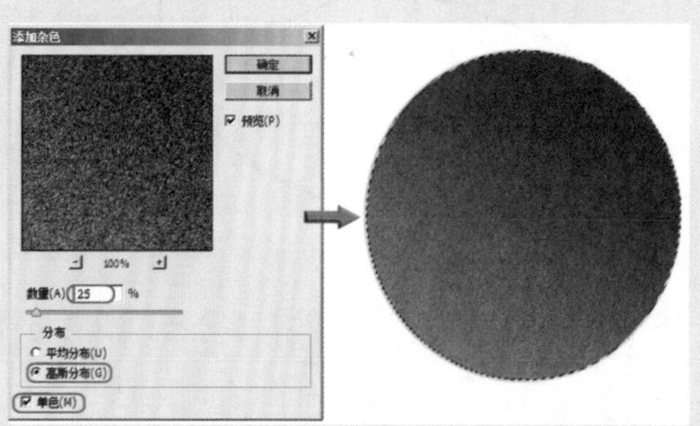

图17-78 【添加杂色】参数设置及图像效果

**注 意**

在使用【添加杂色】滤镜时，要注意数值的设置，否则树冠整体会失真。

Step 09 选择菜单栏中的【滤镜】|【艺术效果】|【水彩】命令，在弹出的【水彩】对话框中设置各项参数，如图17-79所示。

执行上述操作后，图像效果如图17-80所示。

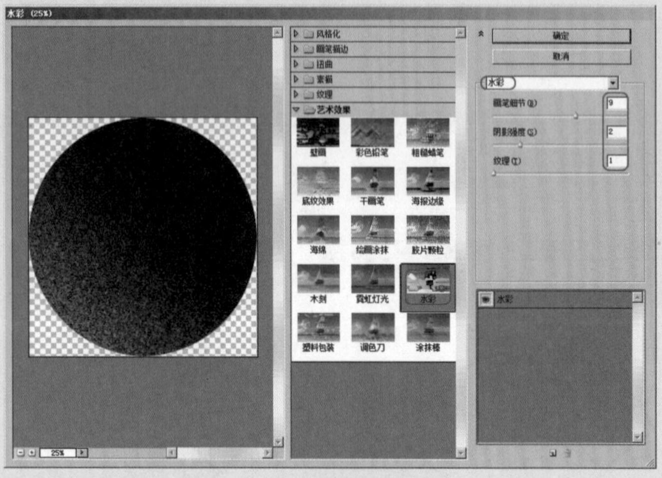

图17-79 【水彩】参数设置及图像效果

图17-80 【水彩】滤镜效果

Step 10 按Ctrl+D快捷键将选区取消。

Step 11 将【树冠】层隐藏，返回【背景】图层，使用工具箱中的【魔棒工具】将黑色树枝部分选中，然后再按Ctrl+X快捷键进行剪切，如图17-81所示。

Step 12 按Ctrl+V快捷键进行粘贴，生成一个新的图层，然后将其调整到【树冠】图层的上方，同时将【树冠】图层取消隐藏。此时【图层】面板及粘贴后的图像效果如图17-82所示。

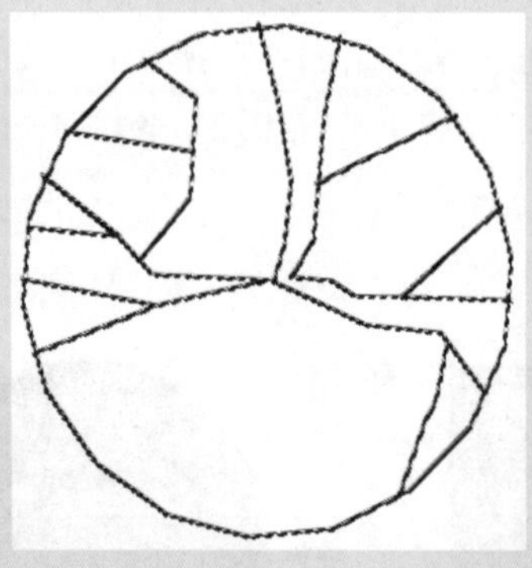

图17-81 选中树枝

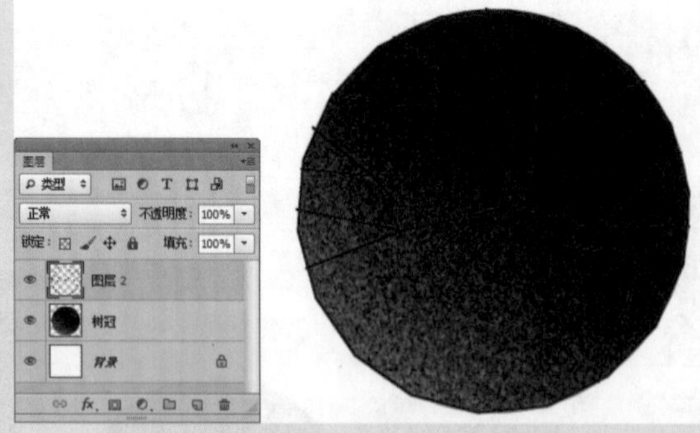

图17-82 【图层】面板及粘贴后的效果

Step 13 在【图层】面板中将【树冠】图层与【图层2】图层链接合并为一层。

Step 14 选择工具箱中的【椭圆选框工具】，然后在场景中画出一个如图17-83所示的圆形的选择区域。

Step 15 选择菜单栏中的【选择】|【修改】|【羽化】命令，在弹出的【羽化选区】对话框中设置【羽化半径】为10像素，如图17-84所示。

Step 16 执行上步操作后，再按Ctrl+Shift+I快捷键将选区反选，然后按Delete键将选区内的内容删除。

执行上述操作后，按Ctrl+D快捷键将选区取消，效果如图17-85所示。

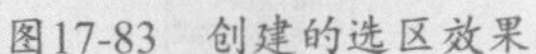

图17-83 创建的选区效果

图17-84 【羽化选区】参数设置

图17-85 删除后的效果

Step 17 单击【图层】面板底部的【添加图层样式】按钮 fx，在弹出的下拉列表中选择【投影】命令，在随后弹出的【图层样式】对话框中设置其参数，如图17-86所示。

执行上述操作后，图像效果如图17-87所示。

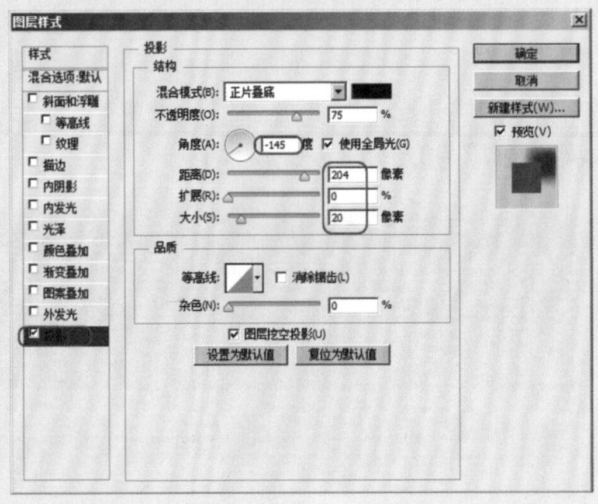


图17-86 【图层样式】参数设置

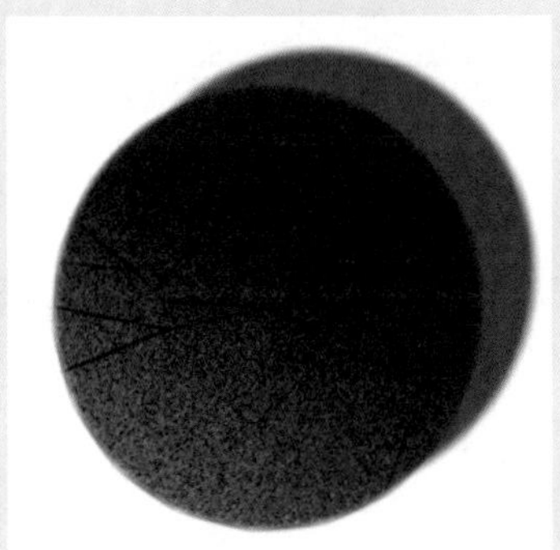

图17-87 制作阴影后的效果

## 17.8 植被的添加

前面说过，由于现在业主对效果图要求的提高，以及设计师自身水平的不断提升，越来越多的真实渲染元素被应用到二维渲染图中，例如真实的【花草】、【树木】等。下面先从规划图的最外圈开始添加。

### 动手操作——植被的添加

Step 01 继续上一节的操作。

Step 02 选择菜单栏中的【文件】|【打开】命令，打开随书配套光盘中的“调用图片\第17章\总平图块.psd”文件，如图17-88所示。

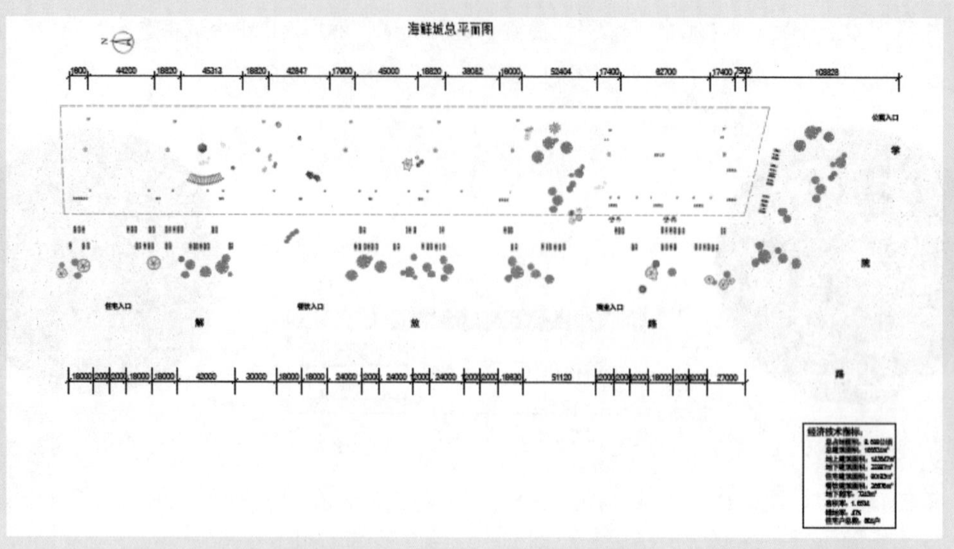


图17-88　打开的总平图块图像文件

Step 03 使用工具箱中的【移动工具】将【植物01】图层中的图像调入到场景中，然后沿着马路的两边将其移动复制多个，效果如图17-89所示。

Step 04 使用同样的方法，将【总平图块】文件中的【植物02】图像调入到场景中，放置到停车位的位置，然后再将其移动复制多个，效果如图17-90所示。

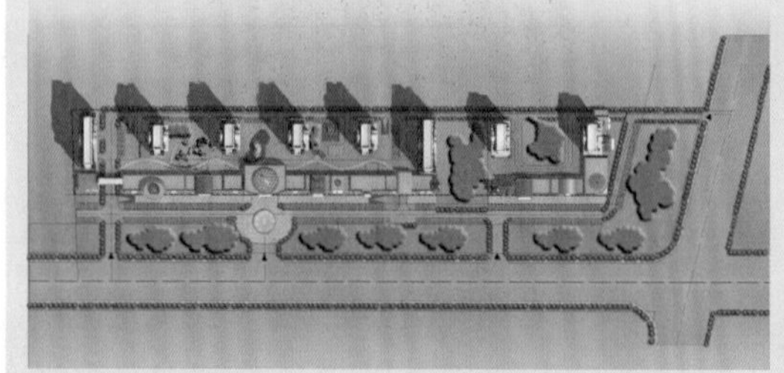

图17-89　调入并移动复制植被后的效果

图17-90　编辑图像效果

Step 05 使用同样的方法，将其他植物也依次添加到场景中，并将它们分别移动复制多个，然后放置到合适的位置，效果如图17-91所示。

因为场景太大，图像看不清楚。将它以实际像素显示，效果如图17-92所示。

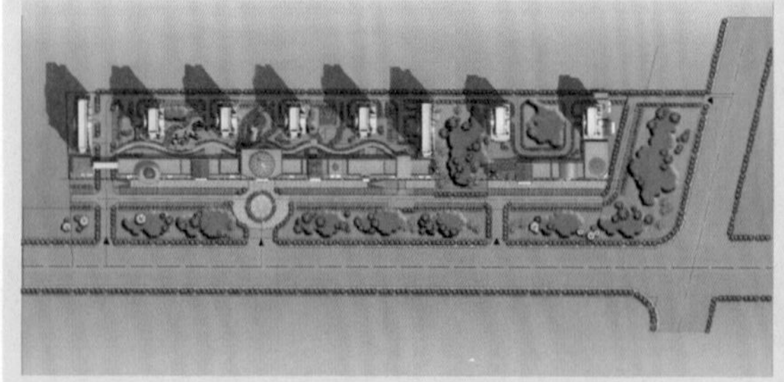

图17-91　添加上其他植物后的效果

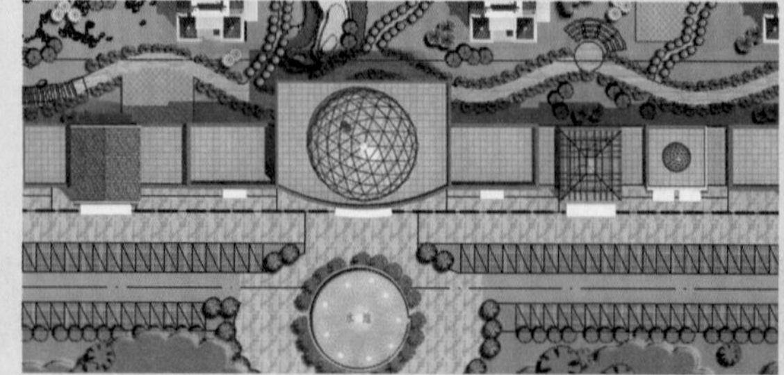

图17-92　实际像素显示效果

至此，平面规划场景的植被添加完毕。

# 17.9 平面规划图的细部处理与修饰

关于平面规划图的细部处理和修饰，也就是为场景添加一些必不可少的公共设施和规划图该有的标注等。

## 动手操作——细部处理与修饰

Step 01 继续上一节的操作。

Step 02 使用同样的方法，将【总平图块】文件中的其他平面规划配景，如【遮阳伞】、【回廊】、【凉亭】、【汽车】等配景调入到场景中，并将配景多次复制，效果如图17-93所示。

实际像素显示效果如图17-94所示。

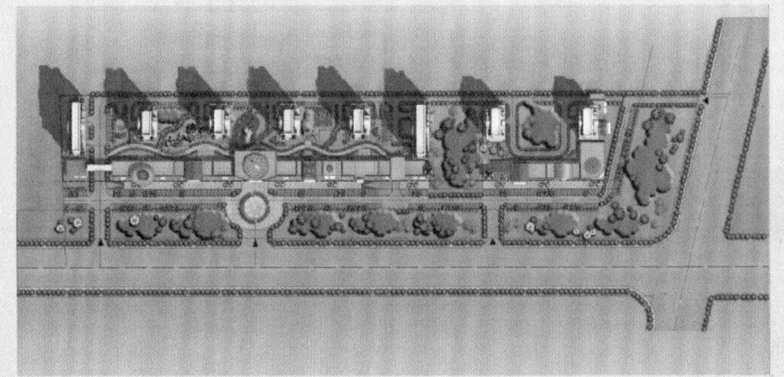

图17-93 添加其他配景后的效果

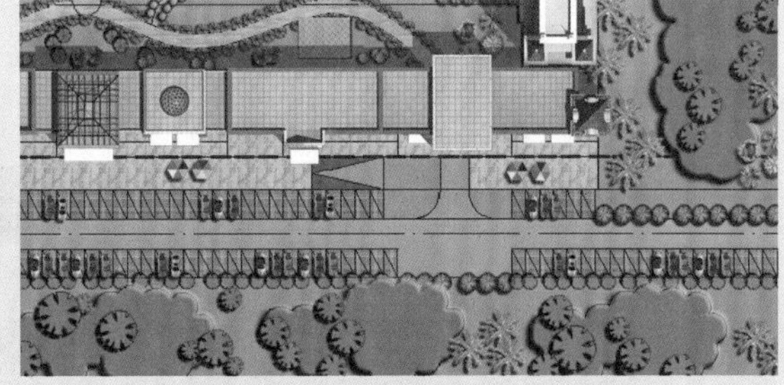

图17-94 实际像素显示效果

Step 03 使用同样的方法，将【总平图块】文件中的【标注】图层中的图像调入到场景中，并调整它的位置，效果如图17-95所示。

至此，总平面规划图全部完成，整体效果如图17-96所示。

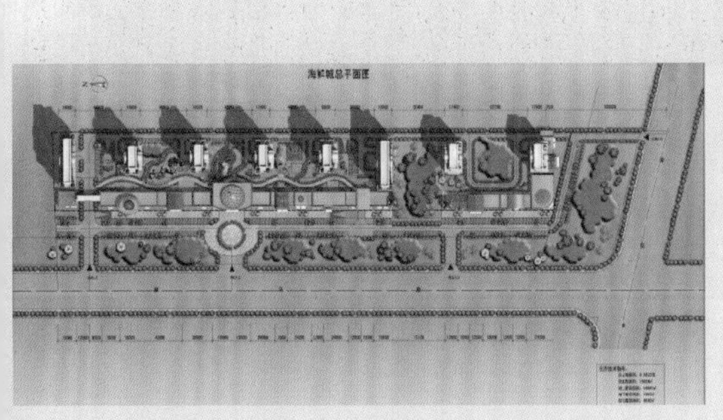

图17-95 添加标注后的图像效果

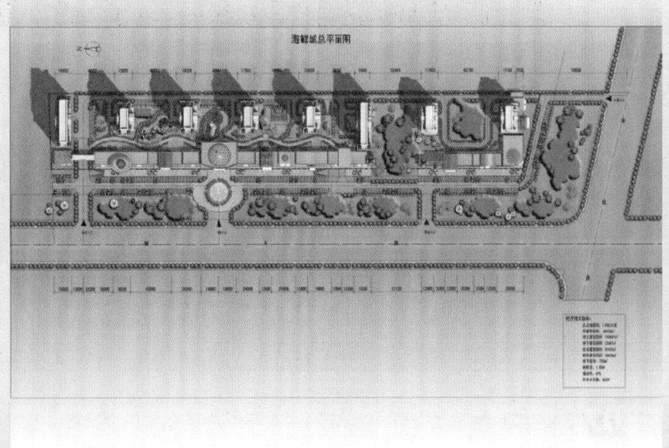

图17-96 整体观察效果

由图17-96发现，场景中的空白区域有点大，显得整个图效果不好，下节将对场景进行整体调整。

# 17.10 图像的整体调整

下面先为画面加上一个边框，使其看起来更加整齐。

## 动手操作——整体调整

Step01 继续上一节的操作。

Step02 在【图层】面板中新建一个名为【压边】的图层。

Step03 使用工具箱中的【矩形选框工具】在场景中的上下两边创建两个矩形选区，然后将选区以黑色填充，效果如图17-97所示。

Step04 按Ctrl+D快捷键将选区取消。

最后调整图像的整体色调。

Step05 回到最顶层，选择菜单栏中的【图层】|【新建调整图层】|【亮度/对比度】命令，在弹出的【新建图层】对话框中单击 确定 按钮，然后在随后弹出的对话框中设置各项参数，如图17-98所示。

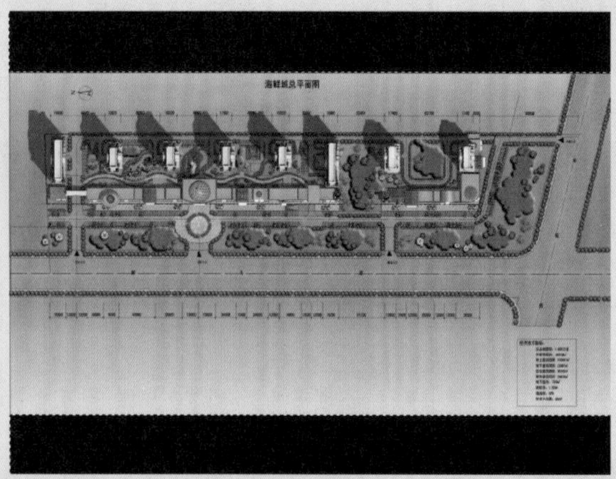

图17-97 创建并填充选区效果

图17-98 【亮度/对比度】参数设置

执行上述操作后，图像效果如图17-99所示。

Step06 回到最顶层，按Ctrl+Alt+Shift+E快捷键盖印可见图层。这时可以看到刚才新建的图层多了一张图片，并且是刚刚做好效果的图层。将该图层命名为【盖印层】，如图17-100所示。

Step07 确认【盖印层】图层为当前层，选择菜单栏中的【图像】|【调整】|【去色】命令，将图像进行去色处理，效果如图17-101所示。

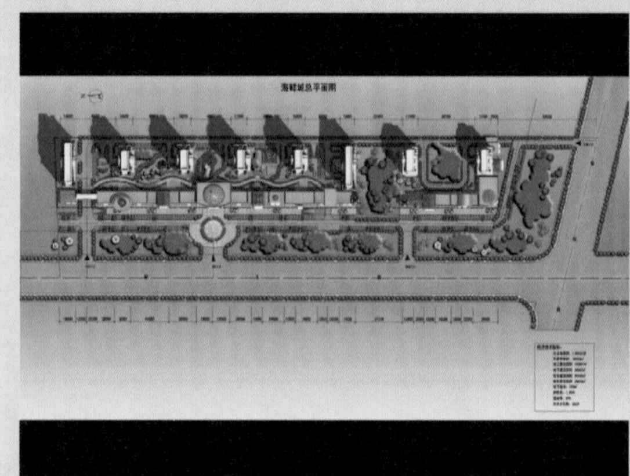

图17-99 调整亮度对比度效果

图17-100　盖印图层

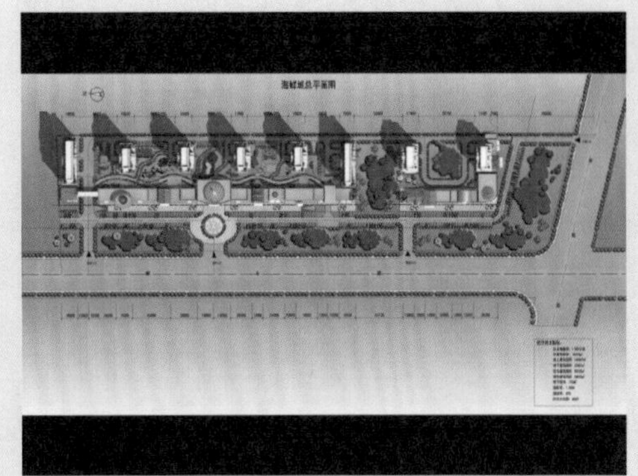
图17-101　去色后的图像效果

**Step 08** 在【图层】面板中将【盖印层】图层的混合模式改为【柔光】，并设置【不透明度】为80%。

执行上述操作后，得到图像的最终效果，如图17-102所示。

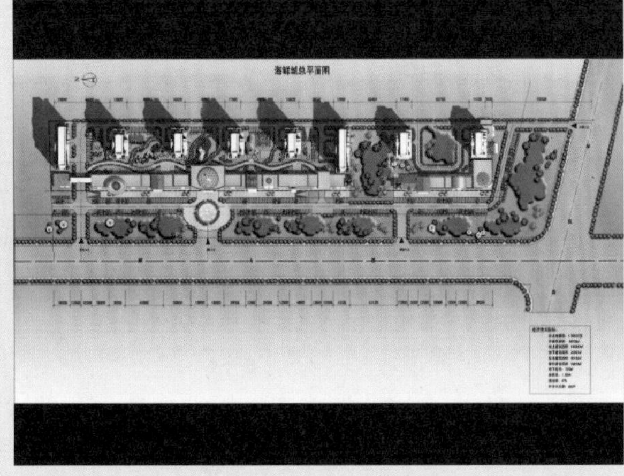
图17-102　执行渐变操作

**Step 09** 选择菜单栏中的【文件】|【存储为】命令，将处理后的文件另存为【总平图.psd】文件。可以在本书配套光盘“效果文件\第17章”文件夹下找到该文件。

## 17.11 小结

本章系统地介绍了使用Photoshop软件制作室外二维渲染图的方法和各种技巧。学习本章后，应掌握用AutoCAD软件输出位图的方法以及用Photoshop软件绘制二维渲染图的方法与技巧。

制作二维渲染图的方法多种多样，不必拘泥于本章介绍的方法，读者完全可以根据自己的绘图习惯和需要大胆创新、大胆尝试。只要制作出的图像效果好，任何方法都可以使用。

Chapter 18

# 第18章

# 效果图的特殊效果处理

**本章内容**

- 水彩效果
- 油画效果
- 素描效果
- 水墨画效果
- 雨景效果
- 雪景效果
- 云雾效果
- 小结

有些时候，为了表现建筑设计师的主观意识，更好地体现建筑风格，在完成效果图的后期处理后，设计师往往会对效果图进行艺术再加工，为效果图制作一些特殊效果，以使那些对常规表现方法不是很满意的客户眼前一亮。

# 18.1 特殊效果表现概述

总的来说，特殊效果图一般分为两类：一类是为表现某种特定场景氛围而制作的效果图，如雨景、雪景、雾天等特殊天气情况；一类是为了展示建筑的特色，通过艺术处理使建筑特点更加突出，如水彩效果、国画效果等。

如图18-1所示的民居效果图，为了体现江南民居的特色，采用了雨景的表现手法，雕砖门楼、粉墙黛瓦、烟云笼罩，建筑与环境自然融合，展现出一幅雨中江南的美丽景象。

如图18-2所示的建筑效果图则完全将画面作为水墨画来处理，既表现了建筑环境的特点，又体现了建筑自身的特色。

图18-1 雨景效果图

图18-2 水墨画效果图

# 18.2 水彩效果

水彩效果的特点之一就是具有一定的块状区域，因为它是用一定颜色的彩笔一笔一笔画出来的，所以它不具有普通图片的平滑渐变以及清晰的细节。

## 动手操作——制作水彩效果

Step 01 选择菜单栏中的【文件】|【打开】命令，打开随书配套光盘中的“调用图片\第18章\田园风光.jpg”文件，如图18-3所示。

Step 02 选择菜单栏中的【滤镜】|【模糊】|【特殊模糊】命令，在弹出的【特殊模糊】对话框中设置各项参数，如图18-4所示。

图18-3 打开的田园风光图像文件

执行上述操作后，去掉了图像中一些不需要的细节。

Step 03 选择菜单栏中的【滤镜】|【滤镜库】命令，在弹出的对话框中选择【艺术效果】类下的【水彩】命令，随后设置各项参数，如图18-5所示。

图18-4 【特殊模糊】参数设置

图18-5 【水彩】参数设置

执行上述操作后，图像效果如图18-6所示。

下面使用菜单栏中的【曲线】和【亮度/对比度】命令对图像做进一步的调整。

Step 04 选择菜单栏中的【图像】|【调整】|【曲线】命令，在弹出的【曲线】对话框中设置各项参数，如图18-7所示。

图18-6 【水彩】滤镜效果

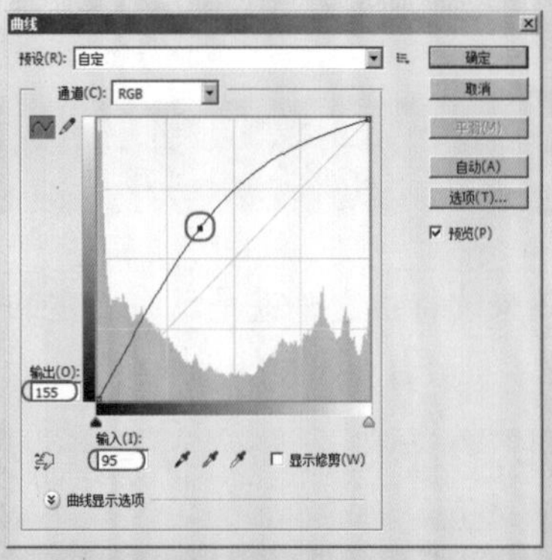

图18-7 【曲线】参数设置

执行上述操作后，图像效果如图18-8所示。

Step 05 选择菜单栏中的【图像】|【调整】|【亮度/对比度】命令，在弹出的【亮度/对比度】对话框中设置各项参数，如图18-9所示。

图18-8 图像效果

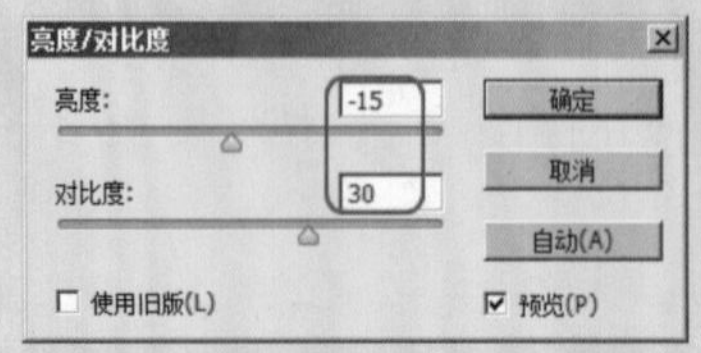


图18-9 【亮度/对比度】参数设置

Chapter 18

执行上述操作后，图像效果如图18-10所示。

图18-10 图像效果

**Step 06** 选择菜单栏中的【滤镜】|【滤镜库】命令，在弹出的对话框中选择【纹理】类下的【纹理化】命令，随后设置各项参数，如图18-11所示。

执行上述操作后，图像效果如图18-12所示。

图18-11 【纹理化】参数设置

图18-12 【纹理化】滤镜效果

**Step 07** 选择菜单栏中的【图像】|【调整】|【色相/饱和度】命令，在弹出的【色相/饱和度】对话框中设置各项参数，如图18-13所示。

执行上述操作后，得到图像的最终效果，如图18-14所示。

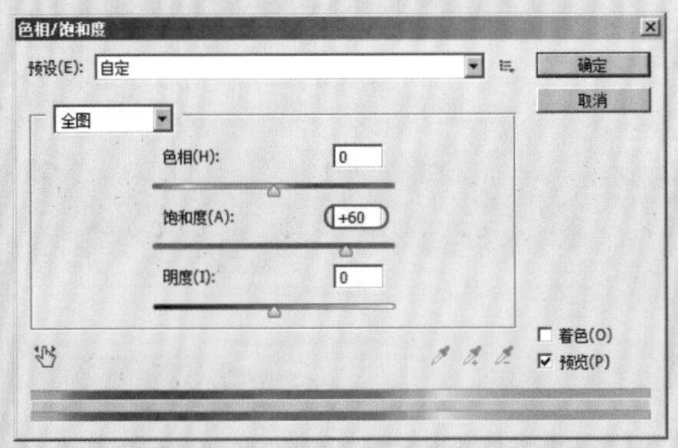


图18-13 【色相/饱和度】参数设置

图18-14 最终效果

**Step 08** 将调整好的图像另存为【水彩效果.jpg】文件。可以在随书配套光盘“效果文件\第18章”文件夹下找到该文件。

## 18.3 油画效果

在效果图特效处理中，油画效果是一种很另类、很有个性的效果，非常有视觉冲击力。如果客户是一个非常另类、有个性的人，处理一幅油画效果的设计图给他看，无疑是一个很不错的主意。

## 动手操作——制作油画效果

**Step 01** 选择菜单栏中的【文件】|【打开】命令，打开随书配套光盘中的“调用图片\第18章\乡村别墅.jpg”文件，如图18-15所示。

油画一般色彩鲜艳，因此适合于色彩鲜艳的风景图片，所以要先对图像进行色彩饱和度的调整。在这里采用多复制几层、修改图层混合模式的方法来加强色彩饱和度。

**Step 02** 在【图层】面板中将【背景】图层复制两层，并修改它们的混合模式均为【叠加】，图像效果如图18-16所示。

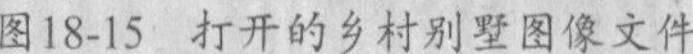

图18-15 打开的乡村别墅图像文件

图18-16 图像效果

由图18-16可以看出，此时图像饱和度提高了不少。

**Step 03** 在【图层】面板上将所有的图层链接合并为一层。

**Step 04** 选择菜单栏中的【滤镜】|【模糊】|【高斯模糊】命令，在弹出的【高斯模糊】对话框中设置【半径】为1像素，效果如图18-17所示。

**Step 05** 选择菜单栏中的【滤镜】|【像素化】|【彩块化】命令，图像效果如图18-18所示。

图18-17 【高斯模糊】滤镜效果

图18-18 【彩块化】滤镜效果

**注 意**

如果觉着效果不是很好，可根据需要多执行一次。

**Step 06** 选择菜单栏中的【滤镜】|【滤镜库】命令，在弹出的对话框中选择【纹理】类下的【纹理化】命令，设置各项参数，如图18-19所示。

执行上述操作后，图像效果如图18-20所示。

图18-19 【纹理化】参数设置

图18-20 【纹理化】滤镜效果

Step 07 将【背景】图层复制一层，然后选择菜单栏中的【滤镜】|【滤镜库】命令，在弹出的对话框中选择【艺术效果】类下的【绘画涂抹】命令，设置各项参数，如图18-21所示。

图18-21 【绘画涂抹】参数设置

执行上述操作后，图像效果如图18-22所示。

Step 08 在【图层】面板中设置该图层混合模式为【点光】，修改【不透明度】为50%，得到图像的最终效果，如图18-23所示。

图18-22 【绘画涂抹】滤镜效果

图18-23 最终效果

Step 09 将制作的图像另存为【油画效果.psd】文件。可以在随书配套光盘“效果文件\第18章”文件夹下找到该文件。

## 18.4 素描效果

如果用户喜欢那种具有简单、质朴风格的图片，那么素描效果不失为一种很好的选择。它模拟画家的手，寥寥几笔就可以勾勒出迷人的线条，为用户的作品增加一份艺术效果。

### 动手操作——制作素描效果

Step 01 选择菜单栏中的【文件】|【打开】命令，打开随书配套光盘中的“调用图片\第18章\江南小巷.jpg”文件，如图18-24所示。

Step 02 选择菜单栏中的【图像】|【调整】|【去色】命令，去除图像的色彩。

Step 03 在【图层】面板中将【背景】图层复制一层，生成【背景副本】图层。

Step 04 确认“背景副本”图层为当前层，选择菜单栏中的【图像】|【调整】|【反相】命令，效果如图18-25所示。

图18-24 打开的江南小巷图像文件

图18-25 反相效果

Step 05 在【图层】面板中将【背景副本】图层的混合模式改为【颜色减淡】，效果如图18-26所示。

Step 06 选择菜单栏中的【滤镜】|【其它】|【最小值】命令，在弹出的【最小值】对话框中设置各项参数，如图18-27所示。

图18-26 图像效果

图18-27 【最小值】参数设置

执行上述操作后，得到图像的最终效果，如图18-28所示。

Step 07 将制作的图像另存为【素描效果.psd】文件。可以在随书配套光盘“效果文件\第18章”文件夹下找到该文件。

图18-28 最终效果

# 18.5 水墨画效果

在Photoshop中模拟水墨画的效果很多，但制作的最终效果如何，还要看原始素材的特点。一般素材中有中式建筑、水、倒影，就比较适合制作水墨画效果。

## 动手操作——制作水墨画效果

Step 01 选择菜单栏中的【文件】|【打开】命令，打开随书配套光盘中的“调用图片\第18章\江南水乡.jpg”文件，如图18-29所示。

Step 02 选择菜单栏中的【图像】|【调整】|【通道混和器】命令，在弹出的【通道混和器】对话框中设置各项参数，如图18-30所示。

执行上述操作后，图像变为黑白两色效果，如图18-31所示。

图18-29 打开的江南水乡图像文件

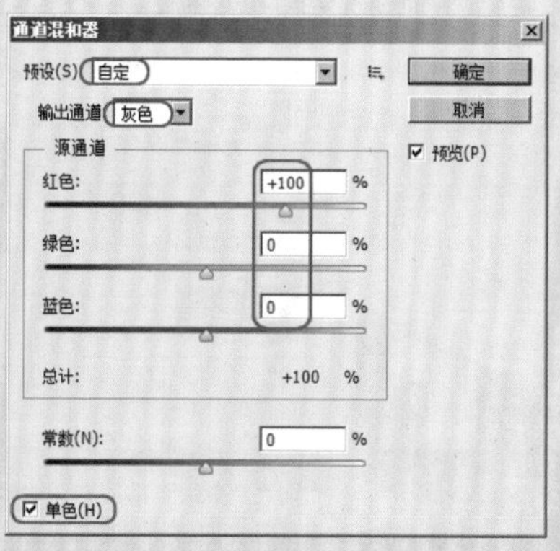


图18-30 【通道混和器】参数设置

图18-31 去色效果

Step 03 在【图层】面板中将【背景】图层复制一层，生成【背景副本】图层，并修改该图层的混合模式为【叠加】。

Step 04 再次将【背景副本】层复制一层，使画面的黑白色更加分明。

执行上述操作后，图像效果如图18-32所示。

**注 意**

**这里也可以直接用菜单栏中的【图像】|【调整】|【去色】命令来将图像变为黑白色，但是那样会损失很多的细节，所以不太建议用【去色】命令。**

Step 05 按Ctrl+Alt+Shift+E快捷键盖印可见图层。这时就可以看到刚才新建的图层多了一张图片，并且是刚刚做好效果的图层。将该图层命名为【图层1】，如图18-33所示。

盖印就是在处理图片的时候，将处理后的效果盖印到新的图层上，功能和合并图层差不多，不过比合并图层更好用。因为盖印是重新生成一个新的图层而一点都不会影响之前所处理的图层，这样做的好处就是如果觉得之前处理的效果不太满意，可以删除盖印图层，之前所做效果的图层依然还在。

Step 06 确认【图层1】图层为当前层，选择菜单栏中的【滤镜】|【杂色】|【中间值】命令，在弹出的对话框中设置【半径】为1像素，效果如图18-34所示。

图18-32 画面的黑白更加分明

图18-33 盖印图层

图18-34 图像效果

Step 07 选择菜单栏中的【滤镜】|【滤镜库】命令，在弹出的对话框中选择【画笔描边】类下的【喷溅】命令，设置各项参数，如图18-35所示。

图18-35 【喷溅】参数设置

执行上述操作后，图像效果如图18-36所示。

Step 08 再次盖印可见图层，并设置新的盖印层的名称为【图层2】。

Step 09 确认【图层2】图层为当前层，选择工具箱中的【套索工具】，设置其属性栏中的【羽化】值为2像素，然后在画面中为灯笼创建选区，如图18-37所示。

Step 10 选择菜单栏中的【图像】|【调整】|【色相/饱和度】命令，在弹出的对话框中设置各项参数，如图18-38所示。

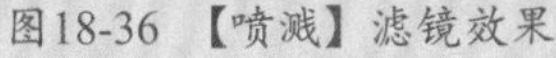

图18-36　【喷溅】滤镜效果

图18-37　创建的选区效果

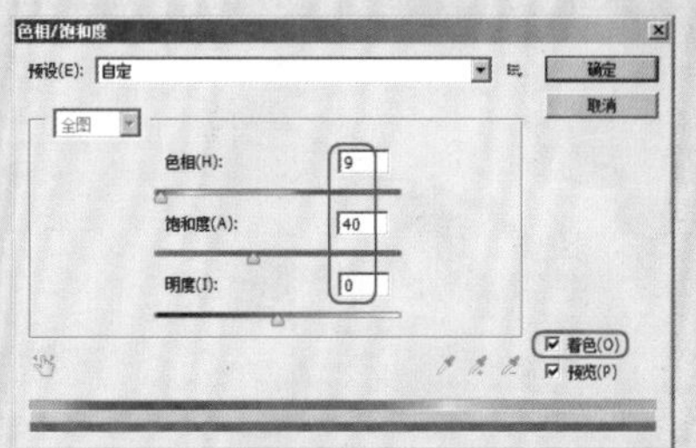


图18-38　【色相/饱和度】参数设置

执行上述操作后，按Ctrl+D快捷键将选区取消，图像效果如图18-39所示。

Step 11 同样的方法，在画面中创建如图18-40所示的选区。

Step 12 选择菜单栏中的【图像】|【调整】|【色相/饱和度】命令，在弹出的对话框中设置各项参数，如图18-41所示。

图18-39　图像效果

图18-40　创建的选区效果

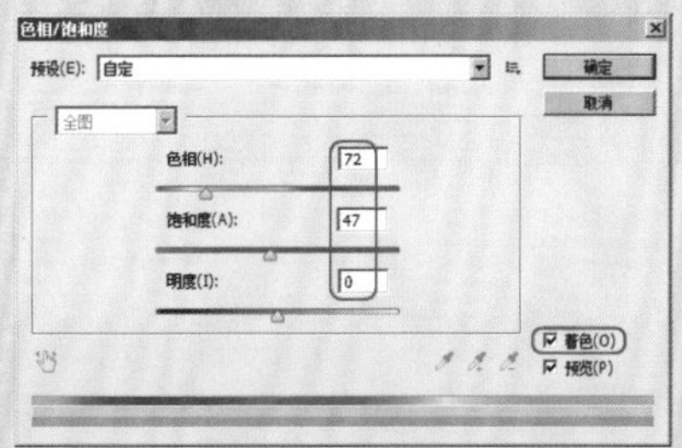


图18-41　【色相/饱和度】参数设置

执行上述操作后，按Ctrl+D快捷键将选区取消，图像效果如图18-42所示。

Step 13 将【图层2】图层的【不透明度】改为75%，此时图像效果如图18-43所示。

图18-42　图像效果

图18-43　图像效果

Step 14 再次盖印一层，将生成图层命名为【图层3】。然后选择菜单栏中的【滤镜】|【滤镜库】命令，在弹出的对话框中选择【纹理】类下的【纹理化】命令，设置各项参数，如图18-44所示。

执行上述操作后，画面出现了一种宣纸的感觉，如图18-45所示。

图18-44 【纹理化】参数设置

图18-45 【纹理化】滤镜效果

下面再为画面加入一些文字，使效果更加真实。

Step 15 打开随书配套光盘中的“调用图片\第18章\字.psd”文件，如图18-46所示。

Step 16 使用工具箱中的【移动工具】将字配景拖入到画面中，并调整它的大小和位置。调整合适后，得到图像的最终效果，如图18-47所示。

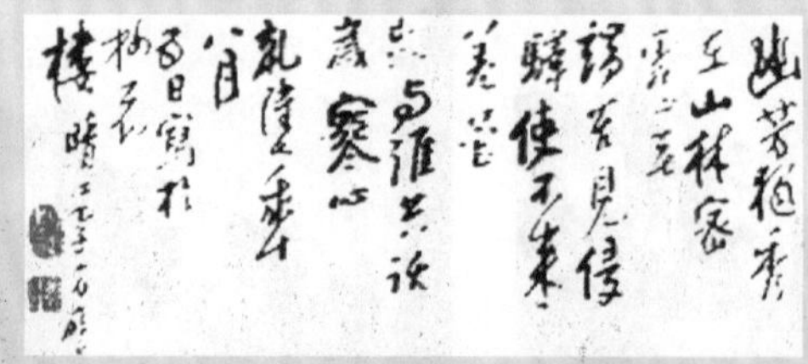

图18-46 打开的字图像文件

图18-47 最终效果

Step 17 将制作的图像另存为【水墨画效果.psd】文件。可以在随书配套光盘“效果文件\第18章”文件夹下找到该文件。

# 18.6 雨景效果

雨景图在后期处理中不经常见，但是作为一种特殊效果图，有它独特的魅力，因而倍受设计师的青睐。

## 动手操作——制作雨景效果

Step01 选择菜单栏中的【文件】|【打开】命令，打开随书配套光盘中的“调用图片\第18章\雨景素材.jpg”文件，如图18-48所示。

首先将图片调整成阴天下雨的阴暗色调。

Step02 选择菜单栏中的【图像】|【调整】|【亮度/对比度】命令，在弹出的【亮度/对比度】对话框中设置参数，如图18-49所示。

图18-48 打开的雨景素材图像文件

图18-49 【亮度/对比度】参数设置及图像效果

Step03 将【背景】图层复制一层，生成【背景副本】图层。

Step04 选择菜单栏中的【滤镜】|【像素化】|【点状化】命令，在弹出的【点状化】对话框中设置各项参数，如图18-50所示。

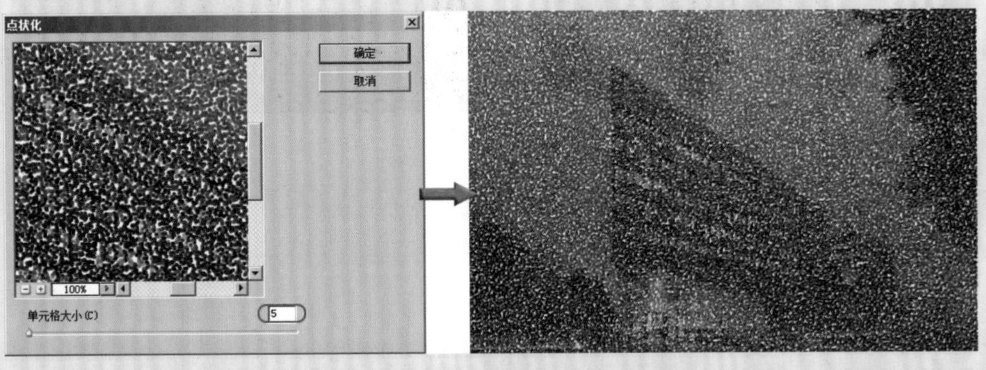


图18-50 【点状化】参数设置及图像效果

Step05 选择菜单栏中的【图像】|【调整】|【阈值】命令，在弹出的对话框中设置参数，如图18-51所示。

Step06 将【背景副本】图层的混合模式调整为【滤色】，并调整该图层的【不透明度】数值为60%，此时图像效果如图18-52所示。

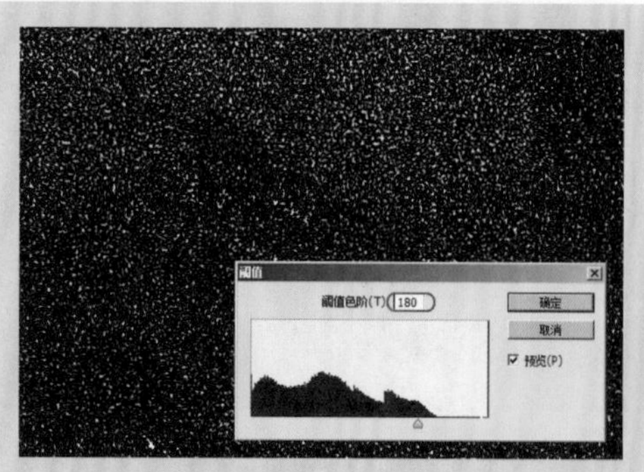

图18-51 【阈值】参数设置及图像效果

图18-52 图像效果

Step 07 选择菜单栏中的【滤镜】|【模糊】|【动感模糊】命令，在弹出的对话框中设置参数，如图18-53所示。

图18-53 【动感模糊】参数设置及图像效果

此时发现，在图像的上下都有一些不太合理的地方，需要处理。

Step 08 按Ctrl+T快捷键，弹出自由变换框，将变换框上下拉动，如图18-54所示。

Step 09 调整合适后，按Enter键确认变形操作。雨景最终效果如图18-55所示。

图18-54 变换操作

图18-55 最终效果

Step 10 将制作的图像另存为【雨景效果.psd】文件。可以在随书配套光盘“效果文件\第18章”文件夹下找到该文件。

## 18.7 雪景效果

雪景，作为一类特殊的效果图，表现的主要是白雪皑皑的场景效果，给人一种纯洁、美好的向往。一般雪景的制作方法有两种：一种是通过照片直接转换，另一种是利用雪景素材进行创作。前者的优点在于制作迅速，后者的优点在于雪景素材真实细腻。

## 18.7.1 使用雪景素材制作雪景效果

下面以一幅住宅小区效果图场景为例，介绍如何使用雪景素材合成雪景效果。

### 动手操作——调用素材制作雪景效果

**Step 01** 选择菜单栏中的【文件】|【打开】命令，打开随书配套光盘中的“调用图片\第18章\雪景建筑.psd”文件，如图18-56所示。

**Step 02** 选择菜单栏中的【文件】|【打开】命令，打开随书配套光盘中的“调用图片\第18章\天空.jpg”文件，如图18-57所示。

图18-56 打开的雪景建筑图像文件

图18-57 打开的天空图像文件

**Step 03** 使用工具箱中的【移动工具】将天空背景拖入到雪景建筑场景中，将其所在图层调整到【建筑】图层的下方，如图18-58所示。

**Step 04** 在【图层】面板中将天空所在图层命名为【天空】。

由图18-58发现，添加的天空感觉没有冬天那种清冷的感觉，因此需要调整天空的色调。

**Step 05** 选择菜单栏中的【图像】|【调整】|【亮度/对比度】命令，在弹出的【亮度/对比度】对话框中设置各项参数，如图18-59所示。

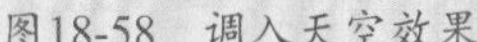

图18-58 调入天空效果

图18-59 【亮度/对比度】参数设置及图像效果

下面为场景中添加上路面配景。

**Step 06** 选择菜单栏中的【文件】|【打开】命令，打开随书配套光盘中的“调用图片\第18章\雪地1.psd”文件，如图18-60所示。

**Step 07** 使用工具箱中的【移动工具】将【雪地1.psd】配景拖入到雪景建筑场景中，将其所在图层命名为【雪地1】，然后调整其大小与位置，如图18-61所示。

**Step 08** 选择菜单栏中的【文件】|【打开】命令，打开随书配套光盘中的“调用图片\第18章\雪地2.psd”文件，如图18-62所示。

Step 09 使用工具箱中的【移动工具】将【雪地2.psd】配景拖入到雪景建筑场景中，将其所在图层命名为【雪地2】，然后调整其大小与位置，如图18-63所示。

图18-60　打开的雪地1图像文件

图18-61　调入雪地1配景效果

图18-62　打开的雪景2图像文件

图18-63　调入雪地2配景后的效果

Step 10 选择菜单栏中的【文件】|【打开】命令，打开随书配套光盘中的“调用图片\第18章\雪地3.psd”文件，如图18-64所示。

Step 11 使用工具箱中的【移动工具】将【雪地3.psd】配景拖入到雪景建筑场景中，将其所在图层命名为【雪地3】，然后调整其大小与位置，如图18-65所示。

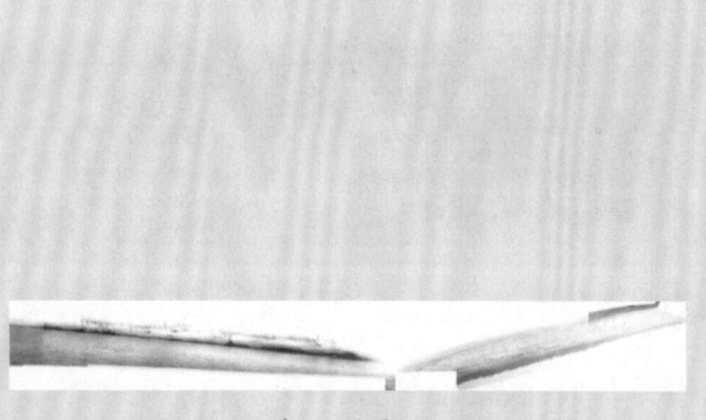

图18-64　打开的雪地3图像文件

图18-65　调入雪地3配景后的效果

至此，雪景建筑效果图的天空和路面处理完毕。下面再为场景添加一些必要的植物配景素材。

Step 12 选择菜单栏中的【文件】|【打开】命令，打开随书配套光盘中的“调用图片\第18章\松林.psd”文件，如图18-66所示。

Step 13 使用工具箱中的【移动工具】将【松林.psd】配景拖入到场景中，将其所在图层命名为【松林】，然后调整它的大小和位置，如图18-67所示。

图18-66 打开的松林图像文件

图18-67 松林配景的位置

Step14 选择菜单栏中的【文件】|【打开】命令，打开随书配套光盘中的“调用图片\第18章\雪松1.psd”文件，如图18-68所示。

Step15 使用工具箱中的【移动工具】将【雪松1.psd】配景拖入到场景中，将其所在图层命名为【雪松1】，然后调整它的大小和位置，如图18-69所示。

图18-68 打开的雪松1图像文件

图18-69 雪松1配景的位置

Step16 选择菜单栏中的【文件】|【打开】命令，打开随书配套光盘中的“调用图片\第18章\雪松2.psd”文件，如图18-70所示。

Step17 使用工具箱中的【移动工具】将【雪松2.psd】配景拖入到场景中，将其所在图层命名为“雪松2”，然后将其复制1个，并分别调整它们的大小和位置，如图18-71所示。

图18-70 打开的雪松2图像文件

图18-71 雪松2配景的位置

由图18-71看出，此时场景前面显得有些空，下面为场景添加近景树。

Step18 选择菜单栏中的【文件】|【打开】命令，打开随书配套光盘中的“调用图片\第18章\枯树1.psd”文件，如图18-72所示。

Step 19 使用工具箱中的【移动工具】将【枯树1.psd】配景拖入到场景中，将其所在图层命名为【枯树1】，然后调整它的大小和位置，如图18-73所示。

图18-72　打开的枯树1图像文件

图18-73　枯树1配景的位置

下面制作落雪的枯树效果。

Step 20 在【图层】面板中将【枯树1】图层复制1个，生成【枯树1副本】图层，将其调整到【枯树1】图层的下方。

Step 21 设置前景色为白色。按住Ctrl键的同时单击【枯树1副本】图层，调出枯树的选区，然后按Alt+Delete快捷键将选区以前景色填充。

Step 22 按Ctrl+D快捷键将选区取消。

Step 23 确认【枯树1副本】图层为当前图层，轻按键盘上的↑键2次，制作的落雪枯树效果如图18-74所示。

Step 24 选择菜单栏中的【文件】|【打开】命令，打开随书配套光盘中的“调用图片\第18章\枯树2.psd”文件，如图18-75所示。

图18-74　编辑图像效果

图18-75　打开的枯树2图像文件

Step 25 使用工具箱中的【移动工具】将【枯树2.psd】配景拖入到场景中，将其所在图层命名为【枯树2】，然后调整它的大小和位置，如图18-76所示。

整体观察场景效果，感觉画面还缺少一些雪景必须的元素，例如屋顶的积雪、场景的光影效果等。

Step 26 在【图层】面板中新建一个名为【积雪】的图层，使其位于图层的上方。

图18-76　枯树2配景的位置

**Step 27** 选择工具箱中的【画笔工具】，选择一个粗糙笔刷，其属性栏参数设置如图18-77所示。

模式：正常 不透明度：100% 流量：100%

图18-77 【画笔工具】属性栏设置

**注 意**

选择一个粗糙笔刷以创造出不规则的形状，让雪看起来更真实自然。

**Step 28** 设置前景色为白色，背景色为淡蓝色（R=230、G=245、B=255，背景色也可以在天空中的浅蓝色里选择）。

**Step 29** 在建筑边缘以及可能有积雪的地方拖曳鼠标绘制雪，如图18-78所示。

**Step 30** 将前景色和背景色切换，以淡蓝色绘制积雪的阴影部分，效果如图18-79所示。

图18-78 绘制积雪效果

图18-79 绘制积雪阴影效果

**注 意**

画完雪后，可以使用【涂抹工具】让面与面之间、白色和淡蓝色之间过渡得自然些。

**Step 31** 使用同样的方法在可能有积雪的位置绘制上积雪，效果如图18-80所示。

图18-80 绘制的积雪效果

下面为场景制作光影效果。

**Step 32** 在【图层】面板中新建一个名为“光影”的图层。

**Step 33** 选择工具箱中的【画笔工具】，设置一个虚边笔尖，属性栏其他参数设置如图18-81所示。

500 模式：正常 不透明度：35% 流量：100%

图18-81 【画笔工具】属性栏设置

Step34 设置前景色为白色，使用【画笔工具】在两座辅助建筑前面快速拖曳鼠标，绘制如图18-82所示的光影效果。

飞舞的雪始终是雪景表现的一个关键环节。簌簌下落的雪花不仅美化了画面，而且营造了强烈的雪景气氛，使得设计构思能够更好地通过画面感来进行诠释，直接而敏锐地捕捉住观者的视线。

Step35 回到【图层】面板最顶层，新建一个图层，并将该图层以白色填充。

Step36 选择菜单栏中的【滤镜】|【像素化】|【点状化】命令，在弹出的【点状化】对话框中设置各项参数，如图18-83所示。

图18-82 绘制的光影效果

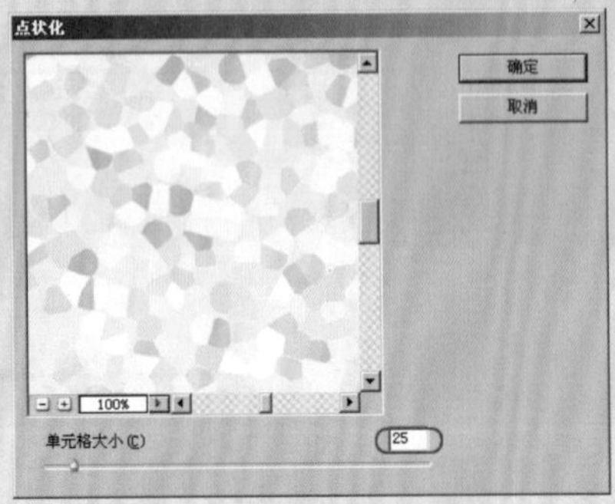


图18-83 【点状化】参数设置

执行上述操作后，图像效果如图18-84所示。

Step37 选择菜单栏中的【图像】|【调整】|【阈值】命令，在弹出的【阈值】对话框中设置各项参数，如图18-85所示。

图18-84 【点状化】滤镜效果

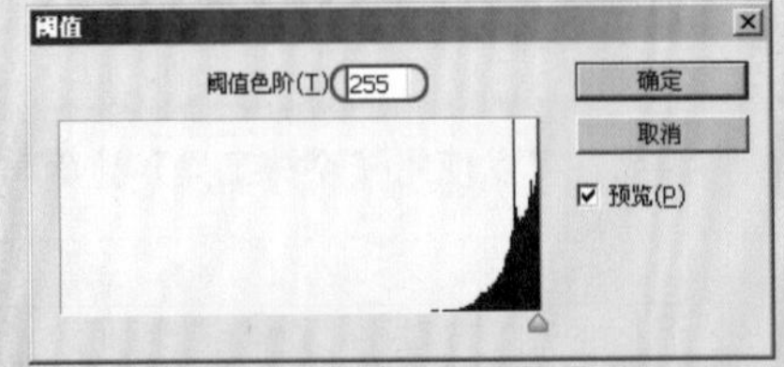


图18-85 【阈值】参数设置

**注 意**

**单元格值越大，雪花越大，反之越小。**

执行上述操作后，图像效果如图18-86所示。

Step38 选择工具箱中的【魔棒工具】，在其属性栏中将【容差】值设置为0，将【连续】选项的勾选取消。

Step39 使用【魔棒工具】在图像中单击黑色区域，将其选择；再按Ctrl+Shift+I快捷键将选区反选，选择白色区域；然后将该图层隐藏，并确认选区未取消。

Step40 在【图层】面板中新建一个名为【雪花】的图层，将该层以白色填充，并按Ctrl+D快捷键将选区取消，图像效果如图18-87所示。

图18-86 阈值效果

图18-87 编辑图像效果

Step 41 选择菜单栏中的【滤镜】|【模糊】|【高斯模糊】命令，在弹出的【高斯模糊】对话框中设置【半径】为1.5像素。

Step 42 选择菜单栏中的【滤镜】|【模糊】|【动感模糊】命令，在弹出的【动感模糊】对话框中设置各项参数，如图18-88所示。

图18-88 【动感模糊】参数设置及效果

给片状的雪花加上高斯模糊和动感模糊处理效果后，场景看起来很有动感。为了突出表现效果，将视线引向中心，将中心部分雪花擦掉，使主体建筑显现出来。

Step 43 选择工具箱中的【橡皮擦工具】，在属性栏中将【不透明度】设置为30%，然后在场景的中心位置拖曳鼠标，将部分雪花轻轻擦除。

执行上述操作后，得到图像的最终效果，如图18-89所示。

Step 44 选择菜单栏中的【文件】|【存储为】命令，将图像存储为【雪景效果二.psd】。可在随书配套光盘“效果文件\第18章”文件夹下找到该文件。

图18-89 最终效果

## 18.7.2 快速转换日景图制作雪景

前面介绍了用雪景素材合成雪景效果，下面再来学习直接将日景效果图快速转换为雪景效果图。

## 动手操作——快速制作雪景效果

Step 01 选择菜单栏中的【文件】|【打开】命令，打开随书配套光盘中的“调用图片\第18章\雪景素材.jpg”文件，如图18-90所示。

冬天一片萧瑟，透着凄凉的寒气。首先将图片的颜色调整成冬天的色调。

Step 02 选择菜单栏中的【图像】|【调整】|【色相/饱和度】命令，在弹出的对话框中设置各项参数，如图18-91所示。

图18-90 打开的雪景素材图像文件

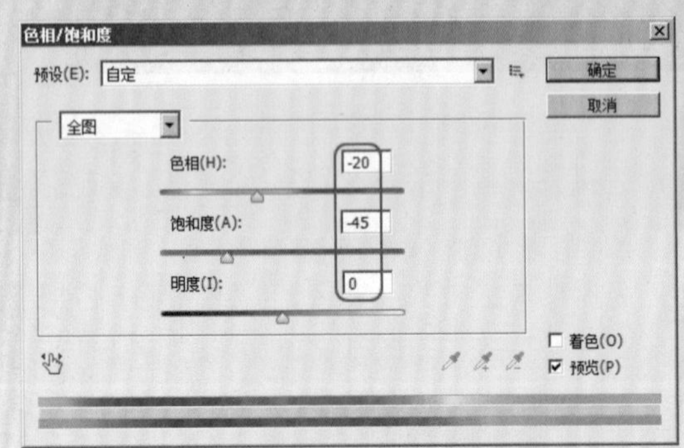


图18-91 【色相/饱和度】参数设置

执行上述操作后，图像效果如图18-92所示。

Step 03 将【背景】图层复制一层，生成【背景副本】图层。

Step 04 确认【背景副本】图层为当前图层，选择菜单栏中的【滤镜】|【像素化】|【点状化】命令，在弹出的【点状化】对话框中设置各项参数，如图18-93所示。

图18-92 调整图层色调效果

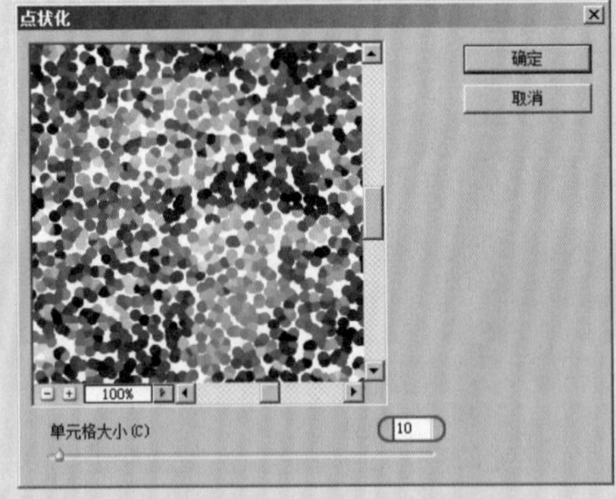


图18-93 【点状化】参数设置

执行上述操作后，图像效果如图18-94所示。

由于雪花处于下落的趋势，因此会产生一种动感的效果，下面制作雪花飞舞效果。

Step 05 选择菜单栏中的【滤镜】|【模糊】|【动感模糊】命令，在弹出的对话框中设置参数，如图18-95所示。

执行上述操作后，图像效果如图18-96所示。

下面把雪花的颜色去掉，让它成为白色。

Step 06 选择菜单栏中的【图像】|【调整】|【去色】命令，去除图像的颜色，效果如图18-97所示。

图18-94 【点状化】滤镜效果

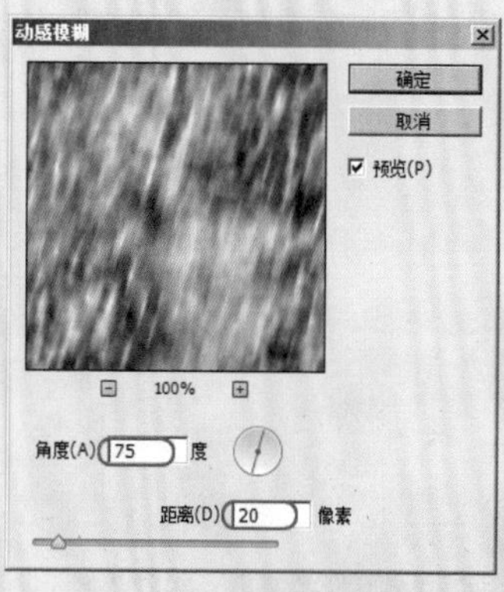


图18-95 【动感模糊】参数设置

图18-96 【动感模糊】图像效果

图18-97 去色效果

Step 07 将【背景副本】图层的混合模式调整为【滤色】，得到图像的最终效果，如图18-98所示。

Step 08 将制作的图像另存为【雪景效果一.psd】文件。可以在随书配套光盘"效果文件\第18章"文件夹下找到该文件。

图18-98 图像最终效果

# 18.8 云雾效果

云雾效果在效果图后期处理中也很常见，这种效果一般适用于江南水乡的民居建筑，它是江南一带天气特征的写照，以其独特的朦胧美感征服人的视觉。

## 动手操作——制作云雾缭绕效果

Step 01 选择菜单栏中的【文件】|【打开】命令，打开随书配套光盘中的"调用图片\第18章\江南

古建.jpg”文件，如图18-99所示。

Step 02 按D键将颜色设置为默认状态，按Q键进入快速蒙版。

Step 03 选择菜单栏中的【滤镜】|【渲染】|【云彩】命令，然后按Ctrl+F快捷键多次，图像效果如图18-100所示。

图18-99 打开的江南古建图像文件

图18-100 【云彩】滤镜效果

Step 04 按Q键退出快速蒙版。

Step 05 新建一个图层，并将其以白色填充，效果如图18-101所示。再按Ctrl+D快捷键将选区取消。

Step 06 选择【橡皮擦工具】，选择一个虚边笔刷，将选项栏中的【不透明度】数值调整为50%，然后在场景中对填充的白色部分进行擦除，从而得到图像的最终效果，如图18-102所示。

图18-101 填充白色效果

图18-102 最终图像效果

Step 07 选择菜单栏中的【文件】|【存储为】命令，将图像存储为【云雾效果.psd】文件。可以在随书配套光盘“效果文件\第18章”文件夹下找到该文件。

## 18.9 小结

本章详细介绍了几个效果图后期处理典型效果的制作方法和技巧，其中包括水彩效果、油画效果、素描效果、水墨画效果、雨景效果、雪景效果和云雾效果等。学习这些实例，对今后的学习工作有着很强的指导意义。

本章实例的制作，渗透了Photoshop软件中各种工具和命令的应用技巧，同时又强调了作品的审美意识。

Chapter 19

# 第19章

# 效果图的打印输出

**本章内容**

- 效果图打印输出准备工作
- 效果图的打印与输出方法
- 小结

在给客户展示效果图时，可以使用电子文档的形式，也可以将图像提供给外部的图形图像输出中心，通过打印机将效果图打印输出。打印输出的效果图会使客户看起来更加直观。如果制作者对图纸的设置不符合打印输出的要求，打印的质量肯定不好，这样有可能使前面的工作前功尽弃。所以适当地了解一些打印输出的基本知识，将有助于使图像打印效果与预想的保持一致。

# 19.1 效果图打印输出准备工作

无论是将图像打印到桌面打印机还是将图像发送到印前设备，了解一些有关打印的基础知识都会使打印作业更顺利，并有助于确保完成的图像达到预期的效果。

图像在打印输出之前，都是在计算机屏幕上操作的，对于打印输出，则应根据其用途不同而有不同的设置要求。为了确保打印输出的图像和用户设想的一致，打印输出之前制作者必须要弄清楚下面几个事项。

- 制作人必须从一开始就清楚效果图最终的输出尺寸，因为它直接影响图像的渲染精度和建模精度。掌握合理的渲染精度，可以避免无意义的额外劳动。
- 对于多数Photoshop用户而言，打印文件意味着将图像发送到喷墨打印机。Photoshop可以将图像发送到多种设备，以便直接在纸上打印图像或将图像转换为胶片上的正片或负片图像。在后一种情况中，可使用胶片创建主印版，以便通过机械印刷机印刷。
- 精确设置图像的分辨率。如果出一般的写真，分辨率为72像素/英寸即可；如果用于印刷，则分辨率不能低于300像素/英寸；如果是制作大型户外广告，分辨率低点也没关系。
- 如果客户要求印刷，则要考虑印刷品与屏幕色彩的巨大差异。因为屏幕的色彩由红、蓝、绿三色发光点组成，印刷品由青、品、黄、黑四色油墨套色印刷而成。这是两个色彩体系，它们之间总有不兼容的地方。



# 19.2 效果图的打印与输出方法

完成作品后，如果要以打印形式输出的话，则需要进行页面设置，即对图像的打印质量、纸张大小和缩放等进行设定。在系统默认状态下，图像会居中打印，如果想将图像打印在页面的其他位置，则必须将其输出至其他排版软件中重新设置其位置。

## 19.2.1 打印属性设置

默认情况下，Photoshop软件将打印所有可见的图层或通道。如果只想打印个别的图层或通道，就需在打印之前将所需打印的图层或通道设置为可见。

在进行正式打印输出之前，必须对其打印结果进行预览。选择菜单栏中的【文件】|【打印】命令，即可弹出【Photoshop打印设置】对话框，如图19-1所示。

在【Photoshop打印设置】对话框中的左边为图像的预览区域，右边为打印参数设置区域，其中包括【位置和大小】、【缩放后的打印尺寸】、【打印机设置】等选项。

### 1. 图像预览区域

在此区域中可以观察图像在打印纸上的打印区域是否合适。

### 2. 位置和大小

- 居中：勾选此复选框，表示图像将位于打印纸的中央。一般系统会自动勾选该选项。

- 顶：表示图像距离打印纸顶边的距离。
- 左：表示图像距离打印纸左边的距离。
- 缩放：表示图像打印的缩放比例，若选中【缩放以适合介质】复选框，则表示Photoshop会自动将图像缩放到合适大小，使图像能满幅打印到纸张上。
- 高度：指打印文件的高度。
- 宽度：指打印文件的宽度。
- 打印选定区域：如果选中该复选框，在预览图中会出现控制点，用鼠标拖动控制点，可以直接拖曳调整打印范围，如图19-2所示。

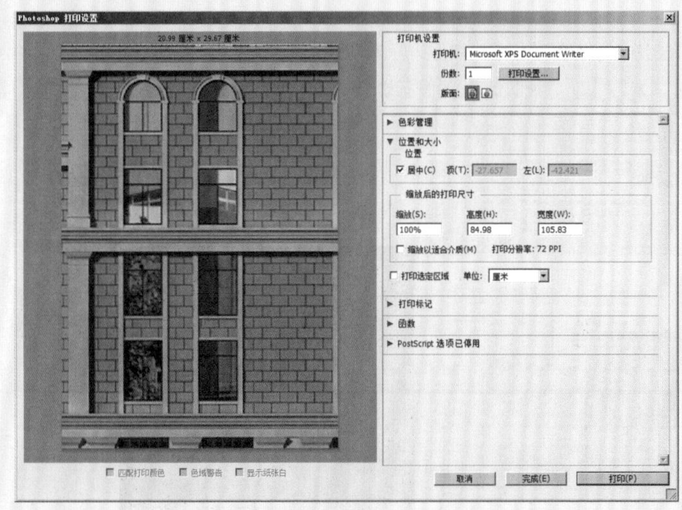

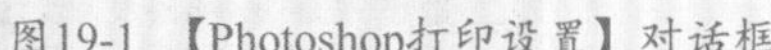

图19-1 【Photoshop打印设置】对话框

图19-2 显示打印选定区域

## 3. 打印标记

- 角裁剪标志：选中此复选框，在要裁剪页面的位置打印裁切标记。可以在角上打印裁切标记，如图19-3所示。
- 中心裁剪标志：选择此复选框，在要裁剪页面的位置打印裁切标记。可在每个边的中心打印裁切标记，以便对准图像中心，如图19-4所示。

图19-3 角裁剪标记

图19-4 中心裁剪标志

- 套准标记：在图像上打印套准标记（包括靶心和星形靶），这些标记主要用于对齐分色，如图19-5所示。

- 说明：打印在【文件简介】对话框中输入的任何说明文本（最多约300个字符）。将始终采用9号Helvetica无格式字体打印说明文本。
- 标签：在图像上方打印文件名。如果打印分色，则将分色名称作为标签的一部分打印。

**注 意**

只有当纸张比打印图像大时，才会打印套准标记、裁切标志和标签。

## 4. 函数

- 药膜朝下：使文字在药膜朝下（即胶片或像纸上的感光层背对用户）时可读。正常情况下，打印在纸上的图像是药膜朝上打印的，感光层正对着用户时文字可读。打印在胶片上的图像通常采用药膜朝下的方式打印。
- 负片：打印整个输出（包括所有蒙版和任何背景色）的反相版本。与【图像】菜单中的【反相】命令不同，【负片】选项将输出（而非屏幕上的图像）转换为负片，如图19-6所示。

图19-5　套准标记

图19-6　负片效果

- 背景：选择要在页面上的图像区域外打印的背景色。例如，对于打印到胶片记录仪的幻灯片，黑色或彩色背景可能很理想。要使用该选项，单击 背景(K)... 按钮，然后从拾色器中选择一种颜色。这仅是一个打印选项，它不影响图像本身，如图19-7、图19-8所示。

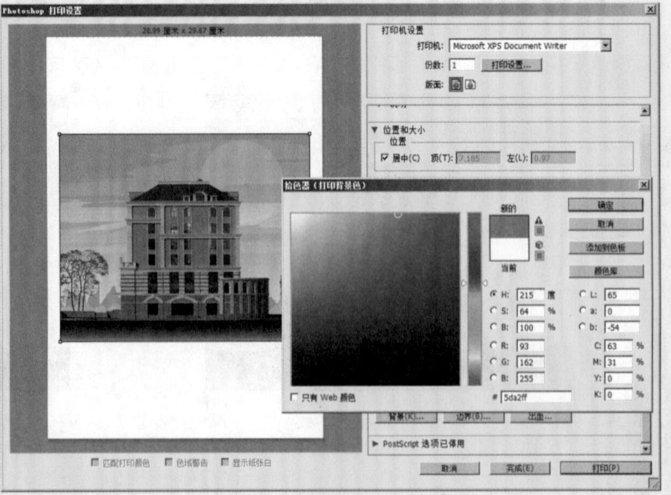



图19-7　设置背景颜色

图19-8 设置上背景颜色后的效果

- 边界：在图像周围打印一个黑色边框。单击 边界(B)... 按钮，在弹出的【边界】对话框中输入一个数字并选取单位值，以指定边框的宽度，如图19-9所示。
- 出血：在图像内而不是在图像外打印裁切标记。使用此选项可在图形内裁切图像。单击 出血... 按钮，在弹出的【出血】对话框中输入一个数字并选取单位值，以指定出血的宽度，如图19-10所示。

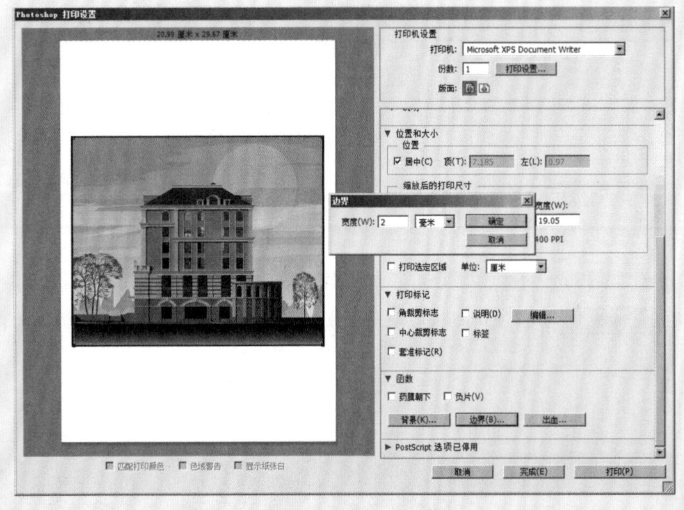

图19-9 设置边界效果

图19-10 【出血】对话框

## 19.2.2 图像的打印设置

继续上一节的设置，单击【Photoshop打印设置】对话框右下角的 打印(P) 按钮，弹出【打印】对话框，如图19-11所示。

如果用户的计算机上装有多个打印机的驱动程序，可在此对话框的【查找打印机】列表框中选择所用的打印机，当设置确定后，单击 确定 按钮即可应用。

【打印】对话框的【页面范围】选项组中可以设置图像的页面范围，共有4个选项。

- 全部：打印整个图像。
- 选定范围：只对图像中选定范围内的图像部分进行打印。
- 当前页面：在文件多页的前提下，选中该项，只打印当前选择页。
- 页码：在其右侧的文本框中输入打印的起始页与终止页，打印机将只打印此设定页码范围内的图像。

另外，单击对话框中的 首选项(R) 按钮，弹出如图19-12所示的【打印首选项】对话框。

图19-11 【打印】对话框

图19-12 【打印首选项】对话框

**注 意**

选择的打印机不一样，出现的【打印首选项】对话框也会有所不同。

在图19-12所示的对话框中的【质量选项】选项组可以选择打印的品质，其具体选项和打印机有关。当一切选项都设置完成后，单击 确定 按钮回到【打印】对话框，然后单击对话框中的 打印(P) 按钮即可进行打印。

## 19.3 小结

打印输出是进行平面图像创作的最后一步，也是最关键的一步。将一幅完美的作品打印出来，被客户接受，发挥其应有的价值，是其最终目的。本章主要介绍了图像打印输出方面的一些知识。通过本章的学习，希望读者能够掌握如何在Photoshop软件中修改图像的尺寸和分辨率，并使自己的作品在打印时符合所需的输出要求。